茅洲河水质提升模式（i-CMWEQ）：项目管理协同创新

孔德安 龙章鸿 田 鸣◎主编

河海大学出版社
·南京·

图书在版编目(CIP)数据

茅洲河水质提升模式(i-CMWEQ)：项目管理协同创新 / 孔德安，龙章鸿，田鸣主编. -- 南京：河海大学出版社，2024.12. -- ISBN 978-7-5630-9323-6

Ⅰ．X832

中国国家版本馆 CIP 数据核字第 2024D7D170 号

书　　名	茅洲河水质提升模式(i-CMWEQ)：项目管理协同创新
	MAOZHOUHE SHUIZHI TISHENG MOSHI(i-CMWEQ)：XIANGMU GUANLI XIETONG CHUANGXIN
书　　号	ISBN 978-7-5630-9323-6
责任编辑	彭志诚
特约编辑	薛艳萍
特约校对	王春兰
装帧设计	槿容轩
出版发行	河海大学出版社
地　　址	南京市西康路 1 号(邮编：210098)
网　　址	http://www.hhup.com
电　　话	(025)83737852(总编室)　(025)83787769(编辑室)
	(025)83722833(营销部)
经　　销	江苏省新华发行集团有限公司
排　　版	南京布克文化发展有限公司
印　　刷	南京迅驰彩色印刷有限公司
开　　本	787 毫米×1092 毫米　1/16
印　　张	26.25
字　　数	500 千字
版　　次	2024 年 12 月第 1 版
印　　次	2024 年 12 月第 1 次印刷
定　　价	198.00 元

编 委 会

编委会主任：刘国栋　孔德安　张业勤　吴新锋

编委会成员：刘国栋　孔德安　张业勤　吴新锋　陶　明
　　　　　　李　军　陈惠明　王寒涛　刘任远　张　晶
　　　　　　龙章鸿　李兴文　杨文斌　陈伟锋　朱富春
　　　　　　吴基昌　翟德勤　辛晓原　王正发　李旭辉
　　　　　　侯志强　陈士强　颜　铭　吴　冰

主　　编：孔德安　龙章鸿　田　鸣

主要作者：孔德安　龙章鸿　田　鸣　吴新锋　陈伟锋
　　　　　刘任远　王寒涛　饶　伟　张　晶　王正发
　　　　　李　阳　唐继平　姬亚朋　赵思远　吴　冰
　　　　　李旭辉　李鸿鸣　唐颖栋　汤维明　丁时伟
　　　　　靖　谋　张　鹏　何洁鑫　王冠博　张宇飞
　　　　　吴晓东　周登茂

序

茅洲河水环境治理成果不断丰富，宝贵经验源远流长

策划与编写本书已四年有余，近期文稿付梓，故欣然动笔，再向读者叨叙一二。

中国电力建设集团有限公司（以下简称"中国电建"）于2015年开始研究茅洲河水环境治理，在深入推进集团公司与深圳市政府战略合作的关键时期，2016年初中标承担了茅洲河水环境综合治理任务。茅洲河水环境治理的任务艰巨、时间极紧、困难极大，但在这种情况下也迸发了很多创新，积累了丰富经验。在已出版的其他著作中，我曾予以总结和说明，特别关于理念方面、管理方面的一些重大创新实践，这里不再赘述，有兴趣的读者可另寻查阅。

在广东省深圳市和东莞市党委政府的大力支持和推动下，中国电建承担了全流域范围的主要治理任务，其他一些中央企业或地方企业承担了小部分任务。这里需要特别强调全流域的概念，这本身是一项重大管理创新，既体现了政府不再"零打碎敲"式地治理水环境而转向"中医疗法"系统治理的创新，也能体现中国电建创新性推行的"流域统筹、系统治理"的理念思路、技术措施和管理成效的落实，更能体现中国电建创新性推行的EPC模式下"大兵团作战"项目管理的创新。实施过程中，茅洲河水环境治理的阶段性（年度性）的节点目标陆续实现，新的里程碑不断展现亮丽光彩。2017年底实现了国家考核断面-共和村断面水质[①]消除黑臭。2019年11月初完成主要建设施工任务，不仅实现全流域基本消除黑臭，而且监测结果显示的平均水质均好于地表水Ⅴ类，宣布提前一年零两个月实现治理目标，向国家报喜，向人民报喜。此后，中国电建的广大建设者们再接再厉，秉持初心使命，持续攻坚克难，不断完善治理方案，深入排查隐蔽污染源，排查既往历史建设管网中的"错漏接"情况，持续整治零散小微黑臭水体、面源污染、管道破损等问题，配合政府部门排查、打击和整治零星乱排偷排污水现象等，下足"绣花功夫"，不断剿灭隐藏的、点状散布的小

[①] 国家环境保护部门在干流河道上设立的监控考核断面（共和村断面），和省市有关部门在干支流上分别设立的监控考核断面。

股黑臭水体，不断取得全流域水质持续向好的治理新局面。截至 2023 年底，河流水质已持续两年多稳定在地表水 Ⅳ 类及以上水平，改善效果已远远优于招标要求和合同目标要求的 Ⅴ 类水质。中国电建已经较好地完成了茅洲河水环境治理的重要任务，正在推进项目建设收尾阶段建设和合同关闭的各项工作。

茅洲河水质目标的提前实现，不仅仅是对建设合同目标的成功响应，更重要的意义在于，没有辜负党和人民的重托和希望！

中国电建对茅洲河水环境治理经验的总结做了系统安排。已经总结并出版了以下著作：

《城市水环境综合治理理论与实践——六大技术系统》（2019 年 12 月出版，以下简称《六大技术系统》）

《水环境治理技术——深圳茅洲河流域水环境治理实践》（2019 年 1 月出版，以下简称《治理实践》）

《水环境治理技术标准：理论与实践》（2022 年 11 月出版，以下简称《技术标准理论》）

《水环境系统治理：理念、技术、方法与实践》（2023 年 2 月出版，以下简称《系统治理理念》）

《英汉汉英水环境科技词典》（2018 年 8 月出版）

此外，我们还编辑出版发布了近 60 部企业技术标准和团体标准，组织编制或参与编制了几部行业技术标准、地方技术标准和国家技术标准。正在组织围绕该项目开展的重大科研项目技术成果的全面总结及项目工程技术管理等各个方面的系统总结，也将陆续完成和出版。

《六大技术系统》系统论述了城市水环境治理的基本技术理论，《技术标准理论》系统论述了水环境治理的技术体系建立和实施的理论与实践，《系统治理理念》系统论述了"流域统筹、系统治理"理念的技术方法与实践，《治理实践》是一部论文集，该论文集汇编了广大技术人员的技术与管理方面的学术理论论文和技术管理论文。所有这些著作，无不凝聚着广大从事水环境治理事业的技术与管理人员的情怀、心血和智慧！在孔德安总经理等几位作者的共同努力下，《茅洲河水质提升模式（i-CMWEQ）：项目管理协同创新》（以下简称《茅洲河水质提升模式》）这本书又在近期基本完成，准备出版，实乃应运而生，应景力作！这本书从具体实施工程建设管理的角度进行总结，不仅进一步丰富完善了茅洲河水环境治理经验总结知识宝库，而且更有利于这些宝贵经验在更多地域、更多河流水环境治理项目中推广应用。

党的二十大报告中强调要"统筹水资源、水环境、水生态治理"（以下简称"三水统筹"）。为深入贯彻落实党的二十大精神，落实《中华人民共和国水污染防治法》《中华人民共和国长江保护法》《中华人民共和国黄河保护法》等有关规定，经国务院同意,2023年4月份,生态环境部联合国家发展改革委员会、财政部、水利部、国家林草局等部门印发了《重点流域水生态环境保护规划》,规划强调了水资源、水环境、水生态等要素系统治理,强调了为人民群众提供良好生态产品、巩固深化水环境治理、着力积极推动水生态保护、保障河湖基本生态用水、有效防范水环境风险等五个方面的重点任务。茅洲河水环境综合治理正是一项实施"三水统筹"的生动实践案例。在以上介绍的著作和即将出版的这本著作中,论证分析总结了"三水统筹"治理的大量实践经验和丰富管理成果,这本著作侧重论证分析了项目管理理论的应用实践,难能可贵的是形成了许多项目管理创新成果,强调了"三水统筹"治理中知识管理方面的创新和总结,形成了河流水质提升的一种完整模式,这是一项非常有新意的创作,也必将为深入落实"三水统筹"重要部署提供可借鉴的实践经验!

承接茅洲河水环境治理之初召开的动员大会上,我向广大干部职工提出"不许失败,只许成功"的严格要求,做出"河水不清,决不收兵"的庄严承诺。7年多来,茅洲河水环境治理实施了"地方政府+大央企+大兵团作战"的建设管理模式,政府投入了大量资金和管理资源,企业投入了大量人力、技术和装备资源,各级政府和广大人民群众给予了大力支持和关爱帮助,社会各界给予了高度关注和美誉,各类媒体进行了大量宣传和持续报道。项目建设管理没有失败,取得了成功,治理目标中要求达到的水质考核目标得以全面实现,工程建设的安全质量、进度节点、文明施工、生态环境、风险管理、投资控制、干系人协同、社会责任等多项工程目标均取得了极大的成功,勘测设计、建设施工、设备制安、材料供应均实现优质高效,项目技术、管理的各项经验,还在建设过程中持续不断地在深圳市乃至全国多个水环境治理项目中交流、推广和应用。现在,可以很自豪地讲,项目建设取得了极大的成功,实现了当初的豪言壮语,兑现了当初的庄严承诺!这本著作命名为《茅洲河水质提升模式(i-CMWEQ):项目管理协同创新》我非常赞成,这本著作的出版,又再次为茅洲河水环境治理留下更为宝贵的丰富实践经验和技术管理知识,为水环境治理广大同仁们提供可以借鉴的宝贵工作指导,我更希望大家能够继续努力,把更多项目管理创新与实践的经验总结出来,形成《中国水环境水质提升模式(i-CMWEQ)》系列著作,助力国家持续推进深入打好水污染防治攻坚战、碧水保卫战,必将为建设美丽中国增添更加绚丽的光彩!特此推介,是以为序!

中国电力建设集团(股份)有限公司原党委常委、副总经理　王民浩
2024年于深圳市

前言

跨越深圳、东莞两市的茅洲河流域水环境治理是国家和地方政府第十三个五年计划中的重点任务和重大工程项目。2016年2月,中国电力建设集团有限公司(以下简称"中国电建")中标茅洲河流域(宝安片区)水环境综合整治EPC总承包项目,该项目是我国首个投资额超百亿元的水环境综合治理项目。

茅洲河是珠三角曾经污染最严重的黑臭河流,治理目标是到2020年全流域全部消除黑臭水体,水质达到地表V类水标准。中国电建参与治理之后几年,中国电建的成员企业相继中标茅洲河流域宝安片区、光明片区、东莞片区围绕上述同一治理目标的各类治水工程项目包,全部由中电建生态公司有限公司(以下简称"电建生态公司",2015年底成立之初的公司名称为中电建水环境技术有限公司,2019年7月更名)负责牵头履约,共同组成了深莞茅洲河流域水环境治理项目群(以下简称"茅洲河项目")。

茅洲河项目是当时国内规模最大,首个严格按照"流域统筹、系统治理"理念开展的流域水环境综合治理项目,也是我国第一个在城市高密度建成区采用EPC模式实施的城市水环境综合治理项目,是中国电建深入践行习近平生态文明思想和"十六字"治水思路的成功典范,是近年来我国水环境治理的标志性成果,开启了以治水为突破口的生态文明建设新征程,谱写了治水兴城的新篇章。

茅洲河项目是一个复杂的巨型项目群,而且当时水环境治理的各类标准和技术体系都还很不成熟,还要面对十分紧迫的国考断面考核期限,茅洲河项目的决策、实施和管理等面临大量前所未有的难题和挑战。电建生态公司严格贯彻落实深圳市委、市政府的指示精神和周密部署,充分发挥中国电建"懂水熟电,擅规划设计,长施工建造,能投资运营"的全产业链优势,积极发挥主观能动性,高效联合系统内各兄弟单位,紧紧围绕茅洲河项目的最终目标,根据水环境治理各类工程项目的特殊性,全面贯彻创新驱动理念,以创新引领应对复杂挑战,首次提出以"流域统筹、系统治理"理念为指导的水环境项目治理模式和技术框架,首创水环境治理"六大技术系统"和"五大实施方案和技术指南";创造应用"政府＋大央企＋大EPC"的项目实施模式和全套项目管理体系;研究探索出茅洲河治理"分步走"科学路径,创新解决项目群范围不确定难题;研究制定系列水环境治理技术标准,获得专利247项,填补国内空白;成功研发河道污染底泥系统处置技术,彻底解决污染底泥处理处置世界性难题,应用于项目实施管理全过程,取得了优异的水环境治理效果,各项流域治理里程碑目标均提前达到,茅洲河面貌得到根本改观,"用4年补齐40年历史欠账",创造了生态环境保护"深圳速度";

2017年12月11日原环保部对茅洲河干流三个断面水质进行首次国家考核,即已达到不黑不臭标准,顺利通过首次国家"环保大考";

2018年水质考核全年基本达标,稳定实现不黑不臭,达到2018年广东省年度考核目标,并以优美的生态景观迎来2018年"6·5"世界环境日龙舟赛,再现茅洲河千舟竞发、人水交融的和谐场景;

2019年实现了干流和深圳侧一级支流全部消除黑臭,11月份持续达到地表水Ⅴ类标准,提前两个月达到地表水Ⅴ类标准,提前1年零2个月达到国考目标;

2020年茅洲河各河道水质持续改善,共和村国考断面全年稳定达到地表水Ⅴ类标准,各支流河道逐步稳定达到地表水Ⅴ类标准,174条小微水体实现不黑不臭。

茅洲河项目卓越绩效的达成,与电建生态公司对整个项目群从策划、设计到施工建设等全过程进行创新、高效的管理是密不可分的。针对茅洲河项目的复杂性,电建生态公司主动借鉴学习PMBOK等最新项目管理理论和体系知识,在中国电建自身多年积累的、丰富领先的大型复杂建设工程项目管理经验和体系知识的基础上,对茅洲河项目建设的有效管理进行了深入探索研究和开拓实践,逐渐沉淀形成了一套适用于"大型复杂动态建设工程项目群"全生命周期管理的、较为系统的项目管理模式。该模式称为"i-CMWEQ模式",即C—中国—城市,M—茅洲河—管理,R—河流,E—环境,W—水,Q—质量,i—提升的协同创新,其重要创新成果和经验主要包括:

(一)系统建立了"政府＋大央企＋大EPC"大兵团作战的EPC总承包项目实施模式和全套项目管理体系,有效解决了项目范围变动性、不确定、不稳定,项目建设各方职责较难明确界定等复杂情况下,传统EPC总承包模式难以开展和发挥优势的难题;

(二)探索形成了一套能有效管理项目群范围不确定性的"项目群范围动态管理"方法论和管理模式;

(三)研究实行了能满足发达城市高密度建成区复杂施工环境要求的"大型工程项目干系人管理体系";

（四）率先开发应用了"水环境治理信息管理云平台系统"，全面提升项目群建设管理水平，有效适应我国当前城市水环境管理体制。

本书全面总结了茅洲河项目建设的项目管理体系、创新成果和大量的经验案例，可以为国内外水环境治理项目和其他"大型复杂动态建设工程项目群"的策划、实施和管理提供有益的参考和借鉴。

全书主要分为四个部分：总览篇、政府决策篇、建设管理篇、实施成效篇。

第1章至第2章为总览篇，重点介绍茅洲河项目的背景意义、总体情况和成果。

政府决策篇包括第3章和第4章，介绍了政府领导下项目前期的内外部事业环境分析、项目前期和启动工作以及项目管理的治理体系与组织架构。

建设管理篇包括第5章至第15章，介绍工程建设阶段对项目的设计、施工和采购等建设工作的管理。这部分内容主要按照最新项目管理建设和体系结构，对茅洲河项目的范围、进度、成本、质量、安全、资源、沟通、采购、风险、干系人管理等各领域的管理工具、流程和实施，以及其中遇到的主要困难、挑战和创新性的克服困难的措施案例等等进行具体介绍。

实施成效篇包括第16章至第18章，具体介绍项目的收尾工作、项目的文化建设、履行的社会责任，以及流域（干支流）治理成效——主要水质指标的变化。

在本书的写作和调研过程中，项目所在地政府及水利水务环保有关部门、中国电建和电建生态公司的主要领导及相关部门、各参建单位都给予了大力支持，他们根据各自业务范围，协助调研并积极提供翔实的写作素材，书中的许多观点也来自他们在参与茅洲河项目建设过程中的亲身经历与感悟，为书稿的撰写提供了大量第一手的资料和各种高价值的意见，在此一并表示衷心感谢。在主要作者名单之外，还有很多同仁参加了部分内容的撰写、修改或提供了资料，在此没有一一说明，对他们工作和付出一并表示衷心感谢！

本书的编写得到了河海大学世界水谷研究院、商学院的鼎力相助，在此，对为本书的撰写和出版提供了大量帮助的各位专家、学者表示感谢。

书中的一些图片主要作示意表达，限于页面篇幅不是很清晰，一些技术经济数据引用自不同时期、不同阶段的相关资料，故不尽一致，书中未作一一注释或说明，请读者见谅。由于作者水平有限，书中难免有疏漏之处，敬请各位读者不吝指正。

目录

总览篇

第 1 章 · 项目背景　2
1.1　项目基本情况 ·· 2
1.2　茅洲河流域概况 ·· 3
1.3　前期治理工作简况 ··· 8

第 2 章 · 项目综述　11
2.1　茅洲河流域水环境治理难题的系统根源 ·· 11
2.2　项目实施前茅洲河流域水环境综合状况和主要问题 ·························· 12
　　2.2.1　污水直排入河现象严重,污水收集率低 ································ 12
　　2.2.2　污水收集处理设施历史欠账多,不成系统,难以充分发挥工程
　　　　　效益 ··· 13
　　2.2.3　河道防洪能力低,潮水回灌,底泥污染严重,天然径流小,难以
　　　　　自净 ··· 16
　　2.2.4　中下游区域地势低洼,排水设施规模不足、不成系统,涝灾频发
　　　　　 ··· 20
　　2.2.5　前期治水缺少系统整体谋划和长效推进机制,亟须改进治水模式
　　　　　 ··· 21

		2.2.6	流域治理涉及深莞"两市三地",需要加强合作,实现两岸干支流同步治污 ………………………………………………………… 22
	2.3	项目的系统解决方案 …………………………………………………… 22	
		2.3.1	"流域统筹、系统治理"理念和流域水环境治理系统解决方案框架 …………………………………………………………………… 22
		2.3.2	流域水环境治理六大技术系统 ………………………………… 23
		2.3.3	流域水环境治理五大实施方案和技术指南 …………………… 28
	2.4	项目的主要建设内容 …………………………………………………… 31	
	2.5	项目的核心挑战 ………………………………………………………… 37	
		2.5.1	以水质达标作为整个项目群建设成效的控制考核指标,项目范围管理难度极大 ……………………………………………… 37
		2.5.2	流域水环境治理领域缺乏统一的技术和定额标准体系,严重影响项目的顺利推进 ………………………………………… 37
		2.5.3	各级政府深度参与,项目监管部门繁多,跨地域整合难度大,政府协调工作要求极高 …………………………………… 38
		2.5.4	项目地处城市高密度建成区,环境复杂,社会关注度高,干系人管理异常艰难而重要 …………………………………… 38
		2.5.5	项目每年必须按时通过水质考核,但施工环境复杂,有效工期短,进度管理挑战巨大 …………………………………… 39
		2.5.6	河道污染底泥安全处理处置是世界性难题,技术难度极大 … 39
	2.6	项目管理和技术的主要创新 …………………………………………… 39	
		2.6.1	首次提出了以"流域统筹、系统治理"理念为指导的水环境项目治理模式和技术框架 …………………………………… 39
		2.6.2	创造性地设计了"政府+大央企+大 EPC"的项目实施模式和全套管理体系 ………………………………………………… 40
		2.6.3	研究探索出茅洲河治理"分步走"的科学路径,创新解决项目群范围不确定难题 ……………………………………………… 41
		2.6.4	首创水环境治理"六大技术系统"和"五大技术指南",形成全产业链治水解决方案 …………………………………………… 42
		2.6.5	研究制定了一系列水环境治理的技术标准和定额标准,获得数百项专利,填补国内空白 …………………………………… 43
		2.6.6	成功研发河道污染底泥系统处置技术方案,彻底解决污染底泥处理处置世界性难题 ………………………………………… 43

2.7 项目的战略价值和经济、技术、社会效益 …………………………… 44
　　　　2.7.1 项目的战略价值 …………………………………………………… 44
　　　　2.7.2 项目的经济、技术、社会效益 ……………………………………… 45

政府决策篇

第3章・项目的事业环境　50

　　3.1 项目外部环境特点 ………………………………………………………… 50
　　　　3.1.1 项目的宏观环境概况 ……………………………………………… 50
　　　　3.1.2 深圳市水污染治理机构及部门职责 ……………………………… 51
　　　　3.1.3 深圳市河长制工作体系及职责分工 ……………………………… 53
　　　　3.1.4 深圳市区级水污染治理机构职责和工作机制 …………………… 57
　　　　3.1.5 深圳市水环境治理项目建设全过程的保障和监管机制 ………… 60
　　3.2 项目内部环境特点 ………………………………………………………… 73
　　　　3.2.1 中国电建是我国在水、电两个行业同时具备规划设计、施工建设和投资运营全过程能力最强的企业，水利水电工程规划建设综合实力全球第一 …………………………………………………………… 73
　　　　3.2.2 中国电建具有世界一流的大型、复杂工程建设和综合管理能力，能完全满足茅洲河项目复杂的跨行业多类工程建设需求 …… 74
　　　　3.2.3 中国电建具有丰富的各类水环境综合治理EPC项目经验和业绩，在国内居领先地位，有能力克服各种困难挑战，以达到茅洲河流域水质按期达标的治理目标 ………………………………………… 76
　　3.3 项目主要的干系人、成功前提条件和项目总体目标 ……………………… 77
　　　　3.3.1 项目成功的主要前提条件 ………………………………………… 77
　　　　3.3.2 茅洲河项目干系人的需要和期望 ………………………………… 78
　　　　3.3.3 项目总体目标 ……………………………………………………… 79

第4章・项目前期工作和治理体系　80

　　4.1 项目前期工作 ……………………………………………………………… 80
　　4.2 项目启动 …………………………………………………………………… 84
　　4.3 项目治理体系 ……………………………………………………………… 86
　　　　4.3.1 项目的总体治理模式 ……………………………………………… 86

4.3.2　项目的治理结构……………………………………………… 88
　　4.3.3　项目的治理机制……………………………………………… 93
　　4.3.4　项目经理及团队建设………………………………………… 95
　　4.3.5　项目治理体系的难点和创新………………………………… 96

建设管理篇

第5章・项目设计管理　102
　5.1　治理目标与设计原则的再分析………………………………………… 102
　5.2　茅洲河流域水环境整治设计管理体系………………………………… 104
　　5.2.1　设计管理部组织架构………………………………………… 105
　　5.2.2　设计项目部组织架构………………………………………… 105
　5.3　初步设计管理…………………………………………………………… 106
　　5.3.1　初步设计管理组织体系……………………………………… 106
　　5.3.2　初步设计管理工作内容与进度安排………………………… 106
　　5.3.3　初步设计管理主要工作程序………………………………… 108
　　5.3.4　初步设计管理主要工作方法………………………………… 108
　　5.3.5　初步设计保障措施…………………………………………… 109
　5.4　施工图设计管理………………………………………………………… 111
　　5.4.1　施工图设计内容及进度计划………………………………… 111
　　5.4.2　施工图审查的组织形式……………………………………… 113
　　5.4.3　施工图技术审查的主要内容………………………………… 113
　5.5　水环境整治设计方案…………………………………………………… 114
　　5.5.1　管网系统工程设计方案……………………………………… 114
　　5.5.2　湿地工程设计方案…………………………………………… 118
　　5.5.3　污水厂再生水补水工程设计方案…………………………… 126
　5.6　清淤和污染底泥处置工程管理………………………………………… 130
　　5.6.1　清淤必要性…………………………………………………… 130
　　5.6.2　总体技术路线和设计原则…………………………………… 131
　　5.6.3　清淤方案……………………………………………………… 131
　　5.6.4　污染底泥处置及利用方案…………………………………… 134
　　5.6.5　具体施工方法………………………………………………… 136

5.7 景观工程设计管理 ································· 136
5.7.1 项目概况 ································· 136
5.7.2 工程布局及功能 ································· 137
5.7.3 干流沿线景观环境整治工程 ································· 138
5.7.4 支流沿线景观环境重点整治工程 ································· 140
5.7.5 支流沿线景观环境提升整治工程 ································· 147
5.7.6 植物绿化设计 ································· 151
5.7.7 环境配套设施设计 ································· 154
5.8 BIM 技术应用 ································· 156
5.8.1 工作内容 ································· 156
5.8.2 地下管网 BIM 实施方案 ································· 157
5.8.3 排涝泵站 BIM 实施方案 ································· 158
5.8.4 成果应用 ································· 160
5.9 设计变更管理 ································· 162
5.9.1 设计变更及分类 ································· 162
5.9.2 设计变更原则及条件 ································· 162
5.9.3 变更管理流程 ································· 162
5.9.4 工程变更审批 ································· 163

第 6 章 · 项目范围管理　166
6.1 范围管理的流程和工具 ································· 166
6.1.1 项目群范围规划的机制和工具 ································· 166
6.1.2 项目范围管理的流程和工具 ································· 169
6.2 项目范围管理的实施 ································· 169
6.3 范围管理中遇到的主要挑战和克服措施 ································· 173

第 7 章 · 项目进度管理　177
7.1 项目进度计划的制订 ································· 177
7.2 进度计划实施和控制的流程工具 ································· 181
7.3 项目关键路径的管理 ································· 186
7.4 进度管理中遇到的复杂情况和克服措施 ································· 188
7.4.1 进度管理中的复杂情况 ································· 188
7.4.2 复杂情况的应对措施 ································· 189

第 8 章 · 项目成本管理　193

- 8.1 茅洲河项目的成本确定方式和工具 …………………………………… 193
- 8.2 成本管理的主要流程和工具 …………………………………………… 194
- 8.3 项目成本管理的实施 …………………………………………………… 197
- 8.4 成本管理中遇到的复杂情况和克服措施 ……………………………… 198

第 9 章 · 项目质量管理　201

- 9.1 项目质量管理的组织体系和制度流程 ………………………………… 201
  - 9.1.1 质量管理的组织体系 ……………………………………………… 201
  - 9.1.2 质量管理标准体系的策划编制 …………………………………… 203
  - 9.1.3 质量管理的流程和工具 …………………………………………… 208
- 9.2 项目质量保证体系 ……………………………………………………… 212
- 9.3 项目参建队伍和现场管理队伍的质量保证 …………………………… 216
- 9.4 项目建设过程的质量保证 ……………………………………………… 219
  - 9.4.1 设计质量管理 ……………………………………………………… 219
  - 9.4.2 设备材料质量管理 ………………………………………………… 219
  - 9.4.3 施工现场质量管理 ………………………………………………… 224
  - 9.4.4 干支流河道水体水质质量检测监测与管理 ……………………… 227
- 9.5 项目质量的控制协调保证 ……………………………………………… 234
  - 9.5.1 项目质量控制协调措施 …………………………………………… 234
  - 9.5.2 项目成果验收保证措施 …………………………………………… 235
- 9.6 质量管理中遇到的挑战和克服措施 …………………………………… 239
- 9.7 质量管理对于整个项目成功所做的贡献 ……………………………… 242

第 10 章 · 项目安全管理　243

- 10.1 项目安全管理的组织体系和模式、流程 ……………………………… 243
  - 10.1.1 安全管理的组织体系 …………………………………………… 243
  - 10.1.2 施工安全管理模式 ……………………………………………… 245
  - 10.1.3 施工安全管理的流程和工具 …………………………………… 245
- 10.2 项目安全生产保证体系 ………………………………………………… 248
- 10.3 项目危大工程安全管理 ………………………………………………… 255
- 10.4 项目危险源管理 ………………………………………………………… 263
- 10.5 项目应急管理体系 ……………………………………………………… 266
- 10.6 项目安全文化建设 ……………………………………………………… 269

10.7 安全管理中遇到的挑战和克服措施 ·· 271
10.8 安全管理对于整个项目成功所做的贡献 ······································ 278

第 11 章 · 项目资源管理　279

11.1 项目资源识别、获取和管理的基本情况 ······································ 279
11.2 项目资源管理的流程和工具 ·· 280
11.3 项目资源管理模式 ·· 285
11.4 项目资源管理的实施 ·· 289
  11.4.1 项目人力资源管理 ·· 289
  11.4.2 项目物资设备资源的管理 ·· 290
11.5 资源管理中遇到的复杂情况和克服措施 ······································ 294

第 12 章 · 项目沟通管理　296

12.1 项目的沟通策略 ·· 296
12.2 项目沟通管理的流程和工具 ·· 297
  12.2.1 茅洲河项目主要沟通工具 ·· 297
  12.2.2 茅洲河项目沟通制度和流程 ·· 302
  12.2.3 茅洲河项目管理信息系统 ·· 307
12.3 沟通管理中遇到的主要挑战和克服措施 ······································ 314

第 13 章 · 项目风险管理　318

13.1 项目的主要风险 ·· 318
13.2 项目风险管理建设 ·· 320
13.3 项目风险管理的实施 ·· 322
  13.3.1 项目风险识别 ·· 322
  13.3.2 项目风险分析 ·· 323
  13.3.3 项目风险应对 ·· 323
13.4 风险管理中遇到的主要挑战和克服措施 ······································ 327

第 14 章 · 项目采购管理　329

14.1 项目采购管理的流程和工具 ·· 329
14.2 项目采购规划 ·· 331
14.3 项目采购实施 ·· 334

14.4 项目采购控制 ……………………………………………………………… 335
  14.5 采购管理中遇到的主要挑战以及克服措施 ………………………………… 338

第 15 章 · 项目干系人管理　339

  15.1 项目的主要干系人及其对项目的作用 ……………………………………… 339
  15.2 干系人管理的流程和工具 …………………………………………………… 339
    15.2.1 积极对接地方政府开展客户需求调查 ………………………………… 339
    15.2.2 通过战略合作建立长效沟通联络机制 ………………………………… 340
    15.2.3 干系人配合方案 ………………………………………………………… 340
    15.2.4 纠纷预防与处理方案 …………………………………………………… 344
  15.3 干系人管理中遇到的主要挑战和克服措施 ………………………………… 346

实施成效篇

第 16 章 · 项目收尾管理　352

  16.1 项目收尾的流程与管理方法 ………………………………………………… 352
  16.2 项目经验教训总结 …………………………………………………………… 355
  16.3 项目成员的绩效评价标准 …………………………………………………… 356
  16.4 项目内外部评价和媒体报道 ………………………………………………… 358
  16.5 项目获得社会广泛赞誉 ……………………………………………………… 360

第 17 章 · 项目文化与社会责任　362

  17.1 公司高层对项目管理的价值理解和支持策略 ……………………………… 362
  17.2 组织项目管理的宣传和教育 ………………………………………………… 364
  17.3 茅洲河项目管理人员的职业发展规划 ……………………………………… 366
  17.4 项目文化建设 ………………………………………………………………… 367
  17.5 项目经理的行为准则及主导作用 …………………………………………… 372
  17.6 项目经验引领行业发展 ……………………………………………………… 372
  17.7 项目履行的企业社会责任 …………………………………………………… 374
  17.8 项目获奖及荣誉称号 ………………………………………………………… 375

第 18 章 · 茅洲河治理成效——水质变化 383

18.1 茅洲河共和村国控断面水质变化 … 383
18.1.1 氨氮 … 383
18.1.2 溶解氧 … 384
18.1.3 总磷 … 384
18.1.4 化学需氧量 … 384

18.2 沙井河水闸断面水质变化 … 386
18.2.1 氨氮 … 386
18.2.2 溶解氧 … 386
18.2.3 总磷 … 388
18.2.4 化学需氧量 … 388

18.3 罗田水河口断面水质变化 … 388
18.3.1 氨氮 … 389
18.3.2 溶解氧 … 389
18.3.3 总磷 … 391
18.3.4 化学需氧量 … 391

后 记 393

图目录

图 1-1 茅洲河项目的总体目标、范围和特点 ………… 3
图 1-2 茅洲河项目总体治理效果重要里程碑 ………… 3
图 1-3 项目实施前后茅洲河流域水环境状况 ………… 4
图 1-4 2018 年在茅洲河举办"世界环境日龙舟赛" ………… 4
图 1-5 茅洲河口位于大湾区内湾核心区域 ………… 5
图 1-6 茅洲河流域地理范围 ………… 5
图 1-7 茅洲河流域环境的变迁 ………… 6
图 1-8 2013 年 5 月 25 日香港《文汇报》报道"深圳茅洲河珠三角最脏" ………… 7
图 1-9 2013 年茅洲河流域污染状况 ………… 7
图 1-10 2011—2015 年共和村断面氨氮浓度 ………… 8
图 1-11 中央电视台等媒体曝光茅洲河污染 ………… 9
图 1-12 茅洲河水污染综合治理部分措施与目标 ………… 9
图 2-1 茅洲河流域水环境治理系统结构 ………… 11
图 2-2 茅洲河流域已建成污水管网的主要问题 ………… 15
图 2-3 2013 年沙井污水处理厂日均处理水量、负荷率月度变化 ………… 16
图 2-4 茅洲河支流防洪通道不通畅 ………… 17
图 2-5 茅洲河流域河道硬质化严重 ………… 18
图 2-6 茅洲河流域(宝安片区)河道暗涵百分比 ………… 18
图 2-7 茅洲河下游感潮河段入海口污水回溯 ………… 19
图 2-8 茅洲河河道底泥污染严重 ………… 20
图 2-9 "流域统筹、系统治理"理念内涵 ………… 23
图 2-10 流域水环境治理系统解决方案框架 ………… 24
图 2-11 流域水环境治理六大技术系统 ………… 24
图 2-12 水情水质监测预报系统模块图 ………… 25
图 2-13 雨污分流截排管控系统构成示意图 ………… 26
图 2-14 内外源污染管控系统 ………… 27
图 2-15 工程补水增净驱动系统示意图 ………… 28
图 2-16 生态美化循环促进系统示意图 ………… 28
图 2-17 "织网成片"示意图 ………… 29
图 2-18 "正本清源"示意图 ………… 30
图 2-19 理水梳岸：支流、暗渠排口调查 ………… 30
图 2-20 寻水溯源方案图 ………… 31
图 2-21 茅洲河项目六大类工程建设内容 ………… 31
图 2-22 茅洲河项目基于"流域统筹、系统治理"理念的治理模式 ………… 40
图 2-23 "流域统筹、系统治理"技术体系框架 ………… 40
图 2-24 "政府＋大央企＋大 EPC"项目实施模式 ………… 41
图 2-25 茅洲河治理"分步走"实施路径 ………… 41
图 2-26 流域水环境治理"六大技术系统" ………… 42
图 2-27 《城市河流(茅洲河)水环境治理关键技术研究》鉴定证书 ………… 43
图 2-28 流域水环境治理"五大技术指南" ………… 43
图 2-29 公司牵头制定的水环境治理技术标准和申请获得的专利 ………… 44
图 2-30 河道底泥资源化利用处置方案 ………… 44
图 2-31 水环境联盟成立大会 ………… 46
图 2-32 茅洲河项目公开发表的部分技术成果著作 ………… 47
图 2-33 水环境联盟主办的行业期刊和研究报告 ………… 47
图 3-1 深圳市水污染治理组织架构 ………… 52
图 3-2 深圳市各级河长职责分工 ………… 54
图 3-3 深圳水污染治理"条块结合，以块为主"推进落实机制 ………… 57
图 3-4 宝安区水污染治理指挥部组织架构图(2019 年) ………… 58
图 3-5 宝安区水环境治理 EPC 项目重大事项决策工作流程 ………… 63
图 3-6 现场问题即时解决机制 ………… 65
图 3-7 茅洲河全流域水环境综合治理"挂图作战"示意图(2017 年 12 月) ………… 70
图 3-8 中国电力建设集团简介 ………… 74
图 3-9 茅洲河项目主要干系人类型和关系结构 ………… 78
图 3-10 茅洲河项目总体目标 ………… 79
图 4-1 项目前期工作总体进程 ………… 81
图 4-2 项目开工及"百日大会战"启动仪式上波澜壮阔的誓师场景 ………… 86
图 4-3 集团化总承包模式下承包商组织架构 ………… 87
图 4-4 项目总体治理结构(第二阶段) ………… 90
图 4-5 项目总体治理结构(第三阶段) ………… 92
图 4-6 项目总体治理结构(第四阶段) ………… 92
图 4-7 项目总承包部的治理结构 ………… 93
图 4-8 项目总承包部的信息传递流程 ………… 94
图 4-9 项目的治理机制示意 ………… 94
图 5-1 设计管理组织架构 ………… 105
图 5-2 初步设计管理体系图 ………… 106
图 5-3 初步设计管理工作程序 ………… 108
图 5-4 新城区域污水管网改造示意图 ………… 116
图 5-5 旧城区近期新建合流制排水系统 ………… 116
图 5-6 工业厂区完善周边污水系统示意图 ………… 117
图 5-7 建筑单体改造大样图 ………… 118
图 5-8 茅洲河燕川湿地平面布置图 ………… 121
图 5-9 潭头河景观平面 ………… 124
图 5-10 沙井污水处理厂再生水补水管网 ………… 127
图 5-11 松岗水质净化厂补水管网 ………… 128
图 5-12 总体技术路线图 ………… 132
图 5-13 LID 生态技术对比图 ………… 138
图 5-14 整体生态结构与景观结构布局 ………… 144
图 5-15 功能分区图 ………… 145
图 5-16 绿化设计构思 ………… 152
图 5-17 茅洲河代表符号的设计构思 ………… 155
图 5-18 地下管网 BIM 系统技术路线图 ………… 158
图 5-19 排涝泵站 BIM 系统软件技术路线图 ………… 159
图 5-20 排涝泵站 BIM 模拟效果图(左)和现场航拍图(右) ………… 160
图 5-21 排涝泵站 BIM 建筑模型图(左)和现场实拍图(右) ………… 160
图 5-22 水荫路地下管网 BIM 系统管线横断面图 ………… 161
图 5-23 工程变更相关表单 ………… 163
图 5-24 工程变更流程图 ………… 164
图 5-25 工程变更分级审批 ………… 165
图 6-1 茅洲河水环境治理区域一体化治理模式 ………… 168
图 6-2 EPC "大兵团"项目实施模式 ………… 168
图 6-3 项目范围分解和关键任务管理流程 ………… 170
图 6-4 项目范围变更流程 ………… 171
图 6-5 茅洲河项目第一版项目群范围框架 ………… 172
图 6-6 项目包的标段划分原则 ………… 173
图 6-7 茅洲河项目群结构和 WBS 分解示意图 ………… 174
图 7-1 整体进度计划制定流程图 ………… 177
图 7-2 项目投标策划中的总进度计划 ………… 178
图 7-3 宝安区 2019 年全面消除黑臭水体工程

图 7-4	(茅洲河片区)施工进度计划	179
	宝安区 2019 年全面消除黑臭水体工程	
	(茅洲河片区)各工区进度指标	179
图 7-5	各工区进度计划横道图	180
图 7-6	某子项目的进度计划横道图	180
图 7-7	年度进度计划编制	181
图 7-8	茅洲河项目进度管理组织体系图	182
图 7-9	项目层进度控制流程	183
图 7-10	进度日报表示例	183
图 7-11	进度周报示例	184
图 7-12	进度分析报告示例	184
图 7-13	工程管控平台进度管理三维展示界面	185
图 7-14	工程管控平台进度管理统计图表展示界面	186
图 7-15	工程管控平台物资管理处理界面	188
图 7-16	工程管控平台协调事项处理界面	188
图 7-17	茅洲河项目"百日大会战"	190
图 8-1	概预算编制部门职责	193
图 8-2	茅洲河项目总投资概算组成	194
图 8-3	茅洲河项目施工预算编制流程图	195
图 8-4	成本管理的组织体系	196
图 8-5	成本管理主要流程	196
图 8-6	项目付款流程图	197
图 8-7	分包商向总包商提出的索赔流程	199
图 9-1	成立质量管理委员会的通知	202
图 9-2	质量管理组织机构框架图	202
图 9-3	质量管理策划示例	203
图 9-4	水环境治理行业全生命周期技术活动的技术标准体系	204
图 9-5	水环境联盟活动	205
图 9-6	标准化作业指导文件示例	205
图 9-7	质量管理体系示例文件	209
图 9-8	质量管理流程	210
图 9-9	施工过程质量控制程序	211
图 9-10	工序质量控制程序	212
图 9-11	质量保证体系框架	214
图 9-12	质量保证体系运行	215
图 9-13	岗位序列表、岗位评价因素分析图	217
图 9-14	试验检测专题培训	218
图 9-15	积极组织开展"质量月"活动	218
图 9-16	动态设计质量管理流程	220
图 9-17	设计方案评审会	221
图 9-18	物资设备采购过程质量监督与控制流程	222
图 9-19	供应商评估与资质评审	222
图 9-20	技术交底会	223
图 9-21	CCTV 检测以及 QV 现场抽检	223
图 9-22	进场材料二维码	224
图 9-23	质量检查考核细则	224
图 9-24	两个阶段质量管理体系认证工作	225
图 9-25	质量管理体系认证证书	225
图 9-26	施工现场监控摄像头	225
图 9-27	日常质量检查	226
图 9-28	月度质量检查	226
图 9-29	检查考核通报、奖励考核通报	226
图 9-30	关键工序实名制专项检查	227
图 9-31	现场抽检	227
图 9-32	CCTV 管道内窥检测培训交流会	228
图 9-33	"质量月"活动启动仪式	228
图 9-34	知识竞赛	228
图 9-35	工程质量月报	235
图 9-36	日常质量巡检	235
图 9-37	质量检查整改报告	235
图 9-38	质量工作分析会	236
图 9-39	质量验收评定工作推进会	236
图 9-40	配合验收组织架构	236
图 9-41	配合验收流程	237
图 9-42	某工程验收移交会	239
图 9-43	工程首件及试验段管理制度	240
图 9-44	泵站出水箱涵上钢筋	240
图 9-45	顾客满意度统计分析与调查表	242
图 9-46	各大媒体宣传	242
图 10-1	各级安委会组成	244
图 10-2	施工安全管理组织机构	244
图 10-3	施工安全管理模式	245
图 10-4	54 项安全管理制度	246
图 10-5	安全风险管控管理办法	246
图 10-6	安全生产奖惩管理办法	246
图 10-7	领导带班值班管理办法	246
图 10-8	各层级安全管理机构、岗位及人员配置要求	247
图 10-9	安全管理流程	248
图 10-10	安全生产保证体系框架	249
图 10-11	安全生产标准化管理制度汇编	250
图 10-12	安全生产操作规程汇编	250
图 10-13	有限空间作业标准化工作指南	250
图 10-14	施工现场安全生产标准化图册	250
图 10-15	水利安全生产标准化一级单位荣誉牌匾和证书	251
图 10-16	公司三标管理体系认证相关通知	251
图 10-17	公司三标管理体系认证证书	251
图 10-18	公司三标管理体系内审末次会议	251
图 10-19	公司三标管理体系内审现场检查	251
图 10-20	三标管理体系文件架构	252
图 10-21	三标管理体系之管理手册目录	252
图 10-22	电建生态公司危大工程安全管理要求	255
图 10-23	《专项施工方案》审批流程(非公司总部直管项目)	258
图 10-24	《专项施工方案》审批流程(公司总部直管项目)	258
图 10-25	班组班前安全交底会	259
图 10-26	现场安全检查	260
图 10-27	现场设备物资安全检查	261
图 10-28	水环境治理工程管控平台	261
图 10-29	视频监控系统现场视频展示	262
图 10-30	施工现场网格化系统人员位置及资料卡展示	262
图 10-31	人员定位设备	263
图 10-32	安全和应急管理综合服务系统	263
图 10-33	工程风险源	264
图 10-34	危险源动态控制流程	265
图 10-35	日常危险源排查	265
图 10-36	危险源辨识与评估报告	265
图 10-37	公司应急组织体系	267
图 10-38	公司应急预案体系	268
图 10-39	公司应急预案汇编及目录	268
图 10-40	紧急响应流程	269
图 10-41	事件分级和应急响应分级关系	270
图 10-42	开展联防联控,打造廉洁文化	270
图 10-43	员工拓展训练	270
图 10-44	公司安全文化理念	270
图 10-45	安全文化建设模型	271
图 10-46	安全文化建设实施路径	272
图 10-47	"三纵三横"的安全培训体系	273
图 10-48	中电建生态公司领导层宣贯安全体系	273
图 10-49	工程项目安全管理知识体系培训	273
图 10-50	手机端安全和应急管理系统界面	277
图 10-51	Web 端安全和应急管理系统界面	278
图 10-52	水利安全生产标准化一级单位	278
图 10-53	广东省安全文化建设示范企业	278
图 10-54	广东省安全文化建设示范企业证书	278
图 11-1	茅洲河项目涉及的人力资源	280

图 11-2	茅洲河项目涉及的物资资源	280
图 11-3	施工人员可视化管理调度平台	284
图 11-4	施工人员实名制管理流程	284
图 11-5	物资资源的资源管理架构	286
图 11-6	设备物资管理办法	286
图 11-7	设备物资供应保障方案	287
图 11-8	设备设施管理办法	287
图 11-9	关键资源的协调机制	288
图 11-10	各标段关键资源实时联动流程	288
图 11-11	安全帽、手表/手环和无源 RFID	289
图 11-12	标段资源实时动态管理	291
图 11-13	设备验收报告单	292
图 11-14	新增大型设备验收制度	293
图 11-15	机械设备进场报验工作流程	293
图 11-16	设备资产盘点表	294
图 11-17	茅洲河项目协同机制	295
图 11-18	项目可视化管理平台	295
图 12-1	项目总体沟通体制结构	296
图 12-2	与干系人沟通的目的、策略梗概	297
图 12-3	主要干系人沟通工具	298
图 12-4	茅洲河项目沟通工具原则	298
图 12-5	项目管理信息平台功能模块架构	301
图 12-6	茅洲河项目(群)问题清单展示(局部)	301
图 12-7	征地拆迁沟通流程	303
图 12-8	绿化迁移沟通流程	304
图 12-9	临时用地沟通流程	304
图 12-10	管线迁改沟通流程	305
图 12-11	交通疏解沟通流程	305
图 12-12	社会投诉沟通流程	306
图 12-13	工程受阻沟通流程	306
图 12-14	接口管理沟通流程	307
图 12-15	信息化应用体系的系统架构	308
图 12-16	管控平台系统功能结构	309
图 12-17	施工进度可视化管理操作界面	309
图 12-18	工程施工网格化管理操作界面	310
图 12-19	施工现场视频监控界面及功能	310
图 12-20	水情水质监测预警操作界面	311
图 12-21	安全和应急管理综合服务系统操作界面	312
图 12-22	工程协同系统操作界面	313
图 12-23	多媒体封装组合系统成果展示	314
图 12-24	全面消除黑臭水体"攻坚战"活动社会宣传进社区	315
图 12-25	项目沿线企业感谢信	316
图 12-26	光明区部分街道、社区向中电建光明水环境公司赠送锦旗(部分)	316
图 12-27	标准化施工受到好评	317
图 13-1	茅洲河风险管理总体流程	320
图 13-2	项目风险动态管控流程	321
图 13-3	公司风险管理制度	321
图 13-4	项目风险登记册	322
图 13-5	项目风险分析	323
图 13-6	项目风险防范措施	324
图 13-7	防灾紧急应变救援组织结构	326
图 13-8	茅洲河项目应急预案体系	326
图 14-1	茅洲河项目物资设备采购履约评价流程	330
图 14-2	采购管理程序流程	330
图 14-3	公司内部各部门履约评价职责	331
图 14-4	茅洲河项目采购大纲(示意)	333
图 14-5	茅洲河项目采购管理计划主要内容	333
图 14-6	茅洲河项目采购管理计划编制审批流程	334
图 14-7	茅洲河项目采购计划部分截图	335
图 14-8	茅洲河项目采购实施流程	336
图 14-9	茅洲河项目主材采购评标委员会结构	336
图 14-10	茅洲河项目采购评标程序和原则	337
图 15-1	茅洲河项目主要干系人群体对项目的作用	340
图 15-2	问题清单示例展示(局部)	347
图 15-3	茅洲河项目新闻报道(部分)	348
图 15-4	茅洲河项目宣传片	348
图 16-1	验收会议	354
图 16-2	验收—查看现场	354
图 16-3	验收移交文件	354
图 16-4	部分项目经验教训总结成果	356
图 16-5	"计划+360°员工个人测评+负面清单"绩效评价体系	357
图 16-6	绩效考核指标	357
图 16-7	壮丽 70 年奋斗新时代——共和国发展成就巡礼(2019 年 8 月 20 日)	359
图 16-8	《焦点访谈》"为有源头清水来"(2020 年 6 月 20 日)	359
图 16-9	《人民日报》用整版报道《茅洲河之变》	359
图 16-10	茅洲河治理媒体报道集景	360
图 16-11	部分获奖证书	361
图 17-1	茅洲河项目启动誓师大会现场	362
图 17-2	高层组织项目管理会议	363
图 17-3	董事长授课——"战略体系"	363
图 17-4	制度宣贯登记表	364
图 17-5	文化宣传手册	364
图 17-6	公司网站宣传先进人物事迹	365
图 17-7	职业技能培训	365
图 17-8	"三纵三横"培训图	366
图 17-9	职业发展路径与通道	367
图 17-10	时任公司领导参与文化建设活动	368
图 17-11	文化建设管理办法与建设规划	368
图 17-12	企业文化成果展示	369
图 17-13	摄影比赛活动评选结果通知	370
图 17-14	趣味运动会	370
图 17-15	创新论坛与主题教育展	371
图 17-16	趣味展板和文化展馆	371
图 17-17	新闻联播宣传报道	371
图 17-18	廉政承诺书签署现场与荣誉证书	372
图 17-19	总结撰写技术管理创新的成果(部分知识成果书籍展示)	373
图 17-20	积极履行社会责任	374
图 17-21	社会各界发来的感谢信、表扬信(部分展示)	375
图 18-1	茅洲河共和村断面水体氨氮浓度变化(2016—2023 年)	384
图 18-2	茅洲河共和村断面水体溶解氧含量变化(2016—2023 年)	385
图 18-3	茅洲河共和村断面水体总磷浓度变化(2016—2023 年)	385
图 18-4	茅洲河共和村断面水体 COD_{Cr} 浓度变化(2016—2023 年)	386
图 18-5	沙井河水闸断面水体氨氮浓度变化(2016—2023 年)	387
图 18-6	沙井河水闸断面水体溶解氧含量变化(2016—2023 年)	387
图 18-7	沙井河水闸断面水体总磷浓度变化(2016—2023 年)	388
图 18-8	沙井河水闸断面水体 COD_{Cr} 浓度变化(2016—2023 年)	389
图 18-9	罗田水河口断面水体氨氮浓度变化(2016—2023 年)	390
图 18-10	罗田水河口断面水体溶解氧含量变化(2016—2023 年)	390
图 18-11	罗田水河口断面水体总磷浓度变化(2016—2023 年)	391
图 18-12	罗田水河口断面水体 COD_{Cr} 浓度变化(2016—2023 年)	392

表目录

表号	名称	页码
表1-1	茅洲河流域治理相关的部分政策和目标	10
表2-1	项目实施前茅洲河流域(宝安片区)河道污水偷漏排量情况	13
表2-2	项目实施前茅洲河流域规划污水管网建设长度	14
表2-3	项目实施前茅洲河流域已建成污水厂处理能力	15
表2-4	茅洲河流域各片区已完成和待实施河道整治数量	17
表2-5	茅洲河项目群的主要项目包	32
表2-6	茅洲河项目群的主要建设内容和目标	33
表3-1	深圳市水污染治理各级机构的主要职责	53
表3-2	深圳市河长制责任单位和职责任务	55
表3-3	宝安区水污染治理指挥部内设专责工作组组成和主要职责	58
表3-4	宝安区水污染治理指挥部"1+4+10"现场协调联络保障机制	59
表3-5	十一条一级支流的区、街道级河长	60
表3-6	深圳市级保障治水工程的创新政策	61
表3-7	EPC项目三级管理体系	63
表3-8	EPC项目重大事项分层决策机制	64
表3-9	现场问题即时解决机制和适用范围	64
表3-10	河道工程项目各建设阶段的主要审批环节和时限	66
表3-11	管网工程项目各建设阶段的主要审批环节和时限	67
表3-12	泵站工程项目各建设阶段的主要审批环节和时限	68
表3-13	项目主要干系人群体的需要和期望	78
表5-1	初步设计内容及进度计划表	107
表5-2	施工图阶段设计进度计划表	112
表5-3	湿地工程位置、规模一览表	118
表5-4	燕川湿地设计进出水水质表	119
表5-5	潭头河湿地设计进出水水质表	123
表5-6	排涝湿地设计进出水水质表	125
表5-7	河道防洪清淤工程量汇总表	132
表5-8	各河段疏浚和运输方式	134
表6-1	项目范围管理相关制度	170
表7-1	各方的主要分工责任	182
表7-2	报告类型及内容要求	183
表8-1	主要成本管理制度	197
表9-1	制定和发布实施的标准(部分)	206
表9-2	依托水环境联盟发布的团体标准(部分)	207
表9-3	单位级与项目级质量管理制度	209
表9-4	质量保证主要制度	213
表9-5	项目工程质量保证体系要素职责分配表	215
表9-6	公司组织各类培训情况	218
表9-7	物资设备部门岗位设置及人员配置表	221
表9-8	茅洲河流域主要污水处理厂及其处理能力	232
表9-9	验收配合方案	237
表10-1	安全管理制度(部分)	247
表10-2	三标管理体系之程序文件目录	252
表10-3	三标管理体系之作业文件目录	253
表10-4	安全生产保证措施	254
表10-5	安全技术责任落实表	256
表10-6	专项施工方案编制表	256
表10-7	安全监督安排表	259
表10-8	风险源评估及应对措施(部分)	266
表10-9	生态公司内部安全岗位培训清单	274
表10-10	生态公司对外单位安全培训清单	275
表11-1	茅洲河项目资源管理工具	281
表11-2	茅洲河项目设备资产调拨表	281
表11-3	茅洲河项目特种设备管理台账	282
表11-4	茅洲河项目自有设备(资产)管理台账	282
表11-5	茅洲河项目设备物资管理评价考核评分表	283
表11-6	主要机械设备配置表(局部格式)	290
表11-7	茅洲河项目主材需求量(局部)	290
表11-8	施工材料进场安排情况(局部)	292
表12-1	茅洲河项目表扬信统计台账(部分)	300
表12-2	沟通制度文件一览表	302
表14-1	项目采购管理相关制度(部分)	329
表14-2	物资设备部门管理职责	331
表15-1	干系人配合方案一览表	341
表16-1	茅洲河项目竣工验收类别、验收单位、验收流程、配合要点内容	352
表16-2	茅洲河项目主流新闻媒体部分报道	358
表16-3	茅洲河项目所获荣誉称号(部分)	360
表17-1	茅洲河项目社会责任活动(部分)	374
表17-2	茅洲河项目(群)所获奖项和荣誉(部分)	376

总览篇

——『流域统筹、系统治理』

第1章 项目背景

1.1 项目基本情况

深莞茅洲河流域水环境治理项目(以下简称"茅洲河项目")是以珠三角地区曾经污染最严重的黑臭河,深圳市第一大河——茅洲河,在2020年底前全流域全部消除黑臭水体,干流水质稳定达到地表Ⅴ类水标准为主要系统性治理目标的跨行业复杂巨型项目群,是目前国内规模最大,以及首个严格按照"流域统筹、系统治理"理念开展的流域水环境综合治理EPC工程项目,也是全国第一个在城市高密度建成区采用EPC模式实施的城市水环境综合治理项目,治理范围涉及"两市三地"(深圳市、东莞市,宝安区、光明区、长安镇),涵盖河道治理、水质改善、管网排涝等六大类工程,共包含12个项目包(子项目群),152个项目。初步统计,概算总投资约354.6亿元。茅洲河项目建成后,茅洲河流域片区将重现水清岸绿,鱼翔浅底的优美生态环境。该项目社会关注度极高,是广东省级挂牌督办的重点项目,被列为深圳市政府的重点民生工程,时任两任广东省委书记先后亲自负责督导,先后两任省委副书记、深圳市委书记和三任市长担任地方第一负责人。

2016年2月1日,中国电力建设集团有限公司(以下简称"中国电建")旗下中国电力建设股份有限公司(以下简称"电建股份")与中国电建集团华东勘测设计研究院有限公司(以下简称"华东院")联合体一举中标茅洲河项目的第一个项目包——"茅洲河流域(宝安片区)水环境综合整治EPC总承包项目"(以下简称"宝安片区综合整治项目"),共包含46个子项,合同额123.07亿元,是我国首个超百亿元的大型水环境治理项目,由中国电建为本项目专门成立的中电建水环境治理技术有限公司(以下简称"电建水环境公司",2019年更名为"中电建生态环境集团有限公司",以下简称"电建生态公司")负责项目履约,由此,拉开了茅洲河流域水环境综合治理的大幕。其后几年,电建水环境公司携手中国电建成员企业相继中标宝安片区、光明片区、东莞片区的归属茅洲河项目的各类后续项目包,逐步迭代形成了系统的茅洲河全流域水环境综合治理项目群。

自2016年2月中标茅洲河项目以来,中国电建与地方政府紧密合作和持续攻坚,茅洲河面貌得到根本改观,用4年补齐40年历史欠账,创生态环境保护"深圳速度",各项流域治理里程碑目标均提前达到,2017年12月11日原环境保护部对茅洲

第 1 章 项目背景

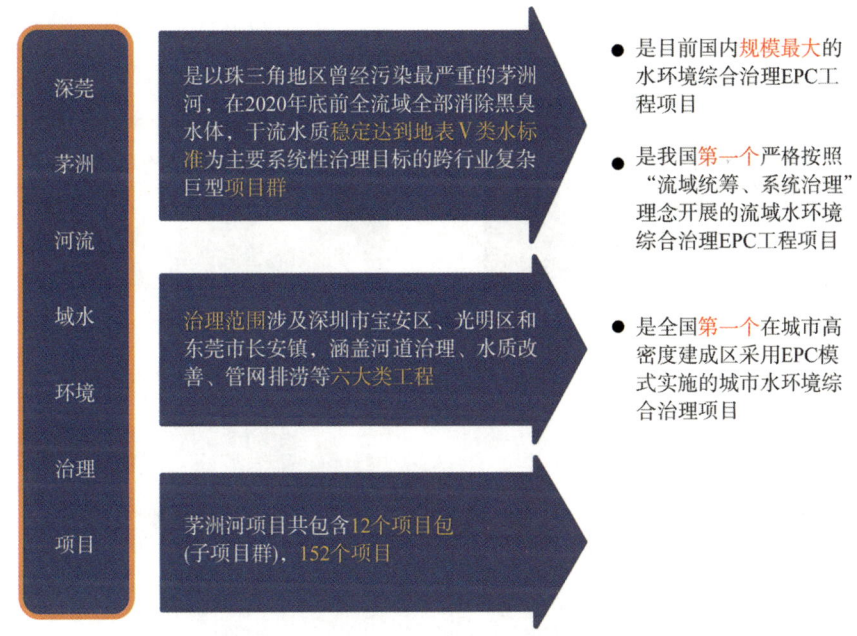

图 1-1 茅洲河项目的总体目标、范围和特点

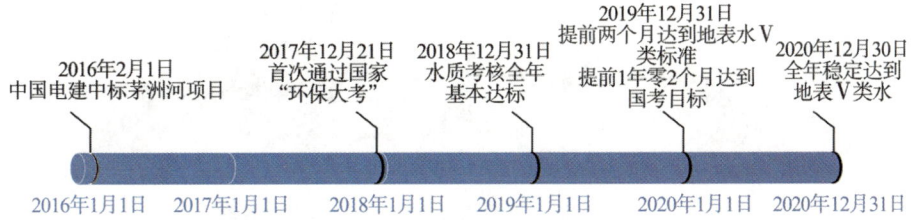

图 1-2 茅洲河项目总体治理效果重要里程碑

河干流三个断面水质进行了首次国家考核,监测结果表明已达到不黑不臭标准,顺利通过首次国家"环保大考";2018 年水质考核全年基本达标,稳定实现不黑不臭,达到 2018 年广东省年度考核目标,并以优美的生态景观迎来 2018 年"6·5"世界环境日龙舟赛,再现茅洲河千舟竞发、人水交融的和谐场景;2019 年实现了干流和深圳侧一级支流全部消除黑臭,11 月份持续达到地表 V 类水,提前两个月达地表水 V 类标准,提前 1 年零 2 个月达到国考目标;2020 年茅洲河各河道水质持续改善,共和村国考断面全年稳定达到地表 V 类水,各支流河道逐步稳定达到地表 V 类水,174 条小微水体实现不黑不臭(图 1-3 和图 1-4)。

1.2 茅洲河流域概况

茅洲河是深圳市第一大河和深圳、东莞两市的界河,属于珠江三角洲水系,位于

3

项目实施前　　　　　　　　　　　　项目实施后

图 1-3　项目实施前后茅洲河流域水环境状况

图 1-4　2018 年在茅洲河举办"世界环境日龙舟赛"

深圳西北部,发源于深圳境内的羊台山北麓,自东南往西北蜿蜒流经深圳市宝安区、光明区和东莞市长安镇,最后在宝安区沙井街道民主村注入珠江口伶仃洋,河口区域正处于粤港澳大湾区内最具价值的内湾沿线核心地带,更是一河串联深圳、东莞两市,地理位置极为关键,区位的重要性和优势日益凸显,被誉为"小河口、大支点"(图 1-5)。

茅洲河全长 41.61 km,其中上游石岩水库以上控制河段,又称石岩河,长 10.32 km。石岩水库以下至珠江口,干流全长 31.3 km,包括下游深圳市宝安区与东莞市长安镇交界的深莞界河段(广深公路—茅洲河河口),又称东宝河,长 10.2 km。茅洲河上游地形多属丘陵台地,下游为滨海平原,河道易受海潮顶托,干流平均年径流量 33 632.4 万 m^3,河床平均比降 2.2‰,总落差 480 m,干流(石岩水库以下)流域面积达 388.23 km^2,其中宝安片区流域面积为 112.65 km^2,光明片区流域面积为 154.2 km^2,东莞市片区流域面积为 121.38 km^2;干流和各级支流总数 52 条,包括宝安区 30 条、光明区 13 条、长安镇 9 条,其中感潮河流 11 条,感潮河段总长 31.58 km。茅洲河流域地理范围如图 1-6 所示。

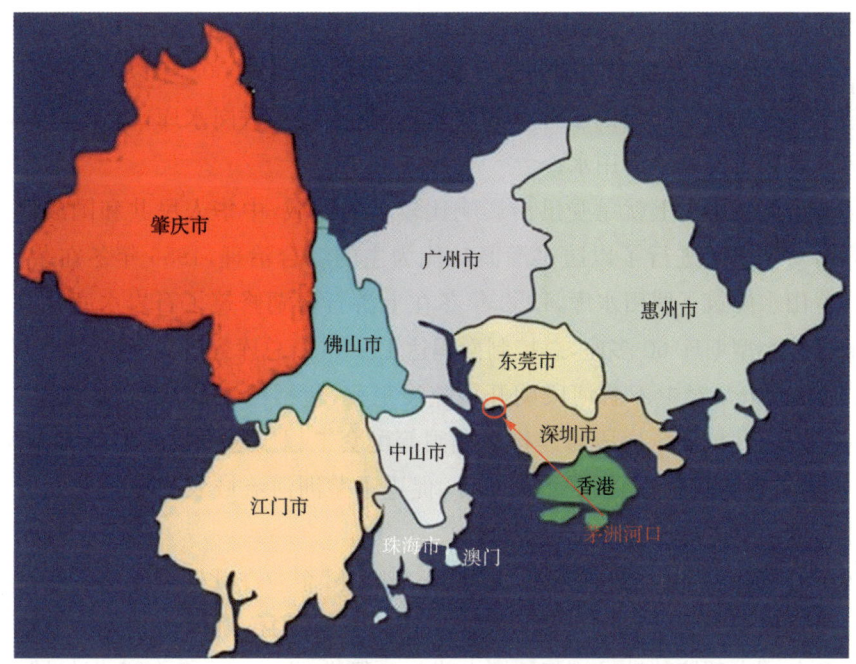

图 1-5　茅洲河口位于大湾区内湾核心区域

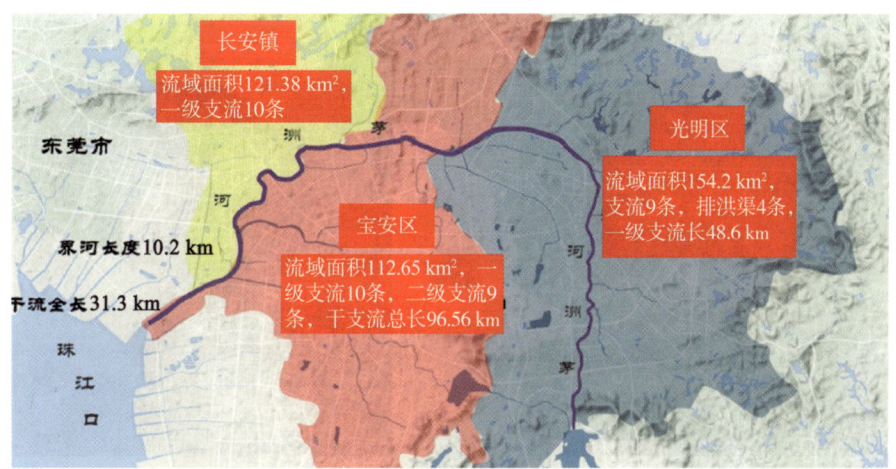

图 1-6　茅洲河流域地理范围

在深圳的发展史上，茅洲河有着非同一般的意义，作为深圳市流域面积最大、径流量也是最大的河流，茅洲河可谓深圳人民的"母亲河"，其流域环境的变迁更是见证了深圳经济的迅猛发展。

茅洲河流域曾是广东省原宝安县的主要产粮区，河流两岸散落着一些渔村，主要以生态湿地为主，在1960年茅洲河清澈得可以直接饮用，1980年人们还可以在河里游泳。在20世纪八九十年代，茅洲河两岸到处是农田，附近居民以农业为生，茅洲河作为灌溉河流,滋润了流域内的大片稻田。在入海口处,渔民围海造塘,开展渔业养殖,为辖区居民以及香港同胞输送了大量新鲜的渔产。2002年以前,宝安区水务部门甚至可以抽取茅洲河的水注入石岩水库,再流转到铁岗水库,为宝安以及南山蛇口等区域居民提供生活用水。

茅洲河流域历史上就是受洪涝影响比较多的区域,中华人民共和国成立以后,地方政府对茅洲河进行了以防洪灌溉功能为主的综合治理,1956年冬在茅洲河支流——罗田水修筑了罗田水库,1959年冬在上游石岩湖修筑了石岩水库,加上多年修建的其他小型塘库60多座,总控制面积达129 km^2,总库容达8 864万 m^3,有效库容达6 024万 m^3;对中下游河段则开展疏浚工程,包括河道截弯取顺,河床扩宽挖深,堤岸加高培厚,低洼地段修建排涝涵闸等配套工程。这一系列工程措施控制了干旱、洪涝灾害的威胁,提供了水利条件,促进了茅洲河流域农副业生产发展,流域内水稻亩产由200 kg提高到了400 kg。

改革开放以后,以茅洲河为轴,大量"三来一补"企业在此区域迅速崛起,流域内工业经济迅速发展,乡镇企业云集,两岸城镇化发展迅猛,耕地面积逐年缩减,但流域河道和各项水环境基础设施却长期未能与时俱进,也未进行系统全面的城镇化适应性建设和整治,造成河道的防洪、排涝、排污的负担日益加重,流域水环境逐渐恶化。茅洲河1978年与2015年环境变化如图1-7所示。

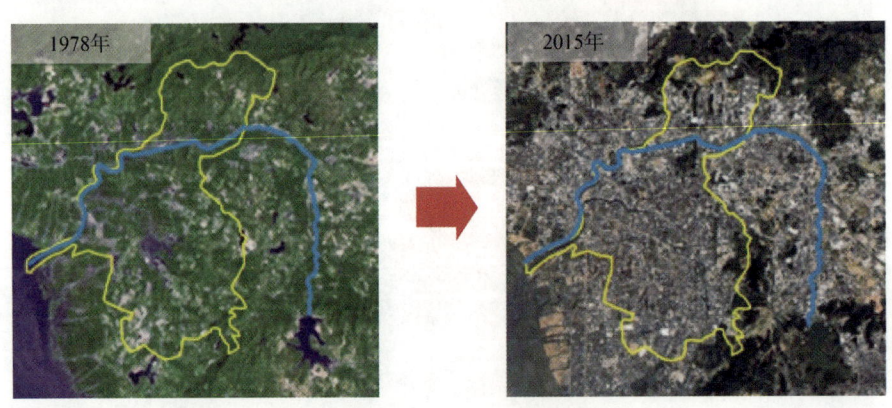

图1-7 茅洲河流域环境的变迁

20世纪90年代,随着经济逐渐发展,两岸工业厂房和城镇居民日益密集,洪涝导致的各种社会经济损失日益增加,区域已成易受洪涝影响的区域。进入21世纪后,两岸区域更是依托高速公路等的拓展,电子工业等各类产业迅速兴盛,但大多处于中低端,深莞两地城市化进程不断加快,各种工业和生活污染加速增长。至2010年,茅洲河流域已聚集了超300万常住人口和5万余家工业企业,其中电镀、线路板、表面处理、印染等高污染中小企业众多,各类重点监管企业达795家,另有餐饮、汽修等企业1.36万家和较多规模化的养殖场，但流域内治河、治污等基础设施建设滞后的问题长期未能被解决，超50%污水直排河涌，大部分规模化养殖场的污染也是直接排入鱼塘，流域水环境加速恶化。

至2013年，茅洲河因流域污染排放长期远超环境承载力，已彻底沦为"排污河"，成为珠三角污染最严重的河流，全流域所有干支流水质全部劣于地表水Ⅴ类标准，常年呈现黑臭状态，氨氮、总磷的浓度甚至超过Ⅴ类标准10多倍，被称为"墨水河""下水道"，对市民生活造成了严重影响，与两市的经济发展水平和进一步转型升级发展需求极不匹配，成为深圳这座靓丽城市"脸上的一道疤"（图1-8和图1-9）。

图1-8　2013年5月25日香港《文汇报》报道"深莞茅洲河珠三角最脏"

图1-9　2013年茅洲河流域污染状况

1.3 前期治理工作简况

茅洲河流域长期高度污染和水体黑臭状况早就引起了两岸居民极度不满和广东省、深圳市及流域沿线各级区、镇地方政府的高度关注。从2007年起,地方政府就已经开始大力推进茅洲河水环境综合整治工作。首先是为期三年的界河段清淤清障、防洪排涝治理工程,滩地及码头等障碍被清除,增大了行洪断面,于2010年底完工,将河段防洪能力从5年一遇提高到10年一遇;2010年起,深圳市又启动水环境治理工程,在流域深圳侧片区先后建成沙井、松岗、光明、公明4座污水处理厂,开展新建污水干管300 km、支管161 km等工程,流域水质略有好转。宝安区环境保护和水务局的数据显示,茅洲河宝安段2012年综合污染指数均值比2011年下降21.4%。但由于茅洲河污染时间长、治理起步晚、先天基础差,上述治理建设投入严重不足,再加上监管缺位、城市化无序开发加剧等多种因素叠加,前期治理效果并不理想,全流域水质仍全面严重劣于地表Ⅴ类水标准。一眼望去,茅洲河水体仍是不堪入目,整个流域还是"无河不污"。图1-10显示了2011—2015年共和村断面氨氮浓度严重超标。

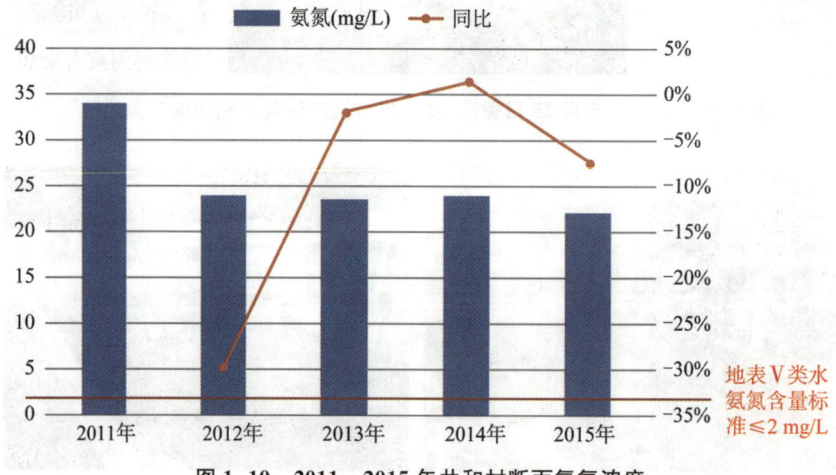

图1-10　2011—2015年共和村断面氨氮浓度

2013年,茅洲河环境污染问题被《人民日报》、中央电视台等媒体曝光(图1-11),广东省、深圳市领导高度重视,广东省原环保厅、监察厅于2013年和2014年连续两年将茅洲河污染整治列为省挂牌督办的十大重点环境问题之一,首次将茅洲河污染整治工作提升到省级层面的高度。广东省原环保厅将"茅洲河流域水环境综合整治工程"列入2013年2月印发的《南粤水更清行动计划(2013～2020年)》中,提出要通过综合治理的手段彻底治理茅洲河水污染问题,目标是使茅洲河水质2015年基本达到Ⅴ类水体标准。

图1-11 中央电视台等媒体曝光茅洲河污染

2014年7月,广东省人大在听取省政府前期相关工作报告的基础上,审议通过《关于加强广佛跨界河流、深莞茅洲河、汕揭练江、湛茂小东江污染整治的决议》,鉴于茅洲河流域水环境治理的复杂性和艰巨性,对茅洲河治理时限目标进行调整,要求深莞茅洲河2017年底前基本达到Ⅴ类水质,2020年底前基本达到Ⅳ类水质。

从源头抓起,极度压减和严控排污量	大幅提升污水收集和治理工程能力
● 从省政府层面实施流域限批,要求根据污染排放总量重新核发流域内企业排污许可证,2014年起流域所有重污染企业必须持证排污;	● 加快污水处理厂建设,重点开展沿河截污工程建设,深圳市要在2013年底建成公明污水处理厂,2014年年底建成沙井二期;
● 深莞两市被要求制定重污染企业关闭、淘汰名录,茅洲河流域每年须依法限期搬迁、关停10%至20%的重污染企业,对超总量、超标排污的企业依法吊销排污许可证;	● 东莞市要在2014年年底前日处理能力达到20万t以上;
● 2013年底前深莞两市要彻底取缔流域内所有非法畜禽养殖场,并对养殖场进行彻底清理清拆等等。	● 2015年底前流域各镇街要实现旱季污水全收集、全处理,污水处理率达到90%以上等等。

图1-12 茅洲河水污染综合治理部分措施与目标

2015年4月2日,印发《国务院关于印发水污染防治行动计划的通知》(国发〔2015〕17号)(以下简称国家"水十条")中明确提出到2020年"地级及以上城市建成区黑臭水体均控制在10%以内"的治理指标。广东省和深圳市人民政府迅速响应、坚决贯彻落实,广东省政府马上根据国务院"水十条"印发《广东省人民政府关于印发广东省水污染防治行动计划实施方案的通知》(粤府〔2015〕131号),要求到

2020年,全省地表水水质优良(达到或优于Ⅲ类)比例达到84.5%;对于划定地表水环境功能区划的水体断面,珠三角区域消除劣Ⅴ类,全省基本消除劣Ⅴ类;深圳市政府随即于2015年6月12日印发《深圳市贯彻国务院水污染防治行动计划实施治水提质行动方案》(深府〔2015〕45号)(以下简称市"水十条"),进一步明确了在2017年底前,茅洲河基本达Ⅴ类水质,宝安片区要实现基本消除黑臭水体、污水基本全收集、全处理、河岸无违法排污口;到2020年,茅洲河达地表水Ⅴ类等目标。

表1-1 茅洲河流域治理相关的部分政策和目标

日期	政策	任务目标
2013-2-18	《广东省环境保护厅关于印发南粤水更清行动计划(2013~2020年)的通知》(粤环〔2013〕13号)	要通过综合治理的手段彻底治理茅洲河水污染问题,目标是使茅洲河水质2015年基本达到Ⅴ类水体标准
2014-7-31	《关于加强广佛跨界河流、东莞茅洲河、汕揭练江、湛茂小东江污染整治的决议》	深莞茅洲河2017年底前基本达到Ⅴ类水质,2020年底前基本达到Ⅳ类水质
2015-4-2	《国务院关于印发水污染防治行动计划的通知》(国发〔2015〕17号)	到2020年地级及以上城市建成区黑臭水体均控制在10%以内
2015-12-31	《广东省人民政府关于印发广东省水污染防治行动计划实施方案的通知》(粤府〔2015〕131号)	到2020年,全省地表水水质优良(达到或优于Ⅲ类)比例达到84.5%;对于划定地表水环境功能区划的水体断面,珠三角区域消除劣Ⅴ类,全省基本消除劣Ⅴ类
2015-6-12	《深圳市贯彻国务院水污染防治行动计划实施治水提质行动方案》(深府〔2015〕45号)	在2017年底前,茅洲河基本达Ⅴ类水质;到2020年,茅洲河达地表水Ⅴ类

第 2 章 项目综述

2.1 茅洲河流域水环境治理难题的系统根源

在茅洲河项目实施前,该流域虽已历经多次治水,但都效果不佳,整个流域水体仍处于全面黑臭状态,区域洪、涝、潮灾害频发,其根本原因在于流域水环境治理是一个十分复杂的"自然—工程—社会"复合巨系统,如图 2-1 所示。

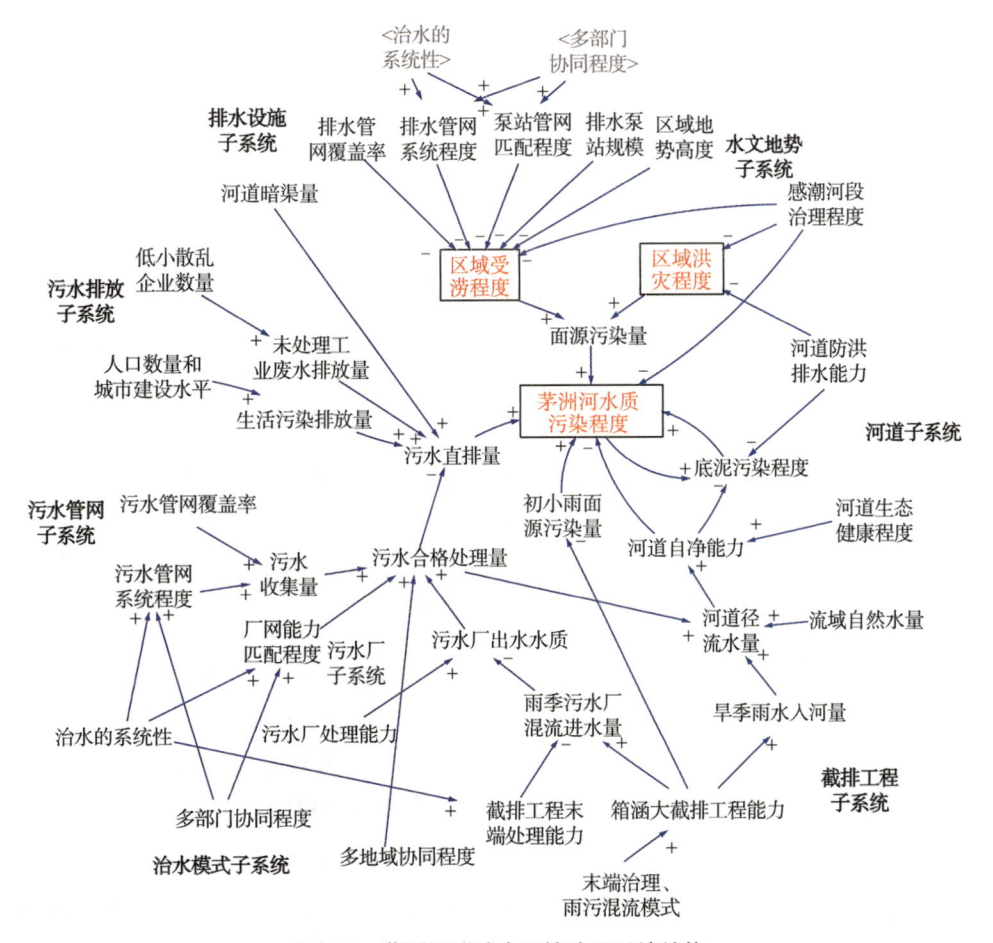

图 2-1 茅洲河流域水环境治理系统结构

该系统中既有城市人口、经济迅速增长导致污水排放量爆发式上升等社会方面

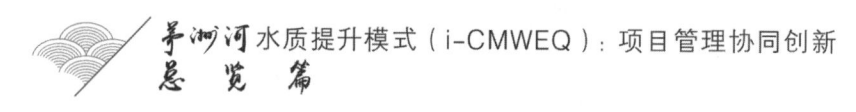

的因素，也有截污治污、防洪抗涝设施建设长期滞后等工程方面因素，还有流域地势、水文条件等自然方面因素，更有治水理念、模式和管理体制等治理方面的因素，而且所有这些因素都交错反馈、互相影响，使得系统整体具有自加强、自补偿、自维持等特性，单独治理其中的个别因素，难以改变系统的整体性能，必须进行系统整体治理，方能形成一个能够独立持续维持、生态健康的水环境系统。

但当时我国的水环境治理方式基本还是以传统的"末端模式"为主，以污水处理和河道治理等末端治理措施为主，缺乏系统性思考，规划、设计、建设和管理等各环节未按流域统筹，工程任务和目标相对分散，治理技术手段较为单一，片区相互割裂，专业缺少衔接，具有小、乱、散、慢等特点，无法充分发挥治水工程的综合效益，使得诸多河流陷入"反复治理，反复污染"的困局。

茅洲河流域前期治理工作也不例外。如继续按传统模式治水，那么茅洲河流域治理几乎不可能按照国家和省的各个考核时间节点，完成水质考核目标任务。面对严峻的形势，深圳市委、市政府坚决贯彻落实中央加强生态文明建设的决策部署，以强烈的使命担当和巨大勇气，决定以超常规举措，坚决打赢茅洲河流域水环境治理"攻坚战"。2016 年 2 月，经公开招标，中国电建中标"茅洲河流域（宝安片区）水环境综合整治项目"，一揽子包下河道综合整治、片区排涝等六大类工程和 46 个子项目，拉开了严格按照"流域统筹、系统治理"理念，以全新治理模式，彻底攻克茅洲河流域水污染"顽疾"的序幕。但当时中国电建所面临的形势和工作基础异常困难复杂，茅洲河流域当时的水环境综合状况和治理工作存在着较多长期难以解决的一系列突出难点和问题，迫切需要系统地、彻底地将其破解。

2.2 项目实施前茅洲河流域水环境综合状况和主要问题

2.2.1 污水直排入河现象严重，污水收集率低

茅洲河全流域污水直排入河现象严重，污水收集率低，监管困难，源头控污不力。项目实施前，茅洲河流域偷漏排污水量较大，深圳侧每天有约 31.4 万 t、东莞侧每天有约 15 万 t 污水直接排放入河，污染物、污水直排入河的现象未能得到有效控制，偷漏排污水十分严重的现状是茅洲河水黑臭污染难以根治的直接原因。

从偷漏排污水来源看，首先是生活污染。茅洲河流域土地短缺、城市人口密集，流域内分布着大量的"城中村"，其中外来人口多、人员混杂、保洁难度大，难以有效地管理，而市政排水系统建设困难、不完善，使得部分污水无管道出路，从而偷排漏排污水直入河流现象严重，或者溢流进入雨水系统，造成大面积的雨水面源污染，导致河流水质恶化，严重影响水环境质量。

其次,另一污水来源是工业污染。茅洲河流域内工业企业众多,污染源强度较高,工业污染比较严重。2015年该区域的污染企业多达3.87万家,其中仅深圳侧涉水重点污染源的大企业就有577家、小企业1 507家,其他大部分小企业均未纳入市管和区管的环保系统监管范围,市区直管比例仅占1‰,且布局分散,众多"散乱污危"小企业混杂在居民区中,污水纳管率低,工业废水管控难度极大,工业污水不达标、废水偷排、漏排、超排现象普遍存在,导致污水收集困难,各条河流沿岸排污口密布,对流域水质达标造成了很大压力,治理难度极大。

表2-1 项目实施前茅洲河流域(宝安片区)河道污水偷漏排量情况

范围	编号	河流名称	漏排污水量(m³/d)
茅洲河干流	1	茅洲河干流	25 200
	合计		25 200
燕川污水厂服务范围	2	罗田水	15 000
	3	龟岭东水	5 000
	4	老虎坑水	2 000
	5	塘下涌(深圳境内)	2 874
	6	沙浦西排洪渠	10 000
	合计		34 874
沙井污水厂服务范围	7	沙井河	15 585
	8	潭水河	16 708
	9	潭头渠	4 753
	10	东方七支渠	7 058
	11	松岗河	40 101
	12	道生围涌	8 000
	13	共和涌	3 000
	14	排涝河	6 557
	15	新桥河	27 243
	16	上寮河	15 487
	17	万丰河	14 658
	18	石岩渠	14 902
	19	衙边涌	7 213
	合计		181 265
	总计		241 339

2.2.2 污水收集处理设施历史欠账多,不成系统,难以充分发挥工程效益

项目实施前,茅洲河流域的排水体制大部分为雨污合流制,只有新建城区为雨

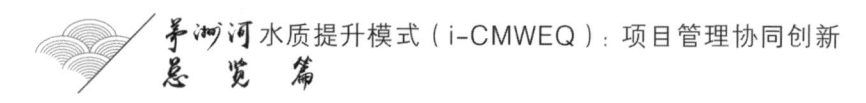

污分流制,而老城区则为截流式雨污合流制,末端污水处理厂建设也严重滞后,污水管网、处理设施历史欠账多,且布置零乱、衔接困难,未形成完善的系统,已建成工程不能充分发挥效益,导致大量污水未能收集处理,直排入河,主要体现在以下几个方面:

(1) 大量采取箱涵截污,混流现象较为严重,截污效果大打折扣

项目实施前,沿茅洲河干流从上游到中游洋涌河闸附近的老城区已建成了末端截污箱涵工程,修建于主干河道堤防外侧,用于将河道两侧排水口截流,能收集面源污染,可以在一定程度上减少片区面源污染进入河道,对河道的水质改善和生态恢复具有较大作用。但该系统与初小雨收集系统未分离,导致两个系统无法独立、分隔运行,且与处理终端不能匹配,不仅收纳了合流管网的雨污混流水,还将初小雨一并截入,在旱季加剧了河道干涸;而在雨季时则收集了大量的初小雨,使得污染物外溢,且由于没有设置末端的初雨处理系统,使得收集的大量水流未经处理即进入污水厂或排河,造成进入污水厂的水流水质水量波动大,对污水厂造成较大的水质水量冲击负荷,处理效果难以保障。

(2) 二、三级污水管网覆盖率低,衔接等问题多,难以充分发挥作用

二、三级污水管网缺口严重、覆盖率低,污水收集难是茅洲河流域水环境治理面临的主要问题之一。项目实施前,茅洲河流域除东莞市长安镇外,城区污水干管系统已经建设完成,共已建成污水干管约 324 km,其中宝安区 158 km、光明新区(现已改名为"光明区",下同)142 km、东莞长安镇 24 km,但二三级管网建成比例仅为 7%。例如,在 2015 年底,仅宝安区两个污水处理厂服务范围内就有 1 164 km 应建未建污水分流管网,占流域规划总长(1 416 km)的约 82%,每天仅能收集 18.2 万 m^3 污水,而整个流域内污水管网缺口高达 2 146.6 km,如表 2-2 所示。

表 2-2 项目实施前茅洲河流域规划污水管网建设长度

片区名称	规划建成时间	规划建成区域面积(km^2) 2017 年	2020 年	规划建成管网长度(km) 2017 年	2020 年	小计(km)
宝安区		46	30	820.0	414.0	1 234.0
光明新区		89	32	197.6	239.0	436.6
东莞片区		23	10	356.0	120.0	476.0
合计		158	72	1 373.6	773.0	2 146.6

而且,已建成的干管网系统与污水厂处理能力建设不同步,受制于污水厂处理能力不足,部分干管未能有效衔接污水厂,例如,2008 年以来,宝安区沙井、松岗街道区域内新建管网 152 km^3,但由于受于松岗 2#泵站及沙井污水厂二期建设影响,其中仅 48.3 km 发挥了作用,其余 103.7 km 长期未发挥收水功能,加上缺乏维护,部

分已建设管段破损、淤积问题严重,存在不同程度的功能性和结构性缺陷,一些污水管道出现建成后未投入使用即损坏的情况,导致已建干管网无法充分发挥效益。

此外,由于流域内已建成的各类污水管网的建设年代不一、建设不同步,各阶段建设的管网存在大量的错排乱接等不衔接、不配套的问题,导致已建管网不成系统,无法充分发挥效益,使得流域污水收集率不高,污水直排量大。

已建成污水管网存在较多衔接和损坏问题
● 污水管段接入雨污合流管段或雨水暗渠;
● 污水管道断头,未接入现状污水管道;
● 污水管道倒坡;
● 管渠渗漏、破损等。

图 2-2 茅洲河流域已建成污水管网的主要问题

(3) 污水厂处理能力不足,亟待扩容和提标改造

茅洲河流域直到 2008 年才建成投入第一座污水厂,项目实施前流域范围内共建成集中式污水处理厂 5 座,合计污水处理能力为 70 t/d,其中深圳宝安区 2 座,分别为沙井污水处理厂和松岗污水处理厂;光明新区 2 座,分别为公明污水处理厂和光明污水处理厂;东莞长安镇 2 座,分别为三洲污水处理厂和长安新区污水处理厂。各污水厂处理规模、进出水水质及负荷削减速度如表 2-3 所示。

表 2-3 项目实施前茅洲河流域已建成污水厂处理能力

工况年份	项目		沙井污水处理厂	松岗污水处理厂	公明污水处理厂	光明污水处理厂	三洲污水处理厂	新区污水处理厂	合计
2015 年		规模(万 m³/d)	15.00	15.00	10.00	15.00	15.00	0.00	70.00
	氨氮	进水浓度(mg/L)	20.00	20.00	20.00	20.00	20.00	20.00	—
		出水浓度(mg/L)	8.00	5.00	5.00	5.00	8.00	5.00	—
		负荷削减(t/d)	1.80	2.25	1.50	2.25	1.80	0.00	9.60
	COD	进水浓度(mg/L)	200.00	200.00	200.00	200.00	200.00	200.00	—
		出水浓度(mg/L)	60.00	50.00	50.00	50.00	60.00	50.00	—
		负荷削减(t/d)	21.00	22.50	15.00	22.50	21.00	0.00	102.00

但是,至 2015 年,茅洲河流域内已建成的污水处理厂已均处于超负荷运行状态,例如,沙井污水处理厂设计处理能力仅有 15 万 t/d,但其服务范围内污水量在 2013 年就已远超其负荷能力,至 2015 年污水量更高达 35 万 t/d,导致出水品质难以达标,如图 2-3 所示。

此外,由于前端管网建设不完善等因素,经常出现厂网不匹配的情况,造成污水

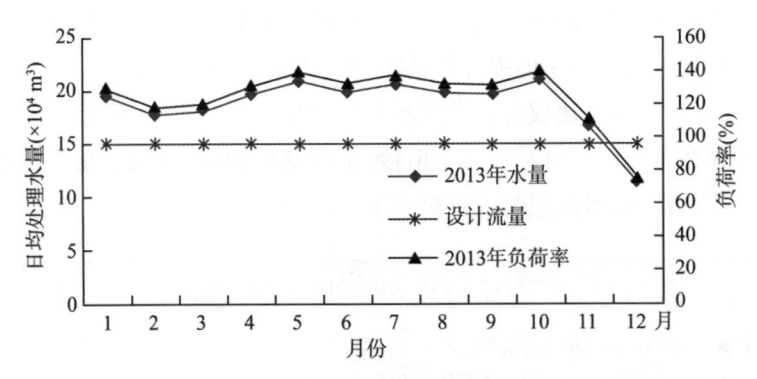

图 2-3　2013 年沙井污水处理厂日均处理水量、负荷率月度变化

厂旱季进水量偏小,须要抽取河道水;而雨季进水量偏高,进水浓度偏低。总体来讲,污水厂实际进水的各项浓度指标均值均低于设计值,除 TN、TP 外,其余五项指标仅达设计值的 34%～55% 左右,导致不能完全发挥污水处理效能。

因此,茅洲河流域的各主要污水处理厂亟须扩建和提标,其中沙井污水处理厂规模至少扩建至 50 万 t/d,松岗污水处理厂规模扩建至 30 万 t/d,另外长安新区污水处理厂规模为 20 万 t/d,从而使得整个流域的污水处理能力至少达到 140 万 t/d,出水标准执行一级 A 标准,方能满足流域较长时期内的污水处理需求。

2.2.3　河道防洪能力低,潮水回灌,底泥污染严重,天然径流小,难以自净

茅洲河流域干支流在项目实施前均未经过系统治理,河道空间狭窄、暗渠率高、淤积严重,加上区域水文、水动力等自然条件复杂、不理想,年内降雨极度不均和感潮河段潮水回灌现象严重等因素,导致河道防洪排水能力低下与天然径流量不足等情况并存,造成区域洪灾频发,而大量污染物却长期沉积河床,河流生态自我修复功能和自净能力基本丧失,流域水安全、水环境问题极其堪忧。具体包括以下几个主要方面:

(1) 大部分河道防洪不达标,河道断面狭窄,排水不畅,防洪能力低。

项目实施前,茅洲河干流上中游段已实施河道治理后达到 100 年一遇防洪标准,界河段正按照 100 年一遇防洪标准进行治理,支流河道也计划按照 20～50 年一遇设防标准进行治理,茅洲河干流上中游段、下游界河段和支流河道已达到规划防洪标准的河道比例不高,如表 2-4 所示。茅洲河中下游更是存在严重的河道淤积、建筑垃圾无序倾倒、大量的违章建筑物侵占行洪河道等阻洪现象,河道空间受到严重挤压,河流行洪排水能力严重降低;河道两岸尤其是支流两岸,建筑物密集,紧邻岸边,拆迁困难,导致道路时有断头,巡河道路不畅通,汛期抢险困难(图 2-4)。

表 2-4　茅洲河流域各片区已完成和待实施河道整治数量

片区	已完成河道整治项目		计划实施河道整治项目	
	河道数（条）	整治长度（km）	河道数（条）	整治长度（km）
光明新区	2	20.41	8	36.55
宝安区	1	4.30	9	103.45
东莞市	0	0.00	23	52.41
合计	3	24.71	50	192.41

图 2-4　茅洲河支流防洪通道不通畅

因此，茅洲河流域中下游区域的防洪形势依然严峻，水安全问题与水环境问题交织，须对流域内河道进行综合整治，采取河道清淤清障、局部退堤、拆除侵占河道的建筑物、理顺岸线等措施疏通河道，以解决河道防洪不达标、巡河道路不畅通、河道硬质渠化等问题。

（2）河道生态平衡和景观遭到严重破坏，基本丧失自身生态修复和自净功能。

项目实施前，茅洲河流域各条河流在城建区的河道多为梯形断面，河流护岸大量采用钢筋混凝土直立挡墙，部分河道硬质渠化，河岸带和水陆交错带消失，河流缺乏缓冲带保护。河床河岸的硬质化和严重的水体污染导致河流生物栖息地和水岸一体的河流生态岸线丧失，加上沿河存在大量的违章建筑和垃圾倾倒等问题，河道空间受到严重挤压，极度损害了河流的生态本底，河流基本丧失了自身生态修复和自净的能力（图 2-5）。

而且河流两岸的硬质挡墙和护坡，阻断了人与河道的沟通，缺乏亲水设施及滨水活动空间，没有配套的河道景观，滨河景观、环境极差。

（3）支流河道暗渠率高，淤积严重，导致过流能力减小，成为排污"便利"通道。

项目实施前，茅洲河支流河道被覆盖，形成暗涵的现象非常普遍（图 2-6）。例如，茅洲河宝安境内段有 18 条支流，其中有暗渠的支流达到 11 条，占 61%，在深圳

图 2-5　茅洲河流域河道硬质化严重

侧暗涵总长约 47 km，最长的暗渠长度达到 2 km。

其中许多暗渠淤积严重，污水直排口多，特别是支流暗渠河段，既侵占行洪断面，导致防洪标准严重不达标，又多年来成为排污的"便利"通道，亟须清淤还明，仅宝安境内需要清淤的暗渠总长就达约 15 km。但这些暗涵内部空间狭窄、沉积大量黑臭淤泥，充满了各种高浓度有毒有害气体，清淤难度极大，清淤危险系数高，导致施工作业安全隐患大、耗时长。

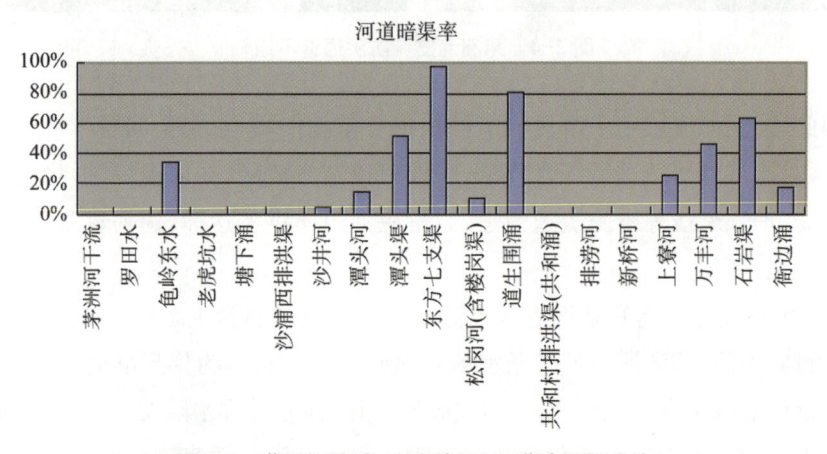

图 2-6　茅洲河流域（宝安片区）河道暗涵百分比

（4）感潮河段较长，占河长比例高，潮水回灌严重，导致洪水外排受阻、污染滞留聚集。

茅洲河中下游大部分河道均为感潮河段，塘下涌以下干流界河段以及衙边涌、排涝河、潭头河、松岗河及沙井河等支流均受外海潮位顶托影响，使得洪水外排受阻，是区域洪涝灾害频发的主要原因之一。

而且，由于茅洲河下游出海口位于珠江口的凹岸回流区，水体交换动力不足，水体交换能力差，顺河而下的污染物聚集在河口外 1.5 km 范围内形成污染带，涨潮期间随潮流上溯,大量垃圾底泥被反复带入水体、河床,给茅洲河下游界河段水质带来很大的负面影响,清理难度极大。如果没有针对性的挡潮措施,很难彻底解决茅洲河中下游的水体污染问题(图 2-7)。

图 2-7　茅洲河下游感潮河段入海口污水回溯

(5) 河道底泥污染淤积严重,长期危害河流水质和生态健康。

河道底泥是各种来源的营养物质经一系列物理、化学及生化作用,沉积于河底,形成疏松状、富含有机质和营养盐的灰黑色泥土。如果河流受到污染,水体中没有顺水排放干净的各种污染物最后都将沉积到底泥中并逐渐富集,使底泥受到严重污染。

项目实施前,由于长期污染,茅洲河干支流河床底部沉积了大量固体垃圾和底泥等污染物,而且由于工业污染严重,底泥中有机质、重金属等有害物质较多,均为重度污染物。如不清除这些污染底泥,污染物无法自行消除,这将长期影响河道水质,导致河水常年发黑发臭,造成鱼类等生物无法生存,严重损害河流生态健康(图 2-8)。

所以,必须对茅洲河流域河道污染底泥进行彻底的环保清淤与处置,才能达到彻底治理茅洲河水环境的目的,但整个茅洲河流域沉积的有害底泥量极大,仅宝安片区需清淤量便高达 420 万 m^3,而且这些清淤污染底泥的处理和弃置也极为困难,必须妥善处置。

(6) 流域水资源承载能力相对不足,水体污染难以净化、易反复。

茅洲河流域的降雨年内分配十分不均,80%的降雨都集中在每年 4—9 月份的丰水期,导致期间洪涝灾害易于频发;而枯水期河道内的天然径流量不足,水环境有效容量有限,导致进入河流的污染物沉积,无法净化。而且,从国内外众多城市的治水经验中可知,即便在截污和污水处理工程截污率达到 90%的情况下,如果区域自身水环境容量有限,又不能通过配水等措施得到有效增加的话,水质会恶化或者出现水体污染反弹。

但是,茅洲河流域由于社会经济快速发展导致用水总量不断上升,而流域天然

图 2-8 茅洲河河道底泥污染严重

特征使得保蓄水工程较少,造成流域水资源承载能力相对不足,流域内供水基本靠外调。所以,流域内河流水环境容量严重偏小,而已建成的大截排工程还将部分径流截流进污水系统,导致河道更加缺少新鲜的补给水源。项目实施前,流域内河道主要补水水源为沙井、燕川、公明及光明污水处理厂处理后的尾水,总规模约 55 万 m^3/d,其中,公明污水处理厂尾水补水进入新桥河,规模为 10 万 m^3/d,其他三个污水处理厂尾水直接进入茅洲河干流,规模各为 15 万 m^3/d。除污水处理厂尾水外,流域内可利用的本地径流不多,无法增加水环境有效容量,情况十分堪忧。

2.2.4 中下游区域地势低洼,排水设施规模不足、不成系统,涝灾频发

茅洲河流域中下游两岸建成区大多地势低洼,片区的涝水不能自排,容易受涝,需要进行系统的内涝治理,包括通过排水管涵、渠道收集雨水,通过闸、涵封闭涝片,通过排涝泵站抽排涝水外排进入干流河道。项目实施前,流域深圳侧受涝面积约 52 km^2,但仅完成 12 km^2 的内涝区域治理,区域防涝能力严重不足。例如,宝安片区共有燕罗、塘下涌、沙浦西排洪渠、沙井河—排涝河、公明、衙边涌及桥头 7 个涝片,受涝面积约 20 km^2。至项目实施前,仅沙井河—排涝河涝片基本达到排涝标准,其他涝片普遍存在泵站排涝能力不足、雨水管收集系统不完善、涝片不封闭等问题。

首先,排涝泵站规模不够。由于区域城市化发展快,地面径流量增加,需要外排的水量迅速增多,使得原先建设的泵站能力严重不足,而且涝区内有些泵站年久失修,不能正常发挥效益,更加剧了涝片排涝泵站能力不足的问题。

其次,排水管网不完善,与泵站不匹配,影响泵站效益发挥。至项目实施前,茅洲河流域已修建雨水管渠总长度约 1 002.43 km,但各片区内部雨水污水管道混接错接现象较为严重,布置零乱,未形成完善的系统,尤其是一些老城区如桥头片区,原来的管网排

水能力已经不足,而新旧管网接驳又不完善,新增排水能力受限。更有部分新建泵站存在泵站规模与排水管网不匹配的问题,使得泵站不能按设计工况发挥效益。

再次,局部涝片不封闭。区域内排水管网连通情况复杂、部分封闭涝片的闸维护不当,导致局部涝片不封闭,排涝效果达不到预期。

最后,防涝管理不到位。区域内城中村、旧村等的排水设施维护管理往往不到位,管道淤堵、雨水篦等收集设施缺失较为普遍,影响设施效益的发挥。而且,各片区的内涝应急响应能力相对不足,内涝应急响应机制未落实到位,联合处置能力有待加强,处置效果有待提升。

上述问题导致这些区域涝灾频发,还造成了大量的面源污染,水安全问题与水环境问题交织,亟须对茅洲河流域内涝片区进行彻底的内涝治理,新建、扩建、改造,并有效衔接泵站和排水管网等防涝排水设施,大幅提高总排涝规模能力和防涝管理水平。

2.2.5 前期治水缺少系统整体谋划和长效推进机制,亟须改进治水模式

水的流域性、污染的跨域性,使得流域水环境治理具有典型的系统性、持续性和复杂性等特征,治水相关地域、部门、单位、层级的系统性、协同性至关重要。但茅洲河流域前期治水工作的规划、建设和管理等各环节未按流域统筹,流域上下游、干支流保护和开发建设缺乏系统性思考,导致治理技术手段较为单一、工程任务和目标相对分散、片区工程相互割裂、专业缺少衔接,造成工程建设目标不一致,上下游、左右岸设施不协同,管理主体复杂化,协调不到位等诸多问题出现,导致虽然已建成较多污水收集处理和防洪排涝设施,但工程效益未充分发挥,整体收效甚微。

例如,在流域各项工程的规划上,城市开发建设与排水设施建设规划衔接不足,重地上、轻地下。排水管网建设过分依赖于路网建设,在路网不完善的区域,排水管网往往不成系统,部分片区排水设施建设落后于开发项目建设,开发项目建成后污水无出路,直接人为接入或溢流到雨水系统;部分开发项目未取得排水许可证即开工建设并投入使用,导致片区污水无序排放。

再如,在工程建设管理上,传统流域治理工程都是分段立项报批,设计、施工分项发包,招投标环节多、周期长,严重制约项目进度。如仍按传统管理模式,那么茅洲河流域治理几乎不可能按照国家和省的各个考核时间节点,完成水质考核目标任务。

又如,在工程建设投资上,工程按照事权分级投资实施,造成多头治水,实施主体力量分散,进度不一、协同不足,难以形成合力。单是污水收集管网建设,干管、支管、接驳管、社区管等就分别由市、区、街道、社区和工业区四级投资主体分别投资,各自委托施工方"各扫门前雪",各级之间协作联动不足,各类排水管网建设不同步,缺乏有效衔接,导致已建管网不成系统,存在大量断头管、错接乱排管,管网与污水处理厂建设也不同步,造成管道铺设了不少,但相当一部分没有发挥应有的作用。

此外,建设与管理脱节,缺乏长效的管理机制。已建成管道管养资金不足,部分排水管网长期处于"三不管"状态,无法实现定期对管道实施清洁,导致管道堵塞、破损,影响排水效果;各级排水管理机构不健全,力量薄弱,基层排水管理人员严重不足;水务环境执法监管"缺手段、缺人员、缺权威",监管效果不佳;水政执法不到位,非法排污、偷排泥浆、养殖种植、违建等现象屡禁不止,河道被违法挤占、违规覆盖问题严重。

因此,茅洲河流域水环境亟须严格按照"流域统筹、系统治理"的理念,创新治理模式,根据水体黑臭成因、污染程度和治理目标,因地制宜、综合部署,制定系统化的水环境综合治理策略和方案,通过"源头减排、过程阻断、末端治理"的全过程防控,以及管网、污水处理厂、河道及生态景观相结合的系统工程,结合长效管理机制的建立,对城市水系统、流域水循环、区域生态环境和社会经济发展等进行全方位的系统治理。

2.2.6 流域治理涉及深莞"两市三地",需要加强合作,实现两岸干支流同步治污

茅洲河流域横跨2市3地,33条一级支流中东莞市有9条;2015年,流域452万总人口中有72万在东莞市。三个区域的水全部排入茅洲河中,流域治理水质目标要求宝安区、光明区、东莞市所有汇入茅洲河干流的支流水质都达到相同的水质目标考核要求;此外,流域防洪排涝体系建立是覆盖全流域的系统工程,也需要三个地区同步推进、完善。因此,茅洲河治理不仅需要深圳宝安区与光明区采取水污染联防、联控措施,还需要深莞两市联动。

但我国长期以来缺乏流域水污染联防联控机制,造成城际协调不畅、多头治水,存在上下游、左右岸、干支流不同步、标准不统一、管理不协同等问题。深莞双方在茅洲河前期治理上也存在目标进度、实施方案不统一,历史遗留问题解决方案、用地选址、治水技术体系不一致,联合执法不协同,涉及各方利益事项互相推诿等各方面问题,时常"这边治理那边污染",导致治污效果打折扣,整治成效不大甚至污染更甚。

因此,茅洲河流域水环境治理应打破行政区划壁垒,携手攻坚,上下游、左右岸、干支流同管同治,一个标准管到底;加强跨区域协同治理,逐步建立流域水污染联防联控体系,充分发挥流域协作机制监督作用,强化跨界断面和重点断面水质监测和考核,建立完善水质监测信息共享机制;还需要广东省政府加大协调力度,省市协同、齐抓共管。

2.3 项目的系统解决方案

2.3.1 "流域统筹、系统治理"理念和流域水环境治理系统解决方案框架

针对茅洲河流域水环境综合治理的系统问题根源和一系列难点问题,中国电建

充分发挥规划、设计、施工、管理协调一体化优势,站在流域全局,立足系统治理,实施全方位、全过程统一管理,在茅洲河项目实施中,完整提出了"流域统筹,系统治理"的全流域水环境治理理念(图2-9)。

> **"流域统筹、系统治理"理念内涵**
>
> 基于唯物辩证法思想和项目管理基本原理,以河湖流域复合生态系统为研究对象,统筹管控水与非水因素、工程与非工程因素,人工与自然因素,统筹流域和区域治理,统筹高质量发展、绿色发展、安全发展,**统筹水资源、水环境、水生态和水安全**,合理安排和实施相关工作。基于辩证唯物主义和历史唯物主义哲学思想,探索运用唯物辩证法、实践论、矛盾论基本原理,分析水环境治理中遇到的主要矛盾与次要矛盾,矛盾的主要方面与次要方面,矛盾的普遍性和特殊性、矛盾的对立性与统一性、当前与长远、历史与当前、整体与局部问题等,思考和解决水环境综合治理实际问题,重复"实践—认识—再实践—再认识"的过程,不断提高水环境治理能力和治理效果。从具体工作安排角度形成"急缓有序、轻重有度、普特清晰、先后衔接、分整有机、统分结合、政企协同、居社支持"的基本认识论和基本方法论。
>
> 依据系统工程理论的科学思想、基本原理和技术方法,建立水环境治理工程项目的**管理系统、技术系统、方法系统和综合关联系统**,通过将河流流域的上游下游、干流支流、左岸右岸,以及河湖区域的"地面—地下"的空间结构、治水与治城等系统工程,既划分为相互独立的单元或要素(子系统),又组织成相互依存的整体或有机体(大系统),制订"精准排查—优化设计—控源截污—内源消减—工程治理—自然恢复—监测管理—法规控制"的水环境治理路线图,进而有序实施或采用相应的工程措施和非工程措施、人工措施和自然措施等,开展水环境治理,并加强对多种非水环境要素的管理,系统性地解决及处理各种关联的水要素问题(水资源、水环境、水生态、水安全、水景观、水文化等)和处理各种交互影响的非水要素问题(燃气、电力、电信、道路、绿化、景观、社会稳定等,甚至城市更新工作),全面促进水环境综合治理取得根本性、综合性实效,使河流流域、湖泊区域各项管理要素同步提升质效。

图 2-9 "流域统筹、系统治理"理念内涵

在此基础上,中国电建集聚已有的技术基础,以"流域统筹、系统治理"理念为指导,开创性地研究、开发出流域水环境综合治理"六大技术系统"和"五大实施方案和技术指南",并以此为核心,首次构建起了流域水环境治理全产业链系统解决方案,如图2-10所示。

2.3.2 流域水环境治理六大技术系统

流域水环境综合治理"六大技术系统"包括:防洪防涝与水质提升监测系统、雨污分流截排管控系统、内外源污染管控系统、工程补水增净驱动系统、生态美化循环促进系统、水环境治理信息管理云平台系统,如图2-11所示。

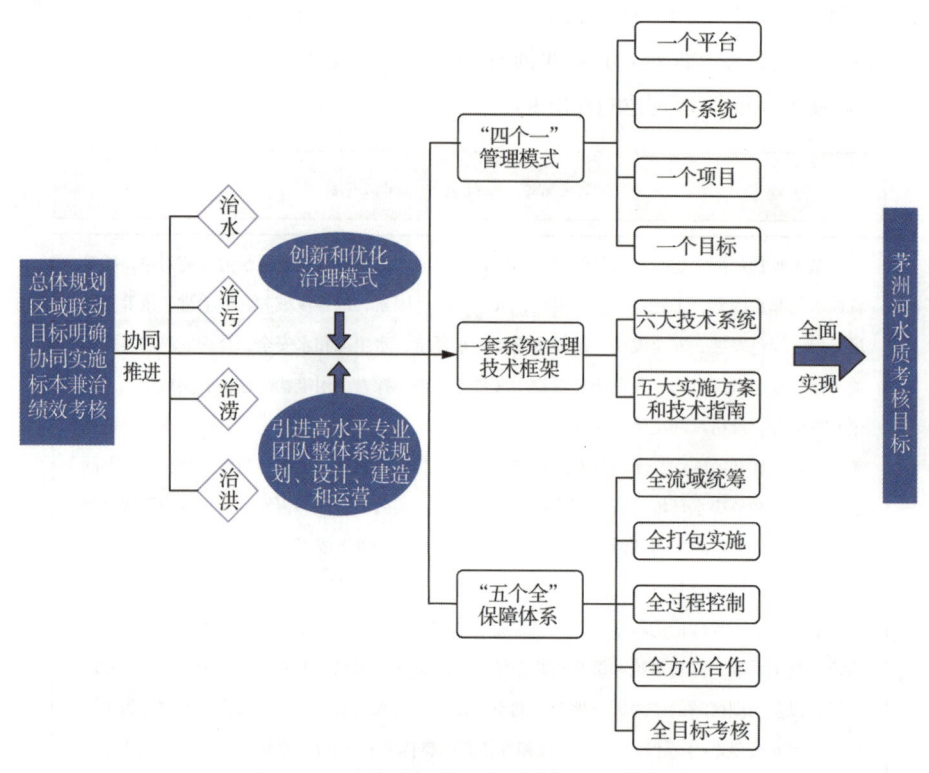

图 2-10　流域水环境治理系统解决方案框架

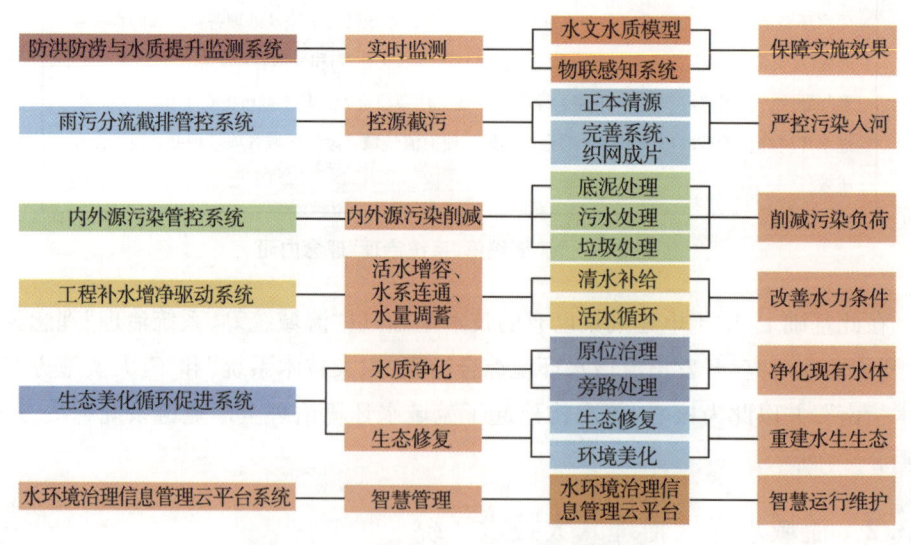

图 2-11　流域水环境治理六大技术系统

（1）防洪防涝与水质提升监测系统是指：应用遥测、通信、计算机和网络技术，结合水文水质预报模型，完成水文、水质、市政排水信息的实时连续收集、处理，定时发

24

布水情、水质预报,预先发布水灾害预警,为城市防洪排涝、水环境管理及其他综合管理目标优化调度服务(图2-12)。

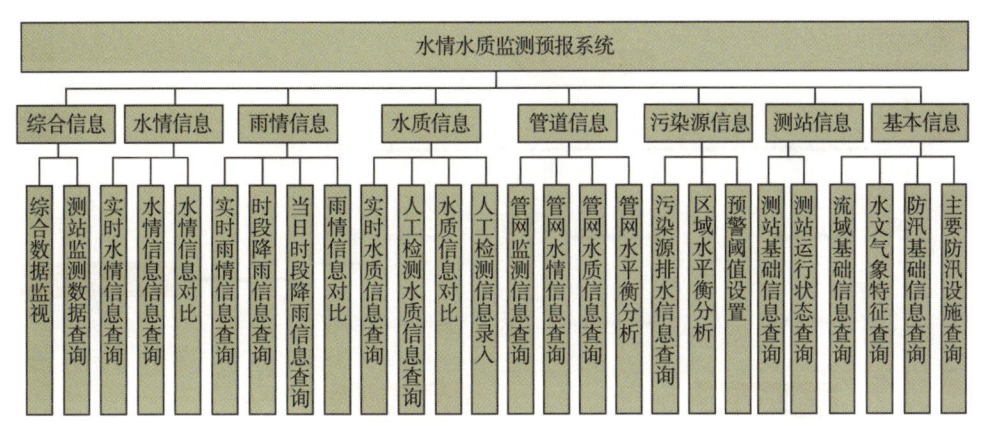

图 2-12　水情水质监测预报系统模块图

(2)雨污分流截排管控系统是指:通过"产污源头管控、排污过程控制"将污水在排入河湖水体前进行收集、控制(图2-13)。

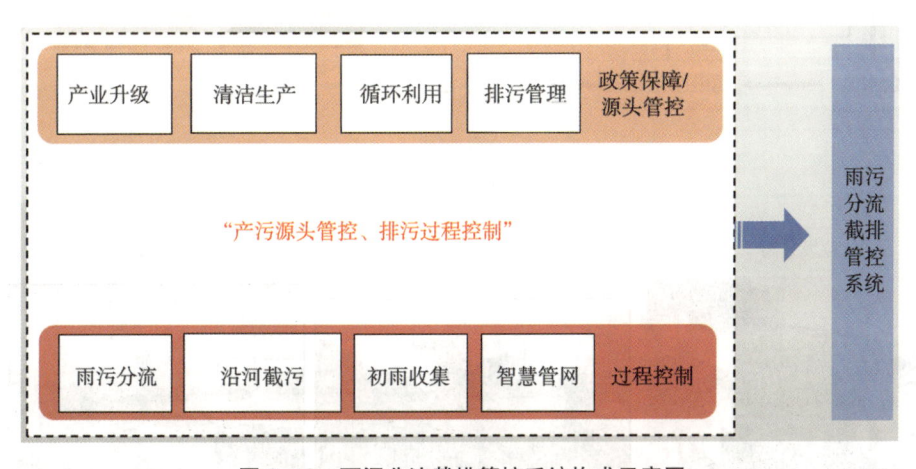

图 2-13　雨污分流截排管控系统构成示意图

(3)内外源污染管控系统的"内源管控"是指:对河湖污染底泥环保清淤及处理处置;"外源管控"是指:对岸上污水的集中与分散的结合处理,以及对垃圾的收集及处理处置(图2-14)。

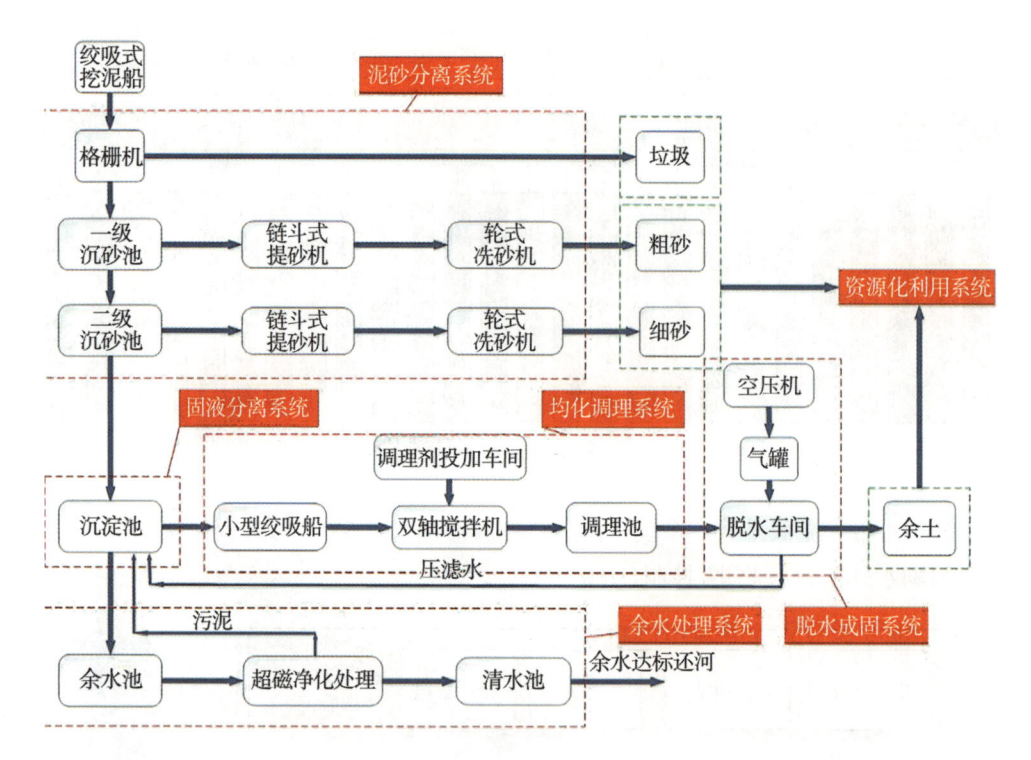

(a) 底泥处理工艺流程

垃圾分离
- 初次减量
- 分离底泥中的生活垃圾、建筑垃圾、卵砾石
- 可减量10~30%

泥沙分离
- 二次减量
- 全部中粗砂，90%以上粉细砂0.1 mm
- 可减量20~50%

固液分离
- 调节泥浆浓度使之与脱水固结系统的运行效率匹配
- 泥水分离
- 沉淀时间为24h
- 控制泥浆浓度为10~15%

（b）底泥处理工艺实景

（c）污水分散式一体化处理设备

图 2-14 内外源污染管控系统

（4）工程补水增净驱动系统是指：通过分析流域内入河污染负荷总量、充分挖掘流域水资源用于河道补水，采取水力调控的手段改善河道水动力条件，增强水循环，从而改善水质（图 2-15）。

（5）生态美化循环促进系统是指：通过综合运用水质提升、生态技术等自然手段来对污染水体实现自然恢复，以消除黑臭、修复生态并美化环境（图 2-16）。

（6）水环境治理管理信息云平台系统则是指：在水质、水情监测的基础上实现水文、水质、气象、工情等信息的汇集与管理，并实现流域洪水预报、防洪排涝调度、污染河道补水调度等决策支持功能，以达到智慧水务的管理决策目标[①]。

---

① 具体内容参见 12.2.3 节。

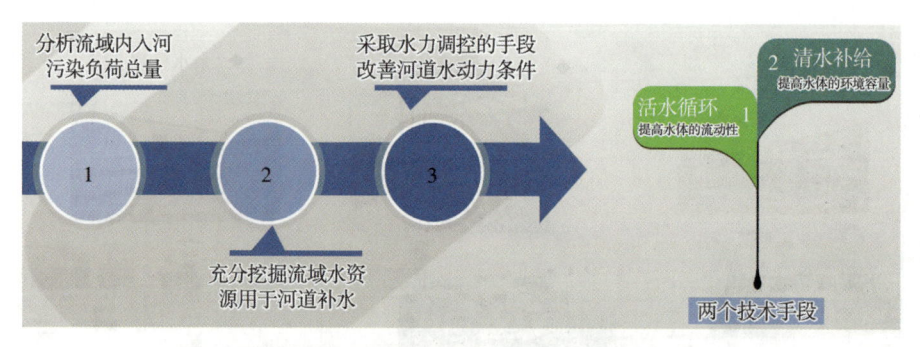

图 2-15　工程补水增净驱动系统示意图

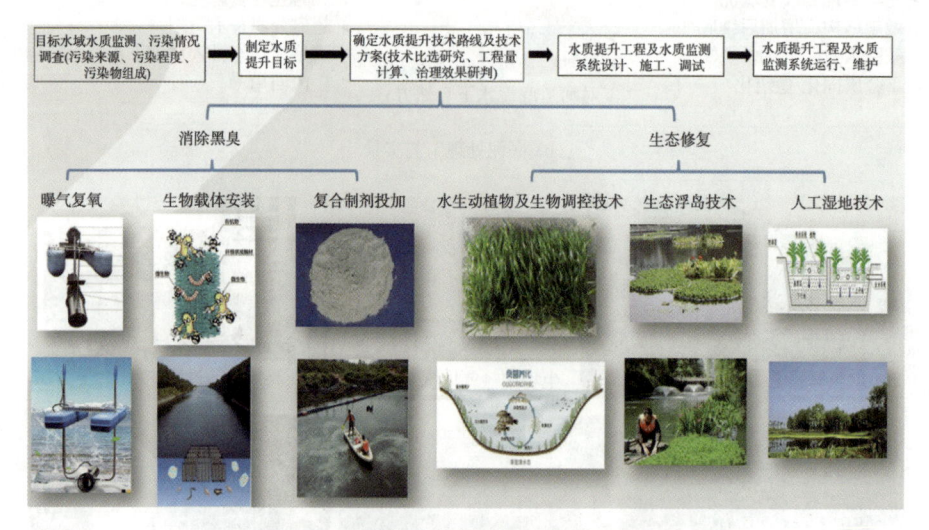

图 2-16　生态美化循环促进系统示意图

2.3.3　流域水环境治理五大实施方案和技术指南

电建生态公司在流域水环境治理实践与总结过程中,创新提出并总结提炼出五大实施方案和技术指南,包括"管网排查、织网成片、正本清源、理水梳岸、寻水溯源"等,并分别以企业标准和团体标准的形式,发布了五大技术指南的技术标准,即《城市水环境治理工程排水系统排查与评估技术规范》《城市河湖水环境治理工程织网成片专题预告编制指南》《城市河湖水环境治理工程正本清源专题报告编制指南》《城市河湖水环境治理工程理水梳岸专题报告指南》《城市河湖水环境治理工程生态补水专题报告编制指南》。利用这五项技术指南,可以编制相应的五条技术实施保障方案,也保证了上述六大技术系统理论在项目实施中稳步落地推进,进一步支撑建设项目的实施。

（1）管网排查是指:通过构建管网基础数据技术系统,组合应用系列排查设备,对雨污排水系统的明暗管涵进行功能性和结构性诊断,测绘管涵路由及接驳,观测管涵内水量水质沿程变化,分析管涵内外水交互入渗等,进而准确判定管网运行状态和存在问题,为水环境治理设计方案编制提供基础数据信息,提升水环境治理效果。排查设备通常包括管道检测机器人(CCTV)、船舶式暗涵检测机器人(B-CCTV)、管道潜望镜(QV)、三维激光扫描(3D-TLS)、高水位管道智能检测系统、水下光学摄像设备、水下测量工具、全地形三维探地雷达等。基于以上内容,电建生态公司发布了企业技术标准《城市水环境治理工程排水系统排查与评估技术规范》。

(2)"织网成片"是指:在一定区域范围内,以建筑排水小区为源头,以污水处理厂或受纳水体为目的地,充分考虑已有排水系统的现状和区域内排水需要,通过有序开展新建、调整或修复各级排水管路,形成衔接合理、排放通畅的雨污水干支管网联通系统(图2-17)。基于以上内容,电建生态公司发布了企业技术批准《城市河湖水环境治理工程织网成片专题预告编制指南》。

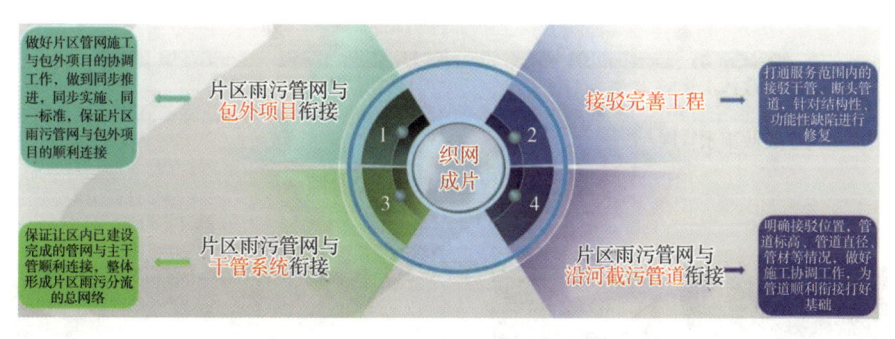

图2-17 "织网成片"示意图

(3)"正本清源"是指:在一定区域范围内,以产生排水来源的工业企业区、公共建筑小区、居住小区、城中村等为源头,以就近布设的排水系统为目的地,按照雨污分流原则,通过新建、调整或修复排水传输管路,形成衔接合理、排放通畅的雨污水分支管网(图2-18)。基于以上内容,电建生态公司发布了企业技术标准《城市河湖水环境治理工程正本清源专题报告编制指南》。

(4)"理水梳岸"是指:在一定的河湖流域范围内,以城市排水管渠(涵)末端(排口)为起点,通过对该范围内水体的外源污染和内源污染调查分析,提出合理可行的治理措施(图2-19)。基于以上内容,电建生态公司发布了企业技术标准《城市河湖水环境治理工程理水梳岸专题报告指南》。

(5)"寻水溯源"是指:为提高流域水体自净修复能力,扩大水环境容量,采取生态调水补水措施,寻找可靠新鲜水源,提高水体的流动性,增强水体活性和自净能力,确保水质达标(图2-20)。基于以上内容,电建生态公司发布了企业技术标准《城市河湖水环境治理工程生态补水专题报告编制指南》。

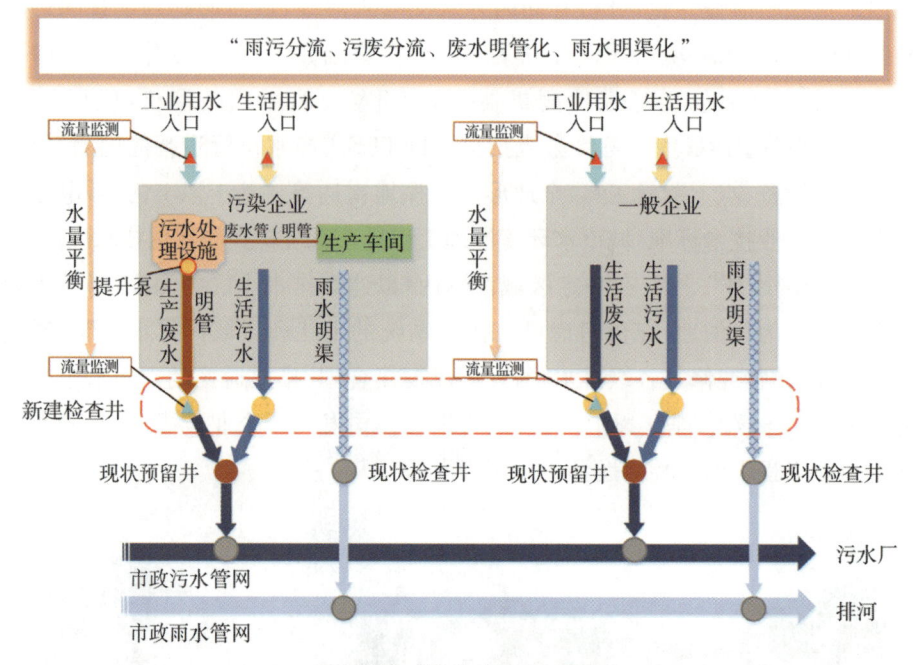

图 2-18 "正本清源"示意图

图 2-19 理水梳岸：支流、暗渠排口调查

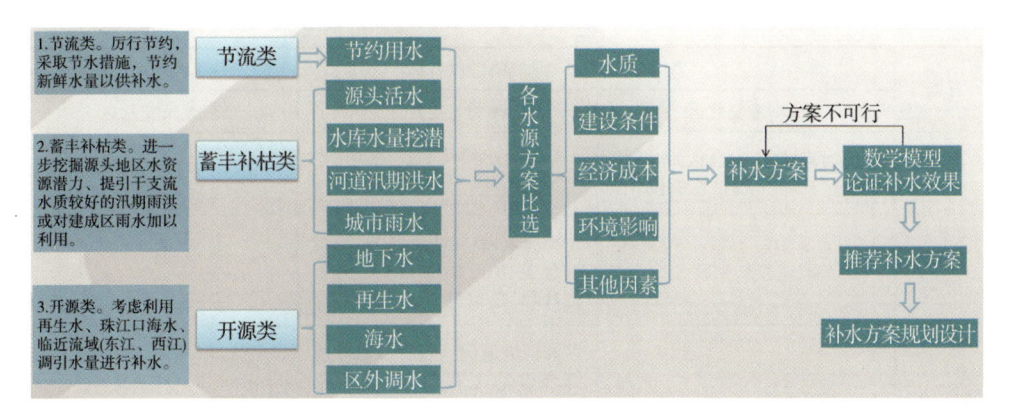

图 2-20 寻水溯源方案图

2.4 项目的主要建设内容

茅洲河项目是以茅洲河流域在 2020 年底前全流域全部消除黑臭水体，干流水质稳定达到地表Ⅴ类水标准为主要系统性治理目标的项目群，根据上述流域水环境系统解决方案，其工程建设范围主要包括六大类工程和十二个项目包，主要建设内容如图 2-21 和表 2-5、表 2-6 所示。

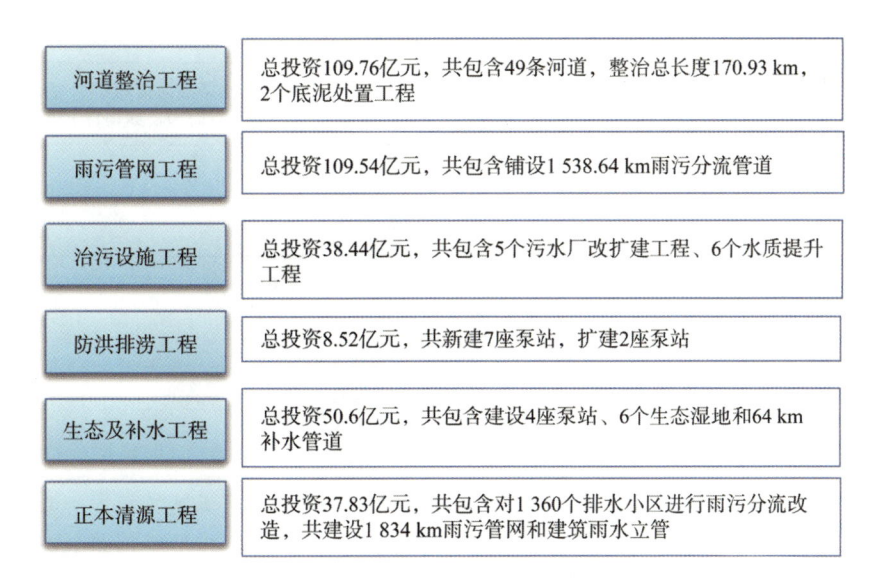

工程类别	建设内容
河道整治工程	总投资 109.76 亿元，共包含 49 条河道，整治总长度 170.93 km，2 个底泥处置工程
雨污管网工程	总投资 109.54 亿元，共包含铺设 1 538.64 km 雨污分流管道
治污设施工程	总投资 38.44 亿元，共包含 5 个污水厂改扩建工程、6 个水质提升工程
防洪排涝工程	总投资 8.52 亿元，共新建 7 座泵站，扩建 2 座泵站
生态及补水工程	总投资 50.6 亿元，共包含建设 4 座泵站、6 个生态湿地和 64 km 补水管道
正本清源工程	总投资 37.83 亿元，共包含对 1 360 个排水小区进行雨污分流改造，共建设 1 834 km 雨污管网和建筑雨水立管

图 2-21 茅洲河项目六大类工程建设内容

表 2-5 茅洲河项目群的主要项目包

日期	项目包名称		
	深圳宝安片区	深圳光明片区	东莞长安片区
2016-2-1	茅洲河流域(宝安片区)水环境综合整治项目 EPC 总承包		
2016-12-26		茅洲河流域(光明新区)水环境综合整治工程项目(管网工程)EPC 总承包	
2016-12-26		茅洲河流域(光明新区)水环境综合整治工程项目(河道工程)EPC 总承包	
2017-3-16			茅洲河流域综合整治(东莞部分)一期项目
2018-5-14	茅洲河流域(宝安片区)正本清源工程 EPC 总承包		
2018-5-17		公明核心区及白花社区工业区正本清源工程 EPC 总承包	
2018-10-29		光明新区公明排洪渠、合水口排洪渠、上下村排洪渠水环境综合整治工程 EPC 总承包	
2019-2-11	宝安区(茅洲河片区)全面消除黑臭水体工程 EPC 总承包		
2019-3-7			茅洲河流域综合整治(东莞部分)二期项目 EPC＋O
2019-3-20		光明区全面消除黑臭水体治理工程(公明核心片区及白花社区)EPC 总承包	
2020-2-15		光明区存量排水设施提质增效工程(公明核心片区及白花社区)测绘与评估、勘察设计	
2020-9-9		光明区存量排水设施提质增效工程(公明核心片区及白花社区)施工	

第 2 章　项目综述

表 2-6　茅洲河项目群的主要建设内容和目标

中标日期	项目包名称	项目包主要建设内容	项目包主要目标
2016-2-1	茅洲河流域（宝安片区）水环境综合整治项目EPC总承包	包括：管网工程、排涝工程、河流治理工程、水质改善工程、补水配水工程、清淤及底泥处置工程六大类，共46个子项目	2016年1月31日工程开工，2017年12月31日前完成以下指定工程目标和治理工程目标： (1)管网工程：2016年底完成不低于240 km的管网工程，2017年底累计完成不低于600 km的管网工程； (2)排涝工程：全部完工； (3)河流治理工程：全部完工； (4)水质改善工程：完成河道底泥处置。 治理目标： (1)茅洲河干流范围内全部支流水质达到国家、省、市确定的消除黑臭水体考核要求； (2)整治范围内全部支流水质分别达到国家、省、市确定的消除黑臭水体考核要求。 其余所有工程按项目内容清单表完工时间完工
2016-12-26	茅洲河（光明新区）水环境综合整治工程项目（管网工程）EPC总承包	包括：光明新区、公明核心区四条排洪渠排污口接驳完善工程、公明核心区东片区雨污分流工程、公明核心区西片区雨污分流管网工程、公明核心区南片区雨污分流管网工程、光明新区水质净化厂生态补水工程等6个工程；主要建设内容包括燕川污水处理厂配套管网工程、河道补水工程、排洪渠接驳工程及污水管网未覆盖区域污水收集及处理工程等	2017年1月16日工程开工，2019年12月31日完工，共1080日历天
2016-12-26	茅洲河（光明新区）水环境综合整治工程EPC总承包（河道工程、生态湿地工程）EPC总承包	包括：公明街道下村排涝泵站工程、松白工业园排涝泵站工程、李松蓢泵站新建工程、马山头泵站扩建工程、东坑水、玉田河、西田水、大凼水、白沙坑水环境综合整治工程、河道底泥处置工程、生态湿地工程及茅洲河支流排洪渠综合整治工程等12个工程	2017年1月16日工程开工，2019年6月30日完工，共896日历天。 防洪目标： (1)2017年目标：整治支流满足防洪目标要求（20～50年）； (2)2020年目标：全部支流满足防洪目标要求（20～50年）。 水质目标： (1)2017年目标：主要建成区（茅洲河干流各考核测点）消除黑臭水体，水质指标基本达V类，全部支流水质指标达Ⅳ类，其他敏感水体达到考核要求； (2)2020年目标：水环境质量达到国家、省、市确定的消除黑臭水体要求，水环境显著改善

33

续表

中标日期	项目包名称	项目包主要建设内容	项目包主要目标
2018-5-14	茅洲河流域（宝安片区）正本清源工程EPC总承包	主要对工程范围内工业企业（1.2万余家）、公建（300余家）、少量新村住宅和老村城中村进行彻底的正本清源改造，涉及1155个排水小区（其中工业区725个，公建区276个，住宅区154个），拟新建雨水管349 km，污水管371 km，雨水明渠420 km，建筑立管1 454 km	2018年12月31日前，完成片区内（住宅类、商住两用类、公共机构类、商业类、工业类）全部排水管网正本清源改造，并达到排水小区验收标准
2018-5-17	公明核心区及白花社区工业区正本清源工程EPC总承包	通过对工程片区内所有工业企业污水排放情况进行普查分析，在片区干管工程的基础上，完善以污水管支管网建设为重点的排水管系统，构建完整的污水收集体系。工程实施范围总计40.96 km²，其中工业区面积9.95 km²，公建面积0.79 km²，已实施正本清源须完善区域1.37 km²，其他区域面积0.93 km²，旧村区域面积22.43 km²；片区内工业区小区数383个，公建区小区数64个，待改造建筑物栋数2 709栋（包括工业区2 356栋，公建区353栋）。工程管网设计总长166.72 km，其中污水管总长70.27 km，雨水管总长63.95 km，雨水沟总长32.5 km，建筑立管197.93 km	计划2018年5月15日工程开工，2018年12月31日前全部主体工程完工（即：全部管网敷设完成（含沟渠）并具备雨、污水收集条件），2019年6月30日前竣工并通过相关行政主管部门组织的验收，共412个日历天
2018-10-29	光明新区公明排洪渠、合水口排洪渠、上下村排洪渠水环境综合整治工程EPC总承包	整治工程范围包括：公明排洪渠河道长6.24 km，宽6～20 m；合水口排洪渠河道长2.44 km，宽2～12 m；上下村排洪渠河道长4.40 km，宽6～12 m；工程类型包括截污工程、河道整治工程、景观工程、电气工程、临时工程及管线迁改工程等	计划开工日期为2018年9月1日，合同工期总日历天数为577天，其中须：(1) 2018年12月31日前完工全部主体工程；(2) 2020年3月15日前，完成绿化景观等全部水环境治理工程；(3) 2020年3月31日前，竣工并通过相关行政主管部门组织的验收

续表

中标日期	项目包名称	项目包主要建设内容	项目包主要目标
2019-2-11	宝安区全面消除黑臭水体工程（茅洲河片区）EPC总承包	主要涉及"厂""网""源""河"四大子项工程。 (1)"厂"新建管道约2km，实现松岗水质净化厂松岗2#泵站水量调配。 (2)"网"确保片区污分流管网全覆盖。管网拆除新建工程，总长约140km；老旧缺陷管网修复工程，总长约55km；管网清淤、疏堵，总长约780km；老旧管网改造，沙井中途污水泵站和沙井排放泵站。 (3)"源"确保污水源整治全覆盖。正本清源完善工程：城市更新区、正本清源整治遗漏小区、未完善转运站、坡中村、坡头片区污染源整治，重点面源整治（含垃圾场、小湖塘库、贸市场、汽车店、洗车店、美食街）。 (4)"河"确保黑臭水体治理。河道防洪加固、主要涉及潭头河支防洪完善及现状河道汊流明渠段加坡、小微河水治理142条，总长约97km；明渠总长约27km，暗渠总长约70km；小湖塘库共46个，其中整治24座；打开闸门及雨水口整治44处，水闸维修改造53座，排涝泵站改造56座；泵站前池及重点区域生态绿化环境综合整治，对10处生态修复与重点片区进行生态修复。	工程目标： (1)2019年10月31日前，全面消除片区内黑臭水体，完成片区内所有的小散水体、暗涵、暗渠、小湖塘库、排污口整治、重点污染源整治（含垃圾中转站、农贸市场、美食店、汽车店、洗车店、水量调配、污水处理）；老旧管网改造、老旧管网清淤完善及排放口整治、排涝泵站改造、老旧管网流疏通维护等施工任务。 (2)2019年12月31日前，完成河道防洪完善及生态修复任务。 治理目标： (3)2020年6月底前，须确保片区内所有干支流水质稳定达到地表V类水标准。茅洲河共和村国考断面分别于2019年、2020年实现长治久清。 (4)2019年底，全面完成整治和消除黑臭水体。 (5)2019年底，确保片区内所有污水无法进入雨水管网；消除黑臭，除雨水汊及其他零星进入污水管系统。 (6)2019年底，调节河闸工程完成进入污水系统。 (7)2020年，合同范围内人海雨水旱季及初小雨通过调蓄净流入海，其他雨水不能进入污水系统。达到地表V类水标准。
2019-3-7	茅洲河流域综合整治（东部分）二期项目（EPC+O）	包括长安镇茅洲河流域相关的污水管网工程、活水保质工程、生态修复工程、调节河闸工程、景观提升工程等。其中污水管网建设长度约为194km，清流河道21条，其中明渠约45.1km，暗涵19.4km，清流河道25.7km以及龙洞以东8座泵站前池、扩建底泥固化厂处理能力在1000m³/d、扩建12万m³/d的补水泵站各1座，防洪标准为50年，建筑物级别3级，次要建筑物4级。项目还包括项目运营维护移交等。	2019年3月8日开工，2019年12月31日前完成所有工程。 工程目标： (1)2019年9月30日前，污水管网工程完工通过初验； (2)2019年11月30日前，清流河道工程完工通过初验； (3)2019年11月30日前，底泥固化工程完工通过初验； (4)2019年11月30日前，景观提升工程完工通过初验； (5)2019年6月30日前，调节河闸工程完工通过初验； (6)2019年11月30日前，活水保质工程完工通过初验； (7)2019年11月30日前，生态修复工程完工通过初验； (8)2019年11月30日前，一体化管控平台工程（含平台软件开发、硬件设备、监测仪器）完工通过初验。 治理目标： (1)茅洲河共和村断面水体消黑；2020年底达到地表V类水质要求，建立长效管护机制。三洲河流域内茅安新河干支流污水处理厂和长安污水处理厂提标至准IV类，省、市考核要求； (2)整治范围内消除黑臭水体、省、市确定的消黑水体消除、监测考核断面、省、市确定的考核要求，雨季旱季分别达到国家、省、市确定的考核要求。

35

续表

中标日期	项目包名称	项目包主要建设内容	项目包主要目标
2019-3-20	光明区全面消除黑臭水体治理工程（公明核心片区及白花社区）EPC总承包	范围为公明核心片区及白花社区，总面积为48.89 km²，包括茅洲河6条一级支流、观澜河1条一级支流、99个小微水体（最终以施工图设计成果数量为准）。主要建设内容包括：正本清源全覆盖，雨污分流（干支管网完善）全覆盖、黑臭水体治理（合渠道、汊流及塘库），初雨及面源污染治理（合调蓄）、存量管网修复，暗涵管道清淤活液，生态补水，厂站建设（互联互通）等	计划开工日期为2019年3月25日，竣工日期为2020年12月31日，工期总日历天数：648天。项目目标：2019年12月15日前全面消除本工程范围内的黑臭水体，具体标准为： ①对于本项目涉及的所有小微黑臭水体，完工后整治效果须满足上级有关消除黑臭水体的考核要求。 ②子项目完工时，委托有资质的第三方检测机构检测河道断面，以检测结果进行达标考核，满足水质验收要求。
2020-2-15	光明区存量排水设施提质增效工程（公明核心片区及白花社区）测绘与评估、勘察设计	主要包括完成公明核心片区及白花社区范围内市政存量排水管网及茅洲河及一级支流和观澜河1条一级支流河道测绘，完成暗涵（渠）、厂站等、城中村、工业区及小区存量管网测绘与评估，搭建排水设施地理信息平台（GIS平台）以及本项目勘察设计工作和管网清通工作	项目目标： （1）2020年4月15日前，完成对严重影响河道水质和存在重大隐患缺陷的管网测绘范围内排洪渠（包括但不限于上下村排洪渠、合水口排洪渠、公明排洪渠范围内部分可行性研究、勘察、初步设计和施工图设计任务； （2）2020年5月15日前，完成上述部分可行性研究、勘察、初步设计和施工图设计任务； （3）2020年9月30日前，提交公明核心片区及白花社区范围内剩余全部测绘评估成果和管道清淤工作； （4）2020年11月30日前，完成全部勘察设计工作
2020-9-9	光明区存量排水设施提质增效工程（公明核心片区及白花社区）施工	本工程范围为光明区公明核心片区及白花社区范围内，涉及厂站管网、泵站、暗涵管网、工业区及小区存量管网、市政排水管网、城中村、汊河道等，包括管网测绘与评估，管网整治工程及泵站升级改造工程等	计划开工日期：中标公示完成之日；计划竣工日期：2021年12月31日。 合同工期总日历天数：490天

2.5 项目的核心挑战

茅洲河项目是我国首个全流域整体打包治理的,目前规模最大的水环境治理项目,迥异于以往以单条支流、单条河道、单种类型工程为单位进行单独治理、碎片化治理的模式,又是在"两市三地"的城市高密度建成区中展开,项目建设周期极短,考核关键节点前后存在若干与政治、经济相关的重大事件,项目规划和建设遇到了许多前所未有的全新特点和问题,项目管理面临巨大的挑战,主要包括以下几个方面。

2.5.1 以水质达标作为整个项目群建设成效的控制考核指标,项目范围管理难度极大

茅洲河项目首创将水质考核达标作为整个项目群整体建设成效的评价和控制性指标。因此,茅洲河项目除了各子项都具有各自的质量、安全、进度、成本等常规项目绩效目标外,更是明确了以"水质考核达标"为核心的、项目群特有的"项目群效益目标"(Program's Benefits),同时与水质考核目标同步关联不仅包括水安全、水质量问题的解决,同时还包括"非水"问题的解决。

茅洲河项目是一项复杂的系统工程,是一个由水利、市政、水务、环保、交通、园林等多行业、多类型、多个工程项目和各种非工程治理项目集成的超大型项目群,既有涉水工程也有非水工程,是对常规治水理念和模式的全新突破和创新,没有先例可循。因此,该复杂系统的系统目标,即以"水质考核达标"为核心的项目群效益目标的达成需要包含工程项目的建设,项目群效益目标与各子项目建设成果之间的关系等等问题都是全新的课题。在项目成立之初项目群范围和系统结构可确定程度远比一般项目低,项目管理范围难以确定,给整个项目的有效管理带来了极大的挑战。所以必须创新项目治理模式和范围管理方式,在初始规划设计的基础上,随着认识加深和根据水质治理的实际效果、环境变化等等因素的反馈来动态规划设计和调整项目群的范围和结构,以确保水质考核各项节点目标的达成。

2.5.2 流域水环境治理领域缺乏统一的技术和定额标准体系,严重影响项目的顺利推进

流域水环境治理是跨行业、多专业交叉的新兴领域。虽然各专业有各自的技术标准和体系,但尚未建立统一规范的行业技术标准体系,因此,目前水环境治理工程中的勘测设计、施工建造和运行管理等,大多是借用其他行业的技术规范和标准,无统一标准可依。但一方面,水环境治理项目不可能通过简单的技术叠加或工程拼接来完成;另一方面,各个专业标准制定的年代、区域差异大,匹配性不强,地方和行业

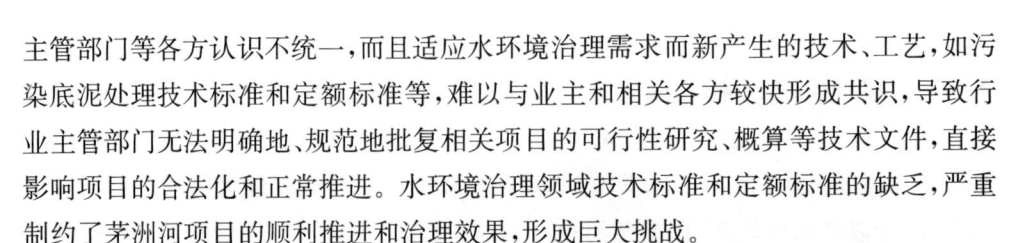

主管部门等各方认识不统一,而且适应水环境治理需求而新产生的技术、工艺,如污染底泥处理技术标准和定额标准等,难以与业主和相关各方较快形成共识,导致行业主管部门无法明确地、规范地批复相关项目的可行性研究、概算等技术文件,直接影响项目的合法化和正常推进。水环境治理领域技术标准和定额标准的缺乏,严重制约了茅洲河项目的顺利推进和治理效果,形成巨大挑战。

2.5.3 各级政府深度参与,项目监管部门繁多,跨地域整合难度大,政府协调工作要求极高

各级党委政府对茅洲河项目的关注程度极高,时任广东省委书记、省长,深圳市委书记、市长等领导担任茅洲河省级、市级河长和"深莞茅洲河治理领导小组"组长,亲自筹划、推动茅洲河项目实施;市、区、街道各级各类政府部门深度参与项目建设管理,小到标段施工组织、设备选型、设计方案,大到理念思路、技术路线都深度介入,每周都要召开多次协调例会、研讨会、汇报会等,各类调研、检查频繁。此外,茅洲河项目包含的子项类型众多,涉及水利、环保、城建、国土、农业、林业、交通、电力、市政等众多政府主管部门,数量远超常规,各种审批环节复杂,部门配合要求极高,尤其是茅洲河地跨深莞两界,需要三地联动同步治理,行政协调和资源整合难度极大,政府沟通协调工作极其繁重艰难。

2.5.4 项目地处城市高密度建成区,环境复杂,社会关注度高,干系人管理异常艰难而重要

项目地处发达城市的高密度建成区,施工作业面深入市政道路、小区及工厂等人口密集区域,点多、面广、战线长,拆迁量大、交地慢、干扰因素多,对城市生活及生产存在较大影响,施工环境极其复杂。其中,仅宝安区就需要征地约 280 万 m^2、房屋拆迁约 30 万 m^2,光明片区治理河道超过 50 km,两岸违建要全部拆除,征拆任务十分繁重;管网工程则位于居民区及小型工业区,建筑密度和交通压力极大,且大部分为城中村,巷道狭窄,近居民楼,大型设备无法进场,还面临既有管线、树木迁改、交通疏解等种种问题;河道整治更存在水体二次污染、清淤施工黑臭气味扩散、机械噪声扰民、底泥运输污染城市道路等等民生和环境问题,对文明施工的要求极高,项目施工的组织协调极其复杂,十分依赖与所有相关干系人的有效沟通,以减少社会相关方的抱怨。

此外,茅洲河流域的"小散污废"企业数量和密度居全市之首,仅宝安区涉水污染企业就高达 480 余家,偷漏排等现象繁多,执法管控艰难;加上项目的专业衔接复杂、接口单位极多,因此,需要与行政主管单位、社区、街道、企业、居民等大量工程包之外社会影响性的干系人和接口单位协调配合,协调难度巨大,对干系人管理提出了前所未有的挑战。

2.5.5 项目每年必须按时通过水质考核，但施工环境复杂，有效工期短，进度管理挑战巨大

茅洲河项目开工以后，每年都要面临国家和省级的水质节点考核。然而，深圳地区每年 4 月进入雨季，10 月结束，雨季时间长，台风暴雨频发，河道行洪排水量大且湍急，施工难度极大，项目有效工期非常紧张，管网、河道等工程施工强度极大，屡创国内相关施工纪录；而且工程在城市高密度建成区进行，河道两岸工厂及居民区林立且无沿河道路，很难形成标准化和规模化施工，外部协调工作量极其繁重，不可控因素极多，对项目进度影响极大。项目每年按时顺利通过国家、省级水质考核的压力巨大。

2.5.6 河道污染底泥安全处理处置是世界性难题，技术难度极大

茅洲河沿岸经过三十多年的发展，河道底泥污染严重，重金属含量严重超标，对水质影响极大，必须全部彻底清淤挖除，初期预测总量高达 469 万 m^3，并且须全部进行无害化处理处置，在国际上没有先例，技术难度极大。

2.6 项目管理和技术的主要创新

围绕茅洲河项目实施中的核心挑战和流域水环境治理的本质特点和需求，中国电建创新开发应用了一系列项目实施技术体系和管理系统，取得了良好的效果，主要包括以下一些创新点和成果：

2.6.1 首次提出了以"流域统筹、系统治理"理念为指导的水环境项目治理模式和技术框架

在茅洲河项目中，中国电建遵循水的自然系统属性，首次提出"流域统筹、系统治理"理念。流域统筹理念是指应用哲学思想观和解决海水和淡水及污水复杂问题的方法论，系统治理理念是指应用系统科学理论解决涉水和非水复杂问题的科学思路，即基于辩证唯物主义认识论统筹流域内水安全、水资源、水环境、水生态与各种海水及涉水的复杂问题，基于系统科学管理理论系统解决水环境治理的"厂网源河"各种治理技术问题和各种涉水和非涉水技术问题。首创"一个平台、一个目标、一个系统、一个项目"和"流域统筹与区域治理相结合、统一目标与分步推进相结合、系统规划与分期实施相结合"的创新治理模式，以及完整的流域水环境治理技术体系框架，以破解干支流治理不同步、分段治理、碎片化施工的弊端，为茅洲河项目的成功实施奠定了管理和技术基础。治理模式和治理技术体系框架如图 2-22 和图 2-23 所示。

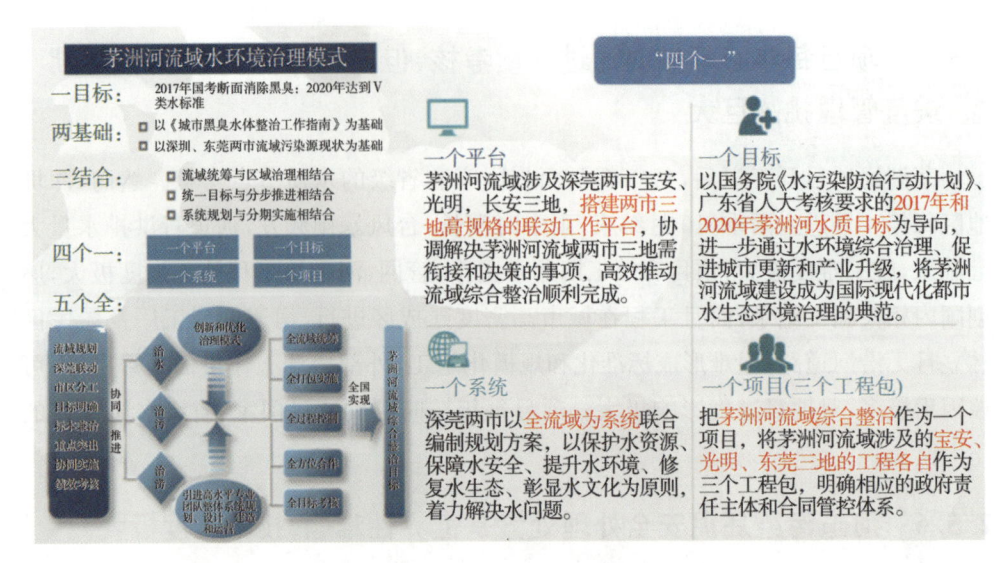

图 2-22　茅洲河项目基于"流域统筹、系统治理"理念的治理模式

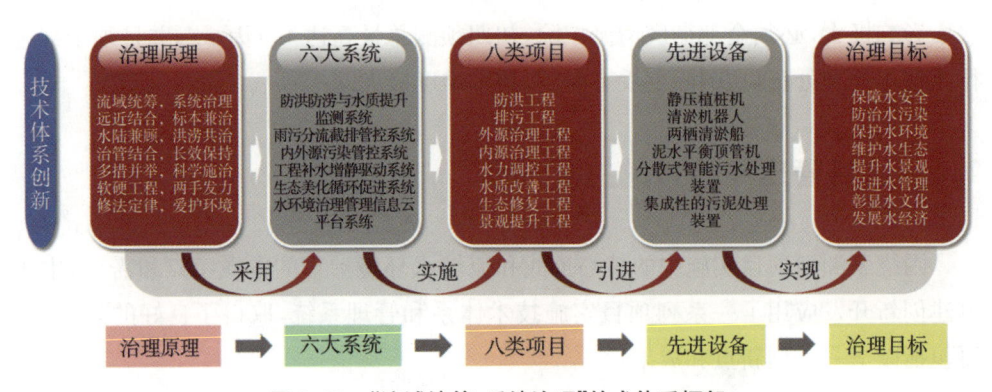

图 2-23　"流域统筹、系统治理"技术体系框架

2.6.2 创造性地设计了"政府＋大央企＋大 EPC"的项目实施模式和全套管理体系

针对茅洲河项目"流域统筹、系统治理"模式的特点和需要,中国电建创造性地提出了"政府＋大央企＋大 EPC"的项目实施模式,即地方政府将流域片区项目统一打包进行 EPC 招标,组成大型综合型项目包(群),引进大型央企实行"大兵团作战、全流域治理",借助大型央企的人才、技术、经验、资金、管理等优势,组织各参建单位围绕同一目标,按照同一标准、同一机制开展相关工作,有效破解传统治水条块分割、各自为政的顽疾,为茅洲河项目建设工作的快速有序推进、治理取得实效提供了坚强保障,已成为深圳治水的一条成功经验,得到中华人民共和国生态环境部、水利部、住房和城乡建设部及相关省市领导的充分肯定。

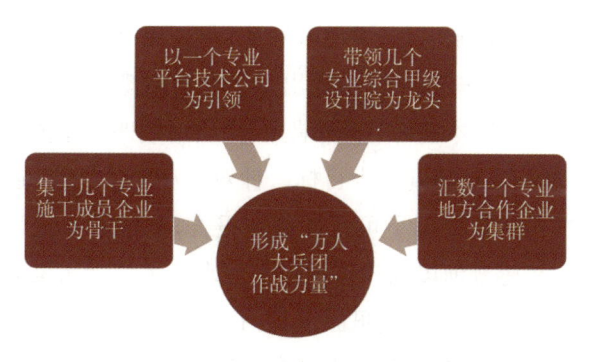

图 2-24 "政府＋大央企＋大 EPC"项目实施模式

2.6.3 研究探索出茅洲河治理"分步走"的科学路径,创新解决项目群范围不确定难题

茅洲河项目是一项复杂的系统工程,一切以水质达标为项目终极目标,流域范围内各类污染的来源、数量及对环境影响的贡献度是多大,项目范围具体应包含哪些工程和非工程措施,各种措施建设到什么程度才能达到治理目标和阶段性目标,对于上述问题国内外没有现成的先例可循,项目范围的明晰必须是一个"思考—实践—再思考—再实践"这样一个循序渐进的动态过程。为此,中国电建在承担任务

综合治理	正本清源	全面消黑	提质增效
茅洲河宝安片区、光明片区、东莞片区水环境综合整治工程,通过**六大技术系统建设**,实施大规模雨污管网建设、河道污染底泥清淤处置、补水工程及防洪排涝和景观提升等工程,实现控源截污、内源治理、生态修复等功能。这一阶段工作是基础性工作,搭建起流域治理的"四梁八柱"。	随着茅洲河治理第一阶段工作的逐步深入,结合存在的突出问题,提出**织网成片、正本清源、理水梳岸、寻水溯源**技术保障方案,并形成专题技术报告报给政府决策。随后,实施完成相关片区排水小区正本清源工程(小区雨污分离工程),为从源头上彻底实现雨污分流奠定坚实基础。	对茅洲河流域暗河暗涵、暗管、排污口和小微黑臭水体进行排查和整治,实施精准截污,从源头上消除污水直排入河现象,遏制对干支流的水体污染。补水增加水动力、促进水循环,提高河流自净能力。	针对茅洲河流域当时污水处理厂污水处理1.3倍于自身的产能的污水,以及补水来源主要是污水厂尾水的现实,提出对茅洲河流域污水厂进行**扩容提标**,提高工艺水平,将出水标准提高至地表准 IV 类水标准,确保河尾水达标,同时从长远看,污水厂要达到2倍于现状的产能。

图 2-25 茅洲河治理"分步走"实施路径

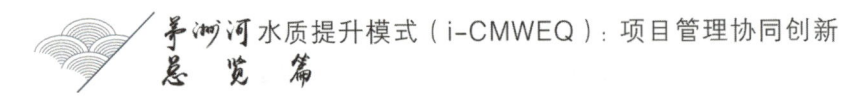

初期,在有关省市规划的基础上,又主动编制了《茅洲河流域水环境治理规划设计报告》,用以系统指导治理工作,在设计中提出了茅洲河治理"分步走"的项目实施路径(图 2-25),即综合治理、正本清源、全面消黑、提质增效四个主要阶段,以求系统地、全域地、滚动地、一步一步地实现治水目标。针对茅洲河的特点,还研究了在河口建设"河口大闸"方案,并初步提出了可行性研究报告,上报水务主管部门。建设河口大闸,主要针对 13 km 感潮河段潮汐作用带来河水海水交叉污染问题,通过建闸,拦截河口污染水体,使其不上溯,以期巩固茅洲河治理成果,提升防洪排涝能力。建设河口大闸方案已列入广东省"十四五"水安全规划,期待进一步论证实施。

2.6.4 首创水环境治理"六大技术系统"和"五大技术指南",形成全产业链治水解决方案

依托茅洲河项目,中国电建深入研究,早期就总结形成了适应我国流域水环境治理的"六大技术系统"(图 2-26)和"织网成片、正本清源、理水梳岸、寻水溯源"四大实施方案并研究编制形成了四大技术指南,首次构建起了水环境治理全产业链系统解决方案,主要成果之一的《城市河流(茅洲河)水环境治理关键技术研究》,经鉴定处于"国际领先水平"(图 2-27),成为国内同行业水环境治理、实践的主要参考指引。此后又不断总结工程实践经验,又提出了管网排查的技术方案,并研究编制了技术指南,形成了"五大技术指南(图 2-28)",为后续治理和其他河流水环境治理输出了关键技术方案。

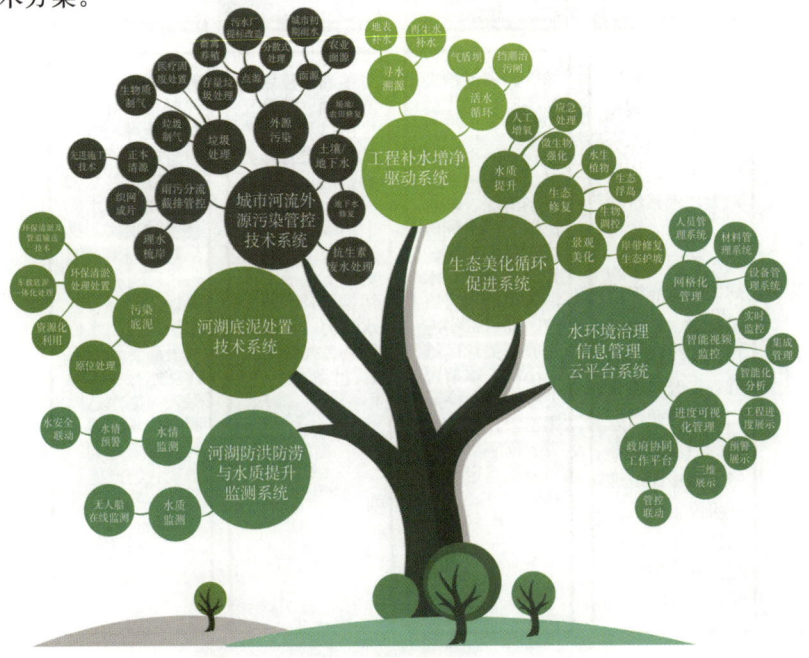

图 2-26 流域水环境治理"六大技术系统"

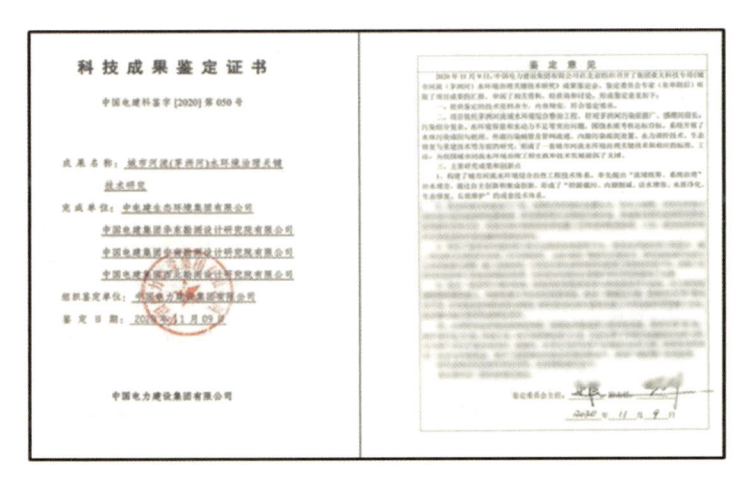

图 2-27 《城市河流(茅洲河)水环境治理关键技术研究》鉴定证书

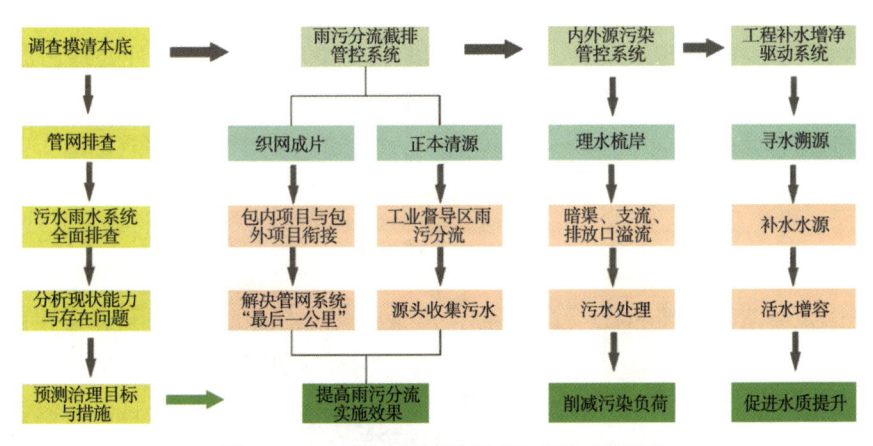

图 2-28 流域水环境治理"五大技术指南"

2.6.5 研究制定了一系列水环境治理的技术标准和定额标准,获得数百项专利,填补国内空白

针对我国水环境治理领域综合技术标准缺乏的状况,为推动茅洲河项目的顺利实施,中国电建牵头研究制定了一系列水环境治理技术标准、技术规范和定额标准,填补了国家、行业相关领域空白。截至 2023 年 12 月,公司已发布技术标准 78 项(其中,36 项企业标准、4 项行业标准、4 项地方标准、1 项国际标准、30 项团体标准),申请并获得专利 247 项(图 2-29)。

2.6.6 成功研发河道污染底泥系统处置技术方案,彻底解决污染底泥处理处置世界性难题

为彻底解决茅洲河流域约 469 万 m^3 污染底泥的安全处置问题,从 2016 年 3 月

(a) 标准　　　　　　　　　　　　　　　　(b) 专利

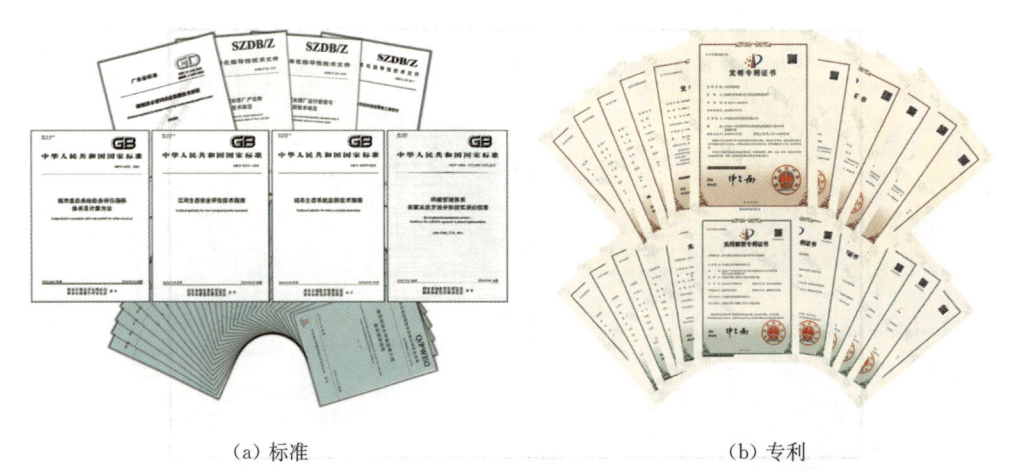

图 2-29　公司牵头制定的水环境治理技术标准和申请获得的专利

起,中国电建投入约 8 000 万元进行底泥处置技术的研究研发,取得成功,申报了国家 20 个发明专利,并建成世界上最大的标准化污染底泥处理厂,月处理污泥可达 10 万 m^3,填补了这个领域的空白,为解决河道清淤及底泥处置难题探出了新路。整个茅洲河项目共建成投产了三个污泥处理厂,产能可达 250 万 m^3/年(图 2-30)。

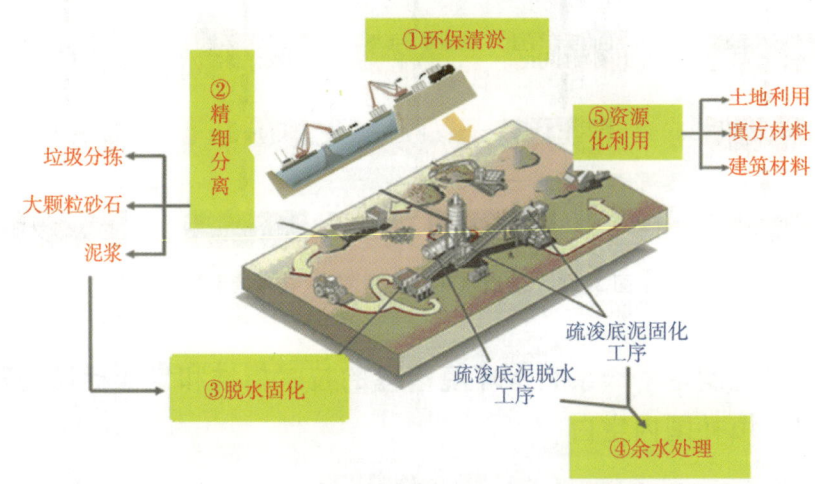

图 2-30　河道底泥资源化利用处置方案

2.7　项目的战略价值和经济、技术、社会效益

2.7.1　项目的战略价值

(1)茅洲河项目是央企服务国家战略,深入践行习近平生态文明思想和"十六字"治水方针的成功典范,是近年来我国水环境治理的标志性成果,开启了以治水为突破口的生态文明建设新征程,谱写了治水兴城的新篇章,为我国生态文明建设贡

献了中国电建智慧和方案,取得突出成绩,获得国家有关部委、党委政府、业主及社会各界的高度赞誉。

(2)茅洲河项目用4年时间彻底治理了茅洲河流域40年的污染顽疾,流域内黑臭水体全部消除,茅洲河干流共和村国家地表水考核断面氨氮指标从2011年的33.7 mg/L,降至2020年的1.31 mg/L,为1992年以来最好数值,水质稳定达到地表水Ⅴ类标准,各支流河道逐步稳定达到地表Ⅴ类水标准,提前1年零2个月实现茅洲河水质达到国考要求;茅洲河面貌焕然一新,从一条只能掩鼻疾走的"黑臭河",回归为令人流连忘返的"景观河",重现"水清岸绿、鱼翔浅底"的生动画面,一跃成为深圳美丽的生态名片;流域"水安全、水环境、水生态、水景观、水文化"质量持续提高,直接惠及茅洲河流域的数百万群众,不断提升人民群众的幸福感和获得感,生动体现了"良好生态环境是最普惠的民生福祉"。

(3)茅洲河项目是通过水环境综合治理,促进城市更新和产业升级的杰出标杆,标志着我国水环境治理进入了"水、城、产"融合治理的新阶段,项目通过流域综合治理共释放出15 km² 土地,带动城市空间功能优化和经济结构重塑,初步测算仅释放土地价值一项即达到1 200亿元;流域共清理整治"散乱污"企业(场所)5 714家,淘汰重污染企业77家,流域产业经济朝形态高端、结构合理、质效更优的方向转变,流域空间开发格局和产业布局不断优化提升,水环境治理生态效益倍增转化为经济效益、社会效益,成功探索出了生态产品价值实现机制的新途径,为全省乃至全国的流域"水、产、城"融合治理提供了可复制可推广的经验。

(4)茅洲河项目是我国跨界河流治理的成功代表,首创"一个平台、一个目标、一个系统、一个项目"和"流域统筹与区域治理相结合、统一目标与分步推进相结合、系统规划与分期实施相结合"的跨区域河流全流域治理创新模式,取得良好效果,为我国跨区域合作和区域一体化发展提供了新模式。

(5)茅洲河项目是中国电建首个完整的流域水环境治理EPC总承包项目,是中电建水环境治理技术体系的首次大规模应用,是中国电建向生态环境建设领域转型发展道路上的里程碑,战略性地提升了"中国电建水环境"和"中国电建生态环境"的品牌含金量,是中国电建生态环境走向全国乃至世界的金字招牌。

2.7.2 项目的经济、技术、社会效益

(1)茅洲河项目的实施,战略性地推动了我国流域水环境治理理念的成熟和技术体系的研发成功及推广应用。依托茅洲河项目,中国电建系统研发形成了一整套符合我国实情的、切实可用的、严格遵循"流域统筹、系统治理"理念的水环境治理技术体系,包括"六大技术系统""五大技术指南""五位一体"治理方案等等;累计获授权专利247项,发布企业标准、地方标准、团体标准、行业标准60项,拥有两个研发平

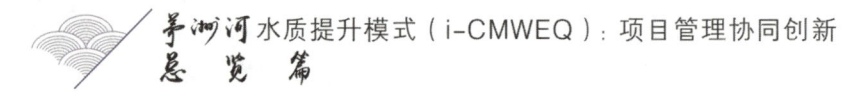

台(博士后科研工作站、博士工作站)和一个水环境治理专业刊物,总结和撰写了一批论文和图书著作,形成一大批技术管理知识成果,打造了行业领先的技术水平,全面提升了我国水环境治理领域的技术水平。

(2)依托茅洲河项目,电建生态公司牵头组建了水环境治理领域唯一一家国家试点联盟——**水环境治理产业技术创新战略联盟**(简称:水环境联盟),成员单位有北大、清华等国内知名院校、科研院所、企业、金融机构和行业协会等,依托联盟内政、产、学、研、融优质资源,构建水环境治理完整产业链,奠定产业循环合作的基础,促进产业要素的流通与交流合作,以开放的平台、创新的技术、雄厚的资本,形成水环境产业持续发展的强大合力。水环境联盟成立以来,已连续成功举办五届"水环境联盟成员年度大会"和多届"生态环境产业创新创业大赛",已编制4部《中国水环境治理产业发展研究报告》,并广泛开展各种国内外行业交流活动,极大地促进了联盟成员单位之间的交流,加速推动了我国水环境治理产业的高质量发展,极具行业影响力。

图2-31 水环境联盟成立大会

(3)茅洲河项目首创"地方政府+央企+EPC"的大兵团作战工程项目管理模式,并探索形成了城市高密度建成区水环境治理项目的施工管理和干系人管理模式,建立了一整套运转有效、管理平稳、执行高效的管理制度体系和经验,培养了一支极具战斗力的水环境治理人才队伍,建立了成体系的水环境治理项目建设运营数据库和云平台信息系统,能够有效适应我国当前城市水环境管理体制,满足城市水环境治理需求,极富推广性。

(4)茅洲河项目成功攻克河道污染底泥无害化处理处置技术方案并投入实际应用,彻底解决污染底泥处理处置世界性难题,获得业界和社会的广泛关注和高度评价。2017年,原国家环保部、中央电视台联合制作"诊病黑臭水""黑臭泥变身记"两期黑臭水体治理专题片,在《走进科学》栏目播出,专题介绍了茅洲河黑臭水治理和污染底泥处置经验。

(5)茅洲河项目的成功经验引起社会各界广泛关注,河北雄安、山东青岛、陕西西安、重庆、福建厦门、江西南昌、湖北武汉等各地党政领导纷纷前来实地调研考察,并竭力邀请电建生态公司携茅洲河项目经验参与当地的水环境治理,公司业务迅速推广到粤港澳大湾区、长江经济带、黄河流域、白洋淀、鄱阳湖、巢湖等区域,除茅洲河项目以外,公司已实施了东莞石马河、深圳龙岗河和观澜河、珠海前山河、南京金川河、雄安新区白洋淀府河等一大批重大河流的水环境治理,成效显著;并被邀请担任雄安新区《白洋淀生态环境治理和保护规划(2018—2035年)》的主要参编单位、广东省全面推行"河长制""南粤河更美"行动计划的主要技术支撑单位,以及《深圳市防洪防潮规划(2014—2020年)中期评估》等4项市级重大课题的研究实施单位。公司迅速成长为全国唯一年产值过百亿的生态环境类企业,"十三五"期间累计承接任务规模达1 500亿元。

图 2-32 茅洲河项目公开发表的部分技术成果著作

图 2-33 水环境联盟主办的行业期刊和研究报告

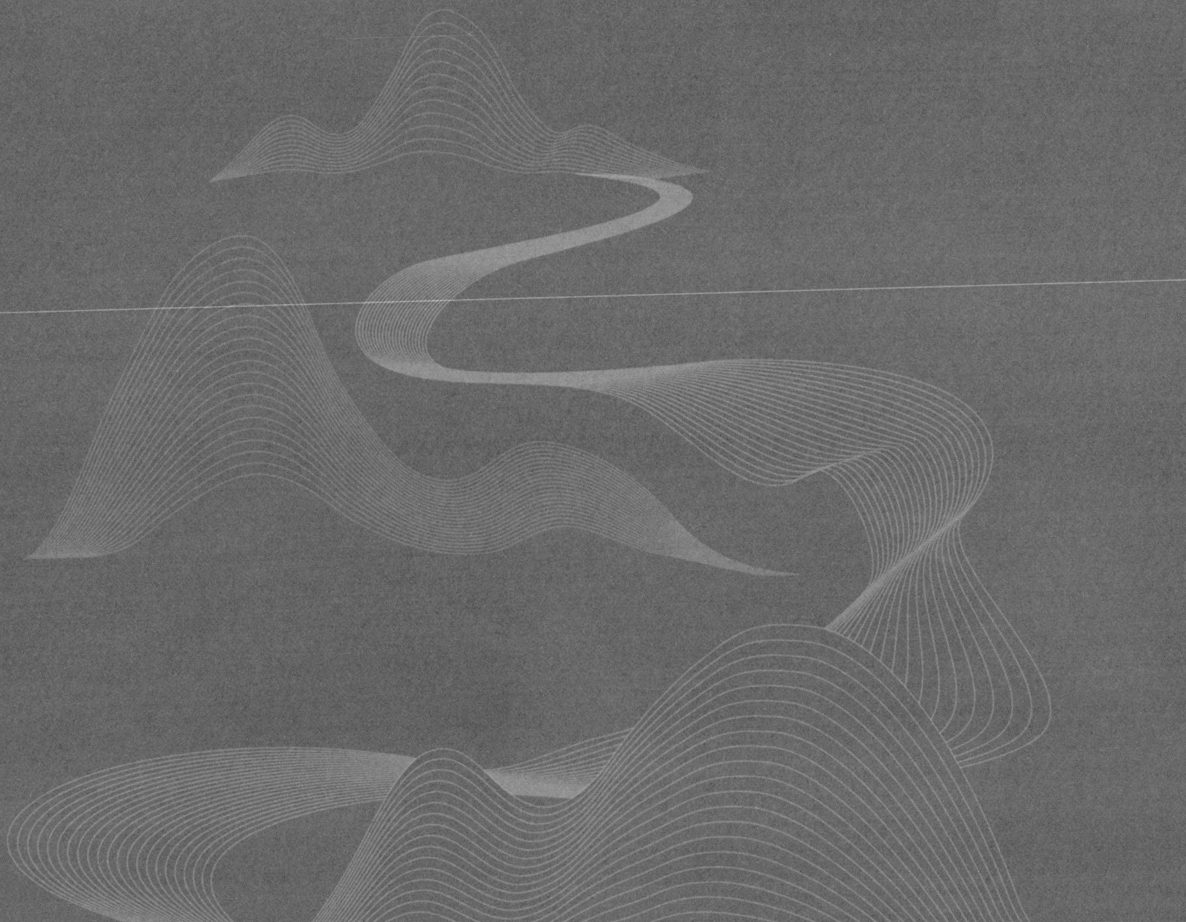

政府决策篇

——「科学治理、政府引领」

第3章 项目的事业环境

项目的事业环境(Enterprise Environment,EE)是指项目实施和运行所处的环境,包括项目所在组织自身的"内部环境"和组织所处的"外部环境"。项目的各项事业环境因素(Enterprise Environmental Factors,EEFs)将对项目的实施和运行产生各种有利或不利的影响,是不受项目团队控制的。其中,"内部环境因素"主要包括项目所在组织自身的资源、能力、文化、结构和管理等;"外部环境因素"主要包括项目所在组织外部的宏观社会和经济情况、法律和行业监管制度、市场特点、自然和物理环境特点等等。因此,对于任何项目的管理首先必须全面分析项目内外部事业环境的特点,明确各项外部环境因素对项目实施可能造成的各种积极和消极影响,以及内部环境因素可供项目实施使用的各种资源能力和限制因素,以帮助明确合理的项目目标和进行有效的项目管理策划。

3.1 项目外部环境特点

3.1.1 项目的宏观环境概况

党的十八大以来,习近平总书记系统提出了习近平生态文明思想,强调"绿水青山就是金山银山"。2014年3月14日进一步提出和明确了"节水优先、空间均衡、系统治理、两手发力"的十六字治水方针,将水污染防治列入全面建成小康社会必须打赢的三大攻坚战范围。深圳是全国面积最小、产业最密集、人口密度最高的超大型城市。在城市高速发展的过程中,曾经清澈的河流日渐污染。据统计,2015年底,深圳310条河流中有159个黑臭水体,数量居全国36个重点城市之首,另有各类小微黑臭水体1 467个。其中,作为深圳和东莞跨界河流的茅洲河污染情况尤为严重,是珠三角地区当时污染最严重的河流,是整个深圳市,乃至珠三角地区当时严峻水污染问题的集中缩影,极具典型性,其治理成功将对广东省、深圳市的水污染治理事业起到奠定信心和标杆示范的战略作用。2016年初,深圳市委、市政府坚决贯彻落实中央和省加强生态文明建设的决策部署,以茅洲河为突破口和首战主战场,举全市之力,全面打响了轰轰烈烈的、以黑臭水体治理为核心的全市域水污染治理攻坚战。

茅洲河项目作为我国第一个严格意义上的全流域水环境综合治理EPC项目,是深圳全市水污染治理攻坚战的首场完整战役和重要组成部分,是广东省及深圳市

"治水提质"、加快城市生态文明建设的重点工程,受到了国家相关部委及广东省、深圳市各级党政领导的高度重视。时任广东省委书记、省长,深圳市委书记、市长等领导担任茅洲河省级、市级河长和"深莞茅洲河治理领导小组"组长,亲自筹划、推动茅洲河项目实施;国家各相关部委领导多次赴现场检查指导督办;茅洲河沿线各属地政府更是将茅洲河治理作为政治任务,各区委书记、区长,以及区人大、区政协、区政府各部门、街道主要领导均担任茅洲河区级河长或各支流河长,承担茅洲河治理第一责任。

各级党委和政府对茅洲河项目的高度关注,为项目实施创造了最优越外部环境条件。除此以外,对项目建设和管理影响较大的外部环境因素主要还包括深圳市和属地政府的水污染治理工作体制机制、工程建设的各类审批监管制度和对项目承建单位的管理模式等。

3.1.2　深圳市水污染治理机构及部门职责

为加强对水污染治理工作的组织领导和统筹协调,加快推进水环境综合整治工作,深圳市将水污染治理工作与全面推行河长制工作相结合,高位推动,全市一盘棋,高度强化和夯实责任落实体系,在市级层面专门成立了"市污染防治攻坚战指挥部"和"市水污染治理指挥部",构建了"市、区、街道、社区四级河长制"组织体系。市委书记亲自担任"污染防治攻坚战第一总指挥""市总河长"和污染最严重的茅洲河"市级河长",多次现场协调解决重大问题,明确提出"所有工程为治水工程让路",要求以最坚决的态度、最严格的要求、最有力的措施,全力以赴打好水污染治理攻坚战;市长担任"污染防治攻坚战总指挥""市副总河长",多次带队到各大流域研究推动有关工作;分管副市长担任"市水污染治理指挥部指挥长",每周召开例会、每周赴现场调研,协调解决重点、难点问题,为深圳市治水工作提供了强有力的体制机制保障。

2014年9月,深圳市政府印发《深圳市人民政府办公厅关于成立市治水提质指挥部的通知》(深府办函〔2014〕118号),在市级层面成立"市治水提质指挥部",统筹推进全市水污染防治工作。各区、新区管委会、市前海管理局、深汕特别合作区政府(以下简称"区级政府")比照市级工作机构模式,相对集中行政资源,成立区级治水提质指挥部及其办公室,区主要领导任指挥长,积极协调解决人员、政策、资金、用地等方面的问题。

2015年、2016年进一步出台《深圳市治水提质指挥部关于印发〈深圳市治水提质工作机构运行机制试行规定〉的通知》(深治水〔2015〕2号)、《深圳市机构编制委员会关于完善我市水污染治理体制的通知》(深编〔2016〕9号)等文件,完善明确市治水提质指挥部及其办公室、各区治水提质指挥部及各专项工作组的职责,理顺了各机构之间的工作关系,建立了分工明确、权责清晰、条块协同、运转高效的治水提质工作机构运行机制。

2018年12月,根据《深圳市水污染治理指挥部办公室关于更名的通知》(深水污治办〔2018〕8号),原"深圳市治水提质指挥部"更名为"深圳市水污染治理指挥部"(以下统一称为"水污染治理指挥部"),指挥部的各内属机构和各区政府,根据市的做法,进行更名。

市水污染治理指挥部下设办公室和7个专项工作组。办公室设在市水务局,负责统筹协调、推进全市水污染治理各项任务的落实;7个专项工作组为资金保障组、规划土地组、项目环评组、交通协调组、审计监督组、宣传引导组、技术方案及流域协调组,分别由市各有关职能部门承担,由相关职能部门安排人员组成,负责协调处理全市水污染治理工作中与其单位职能相关事宜,各类机构的职责、牵头部门和相互关系如图3-1和表3-1所示。

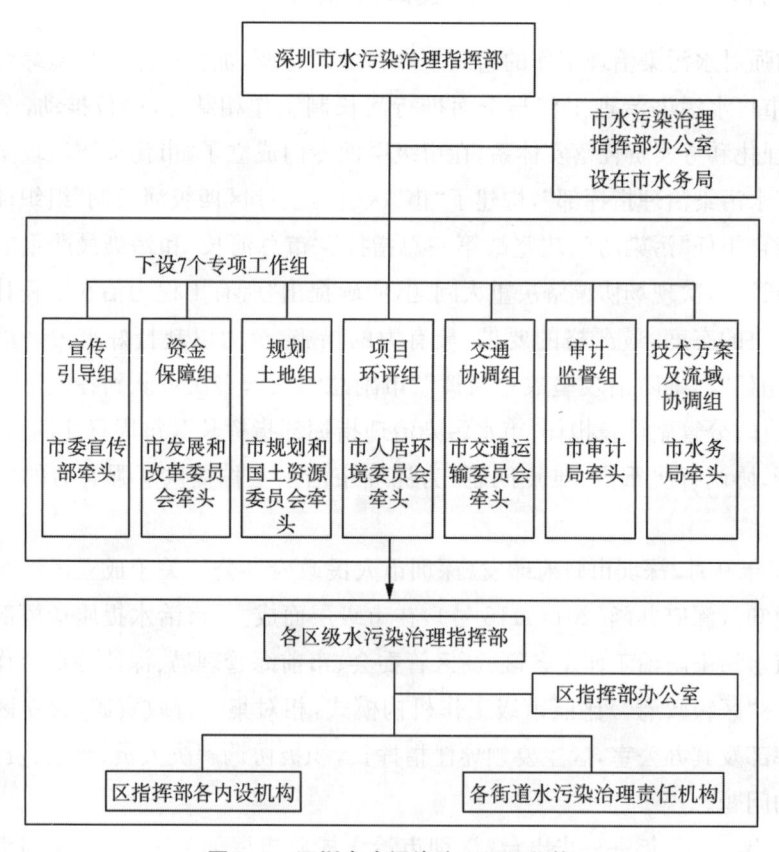

图3-1 深圳市水污染治理组织架构

表 3-1 深圳市水污染治理各级机构的主要职责

机构	主要职责
市指挥部	全面统筹协调深圳市水污染治理工作,审议重点流域、专题实施方案等重大事项;听取水污染治理工作汇报,研究解决水污染治理工作存在的重大问题
指挥部办公室	(1) 统筹全市水污染治理工作,承担水污染治理、内涝整治、排水管网建设的指导、协调、监督工作; (2) 组织制定全市水污染治理规划及流域综合治理规划,并监督实施; (3) 组织制定水污染治理建设规划、年度工作任务、实施计划及责任清单; (4) 组织制定全市水污染治理的重大技术路线及标准,承担全市重大水污染治理项目技术方案的审查和评估工作; (5) 检查、督办、考核各部门、各区的水污染治理工作; (6) 统筹协调各部门、各区涉及水污染治理的项目立项、行政审批、资金落实、征地拆迁等问题; (7) 协调推进市、区水污染治理项目、内涝整治项目、污水管网的建设与管理; (8) 承担市水污染治理指挥部的日常工作
各专项工作组 / 宣传引导组	负责协调对水污染治理项目进展情况进行宣传报道,部署舆论导向等工作
各专项工作组 / 资金保障组	负责水污染治理建设项目立项审批、投资计划下达等事项,负责项目资金安排及资金拨付等事项
各专项工作组 / 规划土地组	负责协调推进水污染治理建设中涉及的规划许可、用地安排、征地拆迁等事项
各专项工作组 / 项目环评组	负责协调推进水污染治理建设中涉及的环评公调、环境影响评价等事项
各专项工作组 / 交通协调组	负责做好水污染治理建设中涉及的占道施工及交通疏解审批、协调等事项
各专项工作组 / 审计监督组	负责对水污染治理项目进行同步专项审计,并指导各区开展市投区建项目专项审计工作
各专项工作组 / 技术方案及流域协调组	负责组织水污染治理项目中重大技术方案论证,审查重大专项实施方案;统筹协调流域治理跨区事项,协调水污染治理项目市区共同推动的事项
区指挥部	负责本区水污染治理工作,主要包括: (1) 根据市水污染治理各项计划和方案,制定本区水污染治理实施方案,组织实施各项水污染治理工作,研究解决水污染治理存在的重大问题; (2) 配合市水污染治理办公室推动需市区共同研究的事项; (3) 配合推进流域治理中涉及的跨区事项,做好与其他区指挥部的沟通联动工作

3.1.3 深圳市河长制工作体系及职责分工

2017年5月,深圳市印发《深圳市全面推行河长制实施方案》(深办〔2017〕18号)(以下简称"《方案》"),建立了涵盖310条河流的市、区、街道、社区四级河长体系,全面推行河长制,市委书记、市长分别担任市总河长、副总河长,市委书记还专门担任污染最严重河流茅洲河的市级河长。《方案》同时明确市河长制办公室(以下简称"市河长办")设在市水务局,并要求全市各区、街道均设立河长制办公室,配齐落实相应的人员、经费、办公场所和工作设施。

2017年10月,深圳市河长办进一步印发《深圳市全面推行河长制工作考核办法(试行)》《深圳市河长工作制度(试行)》等5大项11小项配套制度,在按要求出台河长会议、河长巡查等7项制度的基础上,结合深圳市实际情况,创新出台投诉举报受理、督办、重大问题报告、河湖管护长效机制和稳定投入机制等多项制度。全市各区、街道均按要求分别出台相关配套制度,并探索出台符合属地实际的配套制度。

同时,为确保河长制工作目标任务落地生根、取得实效,市河长办专门印发《〈深圳市全面推行河长制实施方案〉任务分工方案》(深河长办〔2017〕60号)等制度文件,深入细化、实化各项工作任务,明确河长制工作相关各部门任务分工,强化工作措施;要求各成员单位按照河长制责任分工积极落实相关工作,协调各方力量,形成合力,确保各项任务按期保质完成、全面实现各项目标,形成一级抓一级、层层抓落实的工作格局,以高效推进全市河长制工作。

2017年12月,为进一步建立健全市全面推行河长制工作协调机制,加强组织领导,深圳市成立由党委政府主要领导同志任组长的"全面推行河长制工作领导小组",将全面推行河长制工作与全市水污染治理工作相结合,强化和夯实责任落实体系,推动形成以河长制、湖长制为抓手,"党政齐抓、上下共管、社会共治"的全民治水新格局。

深圳河长制工作体系明确规定:各级河湖长是河湖管理保护的直接责任人,负责统筹、协调、督促水资源保护、水安全保障、水污染防治、水环境治理、水生态修复、水域岸线管理保护、执法监管等方面相关工作。各级政府职能部门根据各自职能和在市水污染治理工作中的分工履行相应职责,要求各部门严格落实生态文明建设党政同责、一岗双责,各责任单位"一把手"要亲力亲为、靠前指挥,严格落实河长制和水污染治理工作的任务分工。深圳市各级河长职责和河长制工作各相关职能部门的任务分工如图3-2和表3-2所示。

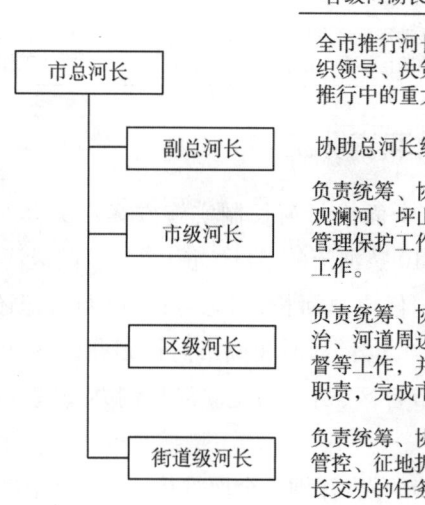

	各级河湖长是各级河湖管理保护的直接责任人
市总河长	全市推行河长制的第一责任人,负责河长制的组织领导、决策部署、考核监督,协调解决河长制推行中的重大问题。
副总河长	协助总河长统筹协调河长制的推行落实。
市级河长	负责统筹、协调、督导茅洲河、深圳河、龙岗河、观澜河、坪山河及大沙河等主要河流综合整治和管理保护工作,并统筹协调下一级支流河长开展工作。
区级河长	负责统筹、协调、推进、监督辖区内河流综合整治、河道周边环境专项治理、长效管理、执法监督等工作,并检查、督导、考核街道级河长履行职责,完成市级河长交办的任务。
街道级河长	负责统筹、协调辖区内河湖周边垃圾等面源污染管控、征地拆迁、执法监管等工作,完成上级河长交办的任务。

图3-2 深圳市各级河长职责分工

表 3-2　深圳市河长制责任单位和职责任务

序号	责任单位	主要职责和任务
1	市河长办	负责制定河长制管理制度和考核办法,协调"一河一策"推进过程中遇到的问题,监督河长制各项任务落实,组织开展对下一级河长考核,建立河湖档案以及开展河湖保护宣传等
2	市水务局、发展和改革委员会、人居环境委员会、住房和建设局	全面实行最严格水资源管理制度,严守水资源开发利用控制、用水效率控制、水功能区限制纳污三条红线,不断完善我市水资源管理保护体系
3	市水务局、发展和改革委员会、人居环境委员会	建立市、区以及重点企业用水总量控制指标体系,实施区域以及企业用水总量控制和管理
4	市水务局	严格审批和管理取水许可,严格控制地下水开采
5	市水务局、人居环境委员会	加强水功能区监管,从严核定水域纳污能力
6	市人居环境委员会、水务局	根据水功能区划,核定水域纳污能力,分阶段制定总量控制和削减方案,严格控制进入水功能区和近岸海域的排污总量
7	市水务局、发展和改革委员会、财政委员会	完善城市防灾减灾体系。重点推进主要河流和滨海地区感潮河段的防洪减灾工程建设,提高全市中小河流的防洪、防潮标准。加快"山边、水边、海边"防洪薄弱环节建设,积极推动山洪灾害防治和重点内涝区治理,推进海堤达标加固和病险水库除险加固
8	市水务局	加快制定实施流域防洪联合调度方案,提高水安全综合保障能力
9	市水务局	结合海绵城市建设,完善城市排水防涝设施,提高排水排涝能力
10	市水务局、气象局	立足于"防大汛、抗大灾"理念,加强水文、气象监测,建立防洪救灾响应和管理机制,提高洪涝灾害科学预报预警和防灾减灾信息化水平
11	市人居环境委员会、水务局、交通运输委员会、城管局	落实国家和省关于水污染防治行动计划相关要求,完善入河湖排污管控机制,排查入河湖污染,加强综合防治,严格治理工业污染、生活污染、畜禽养殖污染、水产养殖污染、面源污染和船舶港口污染
12	市水务局、人居环境委员会	加强河流水环境综合整治,实施系统治理,挂图作战,以深圳湾及茅洲河为重点全面推进我市河流水环境综合整治工作
13	市水务局、人居环境委员会	统筹海绵城市、防洪排涝、生态水网建设,持续推进黑臭水体治理
14	市水务局、人居环境委员会	采取"截污纳管、原位处理"等措施,集中整治全市入河排污口
15	市人居环境委员会、水务局、规划国土委员会、住房和建设局	保障饮用水水源安全,完善水源保护区封闭隔离围网,依法清理饮用水水源保护区内违法建筑、违法用地和排污口
16	市水务局、规划国土委员会、城管局	积极推进河湖生态修复和保护的工程性措施,加强湿地保护修复
17	市人居环境委员会、规划国土委员会、水务局、城管局	划定河湖生态控制线,实施严格管控,禁止侵占河湖水源涵养空间
18	市规划国土委员会、城管局、人居环境委员会、水务局	优化滨海水系布局,推进海陆融合,实现山、海、河、湖、林生态系统的有机衔接,构建联系山体、建筑、绿地和交通网络的生态轴线,打造生态绿廊
19	市水务局、规划国土委员会	推进河湖水系连通工程,保障河道生态基流
20	市水务局、人居环境委员会	加大水源地、涵养区、生态敏感区保护力度,加强水土流失预防监督和综合整治
21	市水务局、人居环境委员会	探索建立与生态文明建设相适应的河湖健康评价指标体系,开展河湖健康监测与评估,维护河湖生态环境

续表

序号	责任单位	主要职责和任务
22	市水务局、规划国土委员会	建立河湖生态补水长效机制
23	市水务局、规划国土委员会	严格水域岸线等水生态空间管控，依法划定河湖管理范围，并逐步确定河湖管理范围内的土地使用权归属
24	市水务局	建立范围明确、权属清晰、责任到位的河湖管理保护责任体系
25	市水务局、规划国土委员会、各有关执法单位	严禁任何单位和个人非法侵占、覆盖或者填堵河湖，违规占用的，依法追究相关责任
26	市水务局、人居环境委员会	实行河湖"管养分离"，完善河湖长效管理机制，建立河湖日常监管巡查制度，加大巡查力度，实行河湖动态监管
27	市水务局、法制办	建立健全法规制度，推动修订与河道管理、水资源管理、排水、水土保持等相关的地方性法规
28	市水务局、各有关执法部门	完善联合执法、信息互通、案件移送、两法衔接等工作机制，形成严格执法、协同执法的工作局面
29	市水务局、发展改革委员会、规划国土委员会、人居环境委员会	建立党政领导下的部门协作联动、流域统筹协调机制，实现上下游、左右岸、干支流系统治理和联防联控
30	市河长办、各相关成员单位	建立河长会议、巡查、督察督办、信息共享互动及工作验收等制度，协调解决河湖管理保护的重点难点问题
31	市河长办、经济和信息化委员会、规划国土委员会、人居环境委员会、住房和建设局、水务局	建立信息化技术保障机制，实施"互联网+河长制"行动计划，整合水利、环保、住建、国土等相关行业信息资源，建立健全河长制信息管理平台，全方位提升治河管河能力
32	市河长办、人居环境委员会、监察局、审计局、水务局	建立健全河长制分级考核问责机制，制定考核办法，将河长制实施情况纳入年度目标管理，结合领导干部自然资源离任审计和整改等情况进行评价考核，将考核结果作为干部综合考核评价的重要依据。对重视不够、措施不力、进度缓慢的责任人进行约谈、问责。对造成生态环境损害、重大污染事故的，严格按规定追究责任
33	市财政委员会、水务局、人居环境委员会	加大财政资金统筹使用和管理力度，对防洪排涝工程、建成区黑臭水体治理、入河排污口整治、小区正本清源建设、排水管网建设、水质净化厂提标改造等治水提质重点项目，以及河湖社会化管养和环境综合治理等项目所需资金予以保障，将河长制办公经费列入各级财政预算，保障信息平台建设与维护、第三方评估等所需资金。鼓励和吸引社会资金参与河长制工作，引导社会资金向河湖管理保护倾斜
34	市河长办、市委宣传部	聘请社会监督员对河湖管理保护效果进行监督和评价，拓宽社会监督渠道。强化媒体监督，进一步做好宣传与舆论引导，强化正面宣传和反面曝光。在主要媒体上公布河长名单，在主要河湖显著位置竖立河长公示牌，标明河长职责、河湖概况、管理保护目标、监督电话、微信公众号等内容，开发河长制管理应用软件，提高全社会对河湖保护工作的责任意识、参与意识和监督意识
35	市委宣传部、河长办、教育局、人居环境委员会、水务局	加大全面推行河长制工作的宣传力度，发动、依靠、鼓励群众参与河长制工作，拓宽公众参与渠道，广泛开展生态文明建设和河湖健康维护的宣传典型，曝光涉水违法行为，增强社会各界保护河湖生态环境的忧患意识和主人翁意识，引导全社会形成关心、支持、参与、监督河湖管理保护的良好氛围和依法治水、齐抓共管的社会环境

注：除特别说明外，列在首位的部门为牵头责任部门，各项任务均由各区具体落实。

3.1.4 深圳市区级水污染治理机构职责和工作机制

根据上述深圳市水污染治理和河长制工作体制，全市的水污染治理工作是按照"条块结合、以块为主"原则推进落实的。其中"以块为主"是指各区级政府是本辖区内水污染治理的责任主体，负责制定实施方案，细化责任分工，明确责任单位和责任人，落实属地管理责任，统筹协调辖区各街道、各部门力量，必要时依托第三方力量推进辖区内水污染治理各项工程的建设和各类监督、管理、保障等任务的落实，确保水环境治理各项目标按时、保质达成；"条块结合"是指市各直属部门，包括市生态环境、水务、建设、市场监管、城市管理、交通运输等部门，则根据责任分工承担行业统筹监管责任，指导各区推进水污染防治、排水监管执法、施工工地监管、城市环卫保洁等领域的整治工作，协同推进水污染治理工作的推进。

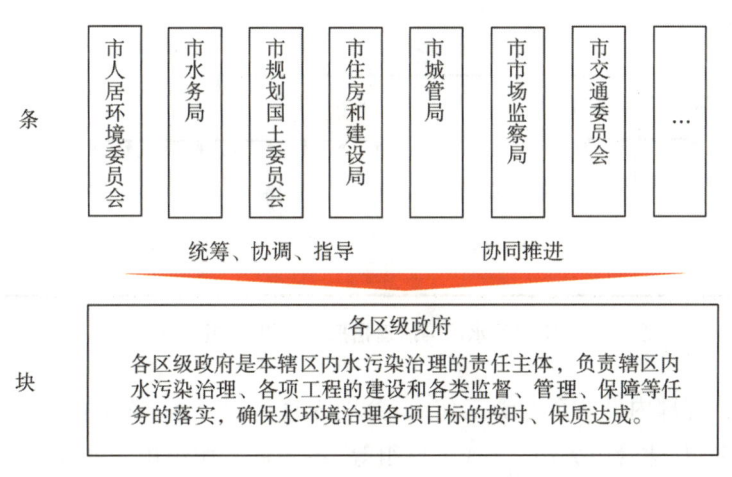

图 3-3 深圳水污染治理"条块结合，以块为主"推进落实机制

茅洲河流域两岸的深圳市宝安区、光明区和东莞市长安镇政府高度重视各自水污染治理的属地主体责任，都严格按照上级要求，比照市级水污染工作机构模式，根据自身实际，分别成立了各自的区级水污染治理指挥机构，由水污染治理工作所涉及的各行业和立项审批等各环节相关的职能部门和责任单位共同组成，结合河长制，统一指挥和协调，为水污染治理工作提供了完善的组织和机制保障。

以深圳市宝安区为例，2015 年 8 月，宝安区就专门成立了"区治水提质指挥部"，由区长任指挥长，强力推进全区治水提质工作。其后各年，根据地方水污染治理的实际情况和上级的最新部署要求，不断优化完善区级水污染治理的指挥组织体系，至 2019 年，为进一步加强对水污染治理工程实施全过程的协调保障工作，在"区水污染治理指挥部"（以下简称"指挥部"）原有工作机制基础上，在指挥部内部增设 6 个专责工作组，并建立"1＋4＋10"现场协调联络保障机制，以确保指挥部统筹、决策、协调、保障职能的发挥和强化市、区、街道、社区四级联动工作机制,如图3-4所示。

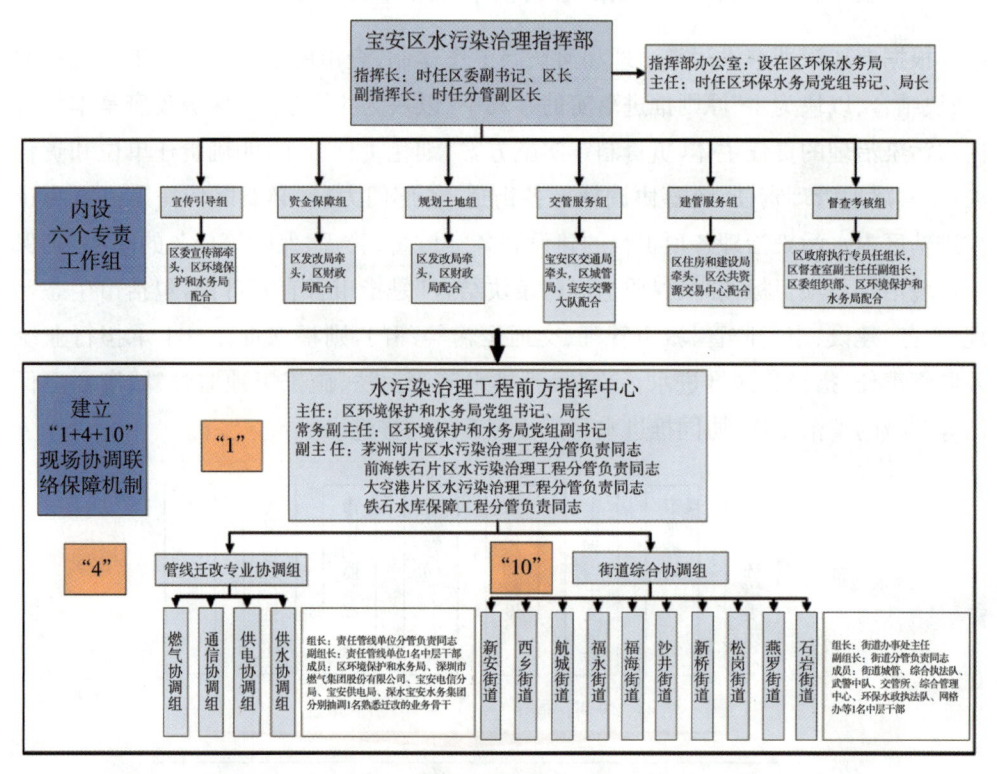

图3-4 宝安区水污染治理指挥部组织架构图(2019年)

其中,指挥部内设6个专责工作组,分别为宣传引导组、资金保障组、规划土地组、交管服务组、建管服务组、督查考核组等,各专责工作组由牵头单位分管负责同志任组长,配合单位分管负责同志任副组长,各专责工作组具体职责分工如表3-3所示。

表3-3 宝安区水污染治理指挥部内设专责工作组组成和主要职责

工作组	成员单位	主要职责
宣传引导组	区委宣传部牵头,区环境保护和水务局配合	负责协调推进对水污染治理工程建设进行宣传报道,做好政策宣传,部署舆论导向,营造良好舆论氛围。
资金保障组	区发展和改革局牵头,区财政局配合	负责按期推进水污染治理工程项目立项及计划下达、可行性研究、概算审批等事项,负责项目资金安排及资金拨付等事宜。
规划土地组	市规划和自然资源局宝安管理局牵头,区土地规划监察局、区城市更新和土地整备局配合	负责推进水污染治理工程项目涉及的规划许可、用地安排、征地拆迁等事项。
交管服务组	宝安交通运输局牵头,区城管局、宝安交警大队配合	负责做好水污染治理工程建设中涉及的占道施工、交通疏解、占用城市绿地及人行道搭设临时构筑物、砍伐或迁移城市书面许可等审批及协调等事项。

续表

工作组	成员单位	主要职责
建管服务组	区住房和建设局牵头,区公共资源交易中心配合	负责做好水污染治理工程建设招投标、预算及结算审核、设计变更审核,以及市政工程施工许可、质量安全监督等工作。
督察考核组	区政府执行专员任组长,区督查室负责人任副组长,区委组织部、区环境保护和水务局配合	负责人员保障工作,配齐配强工作力量,对参与人员工作实绩进行考核;负责对水污染治理工程建设全过程督查并纳入绩效考核;对执行不力的单位和个人严肃追责等。

"1+4+10"现场协调联络保障机制则是指设立1个水污染治理工程前方指挥中心和4个管线迁改专业协调组及10个街道综合协调组,以及时响应满足工程现场的各种需要,各机构组成和主要职责如表3-4所示。

表3-4 宝安区水污染治理指挥部"1+4+10"现场协调联络保障机制

机构	组成单位	主要职责
"1" 1个水污染治理工程前方指挥中心	由区环境保护和水务局主要负责同志任主任,分管负责同志任常务副主任,分管茅洲等四大片区水质保障工程的分管负责同志任副主任。	全面负责全区水污染治理工程现场协调、联络保障等各项事宜。
"4" 4个管线迁改专业协调组	分别是燃气协调组、通信协调组、供电协调组、供水协调组,由责任管线单位分管负责同志任组长,1名中层干部任副组长。	分别负责责任管线的迁改协调及施工保障等工作。
"10" 10个街道综合协调组	分别由各街道办事处主任任组长,街道分管负责同志任副组长,街道城建、城管、综合执法队、交警中队、交管所、综合管理中心、环保水政执法队、网格办等负责人为成员。	全面负责各自街道辖区内水污染治理工程征拆、勘察、进场、施工等各项协调工作。

在建立完善区水污染治理指挥部工作机制的同时,宝安区严格落实深圳市"河长制"工作部署,建立了涵盖本区所有河流的完整的"区—街道—社区"三级河长体系和相应的工作机制,严格按照"河长统筹、领导挂帅、分级管理、属地负责"的原则,强化和压实各级河长责任,要求区、街道领导结合河长制,全面履行所负责河流的整治和长效管理等各项工作的统筹、协调、督导职责,确保河流水质考核断面达标和黑臭水体彻底消除。各区级河长要充分发挥作用,切实担起水污染治理责任,组织领导街道、社区两级河长,统筹、协调、监督水污染治理各项工作任务的推进落实,及时解决水污染治理中存在的问题,强化长效管理,对整治效果负责;各街道党工委、办事处主要负责同志是本行政区域内河流国考、省考断面水质达标和黑臭水体消除工作第一责任人,具体负责统筹协调相应河流及流域的水环境综合整治各项工作的推进。

通过将上述区水污染治理指挥部工作机制和三级河长的主体责任机制相结合,既大幅提高了区指挥部统筹、协调、指挥、督促的效能,又充分保证了各街道基层协调力量和各职能局专业优势的发挥,各责任部门通力协作,共同发力,形成多部门联动、全社会参与的长效管理机制;各级党政部门"一把手""亲自抓、负总责",进一步压实各级河长和指挥部各成员单位的责任,一级抓一级,层层抓落实,加大现场施工协调保障力度,实现"工作在一线推进、问题在一线解决",全力保障了各项水污染治理工程的快速高效推进,确保各条河流长制久清。

表3-5 十一条一级支流的区、街道级河长

序号	茅洲河(宝安片区)一级支流名称	第一责任人 区级河长	第一责任人 街道级河长	工程责任单位
1	石岩河	(略)	石岩街道 (略)	市水务工程建设管理中心
2	罗田水	(略)	燕罗街道 (略)	区环境保护和水务局
3	龟岭东水	(略)	燕罗街道 (略)	区环境保护和水务局
4	老虎坑水	(略)	燕罗街道 (略)	区环境保护和水务局
5	沙浦西排洪渠	(略)	松岗街道 (略)	区环境保护和水务局
6	沙井河	(略)	新桥街道 (略) / 松岗街道 (略) / 沙井街道 (略)	区环境保护和水务局
7	道生围涌	(略)	沙井街道 (略)	区环境保护和水务局
8	共和涌	(略)	沙井街道 (略)	区环境保护和水务局
9	排涝河	(略)	沙井街道 (略)	市水务工程建设管理中心
10	衙边涌	(略)	沙井街道 (略)	区环境保护和水务局
11	塘下涌(跨界主要支流)	(略)	燕罗街道 (略)	区环境保护和水务局

注:表中河长姓名省略。

3.1.5 深圳市水环境治理项目建设全过程的保障和监管机制

各类水环境治理工程项目的建设是深圳水污染治理攻坚战的主战场,为有效推动各相关工程项目以超常规的速度高质量完成,确保水质达标所有目标按时实现,深圳市、区两级政府坚决秉承时任深圳市委书记王伟中"所有工程都要为治水工程让路"的批示精神,在持续完善和充分依托深圳市区两级水污染治理体制和工作机制的基础上,不断以改革精神和创造性思维,推出一系列优先保障治水工程建设需要的创新政策和举措,进一步加强对各类水环境治理项目建设全过程、全方位的协调保障和严格监管,既为各治水项目的实施创造了优越的环境条件,保证项目高效顺利推进,又有效地规范了各参建企业的建设行为,有力地保障了各项工程高质量完成,推动深圳水污染治理驶入"大会战、大建设"的快车道。

1. 深圳市级保障治水工程的创新政策

自2015年底,深圳举全市之力,以茅洲河流域水环境综合治理为突破口打响了波澜壮阔的全市水污染治理"攻坚战"后,深圳市政府立即出台了一系列保障各类治

水工程项目高效顺利推进的创新优化政策,根据《深圳市治水提质指挥部关于印发〈深圳市治水提质工作计划(2015—2020年)〉的通知》(深治水指〔2015〕1号)等文件精神,主要包括"下移工作重心""压缩审批时限""简化审批环节"等,全方位优化加快各类治水工程的立项、招标等各种前期审批和施工许可手续的办理流程,在确保项目建设质量的前提下,为抢抓工期"争分夺秒",如表3-6所示。

表3-6 深圳市级保障治水工程的创新政策

类别	部分政策内容
下移工作重心	在第五轮市区政府财政体制实施方案出台前,市财政委将经市治水提质指挥部审定的各区(新区)年度建设计划中应由市财政承担的资金在年度预算中安排给各区(新区)。 在第五轮市区政府投资事权划分实施方案出台前,将由各区(新区)组织实施的治水提质项目立项和资金安排、质量和安全监督、审计等事权下放各区政府(新区管委会),但需报市发展改革委备案。
压缩审批时限	已立项的项目,市、区发展改革部门应在申请后5个工作日内下达前期计划。 编制环评报告书的项目由12个工作日压缩为10个工作日内批复,编制环评报告表的项目由12个工作日压缩为7个工作日内批复。 市、区招标、采购平台应专门设立治水提质项目评标定标室,即到即排。招标流程从编制招标方案至打印中标通知书由65个工作日压缩为45个工作日内。采购流程从招标需求上传到出具中标通知书由35个工作日压缩为15个工作日内。对治水提质项目,可先发中标通知书,再补交招投标交易服务费。 占用和挖掘城市道路许可分别由10个工作日压缩为7个工作日内(交警部门)和15个工作日压缩为5个工作日内(交通运输部门),污水管网项目可打包报批,由交通运输、交警部门负责指导编制相关方案,对于特殊紧急工程可边施工边办理手续。占用城市绿地砍伐或迁移城市树木许可由20个工作日压缩为10个工作日内,免缴恢复绿化补偿费,由项目单位按规定自行恢复。 水土保持方案审批由10个工作日压缩为7个工作日。由市、区水务部门负责指导建设单位编制水土保持方案。 水利工程开工备案由10个工作日压缩为5个工作日内,质量、安全监督手续办理由10个工作日压缩为5个工作日内。
简化审批环节	已列入《深圳市治水提质工作计划(2015—2020年)》中的项目经市政府常务会议审议通过后,原则上视同立项,可直接开展可行性研究工作,但各个项目的投资金额、投资方式应另行确定。 对于未达到国务院《水污染防治行动计划》明确要求的项目,或者亟须解决重大内涝隐患的项目,要在履行法定审批程序的基础上,简化审批流程,压缩审批时限,市水务局要制定各个项目推进计划,倒排审批时间。 项目单位将可行性研究报告及相关专项资料同时送发展改革、规划国土、环境保护部门,规划国土、环境保护部门对项目提出专项意见和要求,发展改革部门先行批复可行性研究报告,项目单位同步完善规划选址、环评等手续。 污水处理厂等社会投资项目,可行性研究报告批复后,市水务局即可根据《深圳市社会投资竞争性配置公共资源开发利用项目管理办法》编制BOT招标方案,市发展改革委15个工作日内予以批复。 河道整治项目涉及的防洪排涝、截污治污、生态修复等内容均视为符合法定图则,如属省、市重大项目且不涉及占用基本农田保护区,视为符合土地利用总体规划,仅需办理"选址意见书及用地预审、市政工程规划许可证"两个阶段用地手续;市规划国土部门定期组织法定图则、蓝线规划修编,确保与河道整治工程充分衔接。 除污水处理、污泥处理等环境敏感的设施外,其他治水提质项目环评报批材料统一为环境影响报告表。 住房建设、水务部门核发施工许可(同意提前开工复函)或办理开工备案时,同步将资料发送质监、安监机构,由其同步介入监督。具备开工条件的污水处理厂(不含厂区外的给水、排水设施)等市政类项目,允许规划许可证与施工许可证同步办理,复函同意提前开工,待资料齐备再核发施工许可证件。

续表

类别	部分政策内容
简化审批环节	在污水管网项目方案设计核查后即核发工程规划许可或方案审查意见,并将审批期限由20个工作日调整为10个工作日;施工图设计完成后,报市规划国土委备案。 针对河道整治项目的防洪、截污治污、生态修复等工程,根据最新的《深圳市政府投资建设项目施工许可管理规定》(深府令第310号)文件,无须办理建设用地审批,按照选址及用地预审意见,直接办理建设工程规划许可证。 针对面大量广的小区排水管网正本清源项目,根据《深圳市进一步推进排水管网正本清源工作的实施方案》(深治水治土〔2017〕1号),小区正本清源工程无须办理水土保持方案、环评审批,无须办理规划许可、施工许可,无须办理可行性研究报告,直接开展初步设计。 市人居环境委对不涉及环境敏感区的黑臭水体整治项目,不再开展环境影响评价审批,实行告知性备案。

2. 深圳市区级保障治水工程的创新举措

深圳市各区级政府是本辖区内水污染治理的责任主体,工程建设的各类审批手续也大多放到各区的职能部门办理,市政府规定的各类简化治水工程审批程序、压缩审批时限等政策都需要区级政府创新措施加以落实。

各区级政府充分认识到治水工作的紧迫性、重要性,坚决贯彻市的各项政策要求,纷纷以"严管理、提效率、重创新"原则为指导,深挖潜力,不断创新各类举措,积极统筹区相关职能部门、各街道主动作为、提前介入,要求各行政审批单位为各类治水工程的审批开辟绿色通道,从项目审批成果共享化、审批职能部门服务主动化、项目招标板块化等方面入手,在办理项目资金安排、规划报建、环评审批、招投标、标的审计、占用城市绿化带、临时占道、交通疏解等手续时要积极支持、急事急办、特事特办、并联审批,优化审批流程,缩短审批时限;要求各街道提前介入,及时完成征地拆迁、土地整备等工作,配合建设单位办理用地手续,主动协调解决进场施工难、作业面拓展难等问题,为参建单位扫清工程建设的一切障碍,尽最大可能为工程建设创造最优、最便利的施工环境,全力保障水污染治理工程高效推进。

以宝安区为例,从创新项目管理组织模式和机制、优化加快审批流程、强化协调等三个方面,积极创新工作方法,拿出超常规手段,抢时间、抓安全、抓质量,全方位优先保障治水工作需要,不断提高水污染治理工程各建设单位及承建单位的工作效能,一再推动工程建设提质提速。

(1) 创新项目管理组织模式和机制

宝安区针对茅洲河流域(宝安片区)水环境综合整治项目EPC总承包等项目,精心推出了项目三级管理体系、重大事项决策机制、现场问题即时解决机制等多项项目管理创新组织模式和决策协调机制,以畅通项目管理单位、建设单位与承建单位等各参建方之间所有层级的沟通协调渠道,全力保障项目建设过程中各种意外问题的高效有序解决。

① 建立项目三级管理体系,实现分级对接管理

建立项目发包方与承包方的三级管理体系,实现项目管理领导层、现场管理层与子项实施层的分级管理与对接机制,如表3-7所示。

表 3-7 EPC 项目三级管理体系

层级	单位或部门	工作内容
第一层级 项目领导层	宝安区环境保护和水务局分管领导 中标单位领导	1. 涉及合同重大问题的谈判与对接； 2. 涉及合同履约过程中重大问题的解决； 3. 涉及全市的需要协调解决的重要事项； 4. 定期召开联席会议； 5. 领导交办的其他事项。
第二层级 项目管理层	区环境保护和水务局工程事务中心 中标单位项目部 监理单位总监办	1. 负责合同全部权利和义务的履行； 2. 负责工程设计、采购、施工全过程管理和实施工作； 3. 实行周例会、月例会、季度例会制度； 4. 领导层交办的其他事项。
第三层级 项目实施层	区环境保护和水务局工程事务中心（一、二、三）部 中标单位子项目部 监理单位分部	1. 负责子项的具体实施,完成合同约定的子项质量、进度、安全任务； 2. 实行周例会、月例会、季度例会制度； 3. 领导层、项目管理层交办的其他事项。

其中,第一层级是"联席会议",是建立在区环境保护和水务局分管领导与中标单位领导小组之间沟通交流的途径,每季度召开一次,启动联控机制。

第二层级是"办公会",是建立在区环境保护和水务局工程事务中心、监理单位总监办与项目经理部之间沟通交流及解决问题的途径,实行周例会、月例会和季度例会制度。

第三层级是"现场会",是建立在区环境保护和水务局工程事务中心工程（一、二、三）部,监理分部与项目经理部之间沟通交流及解决问题的途径,根据需要定期或不定期召开。

②重大事项决策机制

根据项目建设过程中发生问题的决策内容、重要程度和影响范围等建立七级分级决策机制,以确保各种问题都能得到高效而有序的解决,如图 3-5 和表 3-8 所示。

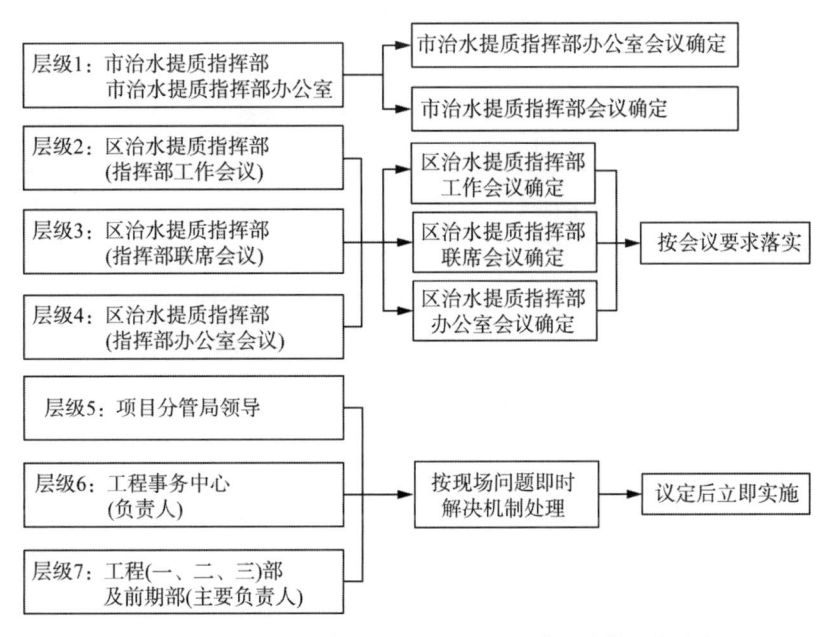

图 3-5 宝安区水环境治理 EPC 项目重大事项决策工作流程

表 3-8 EPC 项目重大事项分层决策机制

层级	单位或部门	工作内容
1	市治水提质指挥部 市治水提质指挥部办公室	1. 涉及全市的需要协调解决的重要事项(如弃土弃泥的问题、征地拆迁补偿标准等); 2. 与市重大项目的对接; 3. 市治水提质指挥部规定的其他事项
2	区治水提质指挥部 (指挥部工作会议)	1. 审议全区治水提质重大规划、总体方案、年度实施计划等重大事项; 2. 需由区治水提质指挥部工作会议审定或议定的其他重大事项
3	区治水提质指挥部 (指挥部联席会议)	1. 统筹推进全区治水提质重点项目建设; 2. 研究协调全区治水提质规划、建设的行政审批、项目立项、征地拆迁等方面的问题; 3. 其他需由指挥部联席会议审定或议定的事项
4	区治水提质指挥部 (指挥部办公室会议)	1. 统筹协调全区治水提质各项工作,研究梳理全区治水提质有关具体问题、提出具体工作意见; 2. 研究协调全区治水提质工作推进中遇到的有关困难及问题; 3. 其他需由指挥部办公室会议审定或议定的事项。
5	项目分管局领导	1. 负责项目二类变更(30万元≤额度<300万元)的审定;负责项目一类变更(额度≥300万元)的审定并向区治水提质指挥部办公室会议报备; 2. 局项目管理办法中有关局分管领导决策的内容; 3. 局内部相关部门的协调工作; 4. 涉及项目工程建设中的相关变更工作,项目质量安全,廉政风险防范工作
6	工程事务中心 (负责人)	1. 负责项目工程变更(30万元≤额度<300万元)的初审; 2. 局项目管理办法中有关工程事务中心主任(主要负责人)决策的内容; 3. 信访相关工作; 4. 项目分管局领导授权委托的其他事宜
7	工程(一、二、三)部及前期部 (主要负责人)	1. 负责本项目工程变更(额度<30万元)的核查,除涉及重大技术变更外,在分管领导审定前可先行实施,签批手续可后补; 2. 局项目管理办法中有关工程(一、二、三)部、前期部决策的内容; 3. 工程事务中心领导授权委托的其他事项

③现场问题即时解决机制

为进一步加大项目各参建方在相应授权范围内对质量、进度和投资(成本)控制、安全管理、协调以及相关审批手续办理等方面问题的处理效率,宝安区还专门建立了现场问题即时解决机制,主要适用于以下范围的问题(表 3-9):

表 3-9 现场问题即时解决机制和适用范围

类别	内容
质量控制	处理涉及人、机械、材料、方法和环境等影响工程质量的问题
进度控制	进度计划的材料编制、执行和调整等

续表

类别	内容
投资控制	涉及造价变化的工程变更必要性审查、不涉及造价变化的工程变更的审批
安全管理	方案的制定与审批
内外协调	与市区政府部门、街道、社区、地面干线和地下管线权属单位的沟通协调
子项目施工组织设计的变更	
突发事件的现场处置	

具体问题的解决方式原则是不需要办理审批手续的问题处理,可采用现场会议、电话会议、微信或短信会议的方式议定;需要该项目各参建方办理审批手续的问题处理,可采用现场会议或电话会议的方式议定,然后再补办审批手续;需要市、区相关部门办理手续的问题,若可在现场办公会确定结论,该问题的手续可后补,如图3-6所示。

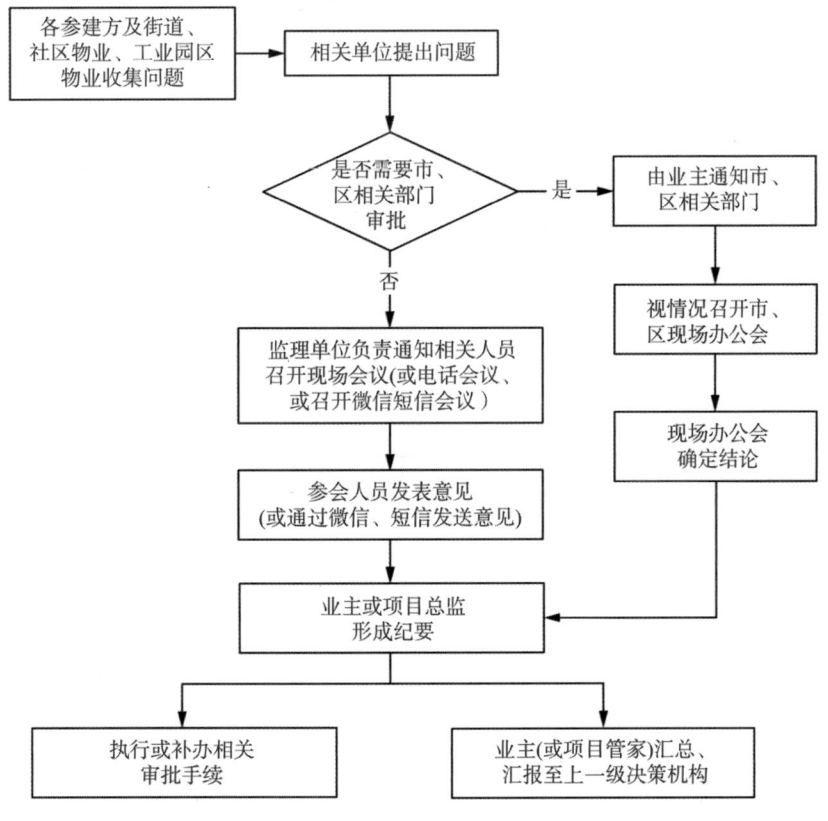

图 3-6 现场问题即时解决机制

(2) 优化加快审批流程

宝安区在茅洲河流域(宝安片区)水环境综合整治项目 EPC 总承包等项目的审

批流程创新方面,要求各审批单位紧密围绕项目建设目标,在工程规划许可、施工用地、施工许可(备案)、施工交叉、质监安监办理、交通疏解、占用或挖掘道路、管线迁改、临时占用城市绿地、绿化迁移、夜间施工等环节采取提前介入、联合办公、并联审批、容缺简化等各种方式,制定项目简化审查、审批工作方案,成立由区领导挂帅的各类专责小组,加大统筹协调力度,畅通绿色通道,加快审批,主动为工程建设提供"全天候""VIP"服务,扫清项目推进障碍,将各审批单位的审批时限在市级规定的基础上再次压缩30%,不断推动审批再提速,如表3-10、表3-11、表3-12所示。

表3-10 河道工程项目各建设阶段的主要审批环节和时限

	可行性研究阶段	初步设计阶段	施工图阶段	施工阶段	竣工阶段
区环境保护和水务局	河道堤防工程建设可行性研究审批(10个工作日) 环评审批(5个工作日)	河道堤防工程建设初步设计审批(10个工作日) 水土保持方案审批(5个工作日) 建设项目排水审批(5个工作日)	水利工程开工备案(5个工作日)	施工临时排水、施工用水计划、水保监测备案并联审批(5个工作日)	
市规土委区管理局	选址及用地预审审批(20工作日)		工程规划许可审批(10个工作日)		
区发改局	可行性研究报告审批(10个工作日)	初步设计及概算审批(20个工作日)			
区建设局			施工图预算审核(10个工作日)		造价结算审核(10个工作日)
市水务局			质检安监登记(5个工作日)		
市审计局					决算审计(20个工作日)
相关单位		管线迁改方案审批(管线权属单位)(5个工作日)		交通疏解审批(区交警大队)(5个工作日) 占用挖掘道路许可(区交通运输局)(5个工作日) 占用城市绿地、砍伐或迁移城市树木许可审批(区城管局)(5个工作日)	

表 3-11 管网工程项目各建设阶段的主要审批环节和时限

	可行性研究阶段	初步设计阶段	施工图阶段	施工阶段	竣工阶段
区环境保护和水务局	河道范围内建设方案审批(5个工作日) 环评审批(5个工作日)	水土保持方案审批(5个工作日) 建设项目排水审批(5个工作日)		施工临时排水、施工用水计划、水保监测备案并联审批(5个工作日)	
市规土委区管理局	方案设计核查(10个工作日)		工程规划许可审批(10个工作日)		
区发改局	可行性研究报告审批(10个工作日)	初步设计及概算审批(20个工作日)			
区建设局			施工图预算审核(10个工作日) 质检安监登记(5个工作日) 施工许可审批(5个工作日)		造价结算审核(10个工作日)
市审计局					决算审计(20个工作日)
相关单位		管线迁改方案审批(管线权属单位5个工作日)		交通疏解审批(区交警大队5个工作日) 占用挖掘道路许可(区交通运输局5个工作日) 占用城市绿地、砍伐或迁移城市树木许可审批(区城管局5个工作日)	

表 3-12　泵站工程项目各建设阶段的主要审批环节和时限

	可行性研究阶段	初步设计阶段	施工图阶段	施工阶段	竣工阶段
区环境保护和水务局	河道堤防工程建设可行性研究审批(10个工作日) 环评审批(5个工作日)	河道堤防工程建设初步设计审批(10个工作日) 水土保持方案审批(5个工作日) 建设项目排水审批(5个工作日)		施工临时排水、施工用水计划、水保监测备案并联审批(5个工作日)	
市规土委区管理局	选址及用地预审审批(20个工作日) 用地方案图及用地规划许可审批(20个工作日) 方案设计核查(10个工作日)		工程规划许可审批(10个工作日)		
区发改局	可行性研究报告审批(10个工作日)	初步设计及概算审批(20个工作日)			
区建设局			施工图预算审核(10个工作日) 质检安监登记(5个工作日) 施工许可审批(5个工作日)		造价结算审核(10个工作日)
市审计局					决算审计(20个工作日)
相关单位		管线迁改方案审批(管线权属单位)(5个工作日)		交通疏解审批(区交警大队5个工作日) 占用挖掘道路许可(区交通运输局)(5个工作日) 占用城市绿地、砍伐或迁移城市树木许可审批(区城管局5个工作日)	

（3）强化协调

对于征地拆迁、土地整备、施工冲突等各项堵点难点问题,宝安区则坚决贯彻落实市委、市政府"以硬干部、硬作风、硬措施,坚决完成治水硬任务"的"四硬"精神,主要领导亲自部署、亲自推动,强化统分结合的协调推进模式,一方面要求区水污染治理指挥部全面加强对水污染治理工作的决策部署和统筹指挥;另一方面要求区环水局等有关职能部门和各街道加强整体调度,既要明确分工、落实责任,又要相互配合、协调联动,确保扫清障碍,及时完成征地拆迁、土地整备等工作,按时提供工程施工作业面。

一是要求区城市更新和土地整备局等职能部门牵头相关街道积极采取提前备案等创新方式,及时开展评估督导、测绘监理等各项前期准备工作,协调规划国土部门尽快落实工程用地,对涉及基本农田等难以落实用地的,要及时调整方案,采取补救措施。

二是要严格落实"区级管理、街道协调、社区配合"的三级管理体系,组织相关街道办提前介入,配合建设单位办理用地手续;各街道办要抓紧完善水污染治理工程协调保障机制,各街道、社区要组建强有力的"社区协调工作小组"和采取强力措施,指定专人负责落实治水工程施工协调工作,要积极做好居民沟通协调工作,解答群众疑惑,消除群众疑虑,争取群众理解和支持,争分夺秒,加快完成征拆任务,坚决啃下征地拆迁"硬骨头"。

三是加大施工交叉和用地冲突等问题的协调力度和效率,对涉及施工交叉的工程,要按照"所有工程都要为治水工程让路"的原则,协调有关施工单位优化施工组织,妥善解决施工冲突问题,必要时提请市水污染治理指挥部协调解决。

3. 深圳市水环境治理项目建设的监管和激励机制

深圳市在不断推出上述一系列优先保障治水工程建设需要的创新政策举措,保证项目高效顺利推进的同时,也制定了完备的制度对工程建设质量、进度、安全等进行严格监管,以及提高各参建企业履约积极性的各种激励约束机制,以规范各参建企业的建设行为,确保各项工程建设的质量、进度、安全等建设目标的达成。

(1) 加强工程建设进度的管理

深圳市通过形象化展示工程进度目标和建设进程、落实进度监管者责任、加大对工程进度及其影响因素的检查频率等措施,建立起了对工程建设进度的全闭环管理模式,督促各参建单位严格按照既定目标及时间节点快速推进工程建设。

首先,是实施挂图作战,细化各项工程每个年度的建设方案和目标,按照"表格化、项目化、数字化、责任化"要求,明确各项目标任务、工作措施、责任分工和进度安排,实施挂图作战,及时更新。

其次,是强化责任落实,建设单位与各工程总承包单位签订各关键节点"目标责任书",要求各监管责任单位和责任人切实履行好监管职责,督促施工单位优化施工组织,抢抓时间进度,决不允许"等、靠、要"情形发生。对履约不力造成进度严重滞后、态度消极懈怠的施工单位,要依法依规严肃处理,并对其在深负责人进行约谈,约谈后仍不积极履约、严重拖延进度的,要坚决清理出深圳建设市场,并在行业内通报。

最后,是加大工程进度及其影响因素的检查频度,各承建单位和各级河长坚持"一日一报",按照每月量化的任务,每天将所有治水工程的人员、机械设备投入及施

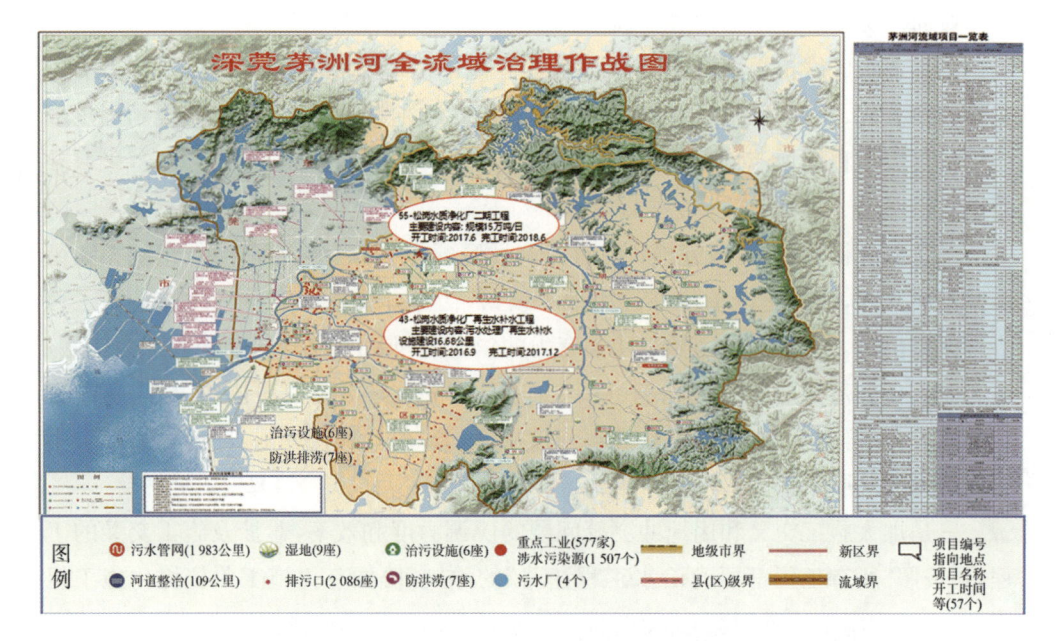

图 3-7　茅洲河全流域水环境综合治理"挂图作战"示意图(2017年12月)

工作业面等情况汇总成表,进行横、纵向分析对比,以"追进度、抓质量、重结果、严督办"的全闭环管理模式,推动工程按计划推进。

(2) 完善工程质量监管标准

深圳市在工程建设中牢记"质量是工程建设的生命"理念,紧紧围绕水污染治理目标任务,按照相关标准要求,建立起了办法完善、权责清晰、全流程标准引领的《深圳市水务工程质量标准体系》,保障全市水务工程建设质量,主要包括以下几个方面:

①顶层设计上完善工程质量监督机制,落实质量终身责任制。

在《深圳市建设工程质量管理条例》及《深圳经济特区建设工程施工安全条例》等基础上,结合深圳市水务工程的建设实际,出台了《深圳市水务工程质量与施工安全监督办法》,加强对水务工程质量与施工安全监督的管理,落实建设、勘察、设计、施工、监理单位等各方的质量终身责任,保障水务工程建设的质量与安全。

②构建清晰的市、区两级水务工程质量监管工作权责分工,明确施工质量安全监管主体。

水务工程质量与施工安全监督工作实行"分级负责、属地管理"的原则,即市水行政主管部门负责全市水务工程质量与施工安全监督管理工作,指导区水行政主管部门的质量和安全管理工作。市水行政主管部门委托符合条件的监督机构实施市属水务工程质量与施工安全监督检查。各区水行政主管部门依照职权范围负责本辖区水务工程的质量与施工安全监督管理工作,委托符合条件的监督机构实施区属水务工程的质量与施工安全监督检查;各区建设工程质量安全监督部门负责对市政排水管网、小区正本清源类水务工程的施工质量安全监督把关。

③建立标准化工程质量监管体系,完善施工监管机制,强化材料采购、进场验收、材料送检、工程施工等环节的资料审核、过程监管和质量控制。

例如,在管材前期选用阶段开展标准化指导,从源头防范管材质量问题发生,编制《低压排污、排水用高性能硬聚氯乙烯管材技术规范》(SZDB/Z239—2017),作为深圳市地方标准,积极支持该类具有环刚(柔)度高、耐腐蚀能力强、接口施工便利且不易拉脱、管材可多次回收利用等诸多优点的管材在全市推广。

在建设过程中的检查阶段,制定《水务工程质量与安全监督检查指引(试行)》,对项目法人、监理单位、施工单位、勘察设计单位、设备供货单位、质量检测单位、施工现场7个方面内容进行分类和细化,形成日常监督检查作业指导书。

在建设完成后的评价阶段,发布工程质量评价系列指导文件,如《深圳市排水管网正本清源工程质量评估检查工作要点》、《深圳市排水管网正本清源工程质量评价标准(项目级)》和《深圳市排水管网正本清源工程台账工作要点》,针对排水管网正本清源工程,建立起了一套科学有效的质量评价标准。

④采用先进高效的质量检测手段和机制。

例如,全面实行新建排水管网闭水试验、内窥检测和复核制度,加大问题发现后及整改力度,引入第三方评估机制,严把质量验收关。

⑤明确雨污分流管网和正本清源工程移交验收及运维工作。

发布《深圳市雨污分流管网和正本清源工程验收移交及运维工作指引》,进一步明确移交类型,移交内容,移交、接收、监管主体,移交条件,移交资料,移交程序等。

⑥严格落实安全生产管理责任。

严格落实安全生产主体责任,加强人员安全培训,完善防护措施,坚决防范重特大安全生产事故发生,严格控制施工噪声、粉尘等污染,最大程度减少对市民的影响。

(3) 创新多维度的工程质量监管方式

深圳市治水工程质量监管的实施,通过创新采用飞行检查、交叉检查强化监督,定期召开管网质量现场会,邀请人大代表、政协委员参与监督等多重方式,全方位严把工程质量关,打造经得起历史检验的水环境治理"良心工程"。

①通过飞行检测扎实开展在建工程质量安全监督工作。

印发了《深圳市治水提质指挥部办公室关于开展治水提质工程质量飞行检测工作的通知》,按照"四不两直"的抽检工作原则,即"不发通知、不打招呼、不听汇报、不用陪同接待,直奔基层、直插现场"的方式,抽检工程施工质量,确保污水管网等"隐蔽工程"的施工质量。

②通过督查进一步落实治水工程建设质量安全主管部门的监管责任与参建单位的主体责任。

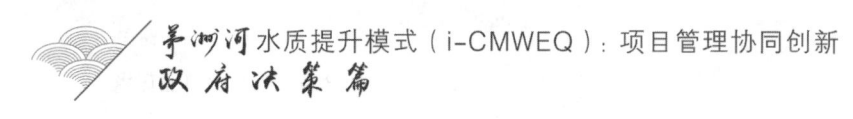

重点督查各区(新区)环境保护和水务局治水工程质量与安全管理整体情况,抽查施工现场质量与安全管理工作落实情况。主要督查内容有开工手续办理情况、企业及人员资质情况、制度及技术方案完善情况、质量管理情况等。

③通过工程建设后的"回头看"行动,强化开展以工程绩效达标为核心的工程质量评价工作。

对全市近三年已完工的污水管网及小区正本清源项目开展评估检查工作,从雨污分流成效、工程建设实施情况、排水户管理情况、设施运维管理等方面建立各类"问题台账清单"。

(4)推行增强企业履约积极性的激励约束机制

在对各项工程建设质量、进度、安全等严格监管的同时,深圳市还建立健全了市场主体履约评价机制、市场主体信用管理和联合惩戒制度以及提高履约企业进度款支付比例等激励约束机制,以督促各治水工程参建单位严格履约。

①大力推行市场主体履约评价机制。

根据参建企业在履约过程中不同的行为表现,分别建立履约评价、"红黑榜"、不良行为认定、限额设计等行为约束和履约评价制度,并将该惩治结果与企业今后项目的投标定标资格绑定,大大提升约束评价制度的"分量",促进企业自觉守约履约。

②建立落实水务建设市场主体失信联合惩戒制度。

为明确水务建设市场不良行为认定及应用,深圳市印发了《深圳市水务局关于印发〈深圳市水务建设市场主体不良行为认定及应用管理办法〉的通知》(深水规〔2017〕2号),共确定了适用于各类水务建设市场主体(涵盖勘察、设计、监理、施工、质量检测、招标代理、造价咨询、供货8类参建方)在深圳市从事水务建设活动中产生的"不良行为认定标准"(涉及工程建设在质量、安全、投资、进度各方面)共计206条,以规范全市水务建设市场主体行为。同时,建立健全信用管理体系,加大对失信市场主体的联合惩戒力度,对进度严重滞后、安全和质量管理主体责任落实不力、态度消极懈怠的单位,视情况及时通报并约谈失信主体有关负责人,约谈后仍不积极履约的,将坚决清理出深圳建设市场,并按规定报送上级水行政主管部门及住房建设等相关部门,在行业内通报,必要时在深圳市水务局门户网站和媒体上曝光,进一步完善深圳水务建设市场的准入和退出机制。

③完善水务建设市场主体守信联合激励机制。

对于一贯守信履约的水务建设市场主体,则将工程预付款由原先的10%提升到15%,工程进度款由原先的80%提升到88%,以减少参建企业经济压力,提高企业的履约积极性。

综上所述,广东省、深圳市各级党委和政府对茅洲河项目高度关注,为项目的实施创造了最根本的保障;深圳市区两级政府举全市之力为各类水环境治理工程项目的建设保驾护航,为项目实施提供了优越的外部环境条件;同时也对项目建设过程和参建各方建立了严格的监管和激励约束机制,以确保各项工程建设的高质量完成。因此,茅洲河项目的实施具有较为优越的外部环境条件,能够保证项目的成功建设和行稳致远。

3.2 项目内部环境特点

茅洲河项目的内部环境因素主要是中国电建集团在水环境治理工程建设方面的技术、经验、人才、管理、资金等资源能力基础。茅洲河项目团队在深入分析了集团内部相关的各项资源能力条件后认为,中国电建在涉水工程项目的规划设计建设领域,具有国内首屈一指的综合实力和竞争优势,也已经积累了丰富的各类水环境治理项目的经验和能力,在国内居领先地位,完全有能力和优势确保茅洲河项目各项工程的建成和整个项目群水质治理目标的达成。

3.2.1 中国电建是我国在水、电两个行业同时具备规划设计、施工建设和投资运营全过程能力最强的企业,水利水电工程规划建设综合实力全球第一

中国电建是提供水利电力工程及基础设施投融资、规划设计、工程施工、装备制造、运营管理为一体的综合性建设集团,主营业务为建筑工程(含勘测、规划、设计和工程承包)、电力、水利(水务)及其他资源开发与经营、房地产开发与经营、相关装备制造与租赁。此外,受国家有关部委委托,承担了国家水电、风电、太阳能等清洁能源和新能源的规划、审查等职能。集团在水利、水电工程建设行业的规划、设计、施工等能力和业绩位居全球行业第一。

在承接茅洲河项目前,截至2014年底,中国电建资信业绩指标卓越,注册资本金96亿元,公司资产总额2 868亿元,净资产480.7亿元,2014全年实现利润53亿元,拥有穆迪A3和标普A⁻信用评级;公司位居2015年《财富》世界500强企业第253位,2014年中国跨国公司100大企业第14位,2014年ENR最大250家全球承包商排名第14位;2015年度ENR全球工程设计公司150强第3位和国际工程设计公司225强第30位,双双排名中国企业第一;2012—2014年在中央企业经营业绩考核中连续三年获评A级企业,2014年考核结果名列A级央企第25位。(注:自2012年成立以来,中国电建在世界500强排名不断创新高,2022年位列第100位)

中国电建具有世界领先的行业技术优势,水利水电规划设计、施工管理和技术水平达到世界一流,水利电力建设一体化(规划、设计、施工等)能力和业绩位居全球第一,是中国水电行业的领军企业和享誉国际的第一品牌。公司承担了国内大中型

茅洲河水质提升模式（i-CMWEQ）：项目管理协同创新
政府决策篇

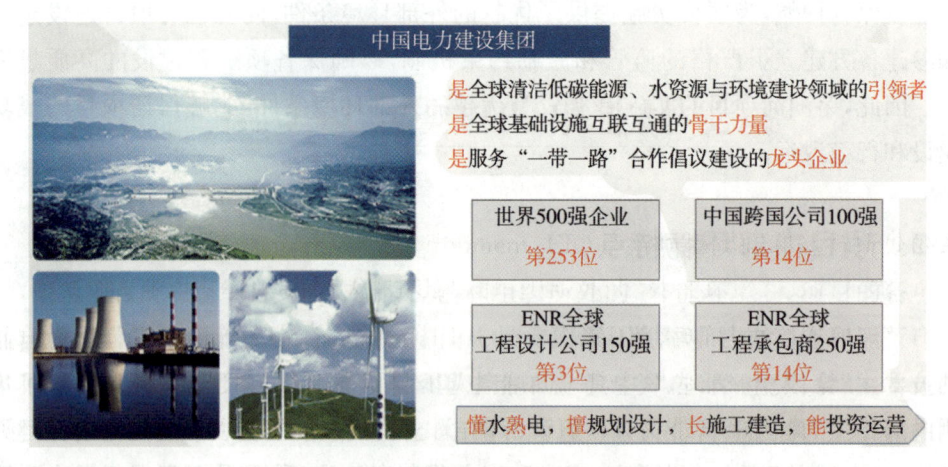

图 3-8　中国电力建设集团简介

以上水电站 65% 以上的建设任务、80% 以上的规划设计任务和全球 50% 以上的大中型水利水电建设市场，设计建成了国内外大中型水电站二百余座，水电装机总容量超过 2 亿千瓦，是中国水利水电和风电建设技术标准与规程规范的主要编制修订单位。

中国电建具备卓越的价值创造能力，拥有工程勘察综合甲级、工程设计综合甲级、水利水电工程施工总承包特级、公路工程施工总承包特级、建筑工程施工总承包特级、电力工程施工总承包一级等资质权益，精通 EPC、FEPC、BOT、BT、BOT＋BT、PPP 等多种商业模式及运营策略，具备驾驭大型复杂工程的综合管理能力，能够为水利水电、火电、风电及城市、交通、民生基础设施等领域提供集成式、一站式服务，为项目创造更大价值，为业主实现更多回报，与业主共同成长。

中国电建拥有蜚声全球的优秀品牌声誉，公司紧跟国家外交战略，积极推动"一带一路"项目，在全球 101 个国家设有 160 个驻外机构，在 110 个国家执行 1 565 项合同，海外业务以亚洲、非洲为主，辐射美洲、大洋洲和东欧，形成了以水利、电力建设为核心，涉及公路和轨道交通、市政、房建、水处理等领域综合发展的"大土木、大建筑"多元化市场结构。公司拥有的多个知名品牌蜚声海内外，具备较强的国际竞争力和影响力，承建的苏丹麦洛维水电站、印度嘉佳火电厂、沙特拉比格项目、印尼佳蒂格德大坝、马来西亚巴贡水电站、安哥拉本格拉体育场、摩洛哥伊阿高速公路等全球瞩目的重点大型工程已成为所在国标志性工程，并多次荣获海外工程金质奖、中国建设工程鲁班奖（境外工程）。

3.2.2　中国电建具有世界一流的大型、复杂工程建设和综合管理能力，能完全满足茅洲河项目复杂的跨行业多类工程建设需求

中国电建具有世界一流的多行业大型复杂工程建设和综合管理技术能力，包括

世界顶尖的坝工技术、世界领先的水电站机电安装施工、高等级铁路工程施工、城市轨道交通工程施工、地基基础处理、特大型地下洞室施工、岩土高边坡加固处理、砂石料制备施工等技术,具有大中型水利水电工程及城市、交通、民生基础设施工程设计、咨询及监理、监造的技术实力。截至 2014 年底,共有 4 个国家级研发机构,46 个省级研发机构,4 个院士工作站,4 个博士后工作站,39 家企业被认定为省级高新技术中心,3 家企业被认定为科技部火炬计划重点高新技术企业;累计获得国家级科技进步奖 101 项、省部级科技进步奖 1 257 项,拥有专利 3 920 项(其中发明专利 388 项),软件著作权 535 项;制修订国家及行业标准 376 项。

多年来,中国电建在水利水电设计建设及新能源开发、火电电网、基础设施建设、装备制造与设备租赁领域,为业主、为社会奉献了一系列令世人瞩目的精品工程。

在水利水电设计建设及新能源开发领域,中国电建先后设计建设了长江三峡、黄河小浪底水利枢纽、天荒坪抽水蓄能电站、南水北调一期工程、向家坝水电站、雅砻江锦屏一级水电站等举世闻名的水利水电工程,创造了具有中国特色的国内国际先进和领先的设计和建造技术,成就了中国成为世界第一水电大国的辉煌;组织完成了中国风能资源普查和国家及行业技术标准制修订,规划设计并参与建设了甘肃酒泉等 9 个 1 000 万 kW 级风电基地,参与建设的河北张北 100 万 kW 风电场、江苏如东海上风电场分别是当时中国最大陆地和海上风电场;设计建成中国首个 30 万千瓦级光伏发电项目以及中国首座潮汐电站——江厦潮汐电站。

在火电电网领域,中国电建在 1 000 MW 级火电工程和各种参数的燃气轮机、风电、太阳能、生物质能、分布式能源、核电工程以及 1 000 kV 电压等级交直流输变电工程设计建设方面处于国内国际领先水平。先后设计建设了全国首座 100 万千瓦起步的智能化生态电厂——华电国际莱州电厂,拥有世界首套百万 kW 级燃煤空冷机组的电厂——宁夏灵武电厂,拥有全国单机容量最大的 1 100 MW 超超临界空冷机组的电厂——新疆农六师电厂,世界上输送容量最大、电压等级最高的哈密南至郑州 ±800 kV 特高压直流、晋东南至荆门 1 000 kV 特高压交流输变电等多项工程,参与建设了广东大亚湾核电站等多项核电工程。

在城市、交通、民生基础设施建设领域,中国电建承建了京沪高铁等多条高速铁路,施工总里程超过 1 300 km;投资建设了福建武邵、四川邛名和云南晋红等多条高速公路,累计投资总额超过 2 000 亿元;投资建设了深圳地铁 7 号线、成都地铁 4 号线等多条城市地铁,参与了武汉、长沙、哈尔滨等十几个城市的地铁建设;设计建设了天津、成都、西安、郑州等多个城市的一大批综合市政工程项目,广泛参与水务与环保工程的投资运营以及海水淡化、矿业资源开发、港口建设与航道疏浚等业务;参与建设了卡塔尔多哈新国际机场项目以及北京、上海、广州、厦门等十几个城市的机场工程,铺设了世界第一条空客 A380 专用跑道。

在装备制造与设备租赁领域,中国电建所涉及的业务范围包括输电线路装备、输配电设备、发电站辅机及配件、水利水电工程设备等,公司生产的发电站泵和风机类产品等占有较高市场份额,特别是 1 000 MW 火电机组锅炉给水泵,代表着国内最先进技术,旗下 TLT-Turbo 公司风机产品市场排名位列全球第二;研发了中国首台配套第三代核电站 AP1000 常规岛 125 万 kW 机组前置泵;自主开发和合作研制的水利水电工程金属结构、闸门启闭机和升船机等专用设备,多次荣获国家和部委的科技进步奖。中国电建同时也在向市政、石化、冶金、矿业、港口码头、新能源、海水淡化、环保、高端先进制造等领域进行产业链延伸,并逐步构建中国电建物资设备采购、租赁调剂"双平台",努力打造具有自主知识产权的装备制造业产业集群。

截至 2014 年底,中国电建共获得全国优秀工程设计金奖、优秀工程勘察金奖、优秀工程设计软件金奖、优秀工程标准设计奖 97 项;所建工程共有 72 个获得中国建筑工程鲁班奖、18 个获得中国土木工程詹天佑大奖、23 个获得大禹奖、25 个获得国家优质工程金奖。

3.2.3 中国电建具有丰富的各类水环境综合治理 EPC 项目经验和业绩,在国内居领先地位,有能力克服各种困难挑战,以达到茅洲河流域水质按期达标的治理目标

近年来,水环境污染和破坏已成为当今世界最主要的环境问题之一。中国电建秉承历史使命,充分发挥在河道整治、城市管网、水处理、水环境综合治理等方面的科研、技术、人才、装备上的行业领先优势。从 2000 年以来,在浙江、云南、重庆、四川、福建、江苏、广东、广西等地区和国外成功实施了一大批河道综合治理、防洪(枯)工程、区域综合开发与治理工程、城市水环境、水生态、水景观建设工程、滨水湿地生态系统构建、流域生态河道修复与综合治理、水系水资源调配、污水处理、市政供水等项目,如:成都天府新区锦江生态带整治工程、滇池污染底泥疏挖及处置工程、东太湖综合整治试验段工程、芜湖滨江景观综合整治、东阳市江滨景观带湿地公园工程、德州新湖治理工程、北川河综合整治、福建闽江上游建溪四期(政和段)防洪工程、浙江东阳市江滨景观带湿地公园工程、云南昭通城区河道整治、昆明市第六污水处理厂、珊溪巨屿污水处理系统工程、海宁盐仓污水处理厂提标工程、海宁丁桥污水三期工程、安徽宣城污水处理厂扩建工程、世行宁波农村污水项目、福建江阴工业集中区污水处理厂、广西岑溪污水处理厂、天津滨海新区供水二期工程、天台县城乡一体化供水工程、铜梁区琼江安居提水工程、云南安宁工业园区综合管网工程、阿曼马斯喀特污水处理综合系统工程、马里阿拉塔纳渠道改造工程等项目,积累了丰富的水环境综合治理项目实施经验。

通过近 15 年的实践与摸索,中国电建率先形成了系统的河湖治理理论体系及技

术方法,确立了以防洪排涝安全、水质洁净优良、生态系统健康、环境整洁优美为主要目标和内容的河道湖泊治理思路,提出了河道工程治理的范式,率先从传统水利向现代化水利、从工程水利向生态水利转变,使得湖泊系统从单一功能向综合能力转变。截至2015年底,已完成河道治理规模超过3 000 km,中国电建先进的河湖治理理念得到了社会各界广泛认可,治理方式也在实践中不断完善创新。

在以设计为龙头的EPC领域,中国电建具有通过设计优化和管理集成以降低工程造价以及掌握工程建设全局,确保工程进度、质量和提供工程建设全过程技术与管理服务能力。在环境与生态工程领域,已实施的EPC工程总承包项目种类包括污水处理厂、自来水厂、人工湿地工程、海水淡化工程、垃圾发电工程、鱼类增殖站、防洪护岸工程、景观工程等等。

因此,纵观项目内部环境各项因素,中国电建具有能满足茅洲河项目实施所需的所有资源、技术能力条件,极具竞争力。中国电建也已经为茅洲河项目做好了全面准备,将充分发挥中国电建在水环境综合整治方面的科研、技术、人才、装备上的优势,举全集团之力,不断创新,针对茅洲河项目提出先进的设计理念和建设管理模式,优质、高效地治理好茅洲河,确保茅洲河水质如期达标。

3.3 项目主要的干系人、成功前提条件和项目总体目标

通过全面分析茅洲河项目的内外部事业环境特点,项目管理团队分辨出对项目成功影响较大的主要前提环境条件和干系人种类,并深入分析了各类干系人对项目的期望,借此制定了恰当的项目总体目标,为下一步项目管理各项策划工作奠定了基础。

3.3.1 项目成功的主要前提条件

根据前述关于茅洲河项目背景和事业环境分析的结果,可以得知茅洲河项目成功必不可少的事业环境前提条件,主要包括以下五个方面:

(1) 项目建设符合生态文明建设趋势和方向,积极响应"水十条"的政策方针和要求,得到国家各相关部委和广东省、深圳市、东莞市和相关区、镇、街道各级政府的大力支持。

(2) 项目建设资金全部由政府财政支出,项目建设具有充足的经济保障。

(3) 项目建设获得当地社会和群众的竭力拥护和欢迎,为项目顺利实施提供了良好的环境。

(4) 施工条件可行,项目位于发达城市高密度建成区,工程区内建筑密集、市政建设落后,但凭借现有的施工技术水平,完全可顺利施工;另外,工程区内交通发达,施工材料可就近购买,运输距离较短,施工用水、用电有保障,项目具备施工可行性。

（5）中国电建是国内首屈一指的水环境工程投融资、规划设计、工程施工、装备制造、运营管理一体化综合性建设集团，拥有着丰富的各行业工程项目经验和强大的EPC工程总承包能力，能够充分运用集团强大的一体化服务能力，结合不同业务项目需要，调动集团企业的各方面的人才、技术、资金等全方位资源优势服务于项目建设，为项目成功实施提供了强大的保障。

3.3.2 茅洲河项目干系人的需要和期望

茅洲河项目由于规模庞大，共包含12个项目包、152个项目，涉及"两市三地"，又是在城市高密度建成区建设，影响单位众多，省、市、各级地方政府和领导高度重视，深度介入项目规划和建设，因此项目所涉及的干系人群体十分复杂而繁多，其主要群体和代表及相互之间的关系如图3-9所示。各主要干系人群体的需要和期望如表3-13所示。

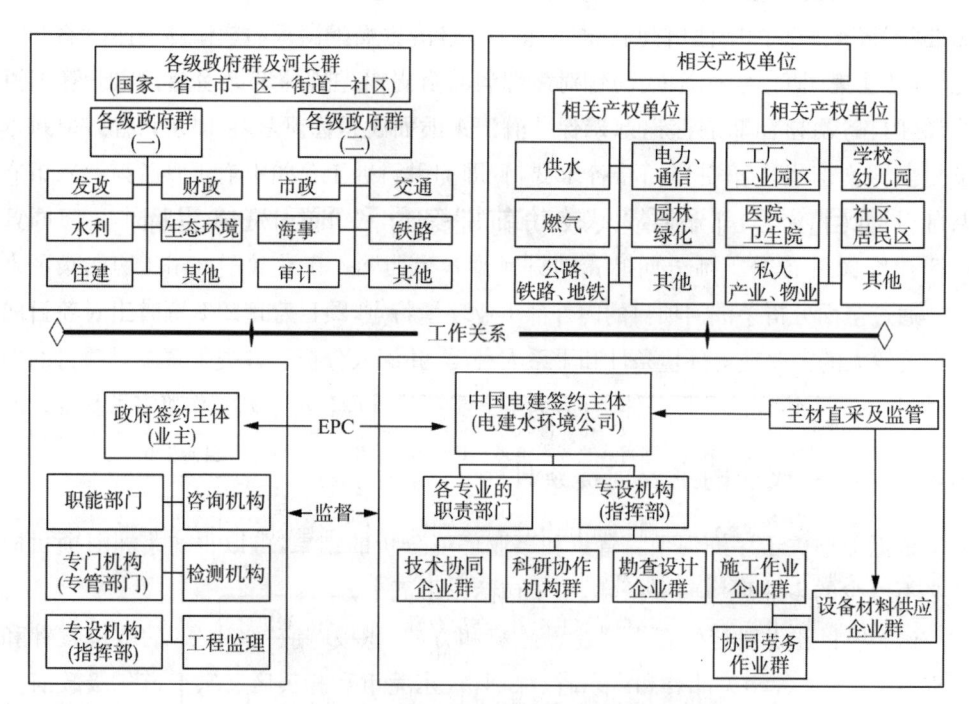

图 3-9 茅洲河项目主要干系人类型和关系结构

表 3-13 项目主要干系人群体的需要和期望

序号	干系人群体	主要需要和期望
1	各级政府部门及河长	茅洲河流域按期消除全部黑臭水体，各节点水质考核达标，确保长制久清。
2	各业主单位	高质量、按时、安全地建成茅洲河项目，工程效果和质量完全符合茅洲河项目招标书所有技术要求，确保茅洲河水质各节点考核达标并保证建设效果。

续表

序号	干系人群体	主要需要和期望
3	中国电建集团	(1) 服务生态文明建设国家战略,树立中央企业高标准履行社会责任形象; (2) 发展形成生态环境战略业务板块,取得行业龙头地位,增强业务竞争力; (3) 建设好茅洲河项目,获得地方政府信任。
4	政府监管机构	项目规划满足要求,项目建设完全符合各自专业领域的规范,确保工程质量。
5	受项目建设影响单位和个人	项目能改善民众的生活环境,带给民众优美环境福利;项目不影响正常的生活方式;获得期望补偿。
6	工程接口单位	茅洲河项目建设对自身工程运营的影响降到最低; 与茅洲河项目顺利衔接协同,发挥更大的作用和价值。
7	参建单位	(1) 安全、按时、保质地完成合同任务,确保项目成功建成投运,项目管理各项目标完成情况良好; (2) 获得合理利润; (3) 提高自身能力和知名度。
8	项目团队员工	(1) 按时、保质完成自身工作,收入稳定优越; (2) 获得领导肯定,有充足的事业发展空间; (3) 所从事的事业和公司有较高的价值和声誉,获得荣誉感、归属感和自尊。

3.3.3 项目总体目标

在深入分析了项目主要干系人期望的基础上,茅洲河项目在实施之初确立了项目的总体目标,用以统领指导"两市三地"所有相关子项目的规划和实施,如图3-10所示。

> **茅洲河项目总体目标**
>
> 以国务院《水污染防治行动计划》和广东省水污染防治目标提出的2020年茅洲河达到五类水质为导向,进一步通过水环境综合治理,促进城市更新和产业升级,将茅洲河流域建设成水环境治理、水生态修复的标杆区、人水和谐共生的生态型现代滨水城区,为全省乃至全国的跨界河流水环境综合整治提供可复制可推广的经验,成为国际现代化大都市水环境治理的典范。

图 3-10 茅洲河项目总体目标

上述总体目标明确写进《南粤水更清行动计划(2017~2020年)》,成为广东全省、深圳全市坚决贯彻落实建设中国特色社会主义先行示范区的重要组成部分。

第4章　项目前期工作和治理体系

4.1　项目前期工作

在项目前期,深圳是经济、产业、人口大市,也是空间、资源、环境容量小市。那时的深圳经过改革开放几十年来的发展,用不到 1 997 km² 陆域面积(其中生态控制线内用地约为 48%)承载了年生产总值超 2.4 万亿的经济体量、约 2 200 万人的实际管理人口;环境承载力短板与社会高度发展的强烈反差集中体现在水污染问题上。水污染问题是深圳城市化进程中的遗留问题,也是深圳最大的环境问题,更是当时深圳高质量全面建成小康社会的最大短板。

面对严峻的形势,深圳市委、市政府认真贯彻落实中央和省的决策部署,以强烈的使命担当,在 2015 年底,打响了全市水污染治理"攻坚战",决定把水污染治理作为重要的政治任务和"十三五"期间最大的民生工程,放在"一把手工程"的突出位置去谋划推动,下定决心在国家有关部委的大力支持下,以改革思维和创新举措,坚持"硬措施、硬手段、硬作风",举全市之力全力打赢水污染治理"攻坚战",奋力在生态文明建设上先行示范,为深圳发展提供良好的水生态环境保障。

在这场战役中,茅洲河作为珠三角地区当时污染最严重的河流,又是深圳和东莞的跨界河流,其治理工作尤具典型意义。为达到国家生态文明建设的战略要求和深圳水污染治理的战略目标,茅洲河流域必须在 2017 年底前基本消除黑臭水体,2020 年必须全流域达到地表水 Ⅴ 类水质标准。2015 年,中国电建集团华东勘测设计研究院有限公司(以下简称"华东院")应邀参与茅洲河流域综合治理的前期工作,此时距离 2017 年底已不到两年半的时间,任务异常艰巨,时间异常紧迫。

然而,茅洲河流域治理工程项目众多,项目相互关联性极强,如仍按照常规模式,由深圳市水务局、宝安区、光明新区、东莞市的长安镇等多个主体各自单独实施,没有系统规划、整体设计、统筹施工,众多设计、施工单位水平参差不齐,十分容易造成各个项目前期不衔接、建设不同步,难以实现流域治理的整体效果;而且按常规方式操作,由不同实施主体各自单独实施每个项目,则每个工程都要办理繁杂的项目前期、工程建设等各类许可,项目审批、招投标环节多、时间长,一个水务建设项目的 4 个阶段 21 项行政许可审批环环相扣,前期工作正常周期为 2 年 8 个月,审批流程漫长。如仍按照这种常规思路去实施茅洲河治理,根本不可能按时完成国家和省要求的 2017 年和 2020 年以消除黑臭水体为主的水质治理任务和考核目标,形势异常严峻,治水理念和模式必须有所突破。

2015 年 5 月 21 日,时任广东省委副书记、深圳市委书记在第六次市党代会报告中指出,要深入实施治水提质等专项行动,加快推进特区生态文明建设。2015 年 7 月 1 日,市委主要领导到宝安区调研,要求将茅洲河作为治理水污染的一个突破口,当成 2015 年要抓好的头等大事。按照国家和省的考核时间节点和水质目标任务要求,茅洲河流域整治时间非常紧迫,距当时只剩约 27 个月。

2015 年 7 月 21 日,中国电建时任董事长、党委书记等公司领导拜访了广东省委副书记、深圳市委书记等省市领导,高位推动项目对接,顶层设计谋划,高度重视治污行动,省市领导对中国电建在深圳地铁 7 号线等工程建设中做出的努力表示肯定,中国电建表示将扎根深圳,在水环境治理方面加强合作,优势互补,实现双赢。

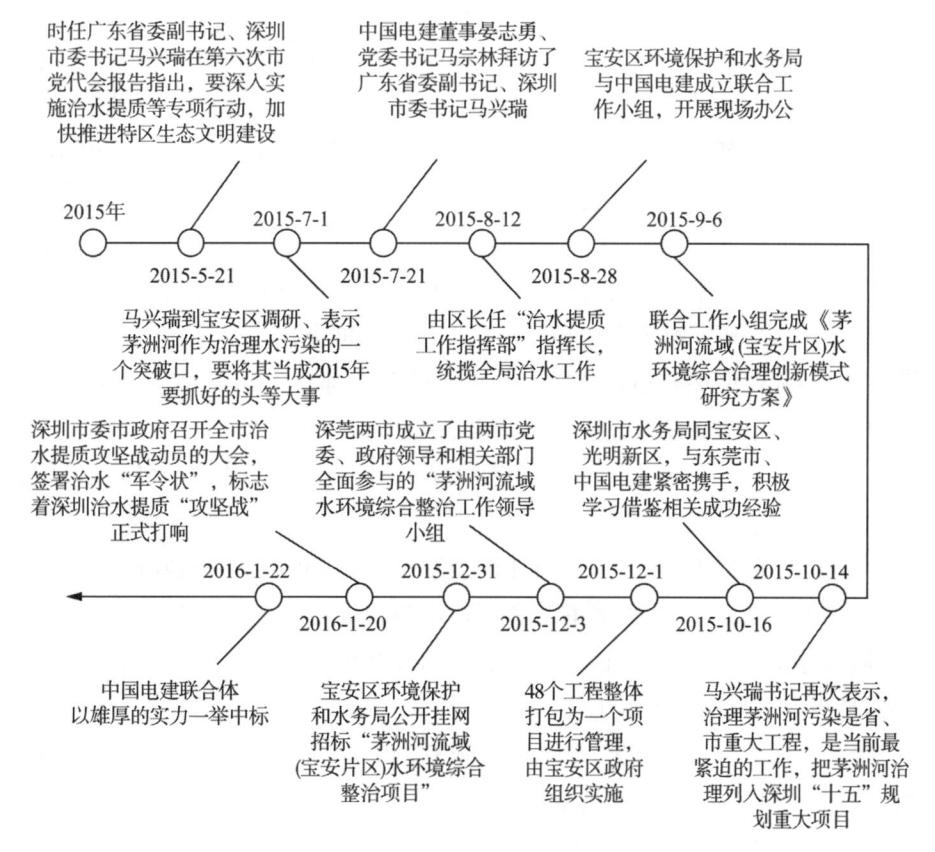

图 4-1 项目前期工作总体进程

2015 年 8 月 12 日,深圳市宝安区委书记、区长提出茅洲河治理要"打一场歼灭战役",并立即成立了由区长任指挥长的"治水提质工作指挥部",统揽全区治水工作。同日,宝安区政府、宝安区环境保护和水务局会商中国电建南方投资公司(以下简称"南方公司")、华东院,希望中国电建集团考虑茅洲河流域宝安片区实际情况,利用先进的治河理念,结合已有相关规划设计成果,通过综合工程措施,参与茅洲河综合整治工程,"标本兼治"切实改善流域水环境。

2015年8月18日,宝安区环保水务局与中国电建成立联合工作小组,开展现场办公。联合工作小组借鉴杭州等国内治水先进城市的成功经验,突破常规思路,创新治理模式,提出了"一个平台、一个目标、一个系统、一个项目"和"全流域统筹、全打包实施、全过程控制、全方位合作、全目标考核"的创新水环境治理模式,要求按照"系统治理、标本兼顾、转型提升、科学管理"思路,编制完成《茅洲河流域(宝安片区)水环境综合整治实施建议》。

为顺利完成茅洲河流域(宝安片区)综合整治项目前期工作,经南方公司与华东院领导及相关人员于8月18日项目启动会议研究决定,由南方公司和华东院联合组成"中国电建集团深圳水务项目前期工作领导组"(以下简称"领导组")和工作组(以下简称"工作组"),工作组下设技术方案组、商业模式策划组和对外联络组,领导组和工作组分别负责领导和具体开展深圳市茅洲河流域(宝安片区)综合整治项目前期工作。由于时间紧迫,决定采用现场办公形式,计划于2015年11月初编制完成《茅洲河流域水环境综合治理创新模式研究方案》。

针对茅洲河流域(宝安片区)水环境综合整治项目,中国电建先后多次召开专题办公会、设计方案、技术方案研讨会、方案评审会等进行全面研究准备;与清华大学、中国水利水电科学研究院等高校和科研院所建立长期合作关系,联合开展茅洲河流域(宝安片区)水环境综合整治项目设计施工的前期准备工作;聘请谭靖夷、王超等院士担任特聘专家解决设计方案中的重难点问题。

2015年9月16日,联合工作小组完成《茅洲河流域(宝安片区)水环境综合治理创新模式研究方案》。

2015年10月14日,中国电建时任董事长和公司其他领导一行在深圳再次拜会时任广东省委副书记、深圳市委书记和深圳市市长等省市领导,双方重点就推动茅洲河流域水环境综合整治进行了深入交流,达成共识。治理茅洲河污染是省、市重大工程,是当前最紧迫的重点工作,要"正视问题、敢于面对、下定决心、马上就办"。尽早完善全流域综合整治方案,抓紧成立强有力的综合整治工作领导小组,并把茅洲河治理列入深圳"十三五"规划重大项目。

2015年10月16日,深圳市水务局会同宝安区、光明新区,与东莞市、中国电建紧密携手,积极学习借鉴京杭运河(杭州段)治理等相关成功经验,提出要把茅洲河整治与周边流域产业升级、土地综合利用、城市景观环境改善相结合,并制定了《关于创新治理模式加快推进茅洲河全流域综合整治的工作方案》。同日和10月19日,中国电建分别进驻光明新区、东莞长安镇,开展现场踏勘和收资,与业主进行充分沟通,利用先进治河理念,结合已有相关规划成果,通过综合工程措施,形成初步的茅洲河全流域综合整治思路。

2015年10月,由深圳市水务规划设计院,整合前期工作思路和成果,编制完成《茅洲河流域(宝安片区)水环境综合整治工程项目建议书》,由宝安区发展和改革局正式提交深圳市发展和改革委员会。

2015年10月30日,深圳市委六届第十七次常委会议审议通过《深圳市治水提质工作计划(2015—2020年)》,决定大力实施"治水十策"和"十大行动",确保实现"一年初见成效""三年消除黑臭""五年基本达标""八年让碧水和蓝天共同成为深圳亮丽的城市名片"的治水目标。

2015年11月,深圳市发展和改革委员会正式函复宝安区发展和改革局,同意《茅洲河流域(宝安片区)水环境综合整治工程项目建议书》所包含的65个项目中的59个项目正式立项。

2015年12月1日晚上,时任深圳市常务副市长主持召开会议,研究茅洲河流域(宝安片区)水环境综合整治工作,会议原则上同意"将市发展改革委立项的46个茅洲河流域(宝安片区)水环境治理工程和宝安区立项的2个茅洲河环境绿化恢复、景观提升工程,共48个工程整体打包为一个项目进行管理,由宝安区政府组织实施";原则上同意"宝安区政府将茅洲河流域(宝安片区)水环境综合整治项目作为一个整体项目,采用设计采购施工(EPC)总承包方式进行招标及管理"。

2015年12月3日,深莞两市召开"深莞跨界河流治理协调会",会议强调:"今天在省委、省人大、省政府、省政协的领导下,两市打响了全面整治茅洲河这场战役,立下了'军令状',既然是打响了'战役',也立了'军令状',要干不好,或者干的阶段当中有问题,只能'提头'来见。既然立了'军令状',不干,忽悠半天,你忽悠党中央,忽悠老百姓,不行。"会上成立了由两市党委、政府领导和相关部门全面参与的"茅洲河流域水环境综合整治工作领导小组",深圳市委书记亲自挂帅担任组长,定期召开领导小组会议,对联合整治工作作出总体部署、统筹协调、推进落实,确保政令统一、步调一致、任务落实。

2015年12月31日,深圳市宝安区环境保护和水务局公开挂网招标"茅洲河流域(宝安片区)水环境综合整治项目(设计采购施工项目总承包)",项目共包括46个子项目,具体包含工程勘察(包括测绘、勘探、物探)、工程设计(初步设计、施工图设计、竣工图编制)、工程施工及其他工作。

中国电建决定由集团旗下中国电力建设股份有限公司和华东院组建联合体(以下简称"中国电建联合体")积极参与投标,主体单位(联合体牵头人)为中国电力建设股份有限公司。

2016年1月20日上午10:30,在深圳市建设工程交易服务中心宝安分中心公开开标,中国电建联合体以雄厚的实力一举中标。2016年2月1日,中国电建联合体收到中标通知,确认中标茅洲河项目的第一个项目包——"茅洲河流域(宝安片区)水环境综合整治项目EPC总承包",由此正式拉开了波澜壮阔的茅洲河全流域综合治理的序幕。

2016年1月22日,深圳市委、市政府召开全市治水提质攻坚战动员大会,签署治水"军令状",标志着深圳治水提质"攻坚战"正式打响。

4.2 项目启动

2016年2月1日,中国电建联合体正式收到茅洲河项目的第一个项目包——"茅洲河流域(宝安片区)水环境综合整治项目EPC总承包"的中标通知后,中国电建高度重视,在第二天,即2016年2月2日,中国电建就在深圳召开了"茅洲河流域(宝安片区)水环境综合整治誓师大会",中国电建时任董事长出席,并部署启动项目。

在誓师大会上,中国电建集团时任董事长作了题为"牢记使命、高度重视、转变观念、科学创新,誓把茅洲河流域水环境综合治理工程打造成精品样板示范工程"的重要讲话,要求高度重视、牢记使命,统一思想、转变观念,科学创新、精心实施,遵守承诺、遵纪守法,从我做起、从小做起,做到"读懂深圳、读懂茅洲河",打造高质量的精品样板示范工程。时任公司党委常委、副总经理、中电建水环境公司董事长作工作部署,要求充分认识项目的重要意义和困难挑战,统一思想,"不许失败,只能成功",超常规努力,打好"攻坚战"。

2016年2月3日下午,茅洲河流域(宝安片区)水环境综合整治项目签约仪式在深圳市委举行。签约仪式前,时任广东省委副书记、深圳市委书记与时任中国电建董事长进行友好会谈。对于茅洲河治理目标,深圳市领导表示已经向省委省政府立了"军令状":最起码在2020年前初步达到不黑不臭,在2020年水质达到地表水Ⅴ类水标准。茅洲河干流将达到百年一遇防洪标准。中国电建领导表示,茅洲河治理并非只是污水的处理和防洪标准的提高,中国电建一定要秉承"新发展理念",兼顾水生态修复、水环境治理,为深圳未来的绿色可持续发展创造和释放新的空间,打造示范性工程,让群众感受到新的体验和希望,在这个工程上展示中国电建优良专业的央企形象。

茅洲河流域(宝安片区)水环境综合整治项目协议的签署,标志着中国电建携手深莞实施的茅洲河全流域水环境综合整治"攻坚战"全面打响,项目正式进入实施期。根据招标文件要求,中国电建专门在宝安区成立了"中电建水环境治理技术有限公司"(以下简称"电建水环境公司")以作为茅洲河(宝安片区)水环境综合整治项目的履约单位。2016年3月23日,深圳市宝安区环境保护和水务局与电建水环境公司正式签署"茅洲河流域(宝安片区)水环境综合整治项目(设计采购施工项目总承包)"合同,合同正文和附件详细确定了合同双方对项目的目标、范围、总体进度要求、质量、安全等各方面的总体要求和承诺,起到了项目章程的作用,是指导项目实施各参建单位编制各项建设工作和管理实施计划的根本依据。

自 2016 年 1 月以来,中国电建以 EPC 形式中标茅洲河综合整治项目中标项目后,项目建设管理团队及设计施工队伍"跑步进场",克服重重困难,快速启动前期筹备和项目建设工作,快速打响治水提质"攻坚战"。

2016 年 2 月 25 日,茅洲河流域综合整治项目三标段、八标段、十标段同时开工奠基,至 8 月底,46 个子项开工 31 个,其余 15 个子项后续逐步开工。但在奠基仪式后,各工作面的工作进展并不顺利,征地拆迁问题、交通疏解问题、施工蓝图问题、设计院间的协同问题、管材选型论证与采购问题,政府部门内部协同与协调问题,参建单位内部协同与协调,各种矛盾集中出现,困扰着项目的顺利推进。尽管面对重重困难,政府各部门,特别是水利、生态环境、交通运输部门,以及所有参建单位,大家心中仍然都有一个坚定的共同的目标——坚决完成水环境治理的目标。随着对共同目标认识的不断达成一致,工作方法思路思想的不断解放,工作措施的一步一步落实,试验段工程的成功经验越来越多。8 月初,项目公司顺利开启第一批排水管材批量打捆招标,第一批设计施工蓝图顺利下发,为全面铺开施工完成了较大规模性的准备工作。

经电建生态公司上报请示,市政府批准,决定在 9 月份启动项目 2016 年底"百日大会战"。在"百日大会战"前夕,46 个子项目中已进场的有 32 个,投入施工人员 3 894 人、机械设施 1 180 台(套),完成投资 10 亿元;城区内涝点整治、沿景观提升等项目按计划逐步开工;界河段水环境综合整治工程(深圳部分)已开工河段治理约 5 km,完成项目工程量的 25%。对于管网建设,百日大会战明确了基本目标 100 km 和冲刺目标 200 km。

2016 年 9 月 24 日,茅洲河综合整治项目"百日大会战"大幕拉启,深圳市委、市政府主要领导、分管领导,宝安区委区人民政府主要领导、分管领导高度重视,出席"百日大会战"启动仪式。在视察了解茅洲河流域水环境综合整治工程概况、上半年工作和下半年工作计划等情况时,市领导强调,开展"百日大会战"就是要在保质量、保安全的前提下,进一步保进度,确保完成今年的目标任务。强调指出,"百日大会战"要加强协调,尤其是电建生态公司要调集最强力量,调动有城市施工经验的队伍建设施工,确保项目顺利实施。宝安区、各街道、各社区要全力配合,加强协调,在征地拆迁方面提供有力支持,按时间节点完成目标任务。

市政府领导宣布茅洲河综合整治"百日大会战"正式启动,并强调指出,"百日大会战"的启动既是动员会,是誓师会,更是针对年底目标再冲刺的宣誓会。要以高度的责任感和紧迫感开展"百日大会战",清醒地认识到工作进度与年度目标的差距,分析不足、找出原因、完善机制,确保完成全年目标任务;要以扎实的举措完成建设目标，一要保质量，强化精品工程意识，将工程质量管控贯穿工程建设的全过程；二要保进度，细化任务，倒排工期，完成好污水管网、排污口整治、黑臭水体治理等工作任务；三是要保安全，加强安全生产教育，加强廉政教育严格防范安全事故，确保人员、工程双安全，共同打造廉洁阳光工程。

"今天茅洲河综合整治'百日大会战'启动，标志着茅洲河治理进入了任务攻坚期。"宝安区委主要领导指出，宝安区要抢抓机遇、奋勇争先，高标准、高质量打好茅洲河流域水环境综合整治"攻坚战"。主要领导还特别强调，宝安区将把茅洲河整治作为全区头等大事，主动提供"绿色通道""全天候""VIP"服务，强化快速联动，及时解决难题，深化市、区指挥部和中国电建"两方""三方"联动及跨部门快速协调机制。宝安区将强化征地拆迁，坚决落实"拓展空间保障发展"十大专项行动，9月底完成项目征地拆迁方案审核，举全区之力破解征地拆迁难题，确保项目全面顺利开展。区委主要领导带领区政府各部门、各街道和中电建广大建设者举行了庄严的宣誓仪式。"我承诺，牢记责任，不辱使命，以硬措施、硬手段、硬作风，撸起袖子加油干，坚决打赢治水提质'攻坚战'！"口号响彻云霄！至此，一场波澜壮阔的治水提质"攻坚战"达到建设高潮！

图 4-2 项目开工及"百日大会战"启动仪式上波澜壮阔的誓师场景

4.3 项目治理体系

4.3.1 项目的总体治理模式

项目实施的管理，首先要明确项目的治理体系，包括项目治理模式、治理结构和治理机制。茅洲河项目社会关注度高、规模大、时间紧,所包含的项目数量多、类型复杂、专业跨度大、关联协同性强,是中国电建成立以来最大的EPC项目,实施难度极大。针对项目的特点和实施需要,中国电建与地方政府联合创新提出了"地方政府+大央企+大EPC"的项目实施模式,即地方政府将流域片区项目统一打包,委托一家大型央企实行"大兵团作战、全流域治理",借助大型央企的人才、技术、经验、资金等优势,组织各参建单位围绕同一目标,按照同一标准、同一机制开展相关工作,以有效克服传统治水项目经常采用的、但弊端很多的条块分割、各自为政的"顽疾",为茅洲河项目建设工作的高效有序推进提供坚强保障。

落实上述模式,需要有效集聚中国电建全集团相关资源于一处,以充分发挥中国电建的综合实力和全产业链能力优势,高效服务于茅洲河项目的实施,这对项目实施的治理模式提出了新的挑战。为此,中国电建在茅洲河项目的实施上创造性地提出了"集团化管控、大兵团作战"项目总体治理模式,搭建起集团化总承包模式下的承包商总体组织架构,时任中国电建副总经理王民浩将其归纳为**"以一个专业的平台公司为引领,带一个专业的综合甲级设计院为龙头,集十几个成员施工企业为骨干,汇数十个地方企业为合作伙伴,形成大兵团作战"**。如图4-3所示。

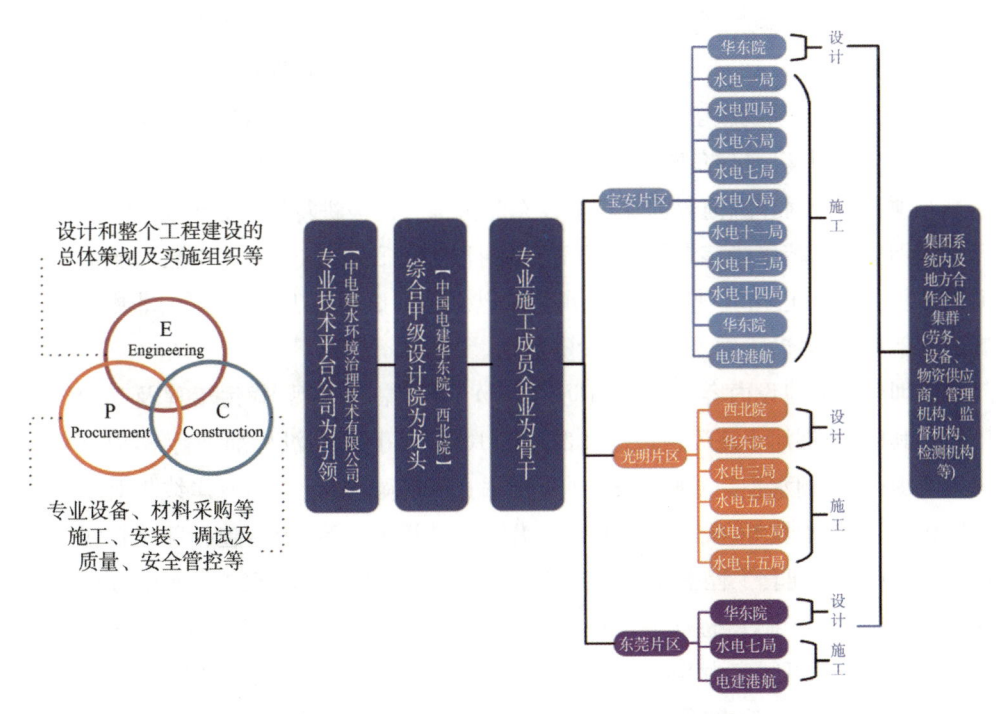

图4-3 集团化总承包模式下承包商组织架构

这种以专业平台公司纽带,总体引领和管控,整合集团设计院和施工企业为实施主体的EPC项目治理模式,为业主、设计院和施工企业提供了一个更平衡、更顺畅

的专业化的对接协调平台,有效破解了"或以设计院整合施工企业,或以施工企业整合设计院"的常规 EPC 模式容易出现协调难、整合难等弊病,从而难以大规模整合所需资源,无法满足类似茅洲河项目这样必须在短期内高强度投入大量资源的巨型复杂项目快速高效实施需要的难题,在茅洲河项目的实施上取得了极佳的效果。

4.3.2 项目的治理结构

1. 项目的总体治理结构

茅洲河项目是一个项目范围不断拓展的大型复杂项目群,项目总体治理结构也随着项目范围、规模的变化和不同发展阶段的实际情况而持续调整优化。纵向分析,随着项目生命周期变化,层级逐渐调整,横向分析,随着项目范围扩大,治理单元逐渐增多。总体上大致可分为四个阶段。

(1) 第一阶段——探索试点阶段

为探索茅洲河水环境治理建设管理模式(特别是 EPC 总承包模式及其适应性),以及观察中央企业相关团队的管理能力和技术水平,政府有关部门研究设立了试点项目(首期项目),通过招标方式选择实施单位,华东院联合有关工程局(中国电建集团旗下中国水利水电第七工程局有限公司)成功中标。试点工程选择为深莞界河段,总投资估算约 9 亿元(合同额约 8 亿元),项目名称为"茅洲河界河综合整治工程(深圳部分)(设计采购施工项目总承包 EPC)"。中标后,联合体的两单位成立了联合体总承包项目部,具体负责项目建设施工管理。

本项目主要对茅洲河界河深圳侧及东莞侧部分河段进行综合整治。

深圳侧整治范围为茅洲河河口至下涌河段,全长 11.85 km,其中已实施的沙井河泵站段 435 m(已由其他施工单位承建)、已实施的试验段工程内容(由非中电建所属的其他单位实施)不纳入本项目投资范围。

深圳侧主要建设内容包括河道防洪(潮)工程、岸线景观、截污工程及其他配套工程。其中,茅洲河干流界河段深圳部分按 100 年一遇的防洪标准进行整治(河口段属于河堤,河口潮水控制河段按 200 年一遇的防洪标准进行整治);岸线景观工程包括绿化带、草皮护坡等;截污工程主要对沿河漏排污水进行截流,包括新建截污管总长约 10.29 km;配套工程主要重建 9 座穿堤涵闸,新建防汛道路约 12 km,新建信息化管理及自动化控制系统等。

项目投资估算暂定为 88 171 万元,其中,暂定建安工程费用 77 276.41 万元,工程建设其他费用 6 696.03 万元,预备费 4 198.56 万元。具体包含本项目的施工图设计及优化、建筑安装工程施工以及应由 EPC 总承包完成的其他工作(不包含水土保持方案、环境影响咨询、工程勘察、工程监理、造价咨询、施工图审查等工作)。

东莞侧深莞两地土地置换段堤防整治长度约 170 m,总治理长度约 12.02 km。

工程实施时做了清淤,由中国电建集团港航建设有限公司独立中标实施,总投资约3亿元,为此,港航公司独立成立了施工总承包项目部。

2015年12月3日,茅洲河污染整治重点工程启动仪式暨茅洲河全流域水环境综合整治工作领导小组第一次会议在深圳及东莞分别举行,全面打响深莞两地联手治理茅洲河全流域污染的攻坚战首场战役。来自省市的领导共同见证了深圳市茅洲河界河段综合整治工程、东莞市茅洲河污染综合整治重点工程的开工仪式。

值得总结的是,在本阶段,一是对EPC总承包模式在水环境治理领域进行试点。此前,深圳市水环境治理领域未曾应用过EPC模式,这次试点仍沿用传统的EPC模式,划分多个项目,每个项目独立成立施工项目部,各个单位独立管理所中标的工程。二是通过这次试点工程,在各个工程还未完全完工的情况下,既坚定了政府采用EPC模式的决心(这在水环境治理项目管理领域是一个大的进步)又更加坚定了政府有关领导和部门决策,下定决心,为完成茅洲河水环境治理,加强力度,加大投入,不仅采用总承包模式,而且实施"大兵团作战",既强化工程目标建设管理,更强化水质目标统筹管理,初步形成更为有效的水环境治理全面统筹理念,为下一步创新水环境治理模式打下了较好的基础。

(2) 第二阶段——正式启动阶段

第二阶段为中国电建中标茅洲河项目的第一个大项目包——茅洲河流域(宝安片区)水环境综合整治项目后。在这一阶段,内外部条件仍尚不清晰,管理机制尚不成熟,为确保"集团化管控、大兵团作战"项目总体治理模式的落实,便于调集全系统的资源来保障项目的顺利实施,项目总体治理结构的总承包商组织架构采取了"集团公司+集团指挥部+项目公司+项目部"的"四合一"体系。中国电建在中标茅洲河流域(宝安片区)水环境综合整治项目后的第一时间,就在集团层面成立了**"中国电建深圳茅洲河流域水环境综合整治指挥部"(以下简称"茅洲河项目指挥部")**和**"中电建水环境治理技术有限公司"**明确各自职责,直接负责统筹协调系统内各设计院(项目部)及各工程局(项目部),集全集团之力确保茅洲河项目的顺利履约,而未按常规管理模式设立总承包项目部,这在当时既是管理创新,也是管理探索。在这一阶段,中国电建集团系统所属单位参建的两家设计院,一家负责设计,一家负责检测,参建工程局10家,集团外参建设计院还有6家,由业主单位在本EPC标段招标前已先行委托管理。本阶段项目治理结构如图4-4所示。

其中,中国电建总部和相关部门负责项目重大战略决策及跟国家相关部委和地方省、市级领导的协调工作。

在集团层面成立"茅洲河项目指挥部",由时任集团副总经理亲自担任指挥长,由各工程局和设计院负责人任副指挥长,负责对接广东省、深圳市相关部门,统一调度指挥集团内部资源,并对项目建设的目标、规章、办法、重大技术问题等等进行决

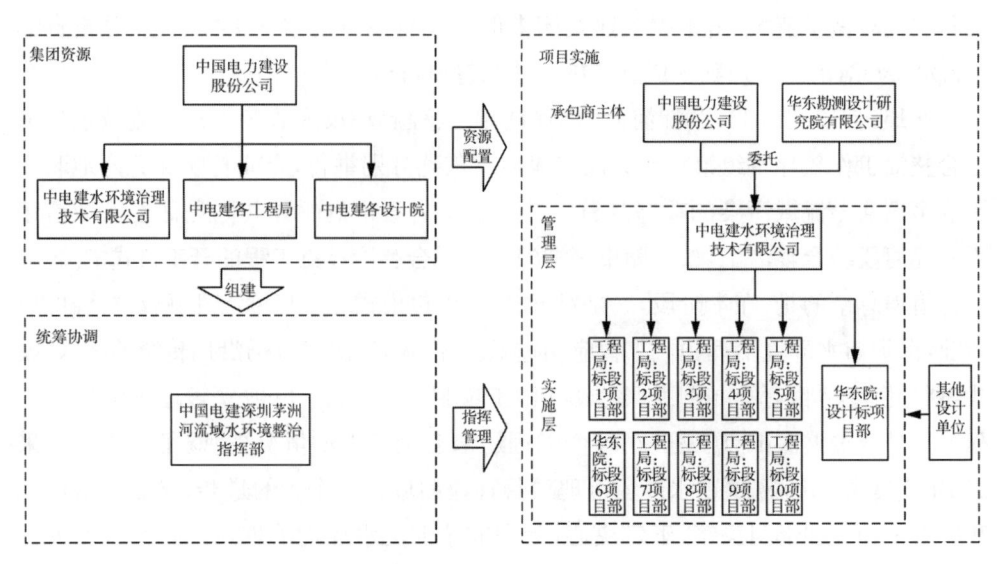

图 4-4 项目总体治理结构(第二阶段)

策。同时,集团公司下拨 5 000 万元科研经费给电建水环境公司开展茅洲河科研创新工作。

电建水环境公司则作为履约平台公司,以项目公司形式,承担起传统形式的总承包项目部职责,负责履行总承包合同,落实指挥部的决策部署,提供重大决策建议,对接协调业主、各政府监管机构和设计院、工程局等各参建企业,对项目实施的质量、安全、进度等最终绩效负责。为提高项目治理工作的效率和效果,电建水环境公司董事长体制上由指挥部指挥长兼任。

项目公司将茅洲河流域(宝安片区)水环境综合整治项目划分为 10 个施工标段,由 9 家工程局和一家设计院分别承担施工任务,各工程局和设计院分别成立了工区标段项目部,另有一个设计标段,一个检测标段,分别由两家设计院承担工程设计任务和管网部分检测任务。

各标段项目部作为现场管理实施主体,负责项目的具体建设。各标段项目部同时还参加总承包项目内综合性、普遍性和重大技术问题研究等各类工作。

项目公司分别与 10 个施工标段的各工程局和设计院签订内部合作系列协议(包括经济、安全、科技、廉洁等共七个专项),由各工程局和设计院分别负责实施各标段内的工程施工建设任务和设计任务。按照指挥部和生态环境公司要求,各工程局均分别设立各标段项目部,且均配备项目经理、项目副经理、总工程师、总经济师,还特别设立了协调副经理和信息员,建立了完整的项目管理团队,有专职人员负责施工图预算、生产、对外协调、安全生产等。项目公司根据协议对各标段项目部进行规范管理。

设立信息员制度是一项管理创新。鉴于茅洲河项目涉及子项目多,涉及人员多,涉及政府及业主单位多,承包商内部单位及人员多,社会影响因素复杂繁多等等,项目的信息管理异常困难复杂。为此,本项目建立了相对完善的工程建设信息管理系统,建立了日报、周报、月报及年报制度,建立了日—周—月—年例会制度,建立了与业主共同使用和协调处理问题的"问题清单大报表",各职能部门和人员,均有"信息员"身份,信息员实际上分散于各职能单位,且未以"员工岗位"方式呈现,但人人了解信息管理,人人重视信息管理,人人知晓信息处理,使得信息多而管理不乱,人人忙而信息处理有序,信息有效管理和控制制度得到成功实践。

(3) 第三阶段——流域统筹阶段

继茅洲河深莞界河综合整治试点工程项目和茅洲河流域(宝安片区)综合整治项目之后,中国电建相继中标了如下工程(注:时间未按先后顺序排列,项目名称未严格按招标文件名称列示),茅洲河流域(宝安片区)正本清源工程、茅洲河流域(宝安片区)全面消除黑臭水体工程;茅洲河流域(光明新区)水环境综合整治工程、光明新区公明核心区及白花社区工业区正本清源工程;茅洲河流域综合整治(东莞部分)一期工程和二期工程等一系列项目包。同一时期,还有其他中央企业和地方企业中标承担实施了茅洲河流域水环境治理的少部分相关工程。

为提高决策效率和强化监管,中国电建采取"让听得见炮声的人来指挥战斗"的工作思路,在宝安区、光明新区和东莞市长安镇三地,分别成立项目总承包部,负责当地茅洲河项目范围内的所有项目包的建设实施和各项目包之间的协调管理,让更多的决策和监管工作落到更了解实际情况的现场执行。茅洲河指挥部和项目公司继续负责总体领导和指挥协调工作,统筹各总包部的相关履约工作。在光明新区和东莞市,还分别成立了深圳光明新区水环境治理工程有限公司和东莞电建水环境治理有限公司,负责履行项目合同管理的部分职责。

以上各项目的管理模式均为EPC总承包。中国电建承担的各个项目,坚持由一个平台公司为引领,一个综合甲级设计院为龙头,一批大型工程局为骨干的资源配置机制,按合同规定内容,分别划定工区,在各工区成立项目部。工区的划分尽最大可能与原承担单位的工作区域保持一致,减少工作面、作业面的地域交叉和活动干扰,也更有利于明确相应区域水质治理的责任。这是一种探索,更是管理精细化的项目管理创新。在本阶段,茅洲河水环境治理形成了完整意义的"大目标协调一致、大兵团联合作战"的项目群,流域统筹、系统治理原则得以完整体现。

同一时期,电建水环境公司自身建设取得重大进展,取得了水利水电工程施工总承包一级资质、市政公用工程施工总承包一级资质、环保工程专业承包一级资质,建立了相对完整的、可独立进入市场的资质资信体系,实现了从法人化的项目公司向专业化公司的升级转型。

本阶段茅洲河项目(群)总体治理结构如图4-5所示。

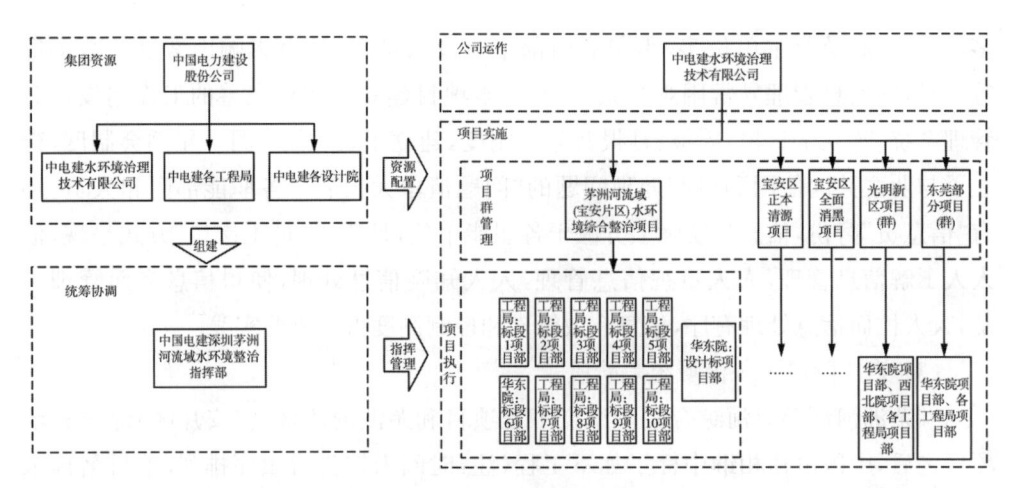

图 4-5 项目总体治理结构(第三阶段)

(4) 第四阶段——全国推广阶段

随着电建水环境公司业务规模和范围的迅速发展,公司由原先专门负责茅洲河项目实施的项目公司逐渐成长为业务遍及全国的、专注于水生态环境治理业务的平台公司,2019年7月电建水环境公司更名为中电建生态环境集团有限公司(以下简称"电建生态公司")。先后在广东省深圳市、广州市、珠海市、东莞市、佛山市,在陕西省西安市、安徽省合肥市、山东省济南市、河北省雄安新区等地,承担了一大批水环境综合治理工程。

电建生态公司集团在全国范围内,主要通过集团区域总部和集团各职能中心管理各地的项目,但鉴于茅洲河项目的重要性,仍然保留中国电建和电建生态公司直接管理本项目的管理模式,由电建生态公司各职能部门直接对接茅洲河项目深莞"两市三地"的总包项目部(群)或项目公司(群),以确保项目治理体系的高效和畅通。如图4-6所示。

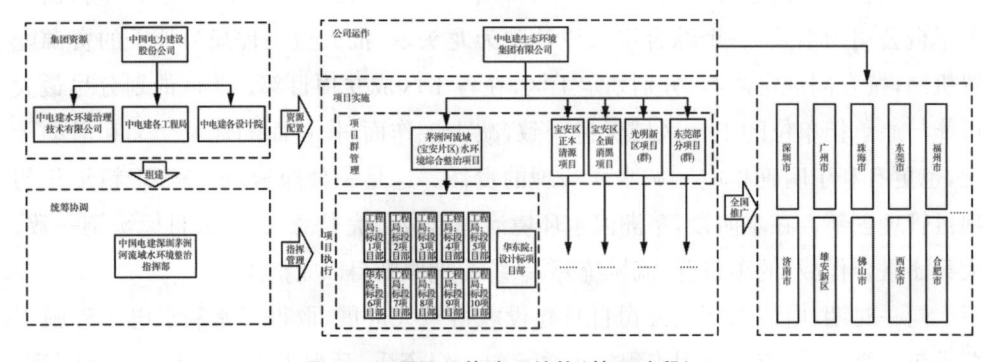

图 4-6 项目总体治理结构(第四阶段)

2. 总承包部的治理结构

茅洲河项目各总承包部内部为决策层、管理层和实施层三层结构,主要包括项目总经理(总负责人)、总工程师(项目设计总负责人)、副总经理(施工、安全、环保、合同、采购)、总会计师等。总承包部内设综合事务部、工程管理部、设计管理部、合同履约部、安全环保部、物资设备部、对外协调部、质量管理部(竣工验收办)、财务资金部9个职能部门和实验中心一个专业技术部门。

其中,实验中心主要任务是开展水质检测监测、污泥污染程度检测监测。在水环境治理项目下,作为承包商,专门设立实验中心,配置高学历专业人才,配备高技术设备仪器,这是一项创举。之前,承包商都是通过向政府委托的第三方调研了解并获取相关检测数据,获取不及时,工作效率低。实验中心设立后,作为承包商,既可通过"事后方式"调研了解政府水质监测数据掌握水质变化,更可通过"事前方式"主动跟进检测,随时掌握动态的水质治理和改善情况,进而持续优化调整治理方案,这既是具体工作中的管理创新,更是对政府、对业主、对人民,也是对企业自身负责的重大管理创新。总包部治理结构及信息传递流程如图4-7、图4-8所示。

4.3.3 项目的治理机制

为确保上述治理结构有效发挥作用,在电建水环境公司和各下属子公司、总承包等层面,都根据决策事项的不同,分别制定了不同类型的公司高层议事会议和相应的工作规则,包括根据党和国家关于国有企业积极发挥党委"把方向、管大局、保落实"作用,明确党委会前置要求;健全了党委会、董事会、总经理办公会等决策会议的议事规则和"三重一大"决策办法;明确了党委会50余个前置事项和三会90余项决策事项权限等等,并对高层议事会议的召开时间、议题、参会者、决策程序等工作规则进行了详细规定,以保证各类会议作用的顺利发挥。

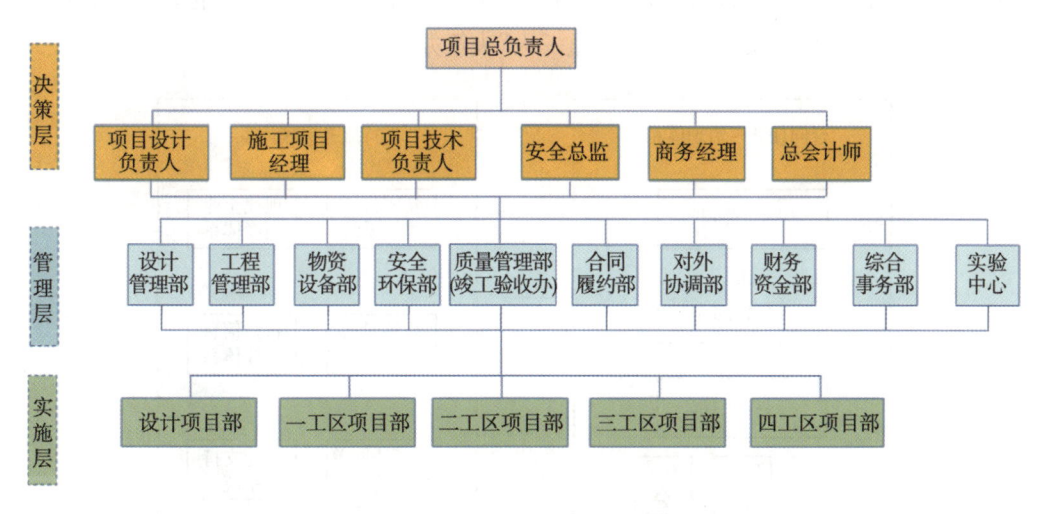

图 4-7 项目总承包部的治理结构

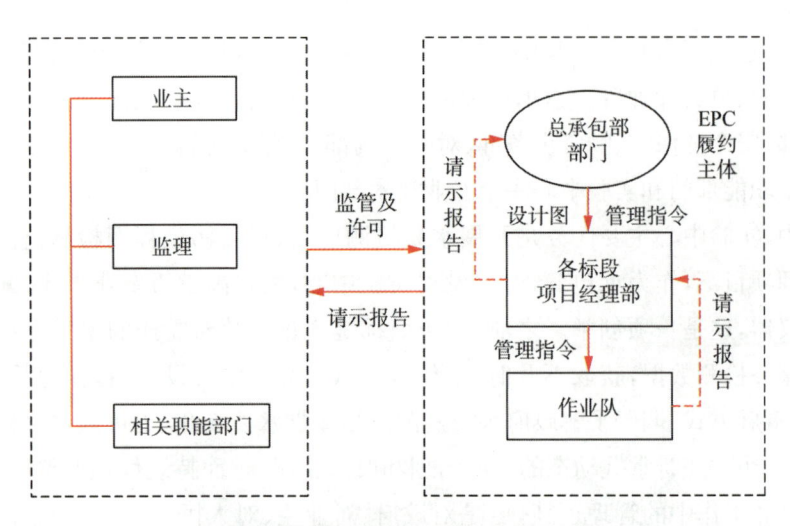

图 4-8　项目总承包部的信息传递流程

茅洲河项目的治理涉及多层多级管理及社会协同，在EPC总承包框架下，该项目机制高度重视合同内工程建设任务目标的实现的治理管理体系和"合同外"支持保障体系。包内治理体系前文已述，而包外支持保障体系包括党政工作及股东会、董事会、监事会等"三会"体制等法人治理体系，以保障党的重大决策部署和国资管理的相关要求得以贯彻落实，各级党委重大决策得以执行，企业管理得以合法合规持续经营运行。

为确保上述治理结构有效发挥作用，在电建水环境公司和各下属子公司、总承包等层面，建立党的组织，成立业务行政管理职能部门，根据决策事项的不同，分别制定了不同类型的议事决策机制和相应的工作规则，积极发挥国有企业党委"把方向、管大局、保落实"作用，明确党委会前置决策要求，健全了党委会、董事会、总经理办公会等决策会议的议事规则和"三重一大"决策办法。

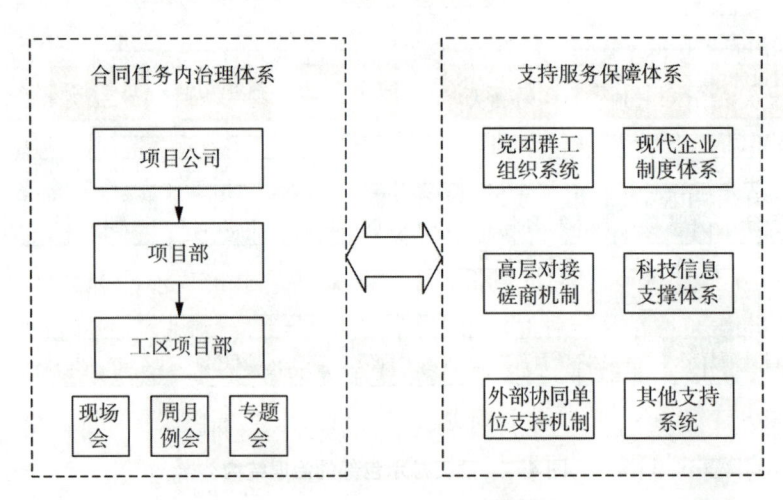

图 4-9　项目的治理机制示意

综上所述，茅洲河项目通过创新应用"集团化管控、大兵团作战"的项目总体治理模式和建立以集团项目指挥部为核心的项目总体四层治理架构和总包项目部内部三级治理结构，既充分调动了集团内外的优质资源，也有效实现了项目各项决策的科学高效，为茅洲河项目的有效管理奠定了坚实的治理基础，确保了项目进度、质量和成本等各类项目绩效目标和项目群整体目标——茅洲河水质达标的实现，也为大型工程项目群的治理体系设计提供了成功样板。

4.3.4 项目经理及团队建设

按照传统的项目管理要求，项目经理及项目经理团队在项目管理中发挥重要作用。项目经理本人需"持证上岗"——即持有招标文件要求的相应等级的建筑师资格及相应业绩，非持证人员不能也不得担任项目经理，安全项目经理也需持证上岗。按照承包商单位的授权，项目经理通常可以代表承包商单位配置资源，配置足以满足项目需求的人力资源、设备资源、资金资源，对项目的安全生产、工程质量、建设进度、生态环境、合同费用控制、信息管理及社会协调等履行全面管理职责，且按照建设项目规程规范及有关管理办法要求，履行项目管理的"最高行政长官"职责。

而实际情况是，对于中小型项目，上述要求无疑是正确的，而对于大型项目，对于项目经理的要求，一个项目经理个人是很难完美地做到和执行到位的，实际工作生活中，各单位培养的项目经理，通常都是工程建设管理的行家里手，对于管理工程的进度、质量、安全、资金、环境等方面的工作都能较优地完成，但在实际工程建设中，除上述任务，还有各级领导的指示，社会各界各方面随时对项目管理提出的要求，工程建设影响到的方方面面（如水环境治理中的交通管理、管线迁改、影响工程等）都需要大量社会协调工作，项目经理很难甚至根本无精力去处理，导致项目经理个人能力很强而实际履约能力不足的"悖论"。

茅洲河项目管理实践中，在项目公司和工区项目部两部配置了项目经理和项目经理部。项目经理最初由中标联合体的主要技术负责人担任，但因很难专职于本项目，在项目基本理顺后，调整为能常驻工程现场的、有能力的专职人员担任。各工区项目部均配置完整的项目经理和项目经理团队。据初步整理和统一，项目公司配置了7~11人的项目经理团队（项目公司领导层），各工区项目部配置了7~13人的项目经理部团队，两级项目经理团队的项目经理及副经理人数超过100人。在项目群形成后，项目经理团队人员更进一步补充和壮大。初期，为保证项目各项工作顺利进行，实行了项目经理团队与指挥部团队的"双团队"机制，而且这种机制因其有效性而得以持续保留。项目经理团队重在履约和工程项目本身的建设管理，指挥部团队重在对外重大关系协调和对内配置资源的协调。双团队机制及其和谐高效运行，既解决了让项目经理专注于工程项目的工程建设管理的需求，又解决了项目经理能力不足、难以协调各个方面的难题。这样,不仅提高了项目经理和项目经理团队的履职能力和履职效果,又保证了项目经理团队能够专注于工程项目建设,减少外部干扰,化解外部各种诉求和矛盾。此后,借鉴这一管理思想,在很多项目管理中,推广采用了"**总负责人＋项目经理**"管理模式,总负责人负责项目整体管理和对外对内协调配置资源为主的职责,而项目经理专注于传统意义范围的工程项目建设管理。

4.3.5 项目治理体系的难点和创新

茅洲河项目具有社会上的公益性、治理目标的政治性、工期上的紧迫性、专业上的复杂性和企业战略发展的重要性等多重特性和目标,使得项目决策始终面临兼顾经济效益和社会效益、快速拍板和科学决策等多项挑战;加上作为目前国内规模最大的、首个严格按照"**流域统筹、系统治理**"理念开展的流域水环境综合治理 EPC 工程项目,其所需要的项目资源和各类干系人的支持强度也是规模空前、复杂多变的,经常须要根据项目实施的需要,在很短时间内迅速调集大量资源投入,这些无不对项目的有效治理提出了严重的挑战。

中国电建充分考虑上述难题,在项目治理上大胆创新。

第一,项目公司法人化与属地化。项目公司的设立与合法合规运行并非易事。"流域统筹、系统治理"理念的创新解决了治理顶层思路问题,但项目管理的体制机制障碍仍然阻碍着项目的管理。突破现行制度障碍,提高项目管理成效,仍须做大量工作。从项目策划到中标实施,成立项目公司和运行该项目公司是一项极其艰难的决策与论证过程,既要满足现行法律法规的要求,又要满足项目管理实际的需求。经过反复充分论证、反复研究《中华人民共和国建筑法》《中华人民共和国合同法》《中华人民共和国招标投标法》等法律法规、寻求政府法律部门支持和社会律师团队支持,注册成立专业化的水环境治理技术有限公司这一创新举措才得以落实。公司正式注册名称为"**中电建水环境治理技术有限公司**"。时任董事长在为公司名称定名时,特别加上"技术"二字,明确指示公司在未来项目管理和业务发展中要高度重视技术问题。项目公司成立、EPC总承包项目中标、中标后的合同签订、项目管理的授权委托与责任落实,流程环环相扣,使得这一项目管理体制机制探索创新的实践得以落地,法律障碍得以突破。工程项目管理法人化先行先试的承包商项目法人公司在深圳市诞生。

(1) 承包商项目部与项目公司法人化。传统的承包商项目部是承包商的授权的外派执行机构,不是法人实体。茅洲河项目部的建设,突破了传统项目部概念,项目部法人化是由承包商设立的法人公司执行项目部履约职能。这一做法,涉及现行法律中的《中华人民共和国建筑法》《中华人民共和国招标投标法》《中华人民共和国公司法》《中华人民共和国合同法》《中华人民共和国价格法》等。但总的原则是,合同双方在不违背法律强制性要求的范围内,遵循政治要求、友好协商、协调一致、权责清晰、权力对等、目标明确、公开透明、公平公正、平等互利、社会认可等基本原则。项目公司得以成立和正常运营,这是一项重大实践与重大创新,具有重大的时代意义。

(2) 法人公司属地化。在遵循上述项目治理基本原则的基础上,建立了以法人公司为专业实体的项目公司,执行项目总承包部职责。在此基础上,又进一步完善项目公司的自身建设,将项目公司建设成为完整意义的法人公司,具有独立经营和运营的资质把资格,把资金能力、信用体系、法人治理机构、纳入社会统筹统计等,进一步地完成了属地化,成为真正意义的法人公司,独立承担法律责任和接受政府与社会管理。

第二,指挥领导层配置高层化、高效化。在项目公司领导层配置方面建立多职合一体制。项目立项伊始,便在集团层面成立了专门的项目公司和"茅洲河项目指挥部",由集团党委常委、副总经理兼任董事长担任"茅洲河项目指挥部"的"指挥长",各工程局与设计院负责人担任"副指挥长";同时,又由"指挥长"兼任茅洲河项目公司董事长。这样,通过集团党委常委、股份公司副总经理、"项目指挥部指挥长"、项目公司董事长、法定代表人、公司管理委员会主任、安全委员会主任、技术管理委员会主任、信息化领导小组组长、水质实验中心主任等"十职合一"的方式,形成"战时体制",打通了烦冗的内部管理治理层级,增强了茅洲河项目在集团内外的资源配置能力和协调效率,对内有利于短期内集中集团内各单位的优质资源,从全局角度将各工程局、设计院的优秀团队、先进设备等在第一时间配置完成,为迅速推进项目提供充足的资源基础;对外则由集团高级管理人员牵头协调,能够实现与各级政府主管部门和业主单位等的有效直接沟通,有利于迅速进行现场协调与快速决策,避免了信息传递导致的低效和信息失真问题,为茅洲河项目的有效管理奠定了坚实的治理环境基础。

第三,追求集团利益合理化,社会利益最大化。集团化运作与管理非常复杂。茅洲河项目管理采取了集团化统一作战的"大兵团模式",在中国电建的统一领导下,第一批项目即调动3家甲级设计院和10家法人施工单位,陆续中标承接后续项目后,参建设计院达到4家,集团内的施工单位达到近20家。同期,还要协调调动和引进的劳动力大军、设备物资供应单位等,高峰时期的参建单位数以百计,参建人员达3万余人。在同一时期,同一地域,还有其他中央企业和地方企业承担着茅洲河干流或支流的其他工程建设任务,时间同期、空间交叉,工程建设要推进,社会活动不停止,居民生活少干扰,这些无不考验着新成立建设运营管理团队。项目公司的成立,加深了集团对茅洲河治理任务繁重的理解,加深了对茅洲河治理难度的认识,加深了对深圳市东莞市"两地三区"协调的重视,加深了对技术创新要求的紧迫,此后

政府决策篇

不断建立健全公司自身的治理与建设,包括建优队伍、加强技术、健全资信。项目公司很快地成长为具有完整资质资信资格的独立的市场主体,参与项目竞争,以优秀的投标方案,持续多次中标,从而赢得了茅洲河水环境治理的更多工程项目的标,为"流域统筹、系统治理"的理念在一个大型水环境治理项目上、在一家大型**中央企业**中得以实践,做出了重要贡献。通过集团化的内部培训、项目内部充分的经验交流和"比学赶帮"劳动竞赛、知识技术学习与总结,全集团培养了一大批水环境治理管理的优秀管理人才和优秀技术人才,为电建水环境公司参与全国水环境治理奠定了坚实的人才基础和技术基础。同期,电建股份产业按照国家科技部门的相关政策,由电建生态公司牵头成立了**水环境治理产业技术创新战略联盟**,并成立了混合制的**深圳市华浩淼水生态环境技术研究院**,协同国内重点高等院校、科研机构,具有水环境治理技术的众多国有企业和民营企业,共同交流治理技术和管理技术,探索实践。水环境治理公司借此平台,充分交流技术与管理需求,充分阐述治理经验和遇到的困难,研究编制一大批企业标准、团体标准,公开发行并与同行使用与交流,为提高各类企业从事水环境治理业务的技术水平,做出社会公益性贡献,助力国家生态文明建设重大战略。

最后,充分发挥社会主义制度优越性优势,集中力量办大事,成大事。茅洲河项目是一项投资巨大的水环境治理工程,是一项工程规模巨大的复杂工程,是一项技术种类复杂、技术领域繁多的、水利、市政、环境美化业务等多种专业交织的工程,是一种与人民生活密切相关的民生工程。项目得到国家领导,广东省、深圳市和东莞市各级党委政府以及社会各界和广大人民群众的高度重视,要在时间周期紧、建设任务重的困难下完成任务,大家坚定地做到了以下几点:(1)充分发挥中国共产党领导下广大党员群众积极干事创业的政治优势,取得广大人民群众拥护支持;(2)发挥开展社会主义劳动竞赛形成"比学赶帮"氛围,快速掀起建设热潮的制度优势;(3)加大投资力度,加速整合配置资源,加强产学研融各界大力支持与协同,项目建设得以快速推进,工程目标一步步实现,水质一天天好转,近中远期水质目标如期达成,社会主义制度优越性充分彰显。

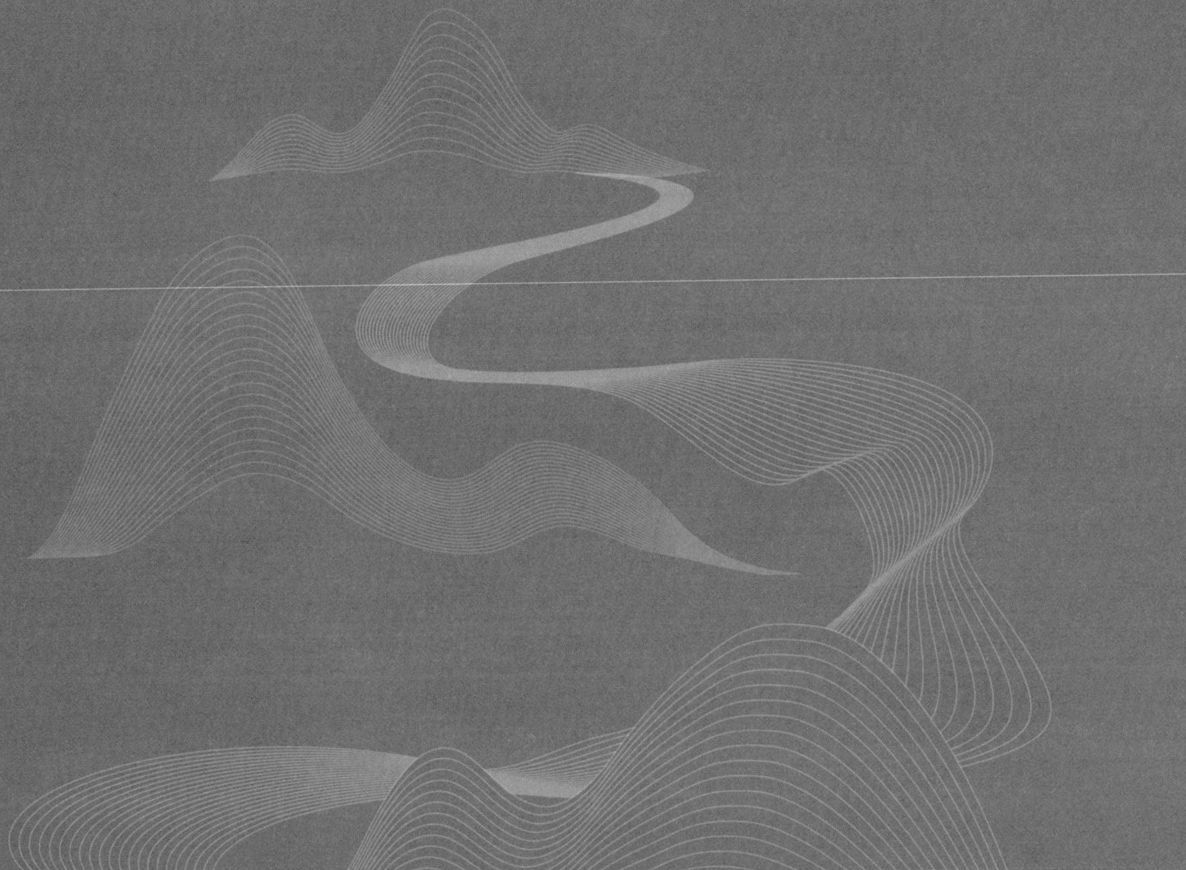

建设管理篇

——『项目管理、战略协同』

第 5 章 项目设计管理

5.1 治理目标与设计原则的再分析

茅洲河的治理已经经历了一个较长时期的过程,规划设计、可行性研究、部分治理任务的初步设计乃至建设施工。站在历史的角度简要分析已完成的工作,既有正面效应,也有轻微的负面效应。过去总体情况是治理控制污染的速度,落后于污染持续恶化发展的速度,河流越来越脏,越来越臭,水质越来越差。中国电建参与茅洲河治理后,首先面临对过去治理原则的反思与分析,并提出新的治理原则,得出一项基本结论是,过去的治理普遍情况是偏于零打碎敲,"头痛医头、脚痛医脚",是不成体系的。总结过去经验教训及进一步研究分析,中国电建提出了新的治理原则和设计理念,茅洲河治理设计既要遵循工程建设项目的一般设计原则,又要结合项目特点做大量创新工作。结合茅洲河水环境综合治理的特殊性,在治理原则研究阶段,确定了以"流域统筹、系统治理"为治理理念的总体策划,并从理论与实践角度逐步加深认识和提升。

对于茅洲河水环境综合治理工程的设计理念,研究提出**既要注重工程实体建筑物的设计质量和建设质量,更要注重水体水质目标达成的设计质量和目标质量**。对于水体水质的质量目标,既要实现近期的、有阶段性要求的考核目标,更要立足于长远的、根本性好转的可持续性目标。为此提出以下设计理念并推进实施,包括:
(1) 坚持"流域统筹、系统治理"理念。统筹流域区域,统筹山水林田湖草沙,统筹岸上岸下,统筹上游下游,统筹左岸右岸,立足辩证施策,分类施策,落实"一河一策""一湖一策""一厂一策""一口一策",系统科学治理,既治疗"已病",又防治"未病"。
(2) 坚持安全发展,做好四水同治。作为主要目标,坚定治污决心,坚决打赢污染防治"攻坚战",做好水环境治理,同时,兼顾水资源配置、水生态恢复保护,协同做好水安全提升,提高防洪能力和排涝能力,保护建成区人民群众生产生活和财产安全。
(3) 坚持质量取胜,攻坚水质目标。茅洲河治理的水质目标是第一重要的质量目标,既是政治任务,又是工程建设任务,困难重重,任务艰巨,很难想象、也难以做到一次设计就能全面完成治理目标的设计成果,只有从设计角度不断研究,不断深化设计,动态地持续攻坚,才能最终全面提出和完成满足目标要求的设计成果。工程建筑物的实体质量,既是工程建筑物本身的质量目标要求,更是服务于水体水质质量目标的根本保障,没有工程实体质量保障,水质质量目标的实现就像无本之木、无源之水。(4)坚持科技创新,完善产业支撑。黑臭水体治理面临很多技术问题,全流域、重污染、时间紧的治理任务,没有成熟的治理经验可供借鉴,只能通过大量的科学技术研究,既整合现有技术进行集成创新,又攻关研发新技术并转化技术,探索应用。(5)坚持溯源治污,确保标本共治。从设计角度,污染治理的首要任务是控制污染,管控污染源,设计前就需要采取技术措施追根溯源,查清污染本底情况,既要做到治好水体表面污染现象之"标",又要做到根治污染源、管控污染源之"本"。(6)坚持绿色治水,美化城镇环境。通过设计选择绿色技术,在施工建设过程中应用绿色建造技术,实现降噪降尘、节能降耗,保护生态环境,绿化种植,治理脏乱,美化景观,提升城市品质。(7)坚持优化设计,节约投资造价。鉴于水的流动性、污染的广泛性和不确定性,须要根据水质改善情况,高密度建成区随时出现的新问题、新情况,调整设计、优化设计,达到降低造价,节约投资的效果。(8)"灰、绿、黄、红"四色并用,整治、恢复、保护、递进。治理污染是须要采取综合措施,既包括工程措施,也包括非工程措施,"灰色"指混凝土建筑工程措施;"绿色"指生态陆生水生植物措施;"黄色"指政府监督监管措施;"红色"指制度优势和宣传教育、全民行动优势等,形成人人爱护环境,人人保护环境的社会氛围。

由于茅洲河横跨两市(深圳市、东莞市)三地(宝安区、光明区、东莞市长安镇),为统筹协调流域内"两市三地"治水提质项目群的设计进度、设计质量、设计优化及设计变更等方面的工作,电建生态公司设立统一的设计管理组织机构,设计管理内容涉及流域内治水提质项目的相关规划设计、立项、可行性研究、初步设计、施工图设计、施工、运维等项目全生命周期。

2016年2月—2017年3月,原电建水环境治理公司先后中标茅洲河流域宝安片区、光明片区及东莞市长安镇片区的水环境综合整治项目,为实施茅洲河全流域治理奠定了基础。

2017年11月,为系统解决茅洲河全流域面临的辖区分治、水资源紧缺、洪涝潮淤污并存、专项规划多且不统一、工程实施落地难等诸多问题,电建生态公司践行"流域统筹、系统治理"的治理理念,组织编制了《茅洲河流域水环境治理综合规划》(以下简称《规划报告》),提出了"有效衔接、功能多样,系统治理、标本兼顾,因地制宜、区别对待,转型提升、科学管理"的茅洲河流域水环境综合整治解决思路和措施,涵盖水质改善、河道治理、管网建设与修复、排涝设施、生态补水、景观提升6大类共140个工程子项,其中深圳市宝安区71个工程子项、光明新区33个工程子项,东莞市长安镇36个工程子项。《规划报告》在顶层设计方面,第一,统筹规划了茅洲河全流域宝安片区、光明片区、东莞市长安镇片区三地的治水提质方案,打破了以往区域地理分割、部门各管一面的局面,实现了治水在流域层面的统筹协调;第二,系统研

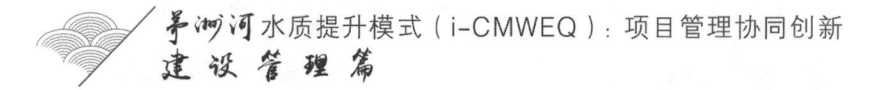

究分析流域内所有已建、在建和未建工程项目的关联性,并根据不同设计水平、不同建设年份,梳理了不同阶段的治理目标、任务及建设方案;第三,明确了茅洲河流域水环境综合治理各项措施及方案,并从控源截污、内源污染削减、活水增容、水质净化、生态修复和长效维护的"六位一体"水环境治理技术路线全面展开并以此作为与政府、业主沟通的内部依据。在工程实施方面,《规划报告》提出东莞市与深圳市加强协作,落实"挂图作战"和"五个同一"(即同一节奏、同一规划、同一标准、同一体制、同一目标)要求,做到上下游同步、左右岸协调,共同努力加快推进实施茅洲河全流域治理。

在实施茅洲河全流域治理的过程中,电建生态公司共统筹组织8家设计院参与茅洲河治水提质"攻坚战"设计任务,其中,中国电建集团内设计院2家,集团外设计院6家。在茅洲河流域片区划分上,8家设计单位参与了茅洲河流域(宝安片区)水环境综合整治项目,分别为中国电建集团华东勘测设计研究院有限公司、中国电建集团西北勘测设计研究院有限公司、中国市政工程中南设计研究总院有限公司、深圳市水务规划设计院股份有限公司、深圳市广汇源环境水务有限公司、惠州市华禹水利水电工程勘测设计有限公司、黄河勘测规划设计研究院有限公司、信息产业电子第十一设计研究院科技工程股份有限公司;5家设计单位参与了茅洲河流域(光明片区)水环境综合整治项目,分别为中国电建集团华东勘测设计研究院有限公司、中国电建集团西北勘测设计研究院有限公司、深圳市水务规划设计院股份有限公司、深圳市广汇源环境水务有限公司、中国市政工程西北设计研究院有限公司;1家设计单位参与了茅洲河流域(东莞部分)水环境综合整治项目,为中国电建集团华东勘测设计研究院有限公司。另外,中国电建集团中南勘测设计研究院有限公司参加了管网工程质量检测有关任务。

本章以茅洲河流域(宝安片区)水环境综合整治项目为例,系统阐述项目设计管理体系、初步设计管理、施工图设计管理、水环境整治设计方案等内容。茅洲河流域(宝安片区)水环境整治工程作为一项系统治理工程,做好设计管理工作对于项目成功实施至关重要。该项目设计管理主要分为初步设计管理、施工图管理、水环境整治方案设计和设计变更管理四部分,其中水环境整治方案设计包括水环境整治设计方案、清淤和污染底泥处置工程方案、景观工程设计方案和BIM技术应用方案等。通过工程设计可以实现工程功能、结构以及质量目标的细化,保证工程的适用性、长效性、可靠性、经济性,进而最大化实现水环境整治的水质目标。

5.2 茅洲河流域水环境整治设计管理体系

茅洲河流域(宝安片区)水环境整治项目共46个工程子项目,根据前期设计招标及茅洲河流域综合整治投标分工,电建集团内部设计院负责26个工程子项的初步设计及施工图设计工作,其余工程子项的勘察设计任务由多家不同专业的电建集团外部设计院负责落实。

为系统解决茅洲河项目工程子项数目多、设计管理任务重、设计协调难度大、设计专业覆盖广、水质考核任务紧等问题,电建生态公司专门设立设计管理部,负责统筹管理与协调电建集团外部设计院,确保各项勘察设计活动满足项目履约目标要求。

5.2.1 设计管理部组织架构

电建生态公司设立的设计管理部主要负责开展勘测设计质量、设计进度、投资控制等设计管理工作。组织项目可行性研究、初步设计及施工图设计阶段勘测设计成果内部评审及落实,对接各设计院开展设计接口协调及设计交叉内容划分,做好设计变更及设计优化管理,确保工程安全、质量、进度、投资控制及水质考核等目标的实现。

5.2.2 设计项目部组织架构

设计院设立的设计项目部作为茅洲河项目EPC总承包部下设机构,由电建集团内部设计院主要设计人员构成。在设计管理部的统一领导和管理下,设计项目部承担本项目的勘察设计工作及与其他设计单位的设计配合;同时,聘请具有丰富勘察设计经验的专家组成设计技术咨询专家组,指导开展工作。为了更好地服务现场施工,成立现场设计代表处;同时,制定管理制度,明确设计管理组织及主要人员职责。茅洲河项目设计管理组织架构如图5-1所示。

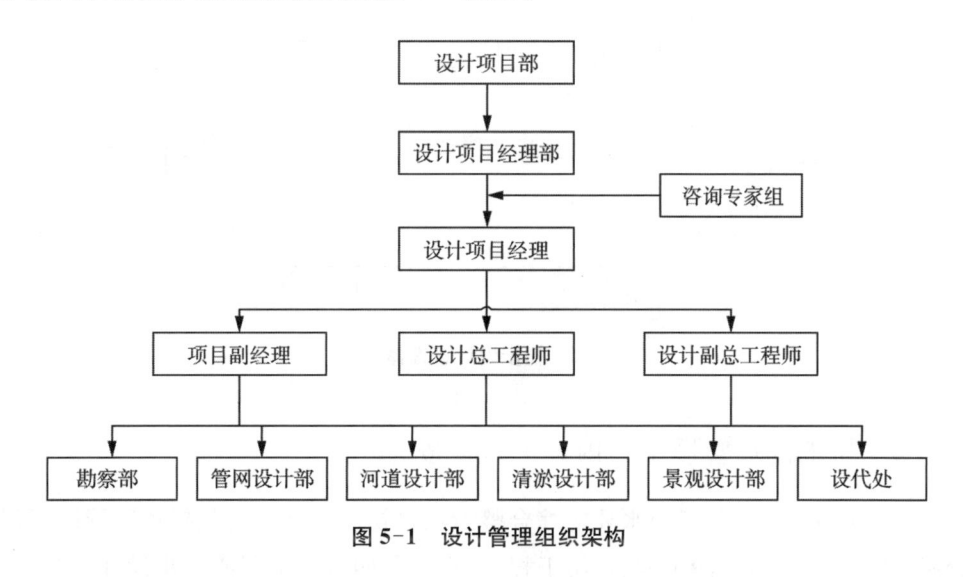

图5-1 设计管理组织架构

其中,现场设计代表处(以下简称"设代")负责承担工程设代服务的全部工作,包括负责工程设代服务全过程的质量、环境、职业健康安全运行控制,并向项目经理负责。具体应做好地质编录、设计(包括质量、环境和安全等)交底、设计变更、现场配合、现场质量和安全巡查、参与基础开挖和隐蔽工程验收、单位工程验收及合同项目阶段验收等;配合参加工程质量监督检查、工程总结等工作,参与过程资料的分析,确保工程能按设计要求投产;协助落实工程度汛要求、编写设代日记、按月编制设代月报、项目月报,及时与设计负责人、项目经理沟通现场问题。

5.3 初步设计管理

初步设计是工程项目勘察设计的重要设计阶段,初步设计报告是指导项目建设的重要文件,经批准的初步设计报告是编制工程项目招标设计、施工图设计和投资控制的重要依据。初步设计管理标准和初步设计报告质量将直接影响后续施工图设计质量和工程项目的整体质量水平。

5.3.1 初步设计管理组织体系

茅洲河流域(宝安片区)水环境综合整治项目中包括众多子项工程项目,其中已受委托子项工程项目的初步设计由原设计单位按照原设计合同执行,未委托子项工程项目的初步设计由电建生态公司负责并须在合同计划进度中列出设计进度计划,并报业主单位审批;同时,须要按照业主或其委托的监理人的要求提交修正的进度计划、增加投入资源并加快设计进度。本项目初步设计管理体系如图5-2所示。

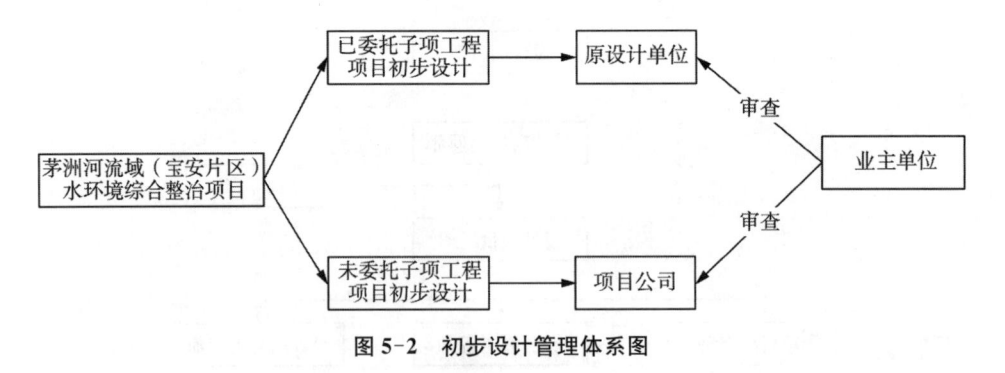

图5-2 初步设计管理体系图

5.3.2 初步设计管理工作内容与进度安排

茅洲河流域(宝安片区)水环境综合整治项目初步设计主要包括片区管网雨污分流工程、河道综合整治工程、排涝工程、补水工程四部分工程的初步设计,初步设计进度计划详见表5-1。执行过程中,将根据工程进展情况对勘察设计成果及提交计划进行适当调整。

表 5-1 初步设计内容及进度计划表

序号	项目	提交时间
片区管网雨污分流工程		
1	松岗街道燕川村片区雨污分流管网工程	2016年3月31日
2	松岗街道塘下涌工业区片区雨污分流管网工程	2016年3月31日
3	松岗街道塘下涌村片区雨污分流管网工程	2016年3月31日
4	松岗街道污水管网接驳完善工程	2016年3月31日
5	松岗街道红星、东方片区雨污分流管网工程	2016年3月31日
6	松岗街道楼岗松岗大道以西片区雨污分流管网工程	2016年3月31日
7	沙井街道污水管网接驳完善工程	2016年3月31日
8	沙井街道老城片区雨污分流管网工程	2016年3月31日
9	沙井街道老城南片区雨污分流管网工程	2016年3月31日
10	沙井街道黄埔广深高速以东片区雨污分流管网工程	2016年3月31日
11	沙井街道中心片区雨污分流管网工程	2016年2月28日
12	沙井街道黄埔广深高速以西片区雨污分流管网工程	2016年3月31日
13	松岗街道楼岗、潭头片区雨污分流管网工程	2016年2月28日
14	松岗街道楼岗松岗大道以东片区雨污分流管网工程	2016年3月31日
河道综合整治工程		
15	潭头河综合整治工程	2016年2月28日
16	万丰河综合整治工程	2016年3月31日
17	沙井河截污工程	2016年2月28日
排涝工程		
18	燕罗片区排涝工程	2016年3月31日
19	衙边涌片区内涝整治工程	2016年3月31日
补水工程		
20	珠江口取水补水工程	2016年3月31日
21	松岗水质净化厂再生水补水工程	2016年2月28日
22	沙井污水处理厂再生水补水工程	2016年3月31日
23	茅洲河流域(宝安片区)燕川湿地、潭头河湿地、排涝河湿地工程	2016年3月31日
24	清淤及底泥处理工程	2016年3月31日
25	茅洲河流域干支流沿线综合形象提升工程	2016年3月31日
26	茅洲河流域(宝安区片区)水环境综合整治恢复工程	待定

5.3.3 初步设计管理主要工作程序

初步设计管理工作主要由设计项目经理负责,设计项目经理是初步设计质量的第一责任人。设计项目总工程师受设计项目经理委托,具体分管负责项目技术管理及质量管理,按项目技术责任制负责产品的核定。初步设计报告的质量控制,从上而下包括:院总工程师→项目总工程师→专业审查人(主管)→校核人(主设)→设计人员五级质量控制环节,按各级质量技术管理职责对设计项目各负其责,确保产品质量符合要求。初步设计管理工作程序如图 5-3 所示。

为保证工程初步设计项目拥有整体较好技术水平,设计根据需要将适时邀请工程技术委员会开展技术咨询活动,对关键技术难题展开专项技术研究,同时视工程条件与研究机构或高等院校进行合作研究,解决工程中遇到的问题,以确保本项目勘察设计水平达到国内先进水平。

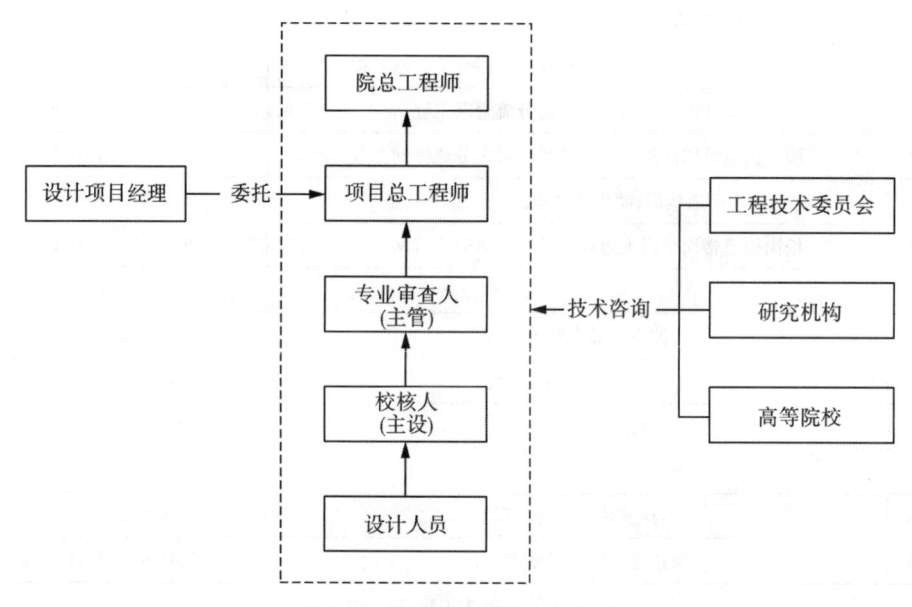

图 5-3 初步设计管理工作程序

5.3.4 初步设计管理主要工作方法

初步设计管理主要工作方法如下:

(1) 对可行性研究的设计补充。按照建设管理程序规定,初步设计工作主要依据已经政府有关部门批准的项目可行性研究报告开展。而对于茅洲河项目来讲,可行性研究及此前的相关阶段,虽然已经做了大量的论证工作,中国电建中标后深入分析发现,可行性研究阶段的很多工作深度不够,不能满足初步设计的完整要求。

此后,在初步设计过程中,既按照可行性研究批复要求的内容开展设计,又对于水质目标的可达性做更深入的补充论证和分析,更要结合国家对断面水质考核的时间节点及水质目标要求、招标条件及合同目标要求等,进行深入论证分析,做大量的补充论证工作,以更好地支持初步设计和施工图设计。

(2) 设计项目经理部在业主单位与设计人员之间发挥桥梁和纽带作用。在初步设计阶段,电建生态公司设计管理部门根本目的是尽可能将业主的意图和要求贯彻至设计人员,并调动设计人员的积极性,发挥其技术潜力,综合经济、技术、环境、资源因素最大限度地反映落实到设计文件及图纸上。这就要求设计管理部门善于沟通,通过书面或口头形式与设计人员交换意见,进行磋商,起到桥梁和纽带作用。

(3) 跟踪设计,审核制度化。根据设计单元工程项目特点、技术重点,在初步设计阶段过程中设置相应审查点,审核设计文件质量,如总体布置、征地拆迁设计、泵站选型、结构安全性、施工可行性、概算等。设计进度完成情况应与相应勘察设计工作大纲进行分析比较。

(4) 积极协调各相关单位关系。茅洲河流域(宝安片区)水环境综合整治项目包含众多子项目,项目具体内容包括管网工程、排涝工程、河流治理工程以及水质改善工程等,实际治理过程需要多专业交叉配合。因此,为高效地完成初步设计任务,设计管理项目部及相关负责人必须要掌握组织协调方法,营造良好的工作氛围,保证设计质量与进度。

5.3.5 初步设计保障措施

茅洲河流域(宝安片区)水环境综合整治项目相关文件对勘察设计质量提出了明确、具体的要求,为保证初步设计的进度与质量,采取以下保障措施:

(1) 采取高效的项目组管理模式

在勘察设计项目实施过程中,设计项目经理是最高责任者和组织者,受总承包项目经理委托全面主持项目勘察设计管理工作,具有针对项目勘察设计人员的选聘权、技术决策权、成本控制权和奖金分配权,同时承担相应的质量、进度、成本控制、奖金合理分配、安全生产等责任。

设计项目经理部的所有人员根据项目需要,按照"工作前移"的原则进入项目现场开展设计及技术服务。设计项目经理发挥计划、控制、协调以及对外联络等管理职能。

(2) 选择设计经验丰富的技术人员

根据本工程规模、技术特性,设计项目经理部将由具有丰富设计经验的技术人员组成,参与本项目设计和管理。

设计项目经理根据本项目的特点,选择业务能力强、设计经验丰富并具备国家

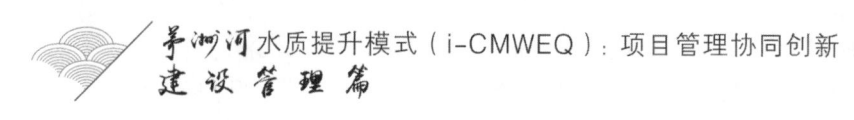

规定和业主要求中约定的资格的设计骨干作为专业主设人,专业主设人选择合适的设计人员。主要技术骨干保持相对稳定,在合同期限的任何时间都能按业主或其委托的监理人的要求参加相关工作会议。

项目工作进行中,设计经理可以根据工作和项目需要调配设计人员或设代人员,也可随时解聘不合格的设计人员,但对于其中专业主设人的调整须报项目公司批准。电建生态公司也可以要求更换不称职的设计人员。

(3) 采用合理的技术流程和强有力的技术支持

工程总体布置及关键技术问题由业主组织的专家审查确定,使工程整体方案的布置尽可能达到最佳。各专业主要设计方案由专业主设人、专业总工程师协商拟定后经设计总工程师审查确定。专业主设人对本专业的设计负责,各设计人对本人设计内容负责,做到责任明确到人。

为使本项目设计技术决策更可靠、更迅速,针对本项目的建设特点,联合体组建工程技术咨询专家组,集合具有丰富设计经验的专家,为项目组织提供设计服务的技术支持,并通过定期或不定期安排专家赴现场调研、参与重大技术问题决策以及参与设计成果评审等,使项目技术质量更有保证,以使本项目达到一流技术管理水平。

充分利用联合体成员企业华东院的计算机局域网,采用国际先进的三维CAD建模平台结合自主开发的三维建模系统等计算机高新技术和大型结构计算分析程序、辅助设计CAD软件包来保证设计进度和设计质量。充分利用先进设备与设计软件,从技术上缩短设计工期。

(4) 制定有效的计划管理模式

项目任务明确后,项目经理组织编制项目工作大纲和总体计划。设计项目经理根据项目总体要求编写设计大纲、编报专业计划。对每位设计人员分派任务时,以产品流程卡的形式再具体提出设计要求,以使项目计划分层明确、真正落实。

项目计划执行中,建立多方面、多层次生产检查、信息反馈和快速处理体系。本项目作为华东院重点项目,分管副总经理亲自指导、把关,设计院生产管理职能部门定期检查项目设计工作的进展情况,项目经理深入一线协调督查专业主设人具体落实情况以及计划工程师的专职跟踪情况等,同时建立设计产品和设计用工月报、项目月度简报制度,以保持项目运行始终处于受控状态。对于生产组织、设计技术质量中的问题或问题征兆,项目经理随即主持召开项目协调会,必要时可向公司提交问题特别报告,提请总经理支持解决。

(5) 监理严格的项目考核制度

按本项目有关规定对项目进度、质量(产品质量和服务质量)、安全生产等指标进行考评,相应做出经济奖罚,更重要的是通过项目评审总结,抓住项目管理中的薄弱环节,及时予以改进,保证项目设计力量和设计水平。

5.4 施工图设计管理

茅洲河流域(宝安片区)水环境综合整治项目前期施工图设计管理包括施工图设计计划管理和施工图审查管理两部分。其中,施工图设计计划管理主要是设计内容确定和进度计划安排,施工图审查管理主要完成内部校审、评审和外部审查。

5.4.1 施工图设计内容及进度计划

1. 施工图设计内容

施工图设计包含工程勘察(包括测绘、勘探、物探)、施工图设计、工程施工以及应由项目公司完成的其他工作(业主已委托的工作内容除外);施工图设计具体涉及片区管网雨污分流工程、河道综合整治工程、排涝工程、补水工程中的 26 个子项目。

2. 施工图设计进度计划

根据招标文件的相关要求,项目公司须在 2016 年 6 月 30 日前完成制定工程的施工图设计文件,其余工程的施工图设计文件在 2017 年 6 月 30 日前完成。

按照项目总体实施计划要求、施工进度计划的需求和勘察设计大纲,项目公司编制了勘察设计进度计划,具体如下:

(1)电建生态公司应根据合同工期以及工程进展情况制定年度、月度滚动勘察设计工作计划和科研试验工作计划,报监理人审批。

(2)年度勘察设计工作计划和科研试验工作计划应在每年 11 月 30 日前报监理人审批,月度勘察设计工作计划和科研试验工作计划应于每月 25 日前报监理人审批。

(3)施工图设计阶段总体工作计划按照 2016 年 1 月工程进场、2017 年 12 月 31 日指定工程完工进行安排,充分考虑各专业存在的前后顺序衔接问题。施工图设计大致分三个阶段:第一阶段(深化、细化设计阶段)、第二阶段(各单项工程施工详图设计和现场服务阶段)、第三阶段(工程竣工验收阶段)。

(4)电建生态公司组织开展了勘察设计,并按招标文件要求提交先期施工的施工图,同时全面开展各项工程施工图设计,按工程建设进度计划要求及合同约定的施工图年度供图计划提交施工图,保证在施工单位或分部工程施工前提交施工设计图,保证工程项目的顺利实施。同时提供包括现场的相关设计服务。根据工程施工需要,及时派驻现场设计代表,进行技术交底、设计配合和工程签证验收等。

施工图设计进度安排如表 5-2 所示。

表 5-2　施工图阶段设计进度计划表

序号	项目	提交时间
片区管网雨污分流工程		
1	松岗街道燕川村片区雨污分流管网工程	2016年6月25日
2	松岗街道塘下涌工业区片区雨污分流管网工程	2016年6月25日
3	松岗街道塘下涌村片区雨污分流管网工程	2016年6月25日
4	松岗街道污水管网接驳完善工程	2016年6月25日
5	松岗街道红星、东方片区雨污分流管网工程	2016年6月25日
6	松岗街道楼岗松岗大道以西片区雨污分流管网工程	2016年6月25日
7	沙井街道污水管网接驳完善工程	2016年6月25日
8	沙井街道老城片区雨污分流管网工程	2016年6月25日
9	沙井街道老城南片区雨污分流管网工程	2016年6月25日
10	沙井街道黄埔广深高速以东片区雨污分流管网工程	2016年6月25日
11	沙井街道中心片区雨污分流管网工程	2016年3月25日
12	沙井街道黄埔广深高速以西片区雨污分流管网工程	2016年6月25日
13	松岗街道楼岗、潭头片区雨污分流管网工程	2016年3月25日
14	松岗街道楼岗松岗大道以东片区雨污分流管网工程	2016年6月25日
河道综合整治工程		
15	潭头河综合整治工程	2016年3月29日
16	万丰河综合整治工程	2016年6月29日
17	沙井河截污工程	2016年3月29日
排涝工程		
18	燕罗片区排涝工程	2017年10月12日
19	衙边涌片区内涝整治工程	2017年10月12日
补水工程		
20	珠江口取水补水工程	2016年6月25日
21	松岗水质净化厂再生水补水工程	2016年3月25日
22	沙井污水处理厂再生水补水工程	2016年6月25日
23	茅洲河流域(宝安片区)燕川湿地、潭头河湿地、排涝河湿地工程	2016年6月25日
24	清淤及底泥处理工程	2016年6月25日
25	茅洲河流域干支流沿线综合形象提升工程	2016年6月25日
26	茅洲河流域(宝安区片区)水环境综合整治恢复工程	待定

5.4.2 施工图审查的组织形式

在对茅洲河流域(宝安片区)水环境综合整治项目前期施工图的内部审查阶段,主要由设计项目经理部完成施工图的校审和设计评审工作,内部审查完成后相关设计文件交至项目业主单位,由建设行政主管部门对提交的施工图进行外部审查。

为保证勘察设计工作的按时完成,满足工程建设需要,确保勘察设计质量,保证在技术上通过有关部门组织的施工图技术审查。电建生态公司根据自身特点和以往项目管理经验,在本项目勘察设计工作中采用矩阵式项目管理方式,成立本工程联营体项目部,对整个勘察设计工作统一管理及协调。由项目负责人对项目工作进行分解,根据项目工作分解情况和提交成果进度要求,合理设置分层组织机构,明确职责分工,配备足够的、具有相应专业资格和类似工程经历的技术人员,以及配置足够的、先进的工程所需勘察设计设备。

5.4.3 施工图技术审查的主要内容

1. 内部审查的主要内容

施工图内部审查主要是对项目部已完成的设计成果进行审查,对设计成果进行正式的、系统的评估,以确定成果是否符合设计标准、是否满足设计功能、工程安全、环保移民、运行及客户要求、是否具备实施条件等。通过施工图内部审查,系统分析和识别设计方案中存在的主要问题及风险,并提出改进建议,以达到尽早发现问题、避免对最终产品质量造成影响。

2. 外部审查的主要内容

《建设工程质量管理条例》第十一条规定:建设单位应当将施工图设计文件报县级以上人民政府建设行政主管部门或者其他有关部门审查。电建生态公司将施工图提交给业主,业主将图纸提交给建设主管部门认定的施工图审查机构,按照有关法律、法规,对施工图涉及公共利益、公众安全和工程建设强制性标准的内容进行的审查。市政基础设施工程的规模划分,按照国务院住房和城乡建设主管部门的有关规定执行。施工图审查是政府主管部门对建筑工程勘察设计质量监督管理的重要环节,是基本建设必不可少的程序,电建生态公司严格认真贯彻执行。建设行政主管部门可结合施工图设计文件报审这一环节,加强对该项目勘察设计单位资质和个人的执业资格情况、勘察设计合同及其他涉及勘察设计市场管理等内容的监督管理。施工图设计文件审查机构审查的重点是对施工图设计文件中涉及安全、公众利益和强制性标准、规范的内容进行审查。施工图审查内容主要包括:

(1) 建筑物的稳定性、安全性审查,包括地基基础和主体结构体系是否安全、可靠;

(2) 是否符合消防、节能、环保、抗震、卫生、人防等有关强制性标准、规范;

(3) 施工图是否达到规定的深度要求；

(4) 是否损害公众利益。

在茅洲河流域（宝安片区）水环境综合整治项目施工图外部审查过程中，电建生态公司须向业主单位提供全套施工图、主要的初步设计文件、工程勘测成果报告等资料，以备业主将施工图报建设行政主管部门审查。施工图设计文件中除涉及安全、公众利益和强制性标准、规范的内容外，其他有关设计的经济、技术合理性和设计优化等方面的问题，可以由业主通过设计咨询或专家组评审的途径加以解决。

5.5 水环境整治设计方案

茅洲河流域（宝安片区）水环境整治设计方案严格遵循"标本兼顾、污涝兼顾、集散兼顾、治管兼顾"的原则，以水资源、水安全、水环境、水生态、水文化"五位一体"的理念统领治水工作。水环境整治方案在初始阶段考虑从管网系统改造、湿地工程、污水厂再生水补水和珠江口取水补水等四方面展开。在招标阶段曾考虑珠江口取水补水方案。虽然设计单位提出了设计方案，但经进一步论证，并综合考虑其他方案和可行性，暂未实施该方案。其他补水方案重点研究并采用了利用流域内污水处理厂的再生水进行补水。

实现水质目标是水环境整治的重中之重和中心任务，而鉴于治水任务的特殊性和复杂，各项工作既围绕水质目标实现开展，又要兼顾其他涉水目标和非涉水目标的相关工作，达到以最小的投入，实现治水与治城相结合的多重目标，实现统筹流域治理和统筹区域治理。

5.5.1 管网系统工程设计方案

1. 工程目标及内容

管网系统改造的主要目标是建立完善的污水管网，建成"用户—支管—次干管—主干管—污水厂"完整的污水收集体系，进而根本提高工业区水环境质量。完善污水管网收集系统包括截污工程、接驳工程和片区雨污分流管网工程三大部分。

(1) 截污工程

茅洲河流域内共有一级支流10条，二级支流9条。结合河道整治将沿河排放口漏排污水接入截污管道是保证旱季污水不入河的直接有效的措施之一，在一定的截流倍数下可保证旱季截流率达到90%以上。

(2) 接驳工程

沙井、松岗街道污水管道建设年代不一，有部分管道存在各种各样的问题，为充分发挥现状管网的功能，接驳工程必不可少。接驳工程的主要内容包括排查、检测现有管网,找到现状管网存在的问题;针对现状管网存在的问题进行修复完善。

(3) 片区雨污分流管网工程

片区雨污分流管网工程是治污的根本性措施。雨污分流管网工程内容包括污水支管网建设、雨水系统改造、分流制区域建筑立管改造及部分道路全路面恢复。

2. 污水支管网设计总体方案

经过多次现场调查区域排水系统现状,结合节省投资并最大限度地收集污水的目的,将片区内分成新城区、旧城区、工业厂区三种区块,各区块设计方案如下:

(1) 新城区

该区域主要特点为,建筑分布规整,道路相对宽阔,一般为社区新建住宅区。新村片区注重源头防控,坚持雨污分流制排水体制,结合管线调查及运营情况,从源头防控,主要以系统梳理、纠正错接乱排为重点。同时加强管理,杜绝点源污染直接进入河道。该区域支管网设计方案有以下情况:

①新城区已建设雨污分流制系统,保留现状排水系统,不再进行支管网建设,仅在该区域污水管排放口处核实出口是否纳入已建污水厂污水管网系统,如未纳入,则本次支管网方案新建连通管线,将该部分污水与污水厂管网系统连通。本次支管网方案则考虑连通该部分管段,将厂区污水纳入已建污水管网系统。

②新城区仍为合流制排水系统,且现已有一套排水管道系统的区域,保留现有排水系统为污水系统,废除与现状排水系统相连的雨水口、雨水边沟、建筑排水立管,新建一套雨水管网系统、雨水口收集系统及建筑屋面排水立管系统,实现该区域雨污分流排放。

③新城区仍为合流制排水系统,现已有一套以排水渠道系统为主要排水方式的区域,则沿主要巷道新增污水管和雨水管,废除与现状排水系统相连的雨水口、雨水边沟、建筑屋面雨水立管,新建一套雨水管网系统、雨水口收集系统及建筑屋面排水立管系统,同时新建一套污水收集管网系统,沿支巷道敷设化粪池连接管和建筑污水散排点连接管,实现该区域雨污分流排放,使居民的生活卫生环境得以提升。

新城区污水管网改造示意图如图 5-4 所示。

(2) 旧城区

该区域主要特点为建筑分布杂乱、密集,道路狭窄,人口相对集中区域,大多巷道宽度 2 m 左右,铺设管线对周边的建筑基础影响较大,工程实施难度大,无条件实行雨污分流制,一般采用保留现有合流制排水系统,对有条件区域,现状排水系统管径偏小的情况,则新建一条合流制管线。在合流管出口处设置污水截流井,保证旧城区旱季污水全部收集进入污水系统,进入污水处理厂处理。旧城区可结合旧城改造等工程,逐步建设雨污两套排水系统,实现分流制排水。旧城区外围污水管网改造示意图如图 5-5 所示。

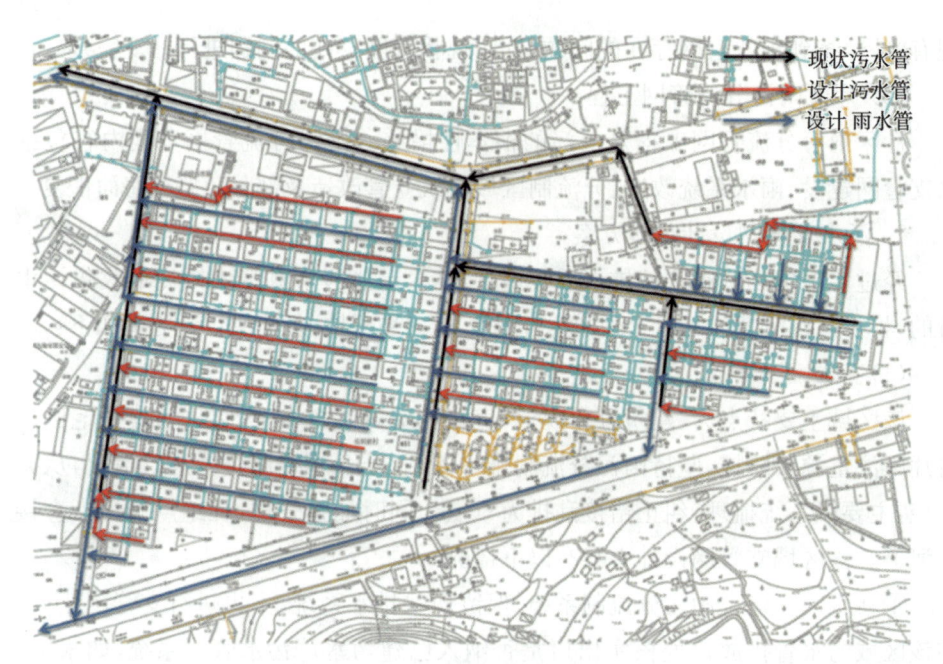

图5-4 新城区域污水管网改造示意图

图5-5 旧城区外围新建合流制排水系统

(3) 工业厂区

该区域特点为较为密集的工业区，多为1～2层的工业厂房，且多为村内开办或租赁的企业，排水系统多为村里或厂区自建，基本为雨污合流制排水系统。由于工厂众多，工厂种类、生产产品、生产工艺等均较为繁杂，且在工厂内部管线的施工阶段，对工厂的正常生产存在较大的影响，协调工作十分困难。因此，本次支管网工程对密集工业厂区区域，采用新建污水管网系统，将污水管网铺设至各个厂区的周边，厂区内部的污水管网改造则需由各厂区自行接入周边已建污水管道，并建议由政府职能部门负责监督其实施及达标验收。同时由于厂区对雨水采用边沟排放，部分边沟破损严重或排水能力不满足新的排水规范要求，对此部分工厂区再增加一套雨水管道。

应严控工业区内的污水排放问题，针对部分工厂直接偷排、漏排的现状，应联合水务执法单位、环保单位督促相关工厂单独处理各自工业污水，坚决杜绝污水直接排入河道。对于本次设计，应考虑所有工厂的污废水，无论厂内是否处理，应全部接入设计污水管道，最终汇入污水处理厂处理达标后排放。工业厂区污水系统改造示意图如图5-6所示。

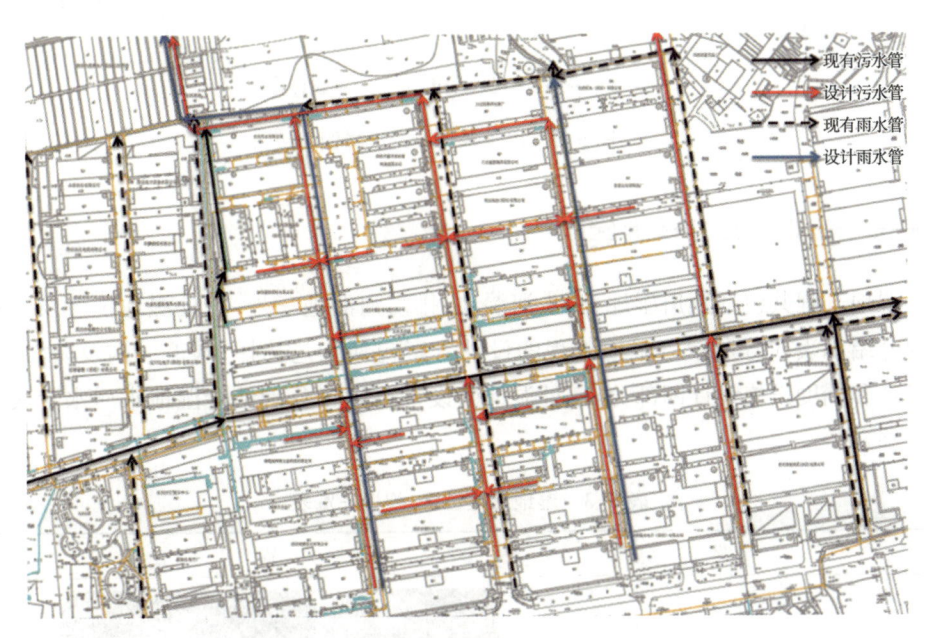

图5-6 工业厂区完善周边污水系统示意图

(4) 居住区建筑单体合流立管改造思路

①合流立管改造

原建筑合流管改造用作污水管，并增设伸顶通气帽及立管检查口，将屋面雨水单独接出，就近排入附近检查井或者雨水口内。

②雨水立管入地改造

将接入化粪池的雨水立管进行改造，在入地以下将雨水立管截断，就近排入附近雨水检查井或者雨水口内。

③雨水立管散排改入地

原雨水立管直接散排地面，对周边有雨水检查井的，将雨水立管改造入地。立管改造思路图详见图5-7。

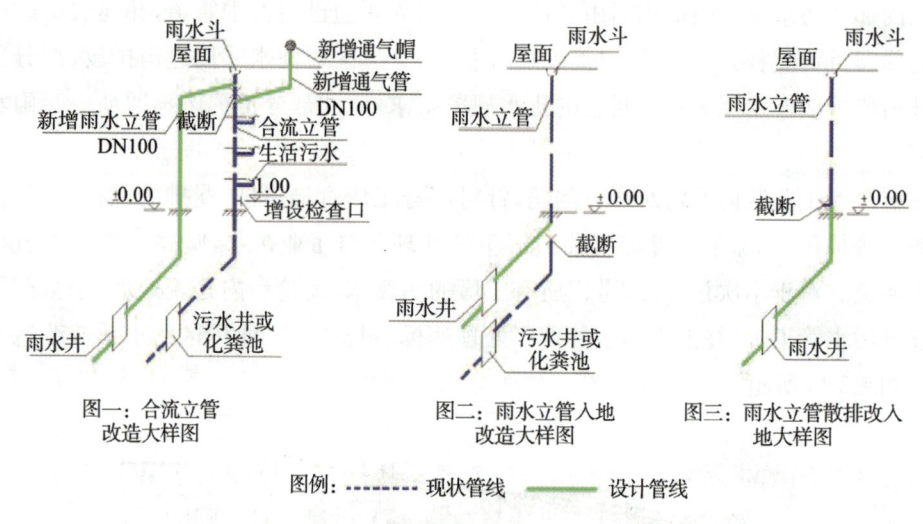

图一：合流立管改造大样图
图二：雨水立管入地改造大样图
图三：雨水立管散排改入地大样图

图例：------ 现状管线 ──── 设计管线

图 5-7　建筑单体改造大样图

5.5.2　湿地工程设计方案

湿地工程共包括燕川湿地、潭头河湿地、排涝河湿地三处，三处湿地位置及基本情况介绍如表5-3所示。湿地工程的设计方案包括工艺选择、湿地结构及防渗、植物设计和辅助设施设计四部分，三处湿地的设计方案将分别结合湿地水质水量实际情况确定。

表 5-3　湿地工程位置、规模一览表

名称	介绍	位置
燕川湿地	地点：松岗水质净化厂北侧，燕山排涝泵站西侧，洋涌桥大闸上游 现状用地：河道内滩地 规划用地：绿地 工程用地规模：9.5 hm² 工程处理速度：2.1万 t/d	（洋涌河、松岗水质净化、燕川湿地位置示意图）

续表

名称	介绍	位置
潭头河湿地	地点:潭头河规划宝潭公园南 现状用地:绿地,局部临时建筑、足球场 规划用地:绿地 工程用地规模:11.5 hm² 工程处理速度:5.9 万 t/d	
排涝河湿地	地点:沙井西环路西侧,沙井北环路北侧,松福大道东侧 现状用地:绿地 规划用地:绿地 工程用地规模:3.5 hm² 工程处理速度:0.8 万 t/d	

1. 燕川湿地工程

(1) 水质水量

根据相关资料,至 2017 年,龟岭东上游枯水期径流 0.22 万 m³/d,漏排污水量 640 m³/d。老虎坑上游枯水期径流 0.29 万 m³/d,漏排污水量 340 m³/d。两条河总计补水 1.5 万 m³/d。三部分水量共计 2.01 万 m³/d。

根据上游径流(面源污染:COD 82.6 mg/L,NH_3-N 5.4 mg/L,BOD 10 mg/L)、污水漏排量(污水处理厂设计进水水质:COD 280 mg/L,NH_3-N 30 mg/L,BOD 130 mg/L)及再生水补水量(地表Ⅳ类水标准),燕川湿地的进出水水质详见表 5-4。

表 5-4 燕川湿地设计进出水水质表 (mg/L)

水质	COD_{Cr}	NH_3-N	BOD_5
计算进水水质	54.45	3.78	15.56
设计进水水质	60.00	4.00	20.00
设计出水指标	40.00	2.00	10.00
去除率(%)	33.33	50.00	50.00

(2) 工艺选择

①号地块位于茅洲河南侧,②号地块位于茅洲河北侧,均采用塘表组合工艺,工艺如下:②号地块充当调节前池,汇集来自两条支流的进水,同时,设置泵池,将水提升后通过压力管进入①号地块,①号地块从东至西依次设置兼性塘—生态氧化池—

表流湿地。

①兼性塘表面覆盖浮动湿地，下挂悬浮填料，从底部进水，其功能类似于水解池，用于提高湿地进水 B/C 比，强化进水的可降解特性。

②生态氧化池表面覆盖浮动湿地，下挂悬浮填料，底部采用穿孔曝气，其功能类似于生物接触氧化池，用于降解有机物和氨氮。

③最后出水进入表面流湿地，进行沉淀、去除 SS，并进一步通过湿地植物降解氮、磷。

(3) 工程设计方案

①总平面布置

现状①号地块为河道两侧大截排箱涵与堤岸之间的绿化场地，②号地块位于燕山排涝泵站，老虎坑水在北岸汇入茅洲河干流，北岸规划为调蓄池，周边分布有人口密集的居住小区、城中村、学校、工厂与污水处理厂，可通过打造湿地，进一步提升老虎坑水与茅洲河干流水质。

总平面布置充分考虑布局合理，水流顺畅，布局紧凑，尽量减少占地，功能分区明确。该方案采用人工湿地和塘系统结合的核心处理工艺，主要采用兼性塘、生态氧化池、表面流湿地。平面布置图如图 5-8 所示。

②单元工艺介绍

a. 提升泵池

从茅洲河提升 2.1 万 m^3/d 河水至①号地块湿地。采用钢筋混凝土结构。

b. 兼性塘

兼性塘兼有厌氧塘和好氧塘的特点，对有机物和氮、磷等均有良好的去除效果。兼性塘包括好氧层、厌氧层及兼性层，通过稀释、沉淀和絮凝、好氧与厌氧生物的代谢作用、浮游生物摄食和吞噬作用等过程对水体进行净化。在兼性塘的上层，分散性的和溶解性的有机物被好氧菌降解；在底层，进水中不溶性的沉积物质被厌氧菌降解。兼性塘的供氧一方面借助于水表面的复氧，另一方面主要是依靠藻的光合作用，当有充足的阳光和营养时，藻类就会大量繁殖，第三方面借助表面覆盖的浮动湿地植物根系，形成微好氧环境。细菌依靠氧气生长，并降解进水中的有机物质。在塘系统中，可以发现藻和细菌的共生现象。因为光合作用取决于日照程度，随着白天和黑夜、季节和天气条件的变化，水中溶解氧含量发生变化。白天好氧层厚，晚上好氧层薄。兼性塘的这种特殊条件对硝化和反硝化是非常有利的。

c. 生态氧化池

生态氧化池是生物接触氧化与生态治理有机结合的治理的新工艺，小单元由浮动湿地、弹性填料，配重块等组成，配合软管曝气进行充氧，主要目的是为好氧微生物提供停驻、生存场所，通过生态填料表面微生物的好氧分解作用高效去除水中污

第5章 项目设计管理

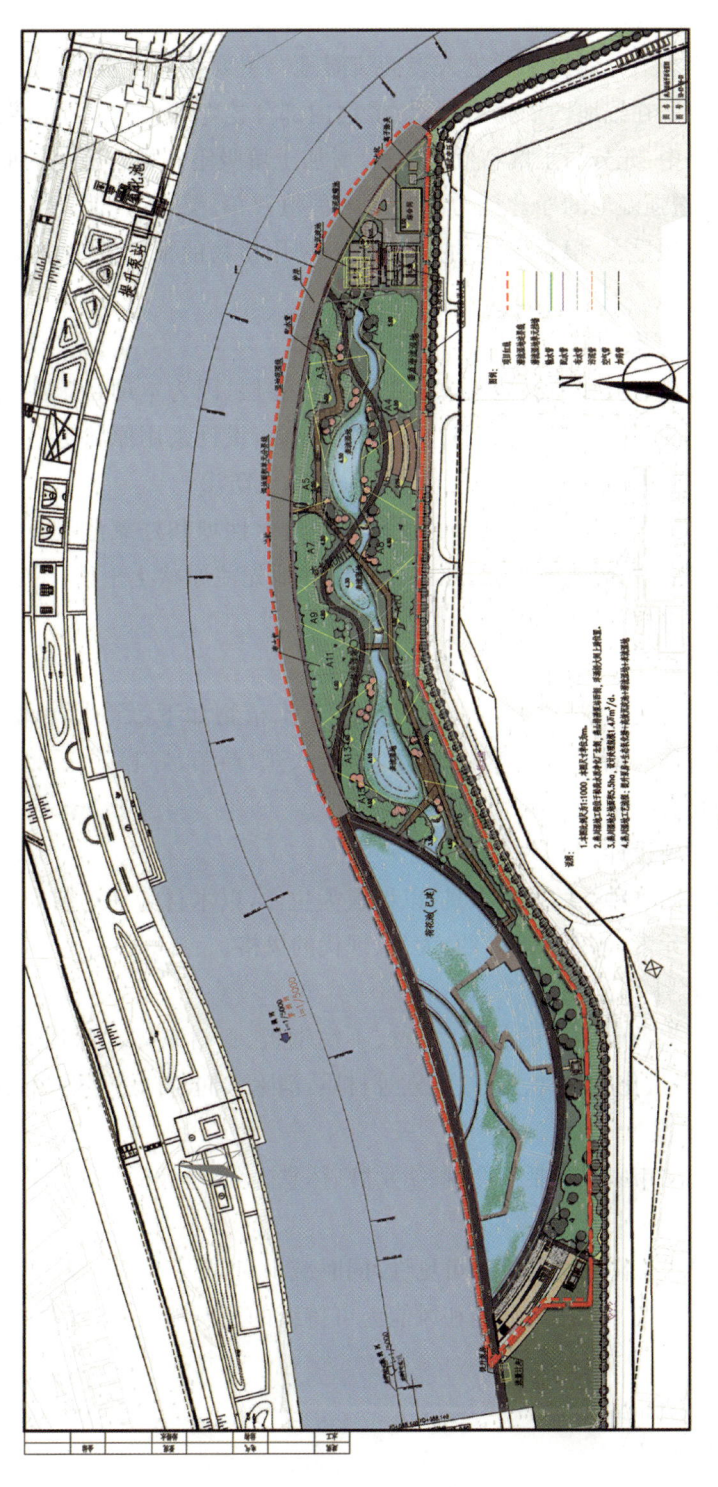

图 5-8 茅洲河燕川湿地平面布置图

121

染物。氧化池表面种植水生植物,利用植物吸收水中的氮、磷污染物。

d. 表面流湿地

出水从生态氧化池出来后进入表面流湿地。主要依靠土壤吸附和植物吸收对水体进行净化。在湿地四周建造围堤,湿地内部开挖弯弯曲曲的小沟渠,使水在蜿蜒流淌的过程中,充分与土壤和植物接触,增加土壤吸附和植物吸收的面积,延长水力停留时间,增强湿地的净化能力。湿地中种植芦苇、茭白、香蒲、美人蕉、鸢尾、再力花等植株生物量大、根系发达的挺水植物,利用植物的根区效应和吸收能力净化污染物。

③湿地结构及防渗

工程前段兼氧塘和好氧池考虑人工铺设防渗层,因为本项目湿地面积大,如采用大面积浇注混凝土,底板容易发生不均匀沉降。设计采用原状土平整,然后铺设 40 cm 黏土、600 g/m² GCL 膨润土毯和 30 cm 黏土防渗。

由于表面流人工湿地面积较大,且尾水经过兼性塘和好氧池曝气处理后,水质明显改善,对地下水影响较小,因此在表面流湿地先使原状土平整,然后铺设 40 cm 黏土和 30 cm 种植土。

④植物设计

根据实际情况,主要选择的湿生及水生草本植物如下:芦竹、旱伞草、茭白、薏苡、纸莎草、香蒲、菖蒲、水葱、姜花、再力花、美人蕉、芦苇、灯芯草、千屈菜等;主要选择的沉水植物有苦草、菹草。

⑤辅助设施设计

本方案采用多种类的城市家具,以钢板为主体,以木材为辅助装饰,以直线和折线为主要设计元素,体现深圳简约、大气、现代的风格。

a. 防护栏杆

设计采用多种原生态的材质:木材、不锈钢板、石材来体现深圳简约自然的美感;栏杆采用轻量化的木材、钢材、绳索等材质,消除人们与自然环境之间的隔离感。

b. 城市家具

本方案的城市家具包括简介牌、指示牌、休息坐凳、垃圾桶等。

c. 照明设计

灯光设计以保障安全与提高可见性,同时减少对周围环境的破坏,尊重自然、减少人为干预为原则。采用太阳能和风能为可持续的照明能源,体现湿地低碳环保的设计理念。

2. 潭头河湿地工程

(1) 水质水量

根据相关资料,至 2017 年,潭头河上游枯水期径流 0.38 万 m³/d,漏排污水量

0.52万 m³/d,再生水补水量 5 万 m³/d,水量共计 5.90 万 m³/d。

根据上游径流(面源污染:COD 82.6 mg/L,NH₃-N 5.4 mg/L,BOD 10 mg/L)、污水漏排量(污水处理厂设计进水水质:COD 280 mg/L,NH₃-N 30 mg/L,BOD 130 mg/L)及再生水补水量(地表Ⅳ类水标准),潭头河湿地的进出水水质详见表 5-5。

表 5-5　潭头河湿地设计进出水水质表　　　　　　　　　　(mg/L)

水质	COD$_{Cr}$	NH$_3$-N	BOD$_5$
计算进水水质	55.22	4.24	20.50
设计进水水质	60.00	4.50	25.00
设计出水指标	40.00	2.00	10.00
去除率(%)	33.33	55.56	60.00

(2)工艺选择

潭头河湿地位于茅洲河南侧,采用塘表组合工艺,工艺如下:来水通过导流管,导入湿地东侧,在东侧设置泵池,将水提升,之后水通过压力管,从东至西依次进入兼性塘—生态氧化池—表流湿地。

①兼性塘表面覆盖浮动湿地,下挂悬浮填料,从底部进水,其功能类似于水解池,用于提高湿地进水 B/C 比,强化进水的可降解特性。

②氧化池表面覆盖浮动湿地,下挂悬浮填料,底部采用穿孔曝气,其功能类似于生物接触氧化池,用于降解有机物和氨氮。

③最后出水进入表面流湿地,进行沉淀、去除 SS,并进一步通过湿地植物降解氮、磷。

(3)工程设计方案

本景观设计方案采用了生态处理措施实现河道和流域"水清、岸绿、景美"。该湿地公园分为几个主要功能片区,分别是生态兼氧塘观赏区、生态曝气塘科普区、生态湿地游乐区。潭头河湿地景观平面图如图 5-9 所示。

通过展示水系流经不同区域时水质的不同类别,科普宣传植物的净化能力,号召民众保护环境,关爱自然。其他设计方案同燕川湿地。

3. 排涝河湿地工程

(1)水质水量

排涝河属于茅洲河一级支流,上游二级支流新桥河、上寮河和万丰河经岗头调节池汇入排涝河。排涝河湿地工程位于排涝河上游,处理排涝河上游部分来水。根据相关资料,至 2017 年,排涝河枯水期径流 3.4 万 m³/d,污水漏排量 795.68 m³/d,再生水补水量 8 万 m³/d。排涝河上游新桥河污水漏排量 2 864.3 m³/d,再生水补水

图 5-9 潭头河景观平面图

量 8.1 万 m³/d;上寮河污水漏排量 3 237.49 m³/d,再生水补水量 8 万 m³/d;万丰河污水漏排量 7 469.07 m³/d,再生水补水量 5 万 m³/d。排涝河上游来水量总计 33.94 万 m³/d。综合考虑用地和后续工艺,设计进水水量为 8 000 m³/d。

根据上游径流(面源污染:COD 82.6 mg/L,NH₃-N 5.4 mg/L,BOD 10 mg/L)、污水漏排量(污水处理厂设计进水水质:COD 280 mg/L,NH₃-N 30 mg/L,BOD 130 mg/L)及再生水补水量(地表Ⅳ类水标准),茅洲河排涝河湿地的进出水水质详见表 5-6。

表 5-6　排涝河湿地设计进出水水质表　　　(mg/L)

水质	COD$_{Cr}$	NH$_3$-N	BOD$_5$
计算进水水质	45.85	3.10	15.08
设计进水水质	50.00	3.50	20.00
设计出水指标	40.00	2.00	10.00
去除率(%)	20.00	42.86	50.00

(2)工艺选择

排涝河湿地位于茅洲河南侧,采用塘表组合工艺,工艺如下:来水通过导流管,导入湿地东侧,在东侧设置泵池,将水提升,之后水通过压力管,从东至西依次进入兼性塘—生态氧化池—表流湿地。

①兼性塘表面覆盖浮动湿地,下挂悬浮填料,从底部进水,其功能类似于水解池,用于提高湿地进水 B/C 比,强化进水的可降解特性。

②生态氧化池表面覆盖浮动湿地,下挂悬浮填料,底部采用穿孔曝气,其功能类似于生物接触氧化池,用于降解有机物和氨氮。

③最后出水进入表面流湿地,进行沉淀、去除 SS,并进一步通过湿地植物降解氮、磷。

(3)工程设计方案

用地现状存在"东部局促,西部宽裕""北部高压与高架走廊压迫"的特点,因此在景观设计上将人的活动组织更多地控制在西南部,东北部人流量小,布置提升泵房及兼氧池,以绿化带进行分隔,河流沿线有游线可以进入进行水质观察。

主入口位置位于氧化塘处,周边居民具有很好的可达性,为公园最为开敞热闹的空间,并结合景观曝气产生的涌泉、喷泉景象,营造热烈欢快的景观氛围;经过较为幽静密闭的林下栈道及表流湿地后进入排涝河水质最好的湖区开敞空间,水位安全、水质清澈、水草丰满、鱼虾成群,为儿童提供亲水捕捞场所。游线及必要休憩空间的组织串联,使民众能观察到排涝河水由浊变清,由死变活的全过程,寓教于乐。其他设计方案同燕川湿地。

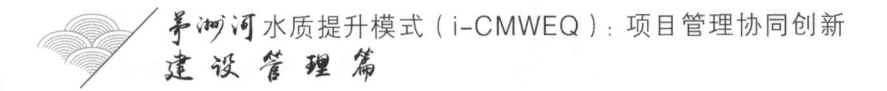

5.5.3 污水厂再生水补水工程设计方案

茅洲河项目补水工程实施包括综合治理和全面消黑两阶段。

根据《深圳市全面消除黑臭水体攻坚实施方案(2018—2019年)》深圳市要求于2019年全面消除城市黑臭水体。其中茅洲河流域宝安片区共涉及黑臭小微水体245条(全部由中国电建实施治理),光明片区共涉及黑臭小微水体148条(其中,中国电建实施治理108条)。经茅洲河全面消黑项目整治已全面消除黑臭。全面消黑项目进行全面雨污分流整治后,部分小微水体旱季处于无水状态,水动力条件不足以及水循环不畅等导致水质恶化。为进一步提高小微水体流动性,项目增加补水措施,避免水体因静止而引发的各种问题。在茅洲河全面消黑项目中,中国电建共增加实施小微水体补水点位146个,其中,宝安松岗片区增加补水点32个,沙井片区增加补水点92个,光明片区共增加小微水体补水点位22个,光明区有两座水质净化厂,光明水质净化厂出水为光明区13条支流及部分小微水体提供25万 m^3/d 的生态补水,公明水质净化厂出水亦用于相关支流生态补水。通过补水加大小微水体的水环境容量及自净能力,有助于维持水体的生态平衡,进一步改善水环境提升城市环境的生态品质,为居民提供更加宜居的生活环境。

本部分重点介绍沙井污水处理厂再生水补水管网工程和松岗水质净化厂补水管网工程。

1. 沙井污水处理厂再生水补水管网工程

沙井污水处理厂补水管网工程共有补水点11处,分别为道生围涌补水点、共和涌补水点、衙边涌补水点、排涝河补水点、沙井河补水点、东方七支渠补水点、潭头渠补水点、潭头河补水点、新桥河补水点、上寮河补水点和万丰河补水点。沙井污水处理厂再生水补水管网工程布置图如图5-10所示。

本次补水管道起点为沙井污水处理厂补水泵房,出厂后沿锦程路向北至北环路,沿北环路向东布置,一直到岗头调节池位置,管道管径为DN2400,管道长度为4.1 km。

在岗头调节池位置分两个系统,一个向北(北系统),负责东方七支渠补水点、潭头渠补水点、潭头河补水点;一个向南(南系统),负责新桥河补水点、万丰河补水点、上寮河补水点。

(1) 道生围涌、共和涌、衙边涌系统

该系统分布在干管两侧。道生围涌和共和涌系统,管道在西环路与北环路交会处,从干管上分出一根管道沿西环路向北,补水至道生围涌和共和涌,管道管径为DN500~DN800,管道总长度为2.0 km。

在西环路与北帝堂一路交会处,从干管上分出一根管道,沿北帝堂一路向南敷

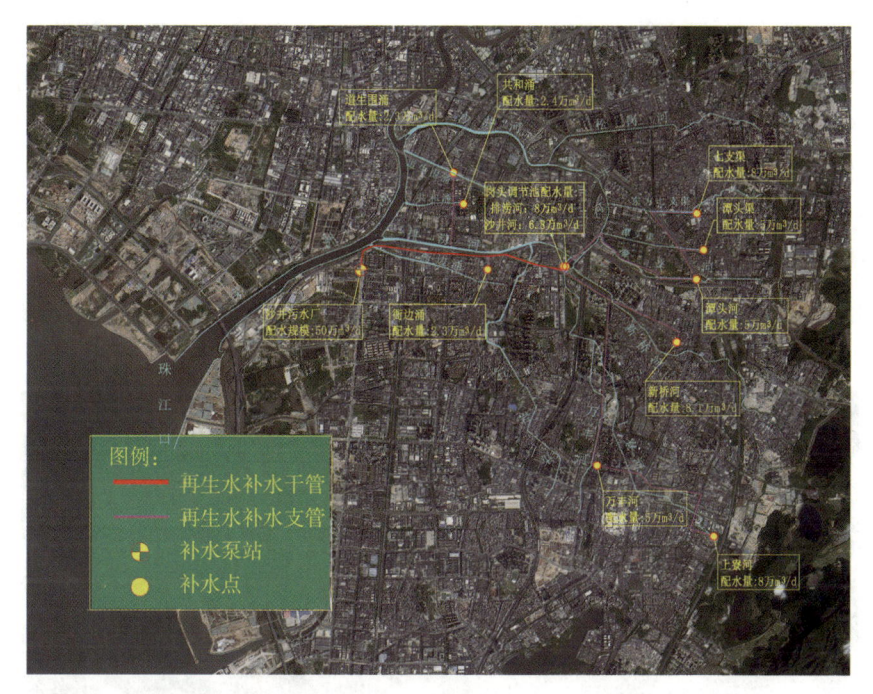

图 5-10　沙井污水处理厂再生水补水管网

设一条管道到衙边涌补水点,管道管径为 DN600,管道长度为 0.5 km。

(2) 北系统

北系统补水点包括东方七支渠补水点、潭头河补水点、潭头渠补水点。

该系统管道先沿沙井河向北敷设,到潭头河向东北拐,沿潭头河向东,到潭头河补水点,管道管径为 DN1000,长度为 1.0 km。

过潭头河补水点,沿 G15(沈海高速)辅道向北敷设管道,管径为 DN800,长度 0.6 km,然后分一根管道沿西路向南敷设一条管道到潭头渠补水点,管道管径为 DN500,长度为 0.6 km。

管道继续沿 G15 辅道向北敷设,到松裕路向东拐,沿松岗东路向东敷设,一直到东方七支渠补水点,管道管径为 DN600,长度为 1.8 km。

(3) 南系统

南系统补水点包括新桥河补水点、万丰河补水点、上寮河补水点。

管道沿北环路向东敷设,到中心路与北环路交叉路口,管道管径为 DN1800,长度为 1.0 km,管道继续沿北环路敷设,到洋仔二路与北环路交叉路口向南拐,沿洋仔二路向南敷设至新桥河补水点,管道管径为 DN1200,管道长度为 1.8 km。

北环路与中心路交叉路口的另一条管道从交叉路口开始沿中心路向南敷设,管道管径为 DN1400,管道长度为 3.0 km,管道沿中心路一直向南,直到上星南路,向东拐,沿上星南路向东敷设,到万丰河补水点,管道管径为 DN1400,长度为 0.2 km。

管道继续沿上星南路向东敷设,先穿越G107国道,再穿过上寮河,到黄埔路,沿黄埔路向东敷设,到东环路向南,直到上寮河右岸旁边的一条支路,沿支路向东一直到上寮河补水点,该段管道管径为DN1200,管道长度为2.6 km。

(4) 本补水工程采用开槽埋设管道,高程设计控制管道覆土为1.5~2.0 m,顶管施工保证管道覆土3 m以上。

2. 松岗水质净化厂补水管网工程

松岗水质净化厂补水管网工程布置、各管段的管径大小与施工工艺如图5-11所示。

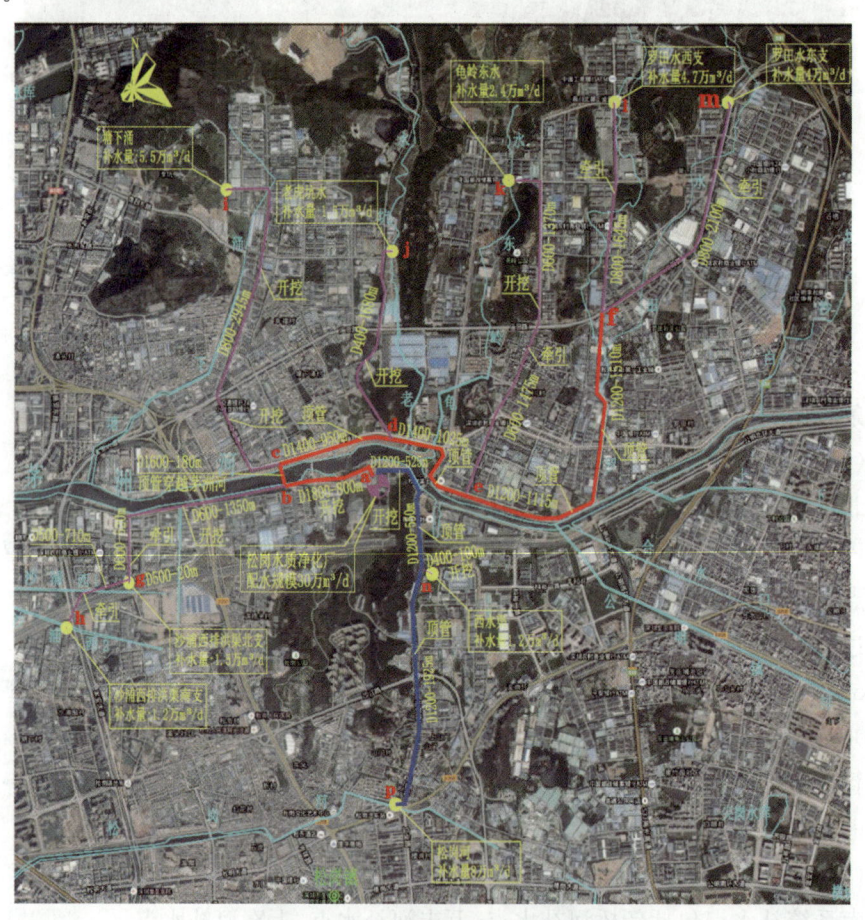

图 5-11 松岗水质净化厂补水管网

(1) 补水北线干管

补水北线干管走向如图5-11中红色线所示,即系统点位走向a—b—c—d—e—f。

a—b段:DN1800管道承接再生水泵站北线出水,敷设于茅洲河南岸道路下,采取开挖施工。管道长度800 m,管材选用球墨铸铁管(K9级)。

bc 段：DN1600 管道倒虹穿越茅洲河干流，采取顶管施工。管道长度 180 m，管材选用球墨铸铁管（顶管）。

c—d 段：DN1400 管道敷设于茅洲河北岸洋涌路下，采取顶管施工。管道长度 950 m，管材选用球墨铸铁管（顶管）。

d—e 段：DN1400 管道敷设于茅洲河北岸洋涌路下，采取顶管施工。管道长度 1 025 m，管材选用球墨铸铁管（顶管）。

e—f 段：DN1200 管道先后敷设于洋涌路下、罗田水河道西侧岸边与朝阳路下，全线采取顶管施工。管道长度 2 625 m，管材选用球墨铸铁管（顶管）。

(2) 补水南线干管

补水南线干管走向如图 5-11 中蓝色线所示，即系统点位走向 a—n—p。

a—n 段：DN1200 管道承接再生水泵站南线出水，管道先由山体北侧沿路绕行至山体东侧松罗路，开挖施工，管道长度 525 m，管材选用球墨铸铁管（K9 级）；后沿松罗路东侧行车道下敷设，顶管施工，管道长度 550 m，管材选用球墨铸铁管（顶管）。

n—p 段：DN1200 管道敷设于松罗路东侧车行道下，终点 p 为松岗河补水点，全线顶管施工，管道长度 1 925 m，管材选用球墨铸铁管（顶管）。

(3) 补水支管工程布置

补水支管走向如图 5-11 中品红色线所示，分别向 7 条河（涌、渠）补水。

①沙浦西排洪渠

沙浦西排洪渠设有 2 个补水点，补水支管分北支（b—g 段）与南支（g—h 段）。

b—g 段：DN600 管道先沿茅洲河南岸道路敷设，开挖施工，管道长度 1 350 m，管材选用球墨铸铁管（K9 级）；后沿洋涌工业路敷设，采取牵引施工，管道长度 520 m，管材选用 PE 管。

g—h 段：DN500 管道先沿沙浦西排洪渠北侧小路敷设，后穿越宝安大道与松福大道交叉路口，至交叉口西南角，全线采取牵引施工。管道长度 710 m，管材选用 PE 管。

②塘下涌

c—i 段：DN800 管道先后敷设于洋涌路、塘下涌工业大道、松塘路行车道下，采取开挖施工，管道长 2 945 m，选用球墨铸铁管（K9 级）；其中穿越广田路管道采用牵引施工，管材选 PE 管。

③老虎坑水

d—j 段：DN400 管道敷设于白泉路下，采取开挖施工，管道长度 1 680 m，管材选用球墨铸铁管（K9 级）；其中穿越广田路管道采用牵引施工，管材选用 PE 管。

④龟岭东水

d—j 段：DN600 管道首先敷设于朗西路下，采取牵引施工，管道长度 1 475 m，管材选用PE管;穿越广田路管道采用牵引施工,管材选用PE管;DN600管道穿越广田路后改为开挖施工,敷设于红湖路与燕朝路下,管道长度1 370 m,管材选用球墨铸铁管(K9级)。

⑤罗田水

罗田水设有2个补水点,补水支管分西支(f—l段)与东支(f—m段)。

f—l段:DN800管道敷设于朝阳路下,采取牵引施工,管道长度1 645 m,管材选用PE管;穿越广田路管道采用牵引施工,管材选用PE管。

f—m段:DN800管道敷设于广田路中央隔离带,采取牵引施工,管道长度2 100 m,管材选用PE管;穿越广田路管道采用牵引施工,管材选用PE管。

⑥西水渠

西水渠补水支管由南线干管松罗路段接出,就近接入西水渠北端起点(n点),开挖施工,管径DN400,管道长度100 m,管材选用球墨铸铁管(K9级)。

⑦松岗河

补水点位于南线干管终点。

5.6 清淤和污染底泥处置工程管理

5.6.1 清淤必要性

河道底泥是各种来源的营养物质经一系列物理、化学及生化作用,沉积于河底,形成疏松状、富含有机质和营养盐的灰黑色底泥。污染物通过大气沉降、废水排放、雨水淋溶与冲刷进入水体,最后沉积到底泥中并逐渐富集,使底泥受到严重污染。污染底泥具有含水量高,黏土颗粒含量多,强度低,成分复杂且具有明显的层序结构,有明显臭味,产生多种危害。

(1)底泥有机有害物体多,造成河道"黑臭"

由于很多生活污水直接排入河涌,底泥中有机质较多,有害物质也多,在河道中极易引起水质污染,导致河道发黑发臭。

(2)加重水体缺氧,造成鱼类等生物无法生存

由于污染底泥中含有大量的有机质,夏秋高温季节,有机质在细菌的作用下,氧化分解,不断消耗水体中溶氧,往往使河道下层水体中本来就不多的溶氧消耗殆尽,造成缺氧状态。在缺氧状态下,厌氧菌大量繁殖,发酵分解有机质,产生对鱼类有害的氨、硫化氢、有机酸等物质,这些物质又强烈亲氧,使河水负"氧债"。夜间上下层池水对流交换,而引起整个河道水体溶氧不足,导致鱼缺氧浮头,若遇连绵阴雨、闷热低气压天气,雷阵雨或北风突起等不良气候,则缺氧更为严重,造成鱼类无法生存。

(3) 外源污染得到有效控制后,底泥仍会持续污染水体

茅洲河流域(宝安片区)干支流外源污染得到有效控制后,污染底泥作为内源污染,若持续存在,会再次污染水体,影响水体质量好转,影响水体考核达标。

(4) 底泥侵占行洪断面,降低防洪能力

根据现场踏勘情况,宝安区境内茅洲河流域淤积严重,特别是支流暗渠河段,侵占了行洪断面,造成防洪标准下降。例如在塘下涌—新民排洪渠段茅洲河界河清淤前,茅洲河界河防洪标准较低,只有5年一遇的防洪标准,在2010年8月份完成塘下涌—新民排洪渠段茅洲河界河清淤后,水面线有很大程度的下降。因此,清淤对提高防洪能力有重要作用。

综合以上因素,对河道进行清淤是必要的,也是本次水环境治理的重要措施之一。

5.6.2 总体技术路线和设计原则

1. 总体技术路线

总体技术路线如图5-12所示。

2. 设计原则

(1) 清淤的原则

河段行洪断面底部标高达到设计河底标高;满足河道水环境要求;暗渠清淤至硬底标高。

(2) 环保清淤的原则

清淤过程中,不给周围环境造成影响是清淤过程的一项重要要求,所以必须做好清淤过程中的保洁工作和底泥运输过程中的防渗防漏工作,做到文明清淤,不影响沿岸居民的生活。

(3) 污染底泥"四化"原则

清淤原则为:减量化、无害化、稳定化、资源化。

5.6.3 清淤方案

1. 河道清淤量

(1) 河道防洪清淤量

茅洲河流域干、支流综合整治工程中已考虑了清淤工程,因此,本设计方案中河道防洪清淤底泥处理量均采用各河道清淤工程量的数据。罗田水、龟岭东水、老虎坑水、塘下涌、沙浦西排洪渠、共和涌、松岗河(含楼岗河)、东方七支渠、潭头渠、新桥河和界河(深圳侧)均已获深圳市发展和改革委员会批复,道生围涌、衙边涌、石岩渠、潭头河、万丰河均已完成可行性研究报告编制。河道防洪清淤量汇总见表5-7。

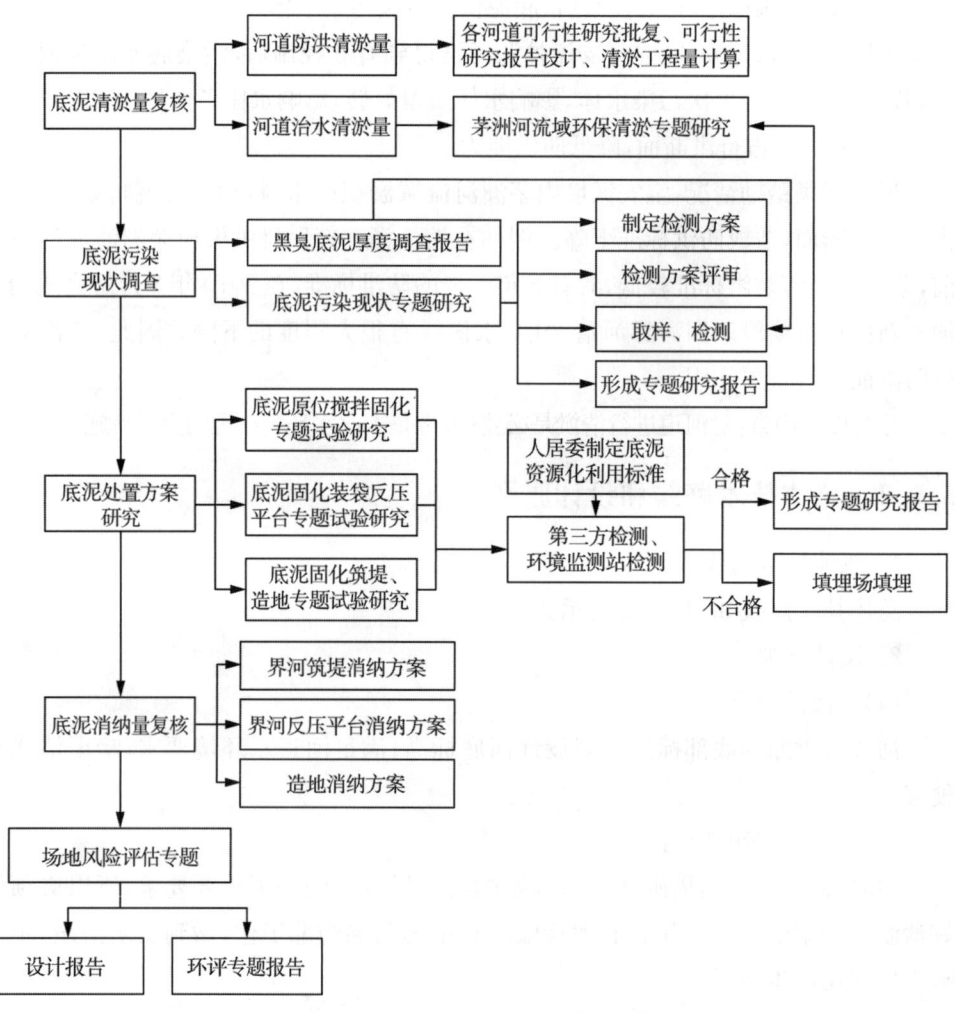

图 5-12 总体技术路线图

表 5-7 河道防洪清淤工程量汇总表

序号	河道名称	工程量(万 m³)	备注
1	界河(深圳侧)	10.13	淤积严重
2	万丰河	1.28	淤积情况较轻
3	罗田水	2.38	上游部分河段和下游河段淤积情况较轻,主要淤积物为泥沙、水草等
4	龟岭东水	1.75	河道淤积情况较轻,只有个别处有泥土、垃圾淤积
5	老虎坑水	1.70	塘下涌大道上游河段有少量泥沙及水草淤积
6	塘下涌	0.96	淤积严重,淤积物大多为底泥
7	沙浦西排洪渠	1.24	淤积情况较轻
8	道生围涌	0.42	淤积情况较轻
9	共和涌	0.96	淤积情况较轻

续表

序号	河道名称	工程量（万 m³）	备注
10	衙边涌	1.75	淤积严重,淤积物大多为底泥
11	潭头河	2.69	淤积情况较轻
12	潭头渠	0.46	淤积情况较轻
13	东方七支渠	0.64	河道水面上基本无淤积
14	松岗河（含楼岗河）	5.99	河道淤积较严重,淤积物多为底泥
15	新桥河	9.23	中下游为感潮河段,部分河段淤积严重,淤积物包括水草、底泥
16	石岩渠	0.67	淤积情况较轻
	合计	42.25	

(2) 河道治水清淤量

茅洲河流域底泥量大,污染物严重且污染源较为复杂,须对环保清淤量进行进一步确认和计算,本设计方案根据地勘钻孔初步结果（河道淤积污染底泥平均深度约 1 m）,治水清淤厚度暂取 1 m,茅洲河干流和沙井河支流河道治水清淤量合计 427.74 万 m³。

因此,初步拟定清淤工程量合计 470 万 m³。清淤工程实施过程中,根据各项措施实施进展,结合现场情况,动态监测水体变化和评估治理效果,动态优化清淤设计,实际最终清淤约 360 万 m³。

2. 清淤和运输方案

(1) 清淤

根据现场踏勘情况,部分河道中存在生活垃圾、杂物、杂草等异物,由于疏浚底泥要资源化利用,在疏浚前,应对河道杂物进行清除。且底泥进入搅拌机前应筛除底泥中的大块石。为尽量降低固化物的含水率,疏浚时应尽量保持底泥现有含水率不变。

河道清淤采用综合方法,以机械清淤（挖泥船、水上挖掘机、水陆两用搅吸泵、移动式吸泥泵等）为主,人工清淤为辅。

(2) 淤泥运输

由于河道附近均为城区,为了减少二次污染,对通航河道采用泥驳运输,自航式泥驳具有设备简单、吃水浅、载货量大的特点,可航行于狭窄水道和浅水航道,并且可与多种疏浚方式配合,是底泥水上输送的主要方式。

对不通航的河段主要采用输泥管输送,该施工方法对周边环境影响小、施工效率高,对距离较远的区域可以采用加压泵接力的方式,根据工程大小、料源供应情况,选用不同管径的输泥管,也可以采用多条输泥管同时作业。

少量运输采用封闭式汽车运输。

各河段清淤和运输方式详见表5-8。

表5-8 各河段疏浚和运输方式

序号	河流名称	河段	疏浚方式 机械疏浚	疏浚方式 人工	运输方式 泥驳	运输方式 输泥管
1	茅洲河	全河段	√		√	
2	罗田水	全河段	√			√
3	龟岭东水	暗渠段	√	√		√
		明渠段	√			
4	老虎坑水	全河段	√			√
5	塘下涌	全河段	√			√
6	沙浦西排洪渠	全河段	√			√
7	沙井河	暗渠段	√	√		√
		明渠段	√		√	
8	道生围涌	全河段	√	√		√
9	共和涌	全河段	√			√
10	衙边涌	暗渠段	√	√		√
		明渠段	√			
11	潭头河	暗渠段	√	√		√
		明渠段	√			
12	潭头渠	暗渠段	√	√		√
		明渠段	√			
13	东方七支渠	全河段	√	√		√
14	松岗河	暗渠段	√	√		√
		明渠段	√			√
15	新桥河	全河段	√			√
16	石岩渠	暗渠段	√	√		√
		明渠段	√			√
17	万丰河	暗渠段	√	√		√
		明渠段	√			√

5.6.4 污染底泥处置及利用方案

底泥处置采用综合治理的方式,分为原位处理和异位处理。底泥分为常规底泥和污染底泥。茅洲河流域干支流淤积严重,河道底泥和管渠底泥绝大多数为污染底泥(以下简称"污泥")。

原位处理方法为底泥原位搅拌固化,即采用水上固化设备直接在现状底泥上搅拌,并掺入固化剂,使得有机物析出速率大大降低的方案。由于目前国内缺乏类似的大型工程案例,若采用,须进行专题试验研究,旨在探讨底泥原位搅拌固化方案在茅洲河流域的可行性。

常见的异位处理方法为底泥固化装袋反压平台和底泥固化筑堤、造地等方式。底泥固化装袋反压平台方案是指采用水上固化设备,固化底泥装袋替代抛石护脚。底泥固化装袋反压平台方案是指采用岸上固化设备,固化底泥筑堤或造地。这种方法对于重金属污染严重的底泥存在很多局限性。

在投标阶段,为研究底泥合理的处置方案,项目公司如中标,拟在征得业主同意下开展以下专题研究(不限于):底泥原位搅拌固化专题试验研究、底泥原位固化装袋反压平台专题试验研究、底泥固化筑堤、造地,以及底泥异位工厂化处理处置等专题试验研究。

1. 底泥原位搅拌固化方案

根据茅洲河水下污泥和露滩污泥,拟分别采用水下淤泥原位固化技术以及露滩淤泥原位固化技术。水下淤泥原位固化技术主要是采用水下生态搅拌器来实现水下固化处理,其他同露滩淤泥原位固化技术类似。

(1) 水下淤泥原位固化技术

水下污泥原位固化技术是针对水下污泥,利用船体施工设备进行水下原位固化处理,采用环保型搅拌器,主要包括泥水隔离罩、喷浆系统及搅拌系统。

(2) 露滩淤泥原位固化技术

该技术较为成熟,采用水上淤泥固化机,配合强力搅拌头。施工时,粉剂固化材料通过高压输送系统输送至旋转接头,再通过高压旋喷搅拌与强制式搅拌双重作用,确保粉剂固化材料与泥质软土充分混合黏结,实现泥质软基的原地固结。原位处理在本项目应用较少。

2. 底泥固化装袋反压平台方案

管道固化技术是一种将抓泥、送泥、固泥结合在一起的泥方输送及固化技术,其主要原理是将从河道上抓取的污泥放置于集料斗内,活塞式输送泵利用真空负压原理,将污泥吸入料缸,经由固化剂添加装置,根据室内试验和现场试验成果设置参数,添加固化剂;然后利用液压式高压输出原理,将污泥通过输送管进行输送,圆形输送管道能将吸入的土方通畅无阻地送出,能够保持连续均匀地输送至土工袋。该方案在本项目应用较少。

3. 底泥固化筑堤、造地方案

在河道清淤底泥中加入固化剂,搅拌均匀,待充分固化反应后,底泥高含水率、低强度的特性得到显著改善。固化产物可用于造地工程、堤防工程。

本方案具体方案流程为:管道输送至茅洲河岸边处理系统的底泥需经过深度脱

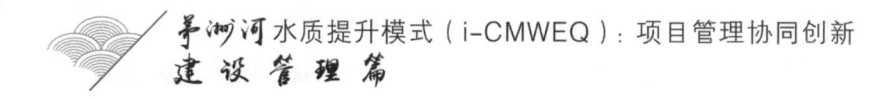

水,主要包括调理、调质、压滤、余水排放等阶段;压滤工艺主要采用板框式压滤机;余水排放应在达到相关排放标准或者高于既有河道水质标准的前提下进行排放。本项目以该方案为主,通过建设大型污染底泥处理工厂,实现污染调理、调质、固化,余水达标排放,余土资源化利用。

5.6.5 具体施工方法

干流河道及支流河道,包括支流暗渠,主要采用机械疏浚的方式施工,辅助采用人工方式。在各支流暗渠段,人工清淤完成了大量工作。水体黑臭、淤泥黑臭对于广大干部职工来说是项挑战。

(1) 对茅洲河干流 0.0~7.0 km 范围施工河道底泥采用绞吸式挖泥船开挖,管道接力输送,底泥经管道送到底泥集中处置中心。

(2) 对茅洲河干流 7.0~13.0 km 范围施工河道底泥采用绞吸式和抓斗式挖泥船开挖,管道接力输送,经管道送至底泥集中处理中心。

(3) 对茅洲河干流 13.0~19.7 km 范围施工河道底泥采用气力泵船、泥浆泵开挖为主,配合水陆两栖挖掘机开挖为辅,管道接力输送,经管道送至底泥集中处理中心。

(4) 支流淤泥开挖。结合河道整治工程进行,采用管道输送和汽车封闭运输相结合,将底泥输送到底泥集中处理中心。

(5) 人工施工。在机械施工无法展开的暗渠中,人工疏浚成为主要施工方法,暗渠内开挖和运输均大量采用了人工方式、人工与机械结合的方式合理衔接,尽量减轻工人劳动强度。

(6) 在茅洲河底泥集中处理中心处理底泥。该中心为工厂式建筑,亦被称为"茅洲河底泥处理厂"。在处理厂内,底泥特别是污染底泥经过垃圾筛分、泥沙分离、泥水加药剂调理调质后,采用板框压滤方式,实现泥水分离,固化后的泥土可资源化利用,余水经处理,达标后排放至河道内。以上处理过程实现污泥底泥无害化、稳定化、资源化利用,为大型水环境治理项目污泥底泥处理积累了成功经验和提供了宝贵案例。

5.7 景观工程设计管理

5.7.1 项目概况

本景观工程涉及茅洲河干支流共 18 条,其中包含 1 条茅洲河干流,9 条一级支流,8 条二级支流。茅洲河流域宝安片区主要涵盖了松岗街道及沙井街道的部分区域,流域上游水源有罗田水库、老虎坑水库、五指耙水库、长流陂水库、万丰水库、定岗湖,水源地周边主要以山地为主,自然风光优美。

结合城市控规、河道两岸的绿地空间、周边使用人群和周围环境,景观设计工程选取茅洲河干流、罗田水、龟岭东水、老虎坑水、沙井河、排涝河、潭头河、新桥河、上寮河作为重点整治河道;塘下涌、沙浦西排洪渠、松岗河、东方七支渠、潭头渠、共和涌、衙边涌、石岩渠、万丰河作为提升整治河道。

茅洲河干流沿线景观环境整治红线面积约 37.15 hm², 河道长约 11 km; 对支流罗田水、龟岭东水、老虎坑水、沙井河、排涝河、潭头河、新桥河、上寮河 8 条河沿线景观环境重点整治,红线面积共约 142 hm², 河道长共约 42 km;支流塘下涌、沙浦西排洪渠、松岗河、东方七支渠、潭头渠、共和涌、衙边涌、石岩渠、万丰河 9 条河沿线景观环境提升整治,红线面积共约 82.65 hm², 河道长共约 41.23 km;18 条河景观环境整治面积共约 224.65 hm², 整治河道长共约 83.23 km。

5.7.2 工程布局及功能

根据每条河流的不同风貌和河道周边资源,茅洲河流域(宝安片区)河道环境整治工程总体结构被主要概括为"一轴、两区、四环、四貌"。

1. "一轴"

沿茅洲河主干流沿线形成一条滨水生态"绿轴"。

2. "两区"

罗田水、龟岭东水、老虎坑水、沙井河、排涝河、潭头河、新桥河、上寮河由于河道周边的条件相对较好,周边使用人群对滨水绿地需求迫切,该种类型的河道作为重点整治工程;塘下涌、沙浦西排洪渠、松岗河、东方七支渠、潭头渠、共和涌、衙边涌、石岩渠、万丰河为垂直挡墙驳岸,建筑临河而建,滨水绿地空间缺乏,该种类型的河道需要在水利工程的基础上,进一步提升完善。

3. "四环"绿道构建

根据茅洲河流域主干道及主要支流,设置"绿道",与省级绿道 2 号线构成"四环",形成串联水系、城市、文化景点、河道风貌的休闲游憩的慢行系统网。绿道的建设同时也是一种景观和旅游产品的开发,把片区多个景观资源整合串联,服务周边居民及吸引游客。

根据深圳市绿道网规划,形成三类特色驿站类型:水库型驿站、文化型驿站和河道公园型驿站。

4. "四貌"岸线构建

(1) 休闲宜居型岸线:主要流经沙井街道、松岗街道生活配套区域,现状两岸功能以居住、公共设施等生活功能为主导。该类岸线构建中,应结合茅洲河河道综合整治,融合宝安区民俗文化特色,设计具有传统文化内涵、展现传统景观风貌的艺术构建物,改善老城区传统文化体验。根据宝安综合规划,排涝河—新桥段结合沙井古墟、蚝文化、桥头古村、新桥古村打造宝安传统文化演变展示带。

（2）城市人文型岸线：根据宝安区综合规划，茅洲—沙井河段结合同富裕新能源产业园、松岗西部工业片区打造工业文明展示带。主要流经产业聚集区，通过慢行系统的构建，完善河道两侧的交通体系。产业型河道因河道两侧工业区密集，外来游客观光游览性较弱，以交通游览为主，对现状大型工业区进行建筑外立面整治，通过丰富的植物层次和高度，对工业区进行遮挡，并在局部设置小型休憩平台，通过工业文化的渗透，在设施中体现工业特色、工业文明的进程。

（3）城市绿脉型岸线：对于现状河道绿地空间比较窄的河道，以"打开河岸线，连通绿道系统"为首要原则，对侵占河道的违章棚舍进行拆除，"还绿与民，还河与民"，搭建城市生态绿网。

（4）山水生态型岸线：主要流经生态控制区域，河道周边生态基底良好，多为绿地、林地、山体、水库等。结合优良的自然风貌，在建设开发中通过恢复植物群落，促进自然更新，打造自然田园、生态野趣的河道风貌。结合水污染的治理，让沿河局部重要节点形成湿地，植物多选用净化水质的水生植物和乡土树种。在河道的建设中，注重宣传、科普、教育的水生态设施建设，教育内容可以是净水植物简介、净水生物简介及水净化过程模拟等。

5.7.3 干流沿线景观环境整治工程

本次整治河道长度约 11 km，现状建筑均不做拆迁，在城区段沙浦社区以及碧头社区两处现有用地较为开阔的生态控制线，局部扩大堤后空间作为重要节点打造。在水工堤岸断面的基础上，以生态提升为主。将 LID 技术（图 5-13）概念融入堤岸护坡以及公园，设置雨污收集设施，如雨洪公园、雨水花园、生态水泡等，构建海绵城市，使滨河绿地成为阻止雨水地表径流污染、垃圾直接入河，拦截茅洲河污染源的"生态保障"。通过在不同场地采用不同生态环境保护措施，构建完整的海绵城市体系。

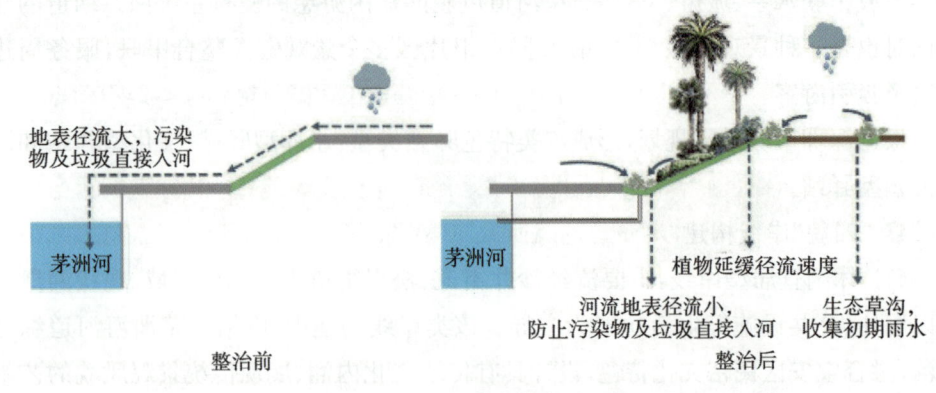

图 5-13 LID 生态技术对比图

1. 分区布局

依据宝安区综合规划,结合茅洲河流域综合整治要求,规划力求重塑茅洲河沿线景观风貌形象。通过干流沿线生态提升营造,形成"一线、三段、五区、二园"的整体布局。河道生态环境营造按照整体定位分为上游产业文化段、中游城市活力段、下游滨海风貌段三段。

(1) 上游产业文化段:主要流经产业聚集区,通过慢行系统的构建,完善河道两侧的交通体系。产业型河道因河道两侧工业密集,外来游客观光游览性较弱,以交通通勤功能为主。沿河通过丰富的植物层次和高度,对工业区进行遮挡,并在局部设置小型休憩平台,在设施中体现工业特色、工业文明的进程。利用现有河道中的截污箱涵,增加栏杆、铺装和外挑平台,形成滨河亲水步道。通过对驳岸以及地形的塑造,融入 LID 技术,打造海绵城市。

(2) 中游城市活力段:茅洲河中游段主要流经规划产业调整后的高新产业聚集区块,包括商住及配套服务用地。河道两岸将成为高新技术展示中心、游客观光游览中心和居民休闲娱乐中心。在沿河绿带中设置大型绿地公园、亲水广场以及滨水节点等,满足人们亲水、近水、戏水的休闲游览活动需求。通过现代化的设计表现手法,在结合雨洪公园,下凹式绿地,雨水花园的基础上展示和体现高新产业文化,使茅洲河形成产业发展的历史印记。

(3) 下游滨海风貌段:主要流经规划的空港新城区段,河道周边生态基底良好,多为绿地、海岸滩涂等。结合优良的自然风貌,在建设开发中通过恢复植物群落,促进自然更新,打造海上田园、生态野趣的河道风貌。结合水污染的治理,让沿河局部重要节点形成湿地,植物多选用净化水质的水生植物及乡土树种。在河道的建设中,注重宣传、科普、教育的水生态设施建设,教育内容可以是净水植物简介、净水生物简介及水净化过程模拟等内容。

2. 节点布置

结合沿河异质性的景观资源,重点打造以下沿河七个大型公共活动空间:燕川工业文化创意区、沙浦活力区、碧头科技展示区、沙井文化区、蚝乡生态区,以及结合燕川、沙井两个污水处理厂设置的湿地公园。

(1) 燕川工业文化创意区:茅洲河北侧燕川为生态产业聚集区,通过"腾笼换鸟"的方式形成以工业厂房为依托的文化创意园,体现区域内产业转型、持续发展的工业文明进程。保留的水泥厂厂房,体现当地建筑特色,形成工业文化展示区。

(2) 沙浦活力区:地块内有奋进变电站,通过地形塑造,在变电站北侧对其进行遮挡和绿化,形成绿坡。在坡地上预留空间建设阳光大草坪、雨洪公园等,此区块将成为聚焦人气的"活力中心"。

(3) 碧头科技展示区:通过产业调整,碧头的传统工业转变为以"产学研"为核心的高新产业聚集区,科技、文化、服务产业将是茅洲河流域经济的新支柱。通过集中展示茅洲河最新的 LID 技术,在碧头区域布置生态雨泡、雨水花园、下凹式绿地、雨污水净化处理实验室等设施。在茅洲河生态控制绿地中,形成滨河生态休闲、科技文化展示、高新产业博览相结合的滨河新景观。

(4) 沙井文化区:沙井文化区位于产业调整后的商住集聚区,为周边居民和办公人员提供滨水活动、休闲娱乐的场所,体现滨河绿带的重要功能,同时依托沙井的历史文化和民俗,在公园中体现当地历史进程和人文风俗魅力。

(5) 蚝乡生态区:沙井素有"蚝乡"之称,依托"海上田园"展现独特的风貌景点。沿着茅洲河下游设置带状滨海生态公园,生态公园须突出"蚝文化",在公园内布置有蚝屋民俗区展示廊、蚝类科普小品等,在公园的设施细节中,也要充分运用"蚝"元素和使用"蚝壳"材质,体现鲜明的地域文化。

(6) 燕川、沙井湿地公园:流域内有两个污水处理厂,把周边绿地打造成人工湿地,使河水进入沉淀蓄水池后,通过水生植物的净化,使河水最终达到景观用水标准。污水处理厂通过外立面改造和植物遮挡,使其融入、隐蔽在湿地公园中,形成兼具污水处理、生态修复、休闲游憩、教育科普的特色公园。

3. 设计策略

(1) 对原有笔直单调驳岸线进行调整,使其在保持原有河堤背水坡宽度不变的情况下,使得驳岸立面有相应起伏变化。

(2) 融入 LID 技术。通过在背水坡设置生态草沟、雨水花园、下沉式绿地;在堤顶使用生态透水铺装材料、雨水收集管网,使滨河绿地成为阻止雨水地表径流污染、垃圾直接入河的城市雨污管理绿带。

(3) 在原有 8 m 宽的堤顶道路增加绿化带及滨水绿道,局部间隔增加铺装活动平台,提供活动空间与绿道交通组织。

(4) 放置景石、雕塑小品和文化地雕提升河堤整体景观效果,树立河道新形象。

(5) 对河道进行清淤,除去荒草。河道河床栽植湿生植物,用花灌木美化斜坡堤岸,在河堤堤脚及河床内增加景观石。

5.7.4 支流沿线景观环境重点整治工程

1. 罗田水沿线景观环境整治工程

本工程根据河道现状实际情况,并结合防洪、截污方案,进行生态景观修复建设,修建河道生态防护林带、隔离带,融入下凹式绿地、雨水花园等 LID 技术,丰富河道空间,还原河道自然面貌,涵养水源,恢复河道生态系统,提升河道水环境;并在不影响行洪要求的情况下,优化河道河滩地形态,构建浅滩湿地系统、湖泊自然生态系统、河道自然生态系统三大系统,使罗田水生物多样性增加、食物网链结构合理、生态系统持久稳定,水体的环境容量提高,河道自然生态系统自净能力增强,河道水质得到长效的净化和保持。同时在现有的自然基地上结合景观打造,根据场地特性布置栈道、亲水平台、厕所等设施,铺设园路和绿道贯穿周边地块,整备滨水空间资源,最终营造具有罗田水流域特色的、低碳、健康的城市水系生态廊道。通过改造现有驳岸,整合山体资源,营造调蓄湖湿地景观,融入文化元素,把罗田水打造成一条"古韵清幽的文化河道"。

罗田水河道下游原防洪标准为20年一遇,不能满足防洪要求,把现有挡墙加高到50年一遇防洪标准所对应的高程,挡墙将高出现有地面约2m,步行在现有的混凝土路上时,视线较差,周边厂房形成内涝区,通过对沿河绿地合理利用,沿河道绿地空间设置下凹式绿地、雨水花园,便于雨水排放,降低区块内涝影响。遵循"上蓄、中防、下疏"的方针,在河道上游及中游两块较为开阔河滩处设置两块湿地系统,像海绵一样,在雨季蓄积雨水,消化地表径流。在枯水期则作为下游河道景观补水。对高挡墙局部空间进行打开,设置亲水平台,增加河道亲水性,河道右岸结合挡墙加高后退形成的空间,种植藤本垂挂植物,软化硬质挡墙冰冷的感觉;在局部绿地空间较大区块,设置休憩亭廊,为游人提供遮风避雨设施。

2. 龟岭东水、老虎坑水沿线景观环境整治工程

(1) 龟岭东水

龟岭东水景观设计河道总长约3.7km,设计红线面积约6.8 hm^2,水上游段端口处及中游段流域面积较大、整体生态较好,且用地面积较大,可结合周边进行主要节点设计,营造郊野生态景观,同时布置亭廊、坐凳、平台等设施,给周边居民、游客提供一个休憩场所。而对工业园区两侧主要进行景观改造,增加绿化面积,丰富沿岸景观。对下游段沿线进行生态修复设计,结合场地特性布置栈道、亲水平台、公共服务等设施,铺设绿道及园路贯穿周边地块,增加场地可达性,致力于打造一条亲民的绿化生态河岸带。

龟岭东水上游现状是垂直挡墙,通过对水系改造,拆直改弯,恢复自然河道岸线,临水边种植水生植物,恢复河道自然生态系统,净化河道水质。通过对燕山大道左侧水渠的垂直驳岸局部进行改造,恢复生态水岸,沿溪增设栈道平台,散置卵石,种植水生植物,恢复河道生物体系。并对现有的道路系统进行改造,现有的人行道和绿道并行,道路宽6m,一条道路直通到底,缺少空间变化,通过对现有的人行道进行改造,增加人行道的亲水性。广田路和燕山工业园区边的生态湖区被私自圈起作家禽养殖之用。整个湖区空间封闭,与外界交流不便,景观空间没能被合理利用,通过对现状的资源进行梳理,打通交通体系,整合现有山谷、山体、湖区、林带等资源,因地制宜,设置一些亲水栈道平台、百花谷、登山步道。在龟岭东水与茅洲河交汇处,通过对现状公园进行改造提升,结合生态修复治理,对现状硬质挡墙进行拆除,

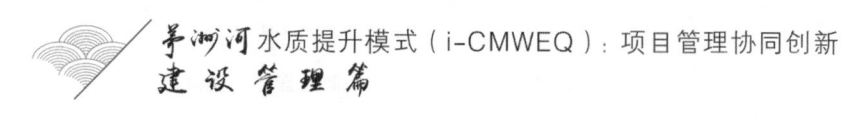

恢复河道生态岸线,打造生态湿地,与干流生态湿地相呼应。

(2) 老虎坑水

老虎坑水景观设计河道总长约 3.62 km,设计红线面积约 30.66 hm^2,设计上充分利用现有的生态绿地和山岭资源,合理利用河流水系,结合已建绿道,将老虎坑水上游流域建成"低碳、生态、健康"自然型生态河道,下游结合城市建设,打造成"安全、生态景观型城市河道",成为宜居、宜乐的绿色河岸带。

将老虎坑水设计成三个滨水风貌区,分别是上游生态修复区、中游农耕文化体验区、下游生态休闲区。对于生态修复区,设计通过营造生态环境林,让人们在亲近自然的同时了解自然,保护环境;对于农耕文化体验区,设计通过营造自然野趣的生态湿地景观,并结合河流的形态特征,来设置景观节点,为人们提供多层次的临水、亲水、戏水活动场地;对于生态休闲区,主要利用梯级绿化来连通水与陆的通道,把河岸"打开",在挡墙上设置花槽,软化挡墙冰冷的感觉。花槽内侧分别为弧形木平台、绿化带、绿道、防护林带。这些设计创造出符合地形高低变化的、丰富的景观空间变化和引人入胜的观赏空间,让老虎坑水成为多姿多彩之河。

3. 沙井河沿线景观环境整治工程

沙井河景观设计的河道长约 5.3 km,红线面积约 33.8 hm^2,是沙井街道最大的河道,承载着整个片区的雨水排放,沙井河道宽度约 80m,视野开阔,是整个片区主要滨水休闲的空间,也是提升整个片区生态环境的"主动脉"。

沙井河是沙井街道和松岗街道的界河,是展示城镇风貌的重要的窗口,景观设计以打造海绵城市为目标,通过对现有的驳岸绿地进行景观改造,增加下凹式绿地空间、生态缓坡,提升城市"水弹性"。通过打造河道休闲绿地和建立连续的廊道,为市民的休闲生活提供多样化的场所,创建多元化的休闲功能从而满足不同年龄人群的活动需求。在设计上有针对性地拓展绿地周边的用地功能,而活动场地的位置安排和用地规模的大小均以周边现状和未来规划的用地为准。同时有意将河道的绿廊向城市延展,创造出活动的便捷性空间,打造出市民及外来游客"休闲娱乐的后花园"。

(1) 景观分区设计

结合现状河道不同岸线,打造三个不同区段,分别是邻里水岸区、都市风尚区、生态涵养区。

邻里水岸区:利用现有滨水岸线,打造尺度宜人的滨水休闲场所,设置一些休憩设施,疏通现有滨水游步道,改造栏杆挡墙,促进人水互动、交流。局部设置一些栈道平台,加强与对岸的视线联系。

都市风尚区:在现有岸线的基础上,局部设置一些适合的公众集散空间,融合沙井河的文化,打造能够容纳多种活动的场地,满足各种文化活动的需求,呈现该片区的景观特色,在绿地空间设置生态缓坡,结合雨水收集系统,打造旱溪景观。通过打破局部岸线,设置游船码头、栈道平台。

生态涵养区:该区段位于沙井河上游,松岗河和潭头河汇于此处,水岸生态自然,局部有大片绿地空间。通过对区段现状的梳理,贯通游步道,局部节点空间增设亲水栈道。在植物种植上主要以乡土树种为主,沿河边种植水生植物,以重现沙井河昔日的自然风光。

(2)方案与LID生态措施衔接

由于未处理的径流是收纳水体的主要污染源,为减轻雨水径流污染,常采用自然过滤的方法在雨水进入收纳水体之前消减污染负荷。设计的雨水框架包括雨水收集、草沟系统、滞留池和雨水湿地等。这些设施可以布置在水岸、绿道、沿河绿地、公路等区域。

这种雨水处理系统包括各个就地设置的洼地、渗渠等设施,这些设施与带有孔洞的排水管道相连,形成一个分散雨水处理系统。这样,低洼的草地能短期储存下渗雨水,渗渠则能长期储存雨水,从而减轻了排水管道的负担,从而实现了"径流零污染"的排水系统。与传统的明沟、暗沟排水设施相比,生态排水系统既能做到排蓄结合、雨洪利用,又能有利于水土保持,对修复河道自然水循环、改善河道环境,乃至保障河道防洪安全都具有重要意义。

河道生态环境建设是构建生态水网的基础环节,是河道环境整治环节中最重要的内容之一,道路铺装是直接影响城市生态环境的重要原因,合理选择铺装材料有且助于改善河道环境,全面构建环境友好型、资源节约型的生态河道。植草砖作为一种生态的铺装材料,在节点空间处点缀应用,能够美化环境,满足道路铺装要求,也符合生态河道的需求,在提高生活质量的同时,不破坏生态环境。

4. 排涝河沿线景观环境整治工程

排涝河河道景观设计以"让城市重回水岸边"为设计主旨,围绕绿色基础设施建设、雨水径流的资源化利用设施、水环境公众教育为内容进行生态景观设计,来自河道周边工业区及生活区的雨水径流是水体的重要污染源,通过布置"点—线—面"结合的设施布局对携带大量污染物的雨水径流进行全线截留、收集、净化。

生态景观设施主要以截留、净化初期雨水的海绵城市绿色基础设施为主,结合滨水休闲绿带进行景观营造,全线4个初期雨水集中滞留净化点(包括新开河道旁雨水调蓄池),全面截留排涝河沿线初期雨水污染,分担雨量较大时雨水管网压力,建设低成本、低影响的绿色排涝防洪设施。主要建设工程包括岗头雨水收集公园、排涝河活水公园、旱溪公园以及沿河慢行系统及绿色雨水收集网络。

整体生态结构与景观结构布局如图5-14所示。

绿色基础设施除了明显的生态保障功能之外,也为周边市民提供亲水休闲场地,营造宜人的开放空间,同时通过科普铭牌的介绍,实现水环境生态科普教育。

图 5-14　整体生态结构与景观结构布局

（1）岗头雨水收集公园：公园以岗头调蓄池为依托，为居民提供日常休闲、健身运动、雨水收集的科普教育场地，将成为社区中心公园。

（2）排涝河活水公园：公园位于新建共和桥与西环路之间，占地 4.2 hm²，为附近居民提供日常休闲、健身运动、湿地净化的科普教育场地。

（3）旱溪公园：公园位于现在的水产油站地块，占地约 1 hm²，为附近居民提供日常休闲、健身运动的游憩场地，为结合雨水收集的、低成本、低影响开发与维护的公园。

（4）沿河慢行系统及绿色雨水收集网络：排涝河沿线将改造堤岸形式，增设亲水平台与栈道，将传统巡河路改建为绿道，布置休憩设施，形成慢行系统。通过利用左岸低于常水位的宽约 3.5 m 的截污箱涵，架设亲水游步道或滨水平台提升亲水性；利用右岸箱涵顶部增设种植槽，种植垂挂植物，隐藏硬质箱涵，箱涵底部抛石种植水生植物，增加河道两岸"绿量"。

同时，堤岸沿线绿地布置生态植草沟、PVC 挡水条、下凹式绿地、小型雨水花园，构成收集排涝河沿线雨水的绿色海绵网络，最大限度地避免排涝河初期雨水污染，保障水质，雨水全面下渗补充地下水，响应海绵城市建设。

5. 潭头河沿线景观环境整治工程

潭头河由东至西流经松岗及沙井街道的生活区，是西部工业组团的重要组成部分。结合相关规划需求及定位，拟将潭头河打造成宝安区松岗街道与沙井街道交界区域的生态亲水示范河，使其成为联系城市生活与大自然的"绿色纽带"，具体举措包括：注重河流生态完善，确保滨河绿地的有效利用；在水环境改善中融入当地文化内涵底蕴；通过建设高效安全的滨河步行系统，倡导绿色出行与健康生活。

（1）景观分区设计

结合上下游的河道风貌和现状场地情况，全线河道划分为人文休闲区及生态修复区。主要以带状绿化梳理提升及滞洪区塑造为主，在用地宽裕的河段，结合沿线绿地进行景观节点营造。

（2）湿地净化公园

该区块湿地公园在设计时以生态净化为首要任务。目标是融合景观休闲设施，创造一个高质量、生态结构丰富的场所,展示通过人工修复重建生态结构的能力。湿地公园利用动植物的自我净化能力,分解河道的工业污染物,恢复河道水清的面貌,为生物营造一个良性的栖息地,创造一个自然的、具有自我可持续发展能力的生态河道。

河道周边主要以工业厂房为主,地势低洼,工业废水直排河道,导致河道脏、黑、臭。该景观在设计时结合生态处理措施和 LID 技术的应用,恢复河道"水清、岸绿、景美"。该湿地公园分为四个主要功能片区,分别是生态兼氧塘观赏区、生态曝气塘科普区、生态湿地游乐区、雨水花园体验区,如图 5-15 所示。

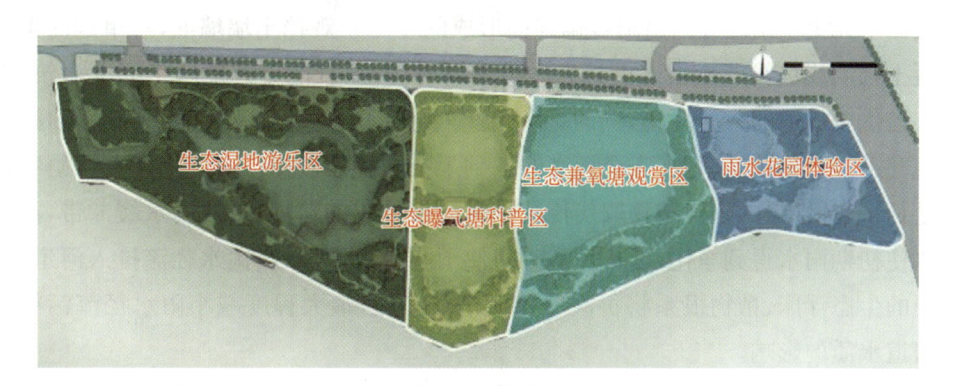

图 5-15 功能分区图

通过展示水系流经不同区域时水质的不同类别,科普、宣传植物的净化能力,号召民众保护环境,关爱自然。

6. 新桥河沿线景观环境整治工程及拦污试验水闸工程

新桥河从上游起点到长流陂水库溢洪道下游处有一段约 300 m 的河段,且因其属于水库保护区控制范围,周边没有产生污染的永久建筑且占用地域较大。设计时结合地块特点和景观提升考虑,把河段设计成水源涵养带,提供滨水休闲与生态涵养的功能,近期工作主要是对该河沿河堤岸进行覆绿工程,对于有条件河段适当结合当地民众休憩需求,打造生态景观堤岸。

新桥河沿线覆绿工程以削减初期雨水污染物入河、提升沿河周边生态环境,强化河道生物廊道功能为主要目的。主要通过沿线设置分散式初期雨水收集单元、生态草沟、雨水滞留池、透水铺装、生态浮床来拦截雨水或使雨水渗透,起到净化水质的效果。水陆交叉过渡地带本是生物多样性较高地带,但随着河道岸线被侵占、城市的无序发展,河道生物多样性降低,使河道不能形成稳定自然的水生态圈。河道沿岸全线根据用地的大小因地制宜设计河岸断面形式,以达到设计预期意向。

新桥河沙井中心路—广深公路段贯穿了沙井街道人口居住最密集的地区之一,两岸边线大部分用地紧张,河道边线紧贴道路边线,没有足够的绿地空间,为截留与净化初期雨水，在驳岸上做一定程度的改造，在河道与人行步道间设置垂直绿化与水旱两生植物缓冲带，雨水先会流入垂直绿化延缓径流时间，同时下渗部分雨水，雨量较大时来不及下渗的雨水将溢流至水旱两生植物缓冲带，对河水有一定水质保障作用。同时，垂直绿化与一定高度的水旱两生植物，如花叶芦竹、旱伞草等，也软化了裸露生硬的驳岸，美化环境。

新桥河新桥公园段，两岸用地较为宽松，人口密度大，服务范围广。新桥河沿线覆绿工程结合新桥公园，设置亲水栈道、休憩平台及种植水生植物，打造可供休憩的生态景观河道。河道驳岸采用自嵌式景观挡土墙，自嵌式景观挡土墙独立的混凝土劈裂面单元上下错缝并前后退步偏移而形成的生态景观挡土墙墙面，与单调的钢筋混凝土挡墙或块石挡墙相比更具生命力和新鲜感，而且能更好地融于周围建筑，形成和谐优美舒适的人居环境，同时，其生态效益在于为水生植物、动物、微生物提供了生存、躲避、繁殖空间，在安全行洪的基础上打造生态驳岸。对于堤岸覆绿植物选择生长快、抗性强的地被植物取代传统草籽撒播形成的草坪，形成雨水缓冲带，滞留雨水使初期雨水得到净化，延长径流时间使雨水得以下渗，当雨水径流排入河道中，沿岸的生态浮床、植物根系将再次对径流进行净化，最大程度减小雨水径流污染物对河道水质的影响。

新桥河下游河口与排涝河衔接，且其下游 3 km 河道为感潮河段。

为研究在茅洲河河口设立大闸，试验大闸挡潮拦污的效果，电建生态公司经充分论证研究后，经有关部门批准，在新桥河河口处兴建了一座具有挡潮、拦污、防洪和景观功能的挡潮拦污试验性水闸。该闸设有两个闸门，左侧是一个单体弧形闸门，右侧是一个单体下沉式闸门。建成后的新桥河挡潮闸通过涨潮时闸门随潮水上涨自动上升，拦挡上溯的外来黑臭潮水；退潮时闸门随潮水下落自动下降，潮水下落至上游景观水位（上游景观水位 1.8～2.2 m，汛枯期采用不同水位）以下时，闸门不再下降，维持闸前景观水位，满足河道景观对水位的要求，有效改善新桥河水质，确保水环境治理成效。

同时，该闸还具备较好的泄洪调节能力。新桥河挡潮闸设计防洪标准为 20 年一遇（最大洪峰流量 $102.6 \text{ m}^3/\text{s}$），采用了先进的闸门型式，可依靠上下游超声波液位计和控制系统精准控制闸门启闭的下开式堰门；具备双向挡水能力，常态时，新桥河挡潮闸双向旋转门及左岸箱涵闸门关闭，在新桥河挡潮闸遭遇超 20 年一遇洪水时，闸门全部开启泄洪，提高新桥河挡潮闸行洪能力。

新桥河挡潮闸位于蚝乡湖公园北侧的新桥河上，已与建成后的蚝乡湖公园融为一体，在实现保障水质和调节泄洪能力基础上，使得新桥河成为城市绿色生态系统的一部分，提升水利文化价值。在推广水文化、水景观、水休闲等活动中，增加了人们对水利工程的认识和重视，体现了美丽、舒适、绿色、自然的工程景观，为城市可持续发展提供美好生活环境。

7. 上寮河沿线景观环境整治工程

上寮河贯穿沙井街道中心区、居民住宅区、工业开发区,附近常住居民约有30万人,该景观设计工程将上寮河打造为社区绿脉,作为城市示范河道,美化环境;为周边居民提供开放空间让居民休闲娱乐;为河道环境提供生态保障,隔离污染。

上寮河主要工程主要为六大节点:水源涵养湿地、植物生境带、跌水净化带、湿地滞洪区、社区绿地与梯级亲水平台。

水源涵养湿地衔接屋山水库,湿地多为农田,用地宽松,可结合屋山水库与凤凰山森林公园打造湿地公园,发挥湿地蓄水调洪、生态涵养的功能,对调节径流、防止水土流失、减少下游水体含沙量起到重要作用。

作为最能体现上寮河"交响乐"设计理念的跌水净化带,长500 m,结合岸坡改造提升滨河"绿量"。河道左侧将上寮河河水通过水泵引至一级跌水槽,水槽中种植水旱两生且耐污染草本植物,如旱伞草,对河水进行初步沉淀净化;水体通过水幕瀑布跌落至二级跌水槽,增加水体与空气接触,增加水体含氧量,在水槽中设置汀步、平台,用水生植物与景石点缀;最后水体进入水生植物种植槽,进行最后净化,再排入上寮河,设计将景观意向图与生态曝气与小型表流湿地结合,主动维护河水水质。

5.7.5　支流沿线景观环境提升整治工程

1. 塘下涌沿线景观环境整治工程

塘下涌景观设计以实现"可达性、生态性"为基本目标,恢复河流自然生态,增强河道自净能力,打造城市绿色生态走廊,为公众提供良好的滨水生态空间。

现在的河道沟渠化现象严重,河流水环境遭到破坏,植被种类单一,河岸植被群落缺乏,且河道缺乏亲水活动空间和滨水景观,水体价值丧失,亲水设施不完善。本生态景观工程目标如下:

(1)临河设置观赏平台和花槽:本工程根据河道实际现状,结合防洪泄洪、截污等工程,在较宽的河段,在新建C25混凝土挡墙临水侧顶部设置花槽,观赏平台和景观栏杆等。

(2)构建完善道路系统:通过园路的构建及绿道系统的全线贯通,增加场地可达性及与周边地块的连接性。

(3)堤岸覆绿工程:城市河流必须建立在生物多样性的生态基础上,绿地空间环境与城市生活之间互相塑造,滨河绿地对于市民生活品质的重要性才得以实现。本工程结合河道走向,利用堤后有限的带状空间进行景观绿化,完善整个水系空间,营造具有片区特色的绿色生态廊道,美化河道环境,形成具有层次感的丰富的带状空间,提高河道的水体生态价值,为市民提供一个舒适、美丽、亲水的公共交往空间,展现丰富多样的"人水和谐"的滨河景观。

2. 沙浦西沿线景观环境整治工程

本项目设计理念为"以水为脉",打造集生态、文化、休闲于一体的水系活力城市休闲绿带,将河道从传统的单一水利功能向生态、休闲、景观等综合功能转变。用水系这根脉络,把"水""绿"和"文"串起来,建设美好家园。清澈的河流在城市中蜿蜒穿行,"水"与"文"融为一体,河畅、水清、岸绿、景美,凸显岭南水乡的独特风貌,使河道沿线洋溢着传统文化的浓郁韵味。

围绕低冲击模式与自然交融设计构思与形成要求,在河道两边尽可能地利用地理位置增设植草排水沟,创造自然、生态、环保的花园式滨水景观带,为当地居民提供休闲、游憩、观赏的场所。建设绿化隔离带界定河道空间使河道空间免受侵占,减少人类活动对河道生态环境的影响;同时在有条件的开阔处新建休闲广场,开展绿化种植提升环境,为周边居民提供休闲好去处。在沙浦西排洪渠干流沿线河道堤顶绿地设计生态滨水休闲区和城市临街景观带(复合式斑块道路绿化、乔灌草立体绿化);其他支流由于周边地理位置的限制,不再设置堤岸绿化内容。

3. 松岗河沿线景观环境整治工程

将松岗河及西水渠分别划分为城市生活水廊及城市生态水廊。主要以带状绿化梳理提升及生态滞洪蓄涝区塑造为主,结合现有绿地及规划绿地进行生态节点营造。松岗河城市滨水带包括4处休闲活动节点,分别是位于下游直段河道右岸的龙舟文化生活带、现状松岗水务所前的滨水休闲生活节点、金花村南侧的滨水风情生活带及松岗中英文实验学校前的生态跌水节点。西水渠生态滨水带的景观环境整治内容包括沿河绿道、沿河绿化、配套设施设置及2处生态节点营造,节点分别是位于滨海大道桥下的生态湿地及东方大道北侧的生态滞洪蓄涝区。

本设计提出生态河道治理措施,并完善海绵城市体系,包括雨水收集系统、下凹绿地、生态护坡、绿道体系,以及环境配套设施,与其他支流构建完整的生态水系。

4. 东方七支渠沿线景观环境整治工程

东方七支渠主要以暗渠为主,明渠段河长约1 km,充分利用现有的河道水系,沿河两岸打造特色景观,以实现"水清、堤固、岸绿、景美"为目标,提升水生态环境,增设亲水栈道平台,完善绿道体系、建设景观休闲亭廊,局部设置休闲广场,充分利用水资源、打造水景观,弘扬文化。本项目设计以水为脉络,将"水"与"城"融为一体,实现"水清、堤固、岸绿、景美"的目标,打造一条生态、休闲的带状公园。

明渠主要在上游端头和下游末端,周边以居住用地为主,人流量较多,景观设计具体内容如下:

(1) 公共空间的营造。利用河道周边空间较为宽裕段,设置观亭、廊架、座椅等小品,供游人观景赏韵、避雨、休憩,为周边市民提供亲近自然、融入自然、体验生活的活动场所,使河道功能丰富化,实现人水共亲。

(2) 道路系统完善。通过 2~3 m 绿道系统的全线贯穿,拉近市民与河道的距离感;同时丰富园路体系,连接各个公共空间,增加节点间的可达性。

(3) 生态功能的优化。对河道周边植物进行重新设计、提升、改造。岸边植物通过复式结构的组合,形成丰富的植物群落,给周边居民游客提供良好的视觉景观;在浅水区种植具有较强净化能力的水生植物(如菖蒲、芦苇、水葱、苦草等),在净化水质的同时起到美化环境的作用。

5. 潭头渠沿线景观环境整治工程

围绕低冲击模式与自然交融设计构思与形成要求,在河道两边尽可能地开辟绿地,创造自然、生态、环保的花园式滨水景观带,为当地居民提供休闲、游憩、观赏的场所。

本工程对潭头渠(泵站—广深高速)沿线河道堤顶两侧绿化带进行景观提升;局部设置栈道平台、景观亭廊。利用不同机动车道的箱涵顶上的空间,设置节点绿化,以盆栽为主。这些景观提升措施既美化环境,又为当地居民提供休闲、游憩、观赏的场所。本景观设计范围内的河道长约 2.12 km,红线面积为 8.4 hm^2;景观提升河道长约 1.89 km,景观提升面积约 1.7 hm^2。

6. 共和涌沿线景观环境整治工程

共和涌为潮水形成的冲沟,主要功能为排涝。根据现场情况,考虑拆迁量大,用地局促,因此对共和涌以治污为主,景观仅结合治污布置生态浮床及浮桥,"见缝插绿",增加"绿量"。由于用地局促,只能结合生态环境保护措施,布置于水面之上。

共和涌冲沟内基本无景观用地,仅共和涌水闸处有开阔水面,作为潮水进入和排水的交换地带,布置景观生态环境保护措施将有利于水体净化,在一定程度上防止冲沟内水质污染。

由于周边空地仅有一处,所以结合对面的现有的休息广场,设计为健身广场,为周边众多人口提供活动、休憩的空间。广场沿岸为梯级绿地,软化驳岸的同时避免雨水径流直排进水体内。

由于两岸需要沟通,在水面布置生态浮床种植水生植物,在满足功能的同时,提升趣味性,而且能发挥生态效益。在水面中央布置浮水式曝氧装置,增加水体含氧量,两岸空地种植悬垂类植物,增加"绿量"。

7. 衙边涌沿线景观环境整治工程

衙边涌主要功能为行洪排涝,最宽处 10 m,平均宽度 5 m,最窄处仅 3 m,两侧开阔用地不多。由于很多建筑侵占了河道,大规模改造工程将涉及大量拆迁,因此河道以治污为主,实行"见缝插绿"。景观设计主要专注于贯通巡河道路、解决汛期抢险困难、拆近侵占河道的厂房、单位围墙,这样能够还原一定绿化面积,软化驳岸。

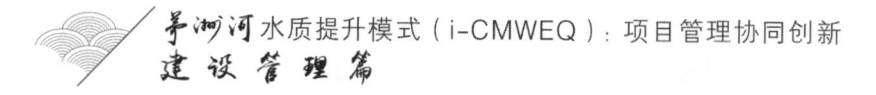

工程内容还包括清除河道内部分杂草、新建巡河路,为河道两岸清理出绿化空间,种植灌木及悬垂型藤本植物,起到隔离作用,在明渠段两岸部分段新建栏杆。

设计主要工程布置以维护水质功能的绿色基础设施为主,不考虑可供民众参与的亲水景观设施,工厂围墙内退留出绿化空间,两侧种植悬垂型藤本植物及灌木,收集两侧汇集的雨水径流。

8. 石岩渠沿线景观环境整治工程

石岩渠现有河道两岸空间大多非常狭窄,明渠段仅 1.8 km,宽约 3.5~10 m,河道以消除污水为首要目标,再对现有破损岸坡进行系统整理及堤岸覆绿,以达到"岸绿、景美"的目的。

设计拟对石岩渠明渠段进行堤岸覆绿工程,现有河道两岸空间不大,堤岸覆绿工程主要包括以下三方面内容。

(1) 在有用地条件的渠段护岸增加绿地,种植乔木、灌木及草本植物。

石岩渠河道大部分已暗渠化,明渠段两岸基本为建成区及市政道路,能提供空间进行堤岸覆绿的地段非常少。根据现场实际情况,本次设计在上游、中游和下游有条件的地方各选定一处河段进行堤岸覆绿,覆绿河段共长约 830.5 m。

(2) 在挡墙顶设连续花槽,种植爬藤及花草植物,形成绿化景观带。

(3) 在人流量较大的渠段挡墙前种植绿植,形成生态缓冲带。

9. 万丰河沿线景观环境整治工程

万丰河明渠河道毗邻沙井文化广场,河道结合沙井蚝乡文化作为文化展示型河道进行景观设计,服务人群主要是周边城市居民。该工程不仅提升了沙井社区城市形象,更增进了民生福祉。

万丰河沿线景观环境整治工程主要包括明渠段退堤和万丰水库景观设计。万丰水库景观环境整治促进了水体循环净化,修复水生态环境,恢复自净能力,使湖体能自行维护水质。渠段退堤工程打造了一处供人游憩的公共活动空间,同时,结合水生态进行科普展示及教育。

(1) 明渠段退堤设计:留出亲水步道空间,拓宽河道空间。对于驳岸多选用梯级驳岸结合亲水平台,中心通过景石、汀步沟通对岸,组织两岸交通。周边绿化以开敞式的疏林乔木与观赏草类景观,使文化广场与河道空间景观融合。在居民集中的河岸东侧将布置健身休闲场所。

(2) 万丰水库景观设计:本次景观设计水域面积约 5.6 hm^2,景观设计红线面积约 4.83 hm^2。场地景观充分结合分散污水处理设施、生态修复措施进行景观提升,保障湖水水体,促进河道水系循环。

来自上游污水首先将进入地下处理设施进行污水处理,之后达标尾水排入北湖湖体,北湖通过水泵将水引至南湖尾部的植物滞留塘,通过一定停留时间的植物根系净化处理后再排入南湖,南湖现为养鱼塘,本身已有较完整的水生态循环,有自净能力。景观提升将其塑造人工湿地,一系列曝气设施的设置使水处于相对流动状态,由于南北湖存在高差,南湖水通过景观桥下的溢流堰回到北湖,循环往复,多次净化。

为了使万丰水库水体重新流动,对其现有植物进行梳理优化。亲水步道与广场也为周边居民提供了休闲活动场所。

5.7.6 植物绿化设计

1. 植物绿化原则

(1) 因地制宜

尊重树种生态适宜性,从园林绿地的性质和主要功能出发,做到适地适树。该景观设计对象均为河道、绿地,且河道中有较长感潮河段。所以种植于洪水水位标高以下的植物应具有一定的耐水湿能力和耐盐碱能力;洪水位标高之上植物应具有良好的景观效果。采用疏密有致的种植方式,有利于形成视线开阔的滨水绿带。

(2) 生态效益

园路绿地的生态效益是评价植物绿化的主要指标之一。在本设计的树种选择上,多选择华南乡土树种。乡土树种能体现植物群落乡土风貌,抗性强,应作为基调树种使用,营造有地域特征的园林植物景观,其他树种作为骨干树种点缀城市景观,丰富群落多样性。在树种搭配方面注意常绿树种及乔灌树种比例。

(3) 艺术搭配

树种配置韵律有变化,在立面上轻重关系保持适宜,搭配时注意季相变化,处理好植物同水体、建筑等环境要素的关系,使之形成有机整体。

(4) 养护经济

"三分种、七分养",不盲目追求大树、名贵树种,考虑后期养护成本及生态效益,植物选种上偏向于抗性强、节水型耐旱或耐水淹植物,避免规则式配置,减少草坪草的使用,减少喷灌用水。

2. 绿化设计构思

根据河道现状、重要程度及景观定位,将茅洲河干流及18条支河植物风貌分为城市人文类、休闲宜居类、山水生态类、城市绿脉类四大类(图5-16)。对植物风貌进行分类控制,能更好符合预期景观意向,符合当地风貌。对于等级较高的城市人文类河道,以简洁大气的种植方式展示深圳城市形象;对于多为民居集中点的休闲宜居类河道,种植香花类观赏植物营造舒适居住环境;山水生态类多为生态控制区内的生态河道,主要以生态修复和补充种植为主;城市绿脉类大多数河道等级低,无较高景观价值。对用地紧张的河涌或沟渠,进行简单覆绿,尽量增加"绿量",软化驳岸。

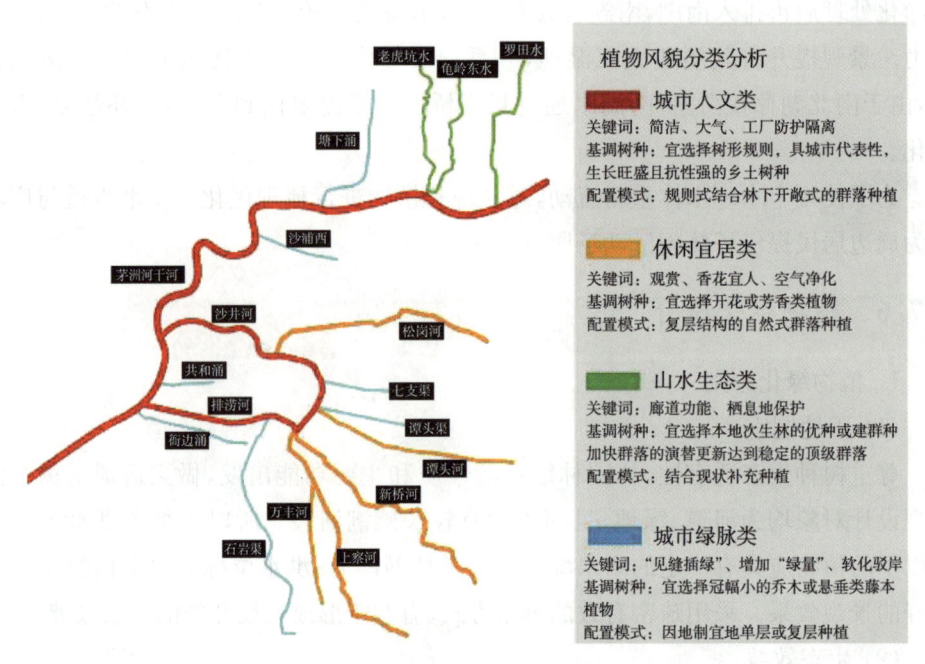

图 5-16　绿化设计构思

3. 植物种类选择

（1）城市人文类

作为茅洲河的干流一级支流的沙井河和排涝河是本景观设计重点河流。沙井河为松岗与沙井两大街道界河，河道宽敞、辐射人群多，具有代表性；排涝河与广深高速公路高架桥并行，在高架上行驶可俯瞰排涝河沿岸绿地，代表了宝安区的形象。

因此，河道边植物应体现简洁大气的风貌，作为宝安绿化的形象展示的同时，由于周边分布多数工厂厂房，也起到河道与工厂防护隔离的作用。树种选择上，偏向于树形规则或花相壮观的树种，具有深圳城市代表性，种植模式上为规则式结合林下开敞式的群落种植。

沙井河河岸以树形优美大气的秋枫、小叶榄仁、霸王棕等绿化种植展示开阔的河道景观；排涝河则可选用复羽叶栾树、美丽异木棉、凤凰木等花相壮观的乔木，有利于在高架俯瞰壮美的河道绿化景象。

具体的树种选择推荐如下。

乔木类：秋枫、复羽叶栾树、霸王棕、小叶榄仁、美丽异木棉、鸡蛋花树、白千层、黄金香柳、巴西野牡丹、旅人蕉、凤凰木、假槟榔、大王椰子树、异叶南洋杉、黄槿。

灌木类：美蕊花、鸭脚木、红背桂、金叶假连翘、海滨木槿、阔叶箬竹、双荚决明、光叶子花、细叶萼距花、狗牙花、龙船花、芙蓉菊。

草本类：凤尾丝兰、蜘蛛抱蛋、广东万年青、翠芦莉、朱蕉、大花滨菊、松果菊。

(2）休闲宜居类

松岗河、新桥河、上寮河、万丰河、潭头河，穿越了松岗与沙井社区的主要建成区，该区人口密度大、居住区集中，但周边也有不少工厂分布，因此植物配置上更加注重以人为本的原则，以保障居民生活环境。

河道植物配置的主要功能定位为供观赏及空气净化，树种选择上更加偏向于开花或芳香类植物，配置模式以近自然的复层群落结构为主，较为密闭的植物空间，配以核果类树种，具有很好的引鸟功能，对改善区域生物多样性有积极作用。

具体的树种选择推荐如下。

乔木类：盆架子、红花羊蹄甲、鸡蛋花树、白兰花、凤凰木、复羽叶栾树、蒲桃、双荚决明、垂叶榕、香樟、人面子、幌伞枫、昆士兰伞木、木棉。

灌木类：龙船花、八角金盘、扶桑、米兰、红背桂、金叶假连翘、朱槿、海滨木槿、美蕊花、软枝黄蝉、炮仗竹、硬骨凌霄、九里香、洋金凤、芙蓉菊。

草本类：龟背竹、翠芦莉、花叶艳山姜、朱蕉、美女樱、五星花、花叶冷水花、广东万年青、文殊兰。

（3）山水生态类

老虎坑水、龟岭东水、罗田水上游段端口处及中游段较大流域区植被保护较好，且用地面积较大，植物配置上偏向于生态修复及自然次生林群落构建，维护现有生态环境。

在树种选择上，更加偏向于选择稳定的顶级群落中的优势种，帮助构建群落。根据对深圳次生林群落结构与植物多样性调查，深圳现有次生林分为厚壳桂＋假苹婆＋铁榄林、鸭脚木＋豺皮樟＋鳌蒴林、杉木＋银柴＋九节林和阴香＋南洋楹＋糖胶树林4种基本类型。考虑部分园林树种难采购的因素，选择阴香、假苹婆群落优势种为此河道类型的普遍种植的园林树种，同时增加南洋楹、黄花风铃木、糖胶树、荔枝木、浙江润楠作为群落补充种植树种。

具体的树种选择推荐如下。

乔木类：阴香、假苹婆、南洋楹、黄花风铃木、胶糖树、荔枝木、浙江润楠、木荷、桃花心木。

灌木类：八角金盘、红背桂、龙船花、美蕊花、软枝黄蝉、石斑木、油茶、福建茶、希茉莉。

草本类：翠芦莉、肾蕨、春羽、狼尾草、矮蒲苇、斑叶芒、红花酢浆草、花叶艳山姜、蜘蛛兰。

（4）简约简化类

沙浦西排洪渠、塘下涌、东方七支渠、潭头渠、共和涌、衙边涌、石岩渠基本都属于感潮河段潮水冲沟，基本无景观价值，因此在种植策略上定位为简单覆绿，尽量

"见缝插绿"、增加"绿量"及软化驳岸。

树种选择上,对于用地宽松的地段以冠幅较小的池杉、落羽杉和木麻黄为主;对于用地紧张的地段以生长旺盛的八角金盘与鸭脚木为主,配以蜘蛛兰作为路缘植物,可防止行人进入,取代渠道两边的栏杆,改善环境又降低造价,悬垂类藤本植物云南黄馨或花叶蔓长春植于岸边可软化驳岸,地被植物选用生长速度快,观赏价值高的蔓花生或美女樱。

具体的树种选择推荐如下。

乔木类:池杉、落羽杉、木麻黄、麻楝、黄槿、红千层。

灌木类:八角金盘、鸭脚木、云南黄馨、黄花夹竹桃、花叶蔓长春、光叶子花、洋金凤、中华常春藤。

草本类:美女樱、广东万年青、春羽、蜘蛛兰、蔓花生、美人蕉。

5.7.7 环境配套设施设计

1. 配套设施设计规范

重点河道必须保证河道两侧无障碍通道全线贯通,一般性河道必须保证河道有一侧无障碍通道全线贯通,其他河道必须保证河道主要节点有无障碍通道可以到达。无障碍通道可参照《城市道路和建筑物无障碍设计规范》。除此之外,自行车道、步行园道、铺装设计等相关要求规范如下。

(1) 自行车道宽度宜不小于 2.5 m,步行园路宽度宜不小于 1.5 m。

(2) 一级河道自行车道宽度宜不小于 3 m,步行园路宽度宜不小于 2 m。特别宽的绿地可适当增宽。

(3) 二级河道自行车道宽度宜控制在 2.5 m。步行园路宽度宜控制在 1.5～2 m。

(4) 三级及以下河道自行车道宽度宜控制在 2.5 m。步行园路宽度宜不小于 1.5 m。

(5) 在河道两侧应结合自行车道为自行车设置一定的停放空间,宜结合桥头空间或桥下空间设置。服务半径按 0.5～1.0 km 采用。

(6) 慢行系统设计铺装材料的选择中,自行车道宜采用透水混凝土,步行园路宜采用石材。

(7) 铺装设计应满足不同河道的总体设计。

(8) 景观小品设计应反映不同河道的文化特色。

(9) 堆山置石设计不应该盲目地追求气势,应该跟整体设计意向相一致。

(10) 亲水平台及埠头设计应满足不同河道水上交通的功能需求。

(11) 城市家具设计应反映不同河道的文化特色。

2. 设计构思

设计上通过深圳传统的人地关系与城市精神概括出深圳特有的城市文化,再提取能代表茅洲河的独特抽象符号,并以此作为城市家具小品统一符号,在风格上给人一致印象(图5-17)。

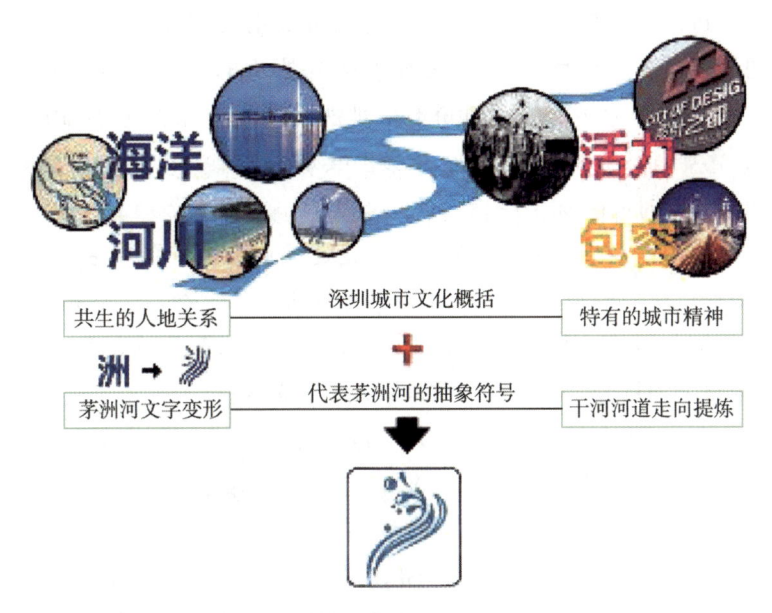

图 5-17 茅洲河代表符号的设计构思

城市家具以黄色铁锈板与芝麻灰石材作为材质,给人以简洁雅致的感受。

3. 总体设计说明

灯光设计从景观总体夜景效果出发,满足夜间功能照明和观景需求。从道路照明、入口景观照明、节点景观照明、建筑装饰照明、水系和植物照明等几个方面入手,综合光亮度、色彩等因素,营造出或幽静、或热烈的夜景空间,起到吸引游客、提高夜间景区人气、提升公园整体品位的作用。

总体而言,对贯穿景观带的游步道以及园路,采用庭院灯为主要照明工具,构造整个园区的夜景框架;对各入口、重要节点、景观构架以及雕塑小品等,则采用景观灯柱、立杆灯、LED投射灯、LED线条灯、LED地埋灯等,结合各景观结构特色,多角度、多光色地对景观进行重点照明;水系和植物的照明主要与亲水平台、亲水步道、跌水景观等元素相结合。通过LED线条灯、LED投射灯及水下灯的照明,丰富水线景观。建筑周围和沿河的高大乔木,采用LED埋地灯、立杆灯照明,以营造一个明亮的环境,灯光以白光色为主。整个园区的灯光设计遵循"低碳节能"的绿色环保理念,照明光源采用LED、节能灯等节能环保无污染光源,在满足工程需要的同时尽量减少用电量。

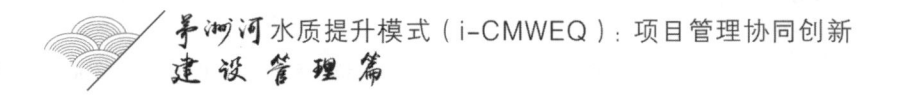

5.8 BIM技术应用

BIM，是 Building Information Modeling 的英文缩写，中文译为建筑信息模型，是指基于最先进的三维数字设计软件所构建的可视化数字信息模型，利用其本身的模型加信息特点对项目进行设计、建造及运营管理，其最终目的是使整个工程项目在设计、施工和使用等各个阶段都能够有效地实现建立资源计划、控制施工进度、节约成本、降低污染和提高效率，从真正意义上实现工程项目的全生命周期管理。主要特点有可视化、协同化、优化性、可交付性。

当前，BIM技术已被国际工程界公认为是建筑业发展的革命性技术，它的全面应用，将为工程行业的科技进步产生无可估量的影响，大大提高工程的集成化程度和参建各方的工作效率。同时，也为工程行业的发展带来巨大的效益，使规划、设计、施工乃至整个项目全生命周期的质量和效益显著提高。

为了更好落实BIM在工程领域的普及与应用，政府部门制定了大量的配套政策来激励和鞭策，如住房和城乡建设部在2013年8月发布了《关于征求关于推荐BIM技术在建筑领域应用的指导意见（征求意见稿）意见的函》，其中指出截至2020年，完善BIM技术应用标准、实施指南，形成BIM技术应用标准和政策体系。广东省住房和城乡建设厅在2014年9月发布了《关于开展建筑信息模型BIM技术推广应用工作的通知》，其中指出到2016年底，政府投资的2万m^2以上的大型公共建筑，以及申报绿色建筑项目的设计、施工应当采用BIM技术，省优良样板工程、省新技术示范工程、省优秀勘察设计项目在设计、施工、运营管理等环节普遍应用BIM技术。

5.8.1 工作内容

茅洲河项目作为深圳市大型民生工程，不论是为了响应政府政策意见，还是为了提高工程质量、提升工程建设效率，推进BIM技术都是十分必要的。因此项目公司选取2个典型工程作为BIM技术试点。

（1）选取深圳市光明区公明街道上下村污水干管调线工程作为地下管网BIM技术试点，将完成范围内新建污水干管及其配套支管的建模工作，为管线添加自定义属性，在三维模型的基础上进行管线碰撞检测、支护碰撞检测、管综优化、正向出图，实现轻量化交付，方便指导后期施工和运维。

（2）选取茅洲河流域上游上下村泵站作为排涝泵站BIM技术试点，泵站机电设备繁多，将完成建筑、结构、暖通、给排水、电气、玻璃幕墙等专业模型创建工作，在三维模型的基础上完成碰撞检测、模型校审和固化工作，在固化的模型的基础上形成部分施工图纸和材料报表，并以Autodesk系列软件为主，辅以其他专业软件定制排涝泵站 BIM 系统，方便指导后期施工和运维。

5.8.2 地下管网 BIM 实施方案

地下管线涉及雨水、污水、给水、中水、燃气、电力等多种类型的管线，还有沟渠等复杂地形，综合形成了一张错综复杂的地下管线网络。传统的二维设计和管理方式难以准确、直观地显示地下管线交叉排列的空间位置关系。应用 BIM 技术可以直观显示地下管线的空间层次和位置关系，以三维仿真的方式形象地展现地下管线的埋深、材质、形状、走向以及和路面结构、地下管廊、周边环境的位置关系。

上下村污水干管调线工程位于深圳市光明区公明街道，在上下村排洪渠北侧水荫路及南侧思源路新建污水干管及其配套支管收集片区污水，推动地面设施和地下市政基础设施更新改造，统一谋划、协同建设，解决影响河道水质与易发生地质灾害的老旧管网问题，持续推动水务设施提质增效，保障区域河道水质，提升水务设施建设水平。

上下村污水干管调线工程 BIM 系统以三维协同平台为载体，通过数字化协同设计管理，实现多专业协同设计，打破各专业间设计壁垒。工作人员在设计过程中可实时、直观地查看其他专业设计成果，如发现问题及时沟通，强化质量过程管控。与传统的二维管线平面图相比，三维协同设计有着可视性、协同性、优化性、可交付性等特点。

该 BIM 系统能够实时调整管线立体走向，即时获得管线及土方工程量的数据信息，与其他专业实时协同交互等，并开展正向出图、碰撞检测、施工模拟、仿真漫游、工程量计算及成果可视化等多方面综合应用，提高水务项目管理的数字化、信息化水平。设计模型可采取轻量化处理并发布到施工现场指导施工，完成的三维管线综合信息模型可为今后地下管线资源的统筹利用和科学布局、管线占用审批等工作提供准确、直观的参考。详细技术路线如图 5-18 所示。

上下村污水干管调线工程 BIM 系统基于软件 MicroStation、PowerCivil 及 ProjectWise 来完成地下管线的三维设计工作，可实现：

（1）仿真周边建筑模型；

（2）与数字地面模型、道路模型关联，保持联动；

（3）强大的平纵曲线设计和分析功能；

（4）自定义参数化管路节点模型；

（5）二三维联动设计；

（6）支持定制企业标准、项目标准等，包含常用的管路直径表、管路属性信息、常用的节点库等；

（7）通过 MIKE FLOOD 模型，耦合一维管网模型和二维地表漫流模型搭建城

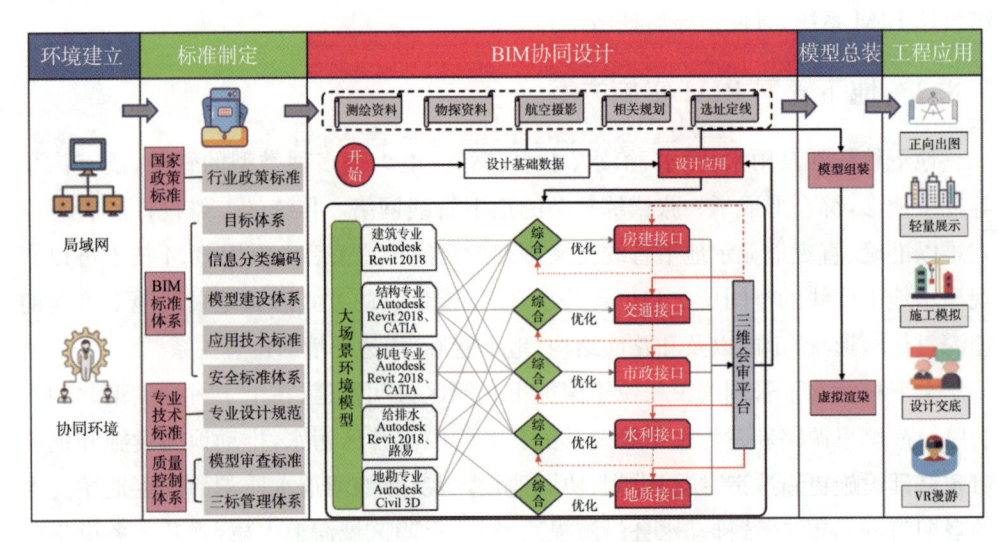

图 5-18　地下管网 BIM 系统技术路线图

市雨污水模型,评估雨污水管网排水性能,同步可完成城市内涝场景推演,论证设计方案的可行性。

完成三维模型后,系统可提供数据提取和分析的功能,并支持以多种方式对管网中各对象属性进行查询。

(1) 管路线形平纵断面分析;
(2) 按桩号切取管路剖面;
(3) 数据报表的格式定制和提取;
(4) 定制平面图中各对象的线性和标注样式;
(5) 支持对管路间的碰撞检查。

5.8.3　排涝泵站 BIM 实施方案

排涝泵站机电设备繁多,建筑、结构、电一、电二、暖通、给排水等专业相互渗透,BIM 技术的应用可使得设备布置更加合理,减少设备及管线间的"错、漏、碰、缺"。各专业在同一个协同设计平台上进行设计,能够实时了解其他专业的设计成果,更好地进行专业配合,使得泵站布置设计达到最优,可基于完成后的模型提取材料报表和抽取二维施工图纸。排涝泵站技术路线如图 5-19 所示。

上下村泵站位于深圳市光明区北环大道以南、西环大道以东、南光高速以北围合的三角形区域内。深圳市光明区政府提出,对泵站既有建筑和结构、水利设施、供电系统进行升级改造,搭建集中调度中心、展示中心,构建智慧化防洪排涝体系,打造光明区"西北门户公园"。泵站以"绿色风、国际范、科技韵"为设计理念,致力构建融合水利功能、光明区治水成果展示的光明区水务设施综合体,实现水务治理智能

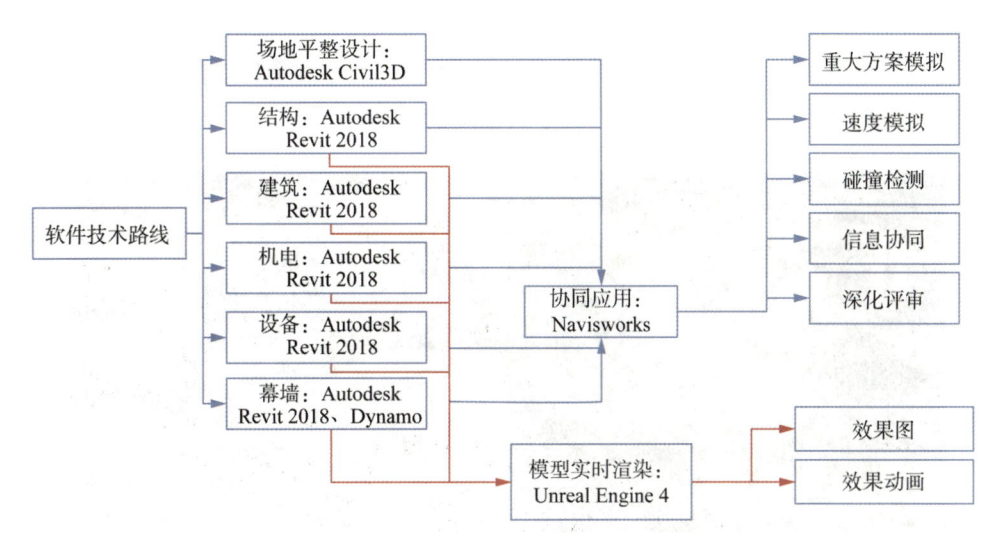

图 5-19　排涝泵站 BIM 系统软件技术路线图

化、现代化。

上下村排涝泵站 BIM 系统根据泵站物探、土建、暖通、电气等各专业基础信息，由各专业 BIM 设计工程师构建设计模型，主要分为土建模型、机电模型。其中土建模型包含建筑、结构专业模型，机电模型包含给排水、暖通、设备专业模型。为土建模型与机电模型各设立一个中心文件，机电模型通过链接土建模型进行对其的精细化建模。

在设计阶段，建筑信息模型采用正向设计方法，依照设计任务约定构建模型并进行相关性能分析，完成建筑信息模型，形成设计图纸表达。模型包含方案设计模型、初步设计模型、施工图设计模型、施工过程模型、竣工验收模型、运营维护模型。

在施工阶段，通过三维数字化模型向施工方进行设计交底，强化了设计交底的意向，克服了传统采用多张平面图纸进行交底的缺陷，能够更好地表达设计的意图，在一定程度上减少了现场施工中的返工处理的次数，为工程的顺利施工起到了很好的推动作用。

在运维阶段，利用 BIM 技术建立泵站的信息数据中心，将模型与工程数据信息进行关联，使泵站工程各阶段所有信息数据无缝整合，并通过模型实现可视化展示，有助于运维人员实时查阅、提取、输入泵站生产运行管理数据，提高管理效率和决策的科学性。

上下村排涝泵站 BIM 系统基于 Autodest Revit 2018、Dynamo、Civil 3D、Unreal Engine 4 等多种专业软件，构建三维数字化模型，可完成：

（1）多专业协同三维设计；

（2）对工作环境、三维设计标准统一管理及远程托管和自动推送；

（3）准确可靠的模型设计质量控制、校审质量控制、固化质量控制、模型应用质

量控制;

(4)三维建模软件的自动出图、自动统计材料表、三维配筋等功能使得出图的效率和质量较传统二维手工出图而言有了大幅度的提高;

图 5-20 排涝泵站 BIM 模拟效果图(左)和现场航拍图(右)

图 5-21 排涝泵站 BIM 建筑模型图(左)和现场实拍图(右)

(5)三维设计的碰撞检查功能能够基本消除设备管线的相互碰撞,减少了现场施工设计修改和问题处理的次数;

(6)参数化设备创建及更新;

(7)采用三维手段进行细部工艺设计能够提前看到不同的细部工艺设计方案的效果,有利于确定最优的细部工艺设计方案。

5.8.4 成果应用

地下管网 BIM 系统:基于 PowerCivil 定制开发,服务于设计和施工,允许在设计阶段,实时查看三维模型、动态切取剖面、提供二维图纸、查询报表、结合 MIKE FLOOD 模型评估雨污水管网排水性能。在施工阶段,可以通过系统实时查询管路及节点的埋深和坐标信息、直观显示管网间的相对位置关系、自动碰撞检查、施工方案模拟、交通疏解分析。

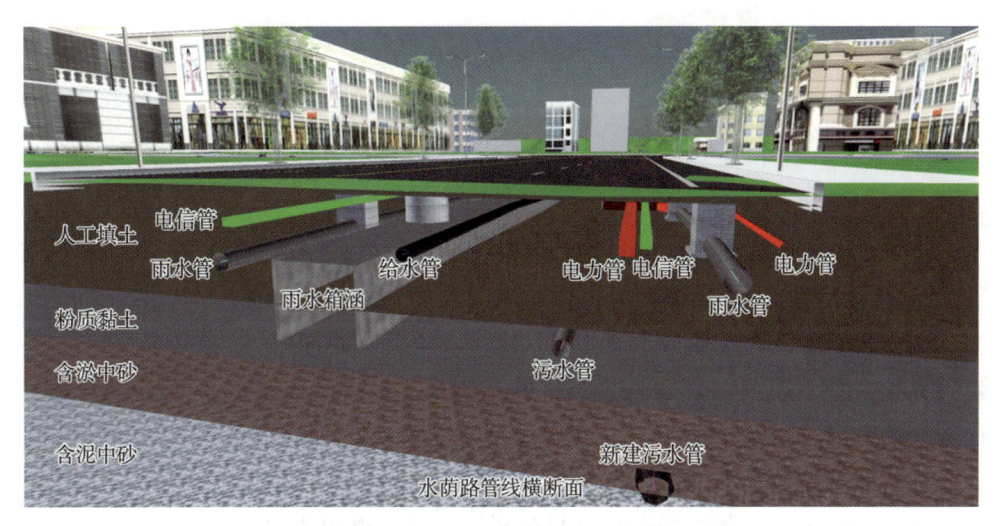

图 5-22 水荫路地下管网 BIM 系统管线横断面图

排涝泵站 BIM 系统：以 Autodesk 系列软件为主，辅以其他专业软件定制 BIM 系统，服务于设计和施工。在设计阶段，可以集成多专业三维协同、碰撞检查、设备布置优化分析、抽取二维图纸、提取材料报表。在施工阶段，BIM 系统结合 VR 技术可进行现场设计方案交底、重大方案模拟、进度模拟。同时，BIM 系统模型构件挂接工程量清单可输出工程量报表，指导核量。

运维系统：利用 Bentley 软件公司 DgnDB 技术进行开发，服务于运行维护阶段，在竣工模型的基础上建立三维数字化信息管理平台，建立实物与三维模型、三维模型与工程文档之间的关系，形成三维数字化综合信息管理平台，可以通过空间位置信息、厂商信息、编码信息能够快速查询到构件及构件相关工程档案资料，直观、快速地服务于项目运行维护。

同时，通过 BIM 技术与其他领域或技术相结合，创造出的一系列具有创新性和实用性的应用成果，相关成果如下：

(1) BIM+VR 应用：VR 全景式体验、移动端 VR 实景查看；

(2) BIM+Unreal Engine 4 引擎的应用：Unreal Engine 4 模型渲染、Unreal Engine 4 展示平台、Unreal Engine 4 蓝图设计；

(3) BIM+智慧测量的应用：倾斜摄影、场地数据生产；

(4) BIM+GIS 集成的应用：建筑节能、日照、风环境、光环境、热环境、抗震分析；

(5) BIM+项目管理的应用：协同平台、碰撞检测优化、三维会审平台。

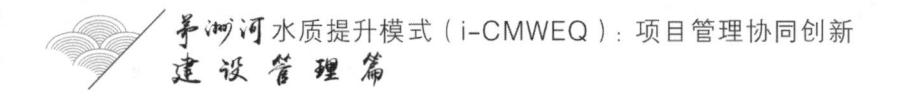

5.9 设计变更管理

5.9.1 设计变更及分类

1. 设计变更

茅洲河项目所属设计单元工程初步设计经市政府批准后,在工程招标设计、施工图设计阶段对已被批准的初步设计所做的改变称为设计变更。本项目工期压力大、子项工程多、专业类别杂、接驳协调难度大、社会协调面广、综合治理目标高,为顺利实现工程建设目标,针对边界条件的变化及时提出设计调整方案,也是确保工程质量、控制工程投资、满足工程进度的重要举措。

2. 设计变更分类

设计变更分为设计主动变更、项目公司要求的变更和业主要求的变更等。不管对于哪种变化,设计都需要提供相应的书面资料,需要列明原因及涉及的工程量变化。将相关的变更建立台账,定期整理更新。

5.9.2 设计变更原则及条件

坚持"先批准,后变更;先设计,后施工"的原则进行项目工程变更,对工程变更申请的核查须深入调查和充分论证工程变更的必要性。工程变更原则上应一次变更到位,避免"反复变更"。电建生态公司项目部提出工程变更申请需符合下列条件之一,才能填写工程变更联系单办理变更手续:(1)设计图纸的变更或建设单位原因造成施工方案的工程变更,不可预测的因素或其他特殊情况引起的工程变更;(2)重要材料或设备的改变;(3)工程量清单漏项或缺项调整;工程量清单错项调整;(4)法律、行政法规或政策的调整引起的工程变更。

5.9.3 变更管理流程

茅洲河项目的工程变更涉及设计、监理、项目主管、业主签字确认,须协调各方利益需要,无论是业主、监理还是工程局发现并提出进行任何变更都须严格按照工程变更流程进行,经过业主批准后由监理签发工程变更令才能进行实际变更。

如情况满足工程变更申请条件之一,项目部提出项目变更申请须填写工程变更联系单并附证明资料,经设计部审核后提交至监理单位,监理工程师组织设计单位、工区项目经理部等对工程变更的真实性、必要性、可行性以及工程变更方案的合理性进行洽商,形成工程变更初审会会议纪要,工区项目经理部等就准备变更事项协商后填写工程变更联系单,以缩减无效变更。工程变更相关表单、变更流程如

图 5-23、图 5-24 所示。

设计单位根据工程变更初审会的议定结果提出初步变更方案,由工区项目经理部根据初步变更方案编制工程变更费用估算材料,监理单位对其复核,同时项目管家初审材料后按照工程变更的分级审批程序,由发包人相关层级负责人主持的工程变更审查会,并出具会议纪要或函件。

设计单位根据工程变更审查会议纪要编制正式工程变更设计文件,造价编制单位负责编制工程变更预算材料,造价审核单位负责审核工程变更预算材料。同时标段、工区项目经理部也要编制工程变更预算材料,与发包人委托的造价编审单位全程进行沟通对接,工程变更预算成果由合同部、标段、工区项目经理部、咨询单位共同复核,达成一致意见。

业主收到造价审核单位审核后的工程变更预算后,由项目管家填写工程变更审批表并附工程变更审查会会议纪要、变更设计文件、变更预算文件等资料,报业主项目负责人按流程审批,在工程变更审批表审批完成后,由发包人下发变更图纸,由监理单位签发工程变更令。工程变更经审批批准后,由发包人在工程竣工验收前按有关规定将变更资料报送相关部门进行备案。

5.9.4 工程变更审批

同时,茅洲河项目工程变更采用分级审批的管理制度,根据工程规模、性质以及费用变化,将工程变更分为 4 类,对 4 类工程变更采用分级审批的管理方法。对于不

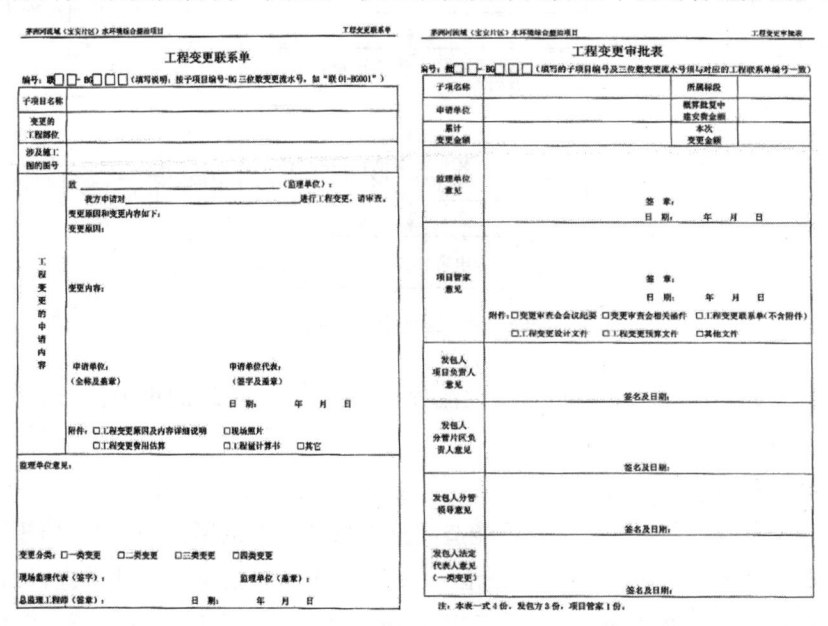

图 5-23 工程变更相关表单

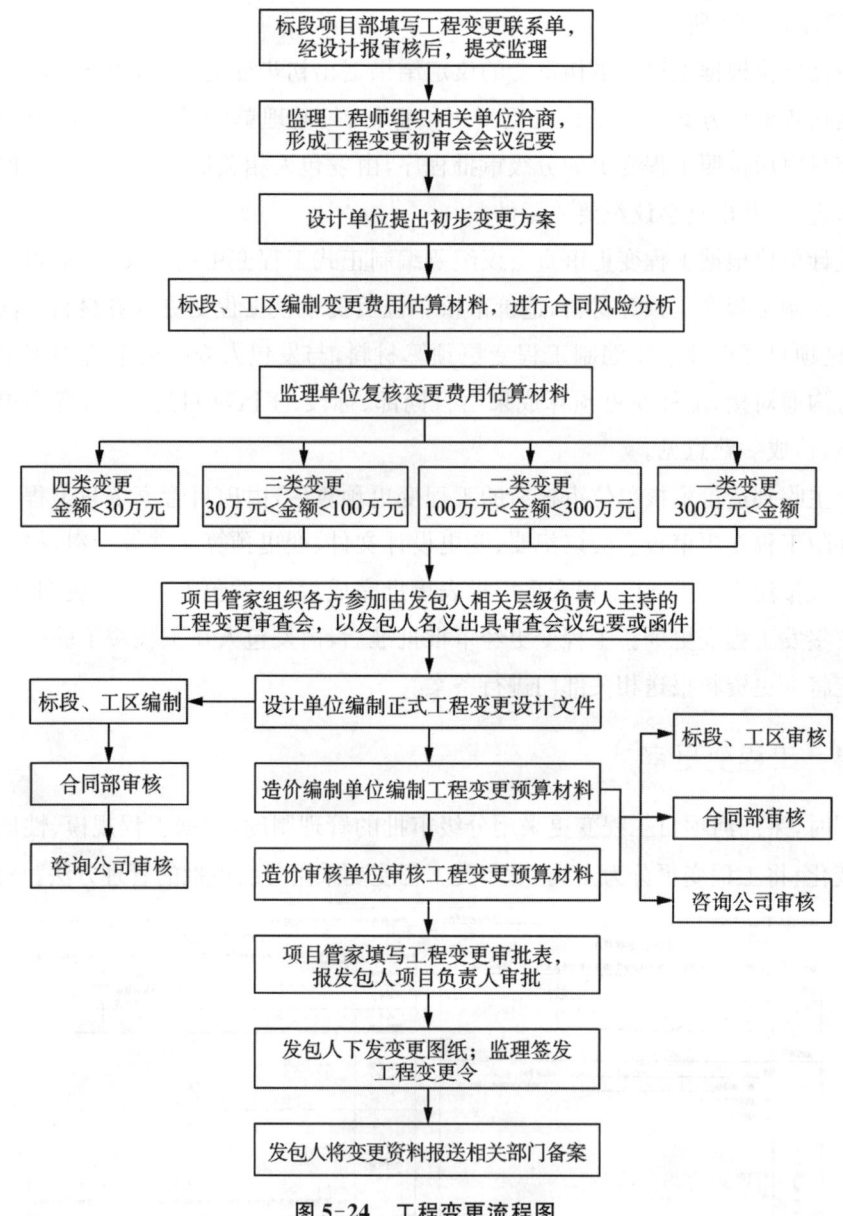

```
┌─────────────────────────────┐
│ 标段项目部填写工程变更联系单, │
│   经设计报审核后,提交监理    │
└─────────────────────────────┘
              ↓
┌─────────────────────────────┐
│ 监理工程师组织相关单位洽商,  │
│  形成工程变更初审会会议纪要  │
└─────────────────────────────┘
              ↓
┌─────────────────────────────┐
│      设计单位提出初步变更方案      │
└─────────────────────────────┘
              ↓
┌─────────────────────────────────────┐
│ 标段、工区编制变更费用估算材料,进行合同风险分析 │
└─────────────────────────────────────┘
              ↓
┌─────────────────────────────┐
│   监理单位复核变更费用估算材料   │
└─────────────────────────────┘
              ↓
┌──────────┬──────────┬──────────┬──────────┐
│ 四类变更  │ 三类变更  │ 二类变更  │ 一类变更  │
│金额<30万元│30万元<金额│100万元<金额│300万元<金额│
│          │<100万元   │<300万元   │          │
└──────────┴──────────┴──────────┴──────────┘
              ↓
┌─────────────────────────────────────┐
│ 项目管家组织各方参加由发包人相关层级负责人主持的 │
│ 工程变更审查会,以发包人名义出具审查会议纪要或函件 │
└─────────────────────────────────────┘
```

图 5-24 工程变更流程图

同的工程变更的类型采用不同的审批流程,简化了复杂烦琐的审批流程,提高了工程变更的效率。

茅洲河项目除了分级审批流程之外,电建生态公司同时设置了特殊审批程序,在出现可能危及人员生命安全或可能造成重大财产损失的紧急情况时,监理工程师可以不经发包人审批而同意标段、工区项目经理部采取相应的处理措施,以避免出现人员伤亡和重大财产损失。监理工程师应在此类紧急情况出现的第一时间向发包人作口头报告,并在 24 小时内将书面报告报发包人,按实事求是的原则在 5 个工作日内补办相关审批手续。同时,个别项目因情况特殊,也可报由上一层级领导签批后生效并开展相应变更工作,变更相关手续可后补。

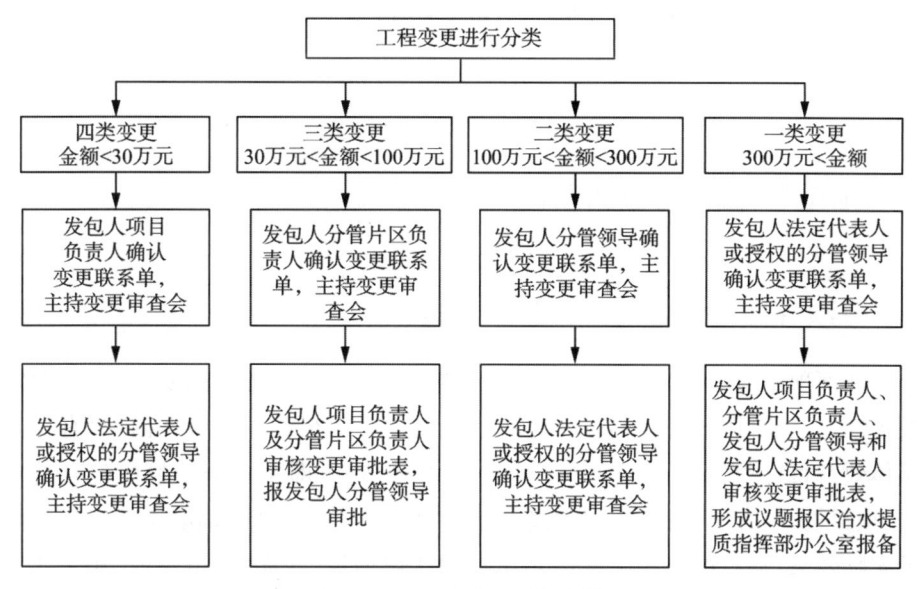

```
                        工程变更进行分类
    ┌───────────────┬─────────┴────────┬───────────────┐
  四类变更          三类变更           二类变更          一类变更
 金额<30万元    30万元<金额<100万元  100万元<金额<300万元  300万元<金额
    │               │                  │                │
 发包人项目      发包人分管片区       发包人分管领导确    发包人法定代表人
 负责人确认      负责人确认变更联系   认变更联系单,主    或授权的分管领导
 变更联系单,    单,主持变更审       持变更审查会        确认变更联系单,
 主持变更审查会  查会                                    主持变更审查会
    │               │                  │                │
 发包人法定代表人 发包人项目负责人    发包人法定代表人    发包人项目负责人、
 或授权的分管领导 及分管片区负责人    或授权的分管领导    分管片区负责人、
 确认变更联系单, 审核变更审批表,    确认变更联系单,    发包人分管领导和
 主持变更审查会  报发包人分管领导    主持变更审查会      发包人法定代表人
                  审批                                  审核变更审批表,
                                                        形成议题报区治水提
                                                        质指挥部办公室报备
```

图 5-25　工程变更分级审批

在工程变更的过程中,项目总承包部要积极跟进监理、业主处理情况,多层级沟通协调内外部的各种关系,争取得到业主、监理的理解和配合,确保变更得到快速审批。同时,生态公司要积极推进变更工作进展,并纳入公司建设管理月报管理,每月上报变更工作推进情况,同时定期召开变更工作分析会,及时总结工作,分析问题,研究对策,明确方向,确保变更工作有序推进。

第6章 项目范围管理

6.1 范围管理的流程和工具

6.1.1 项目群范围规划的机制和工具

茅洲河项目是一个典型的超大型项目群,具有项目群特有的复杂性、不确定性和模糊性。在项目群的初始启动阶段,乃至实施后的很长一段时期内,只有项目群的整体效益目标是明确的。而项目群的范围和结构,即茅洲河项目所包含的项目(或子项目群)内容和相互之间的关系结构并不能很快被确定,而必须根据水环境治理的实际效果,随着项目相关各方对项目的认识加深、深莞"两市三地"相关建设条件的逐渐成熟,以及在项目实施过程中不断产生的新问题、新需求等等各种反馈而不断动态调整和规划设计,以确保水质考核各项节点目标的达成。

因此,茅洲河项目范围管理的首要问题是"项目群范围的规划设计定义",即项目群所包含的项目的识别和选择,要在项目的实施过程中,持续识别和策划需要增加的新项目,已规划的需要调整或推迟实施,甚至放弃的项目等等,以灵活适应项目群效益目标达成的动态需要。这种"持续适应式"的项目群范围动态规划设计方式十分依赖于业主,尤其是业主高层的高效沟通和他们的迅速反馈及决策,需要业主能够及时地向项目实施方说明他们对项目的需要和意愿,能不断针对新形成的可交付成果提出反馈意见,并对项目实施方提出的策划和建议迅速进行沟通和做出决策。为有效应对茅洲河项目群范围规划设计定义的这种系统性、动态适应性和需要业主全程频繁、深入地参与的特点,茅洲河项目主要创新应用了以下一些方法和工具,为项目群范围规划工作的动态高质量完成创造了良好的环境基础和机制条件。

1. 创建高效顺畅的顶层沟通决策平台和机制

茅洲河项目的很多重大决策,尤其是所含项目包(子项目群)和项目的策划和确认,都需要市、区两级最高领导的直接参与,因此与市、区两级最高领导间保持高效畅通的沟通平台和机制至关重要。为此,茅洲河项目主要采用了建立顶层战略合作平台、"高配"设立集团项目指挥部等机制,确保了与业主方高层的高效互动,为茅洲河项目群范围精准适应项目实施的动态需要建立了最重要的沟通平台。

(1) 建立顶层战略合作平台

在茅洲河项目第一个项目包——茅洲河流域(宝安片区)水环境综合整治 EPC 总承包项目中标后不久，中国电建就于 2016 年 4 月 15 日，与深圳市人民政府在深圳签订战略合作协议。时任原国家环保部部长、广东省委副书记、深圳市委书记、深圳市政府主要领导和中国电建集团(股份)公司董事长率队出席签字仪式，中国电建集团(股份)公司党委常委、副总经理、原电建水环境公司董事长和深圳市委、市政府主要领导代表双方在协议书上签字，双方再次明确茅洲河治理的重要性和加强战略合作的高层推动。

(2) "高配"设立集团项目指挥部

在正式中标茅洲河流域(宝安片区)水环境综合整治项目后的第一时间，中国电建就在集团层面成立了"中国电建深圳茅洲河流域水环境综合整治指挥部"，由时任集团党委常委、副总经理王民浩任指挥长，并亲自兼任茅洲河项目的履约单位——中电建水环境治理技术有限公司的董事长长达数年之久，这样能方便协调全集团的资源来保障茅洲河项目的顺利实施，更重要的是能够更通畅地与项目业主的高层进行互动沟通，能代表中国电建，迅速就项目有关事宜做出决策。

2. 首创系统完整的全流域区域一体化水环境治理模式

茅洲河项目群范围的规划设计定义，必须遵循流域水环境的自然系统属性，严格遵循"流域统筹、系统治理"理念，始终以流域的整体水环境治理效果为目标来进行，方能做出科学的规划，得到满意的治理效果。为此，中国电建联合深圳和东莞的相关地方政府，共同首创并应用了"一个平台、一个目标、一个系统、一个项目"和"全流域统筹、全打包实施、全过程控制、全方位合作、全目标考核"的区域一体化水环境治理模式和机制，落实六大技术系统理论成果，和五大实施方案及技术指南等技术体系的要求，确保了茅洲河项目群范围规划工作的系统科学性和使项目实施满足动态需求的适应性。

通过三地一体化的治理模式，确保了从系统、科学的角度统一规划各地所需要实施的各个项目包和有机协调实施过程，形成系统效应，达到系统治理的效果，彻底解决各地分段治理、治理不同步、碎片化、不协同等弊端导致整体治理无效、污染问题反复出现等情况。区域一体化治理模式如图 6-1 所示。

3. 创新应用"地方政府＋大央企＋大 EPC"的大兵团项目实施模式

茅洲河流域治理点多、面广、涉及专业多、耗时长、规模大，具有系统性、长期性、动态性和复杂性等特点，一方面在施工上需要高强度持续投入，全流域同时铺开，快速有序推进，全面彻底治理到位，以破解干支流治理不同步、分段治理、碎片化施工造成的整体治理效果不稳定、不持续、问题反复的顽疾；另一方面更需要快速适应项目群范围动态变化的不确定性和复杂性，需要在初始项目群建设的基础上，迅速响

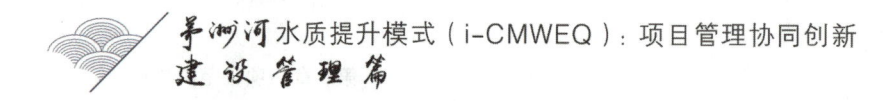

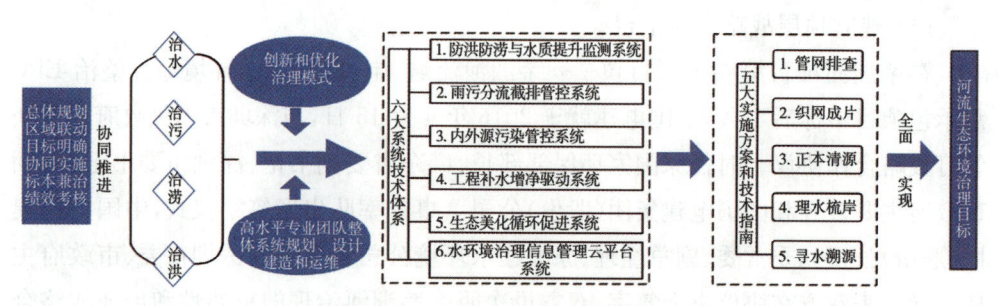

图 6-1　茅洲河水环境治理区域一体化治理模式

应在治理过程中不断涌现和辨识出的治理新问题、新需求,快速设计新方案、策划新项目,与项目业主和其他各相关方密集沟通、高效决策,不断优化调整项目群范围结构,以精准满足项目群整体治理目标实现的动态需求。这需要项目实施团队一方面具备强大的规模实力,另一方面需具备敏捷的动态响应能力。

为此,电建生态公司结合以往承建跨流域重大水利水电工程的经验,突破传统治水格局,联合地方政府,创新提出了"以地方政府为主导、以优势设计为引领、以大型央企为保障"的"地方政府＋大央企＋大 EPC"的"大兵团"项目实施模式,如图 6-2 所示,汇集行业内各方力量编队出海,"以专业平台公司为纽带,以一个专业综合甲级设计院为龙头,集十几个成员施工企业为骨干,汇数十几个地方企业为合作伙伴,形成大兵团作战",以充分发挥中国电建"懂水熟电,擅规划设计,长施工建造、能投资运营"的全产业链能力优势,有效满足了茅洲河项目实施需要的高水平的大规模施工能力以及敏捷精准的项目群范围动态管控能力。

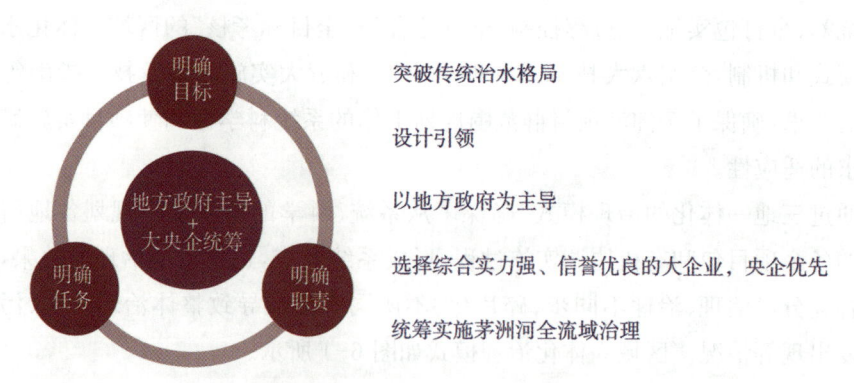

图 6-2　EPC"大兵团"项目实施模式

通过创新应用以上项目治理和实施模式及机制工具,茅洲河项目有效地动态规划设计定义了项目群的范围结构,继 2016 年 2 月 1 日电建股份与华东院联合体中标启动茅洲河项目的第一个项目包——茅洲河流域(宝安片区)水环境综合整治 EPC 总承包项目后,在其后 4 年,随着项目实施的深入和相关区域实施条件的逐步成熟,中国电建与"两市三地"政府紧密合作，又相继策划、中标和实施了其他 11 个茅洲河流域水环境综合治理相关项目包，总计 106 个新项目，逐步构建起完整的茅洲河项目群，充分满足了茅洲河流域治理的动态需求，确保了整体治理目标的达成。

生态补水是保护治理河湖的重要举措。特别需要指出的是，第一个项目包中原先设计包含有"从茅洲河汇入珠江口附近调取咸淡水"的河流生态补水的项目，在项目中标后和在履约实施过程中，项目指挥部和电建生态公司电建生态公司组织设计单位对该方案又进行了充分的论证研究，并广泛听取各方面专家的意见，研究对比了多种生态补充方案，包括上游水库放水补水、自然降雨补水、地下水补水、新修建生态水库（湖）补水、再生水直接补水、再生水及雨水经人工湿地净化后回归河道补水等多种方案。为确定补水地点，电建生态公司研究了从支流源头补水，干流中下游感潮河段补水，干流中上游补水，主要支流或全部支流补水等方案。根据实施条件和需求的变化，最终未采用珠江口取水进行生态补水的方案，而主要采用再生水补水和上游水库应急补水方案，对支流和干流进行生态补水。这不仅充分体现了项目群范围动态变化的特点，更体现了电建生态公司团队负责任的企业精神。该项补水措施的优化设计和实施使生态补水的工程投资从约 16 亿元，降到 5 亿多元，为国家节约了大量投资。

6.1.2 项目范围管理的流程和工具

每次明确定义了一个新的项目包后，其中包含的每个确定项目的范围管理工作则可采用常规的项目范围管理工具和按照常规流程进行。电建生态公司团队不断总结实践经验，特别是在中标上游光明片区项目后，按"流域统筹、系统治理"理念拓展全流域治理的整体概念已经初步形成，为加强和完善项目包及项目群管理，更加细致地制定了健全完整的制度和工具前期先在内部探索试行，自 2020 年起陆续正式印发执行。该项制度和工具，涵盖项目范围定义、范围分解和关键任务计划制定、范围变更、范围确认等各项工作，主要相关制度和管理、变更流程如表 6-1、图 6-3 和图 6-4 所示。

6.2 项目范围管理的实施

茅洲河项目范围管理工作的首要任务在于对项目群范围的设计定义，在上述顶层沟通决策机制的支持和项目治理实施模式框架下，电建生态公司团队与政府相关部门紧密合作，充分发挥深圳特区敢闯敢试的精神和政策优势，精心策划、大胆尝试，逐步探索构建起了一套科学有效的、以"前瞻研究、主动应对"为宗旨的茅洲河项目群范围动态设计方法体系，包括"设计咨询先行，统一路径标准，成熟打包立项，年

表 6-1 项目范围管理主要制度

序号	制度名称	制度编号
1	项目管理工作导则	ST-YY-ZY-2020-04
2	项目管理策划管理办法	ST-YY-BF-2020-05
3	工作计划管理办法	ST-YY-BF-2020-06
4	项目实施策划管理办法	ST-GC-BF-2020-07
5	工程变更索赔管理办法	ST-GC-BF-2020-21
6	建设项目收尾管理办法	ST-GC-BF-2020-26
7	勘测设计管理办法	ST-SJ-BF-2020-01

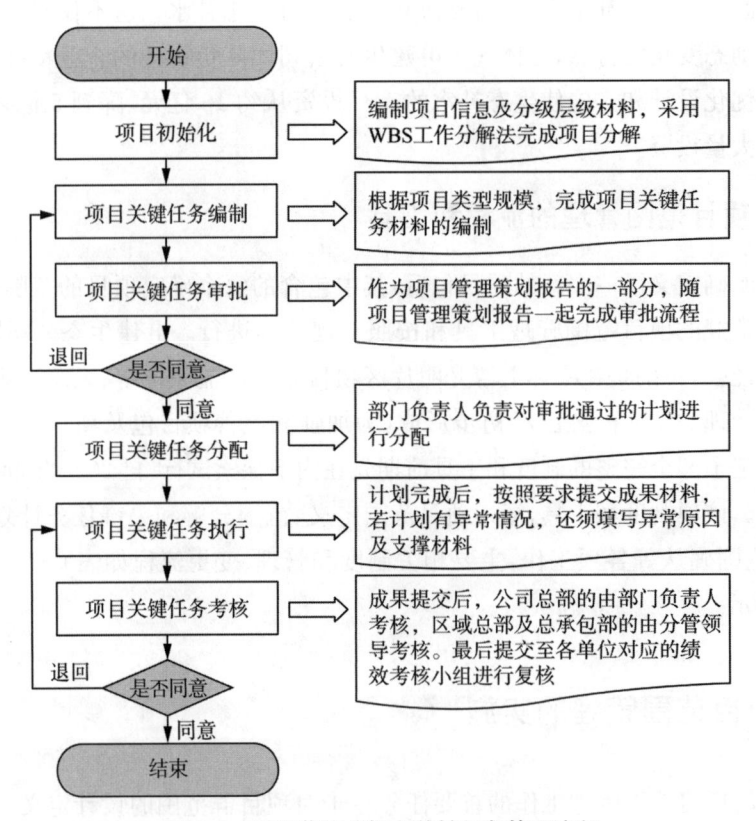

图 6-3 项目范围分解和关键任务管理流程

图 6-4 项目范围变更流程

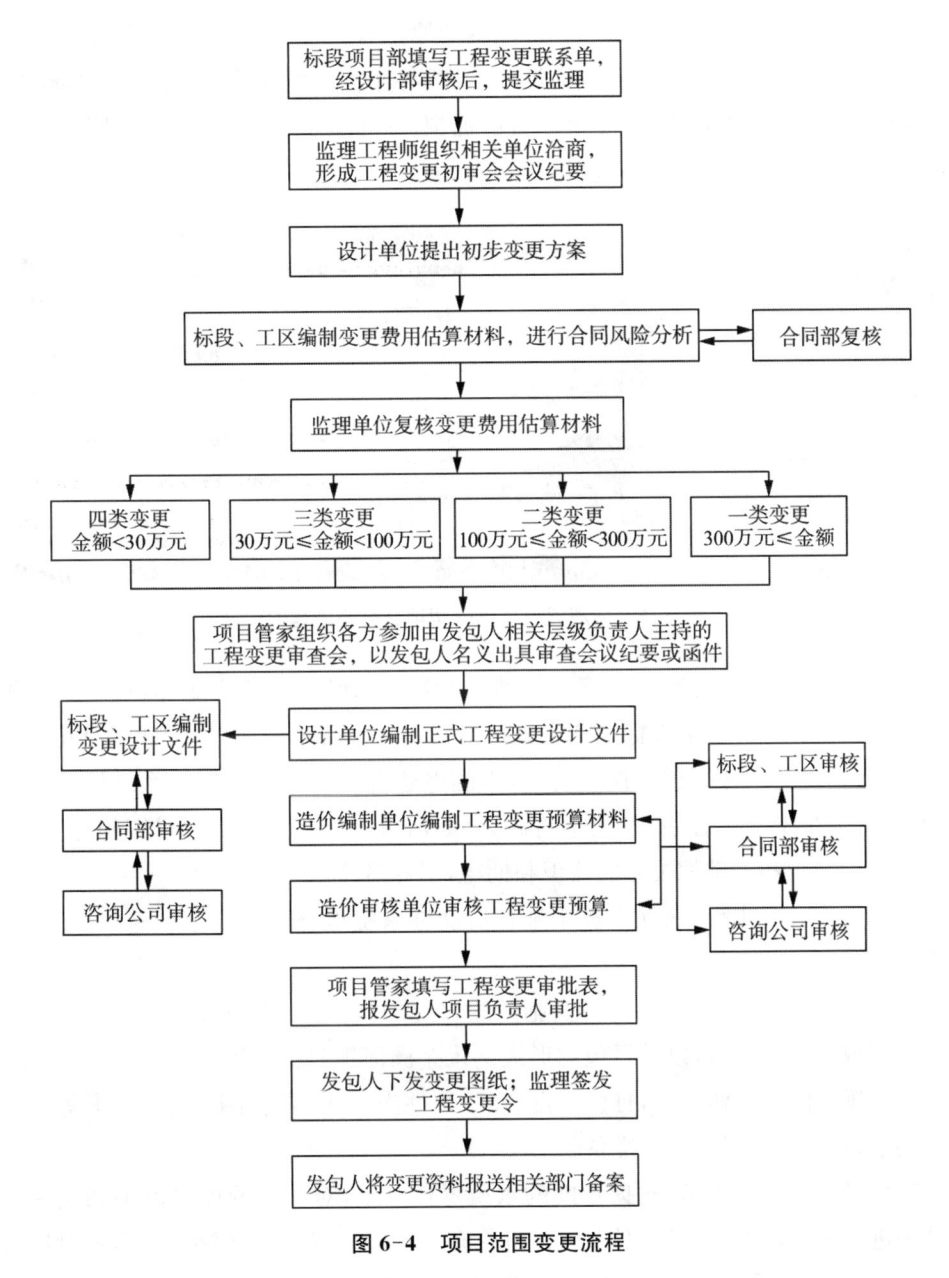

度回顾审查"4 项主要原则和工作,确保了逐次明晰确定的茅洲河项目群范围始终与当时的环境条件和治理需求相适应。

其中,"设计咨询先行"是指,由于茅洲河项目本质上具有建设主体多、规模大、范围广、项目数量和类型多、不确定性程度高、风险大等复杂特性,其生命周期必然是一种高度适应型的生命周期(adaptive life cycle),在项目开始时无法明确项目群的范围,必须采用敏捷型的项目群范围设计方法,在项目早期先迅速基于初始需求设计一套高层级的方案,构建起项目群范围的原型,再在其后的项目实施过程中,根据最新情况,持续开展项目群范围的设计工作,与业主频繁互动,迅速迭代更新项目群范围,逐渐构建、明确和细化整个项目群范围。因此,茅洲河项目群范围设计工作必须以高水平设计院为设计咨询单位。

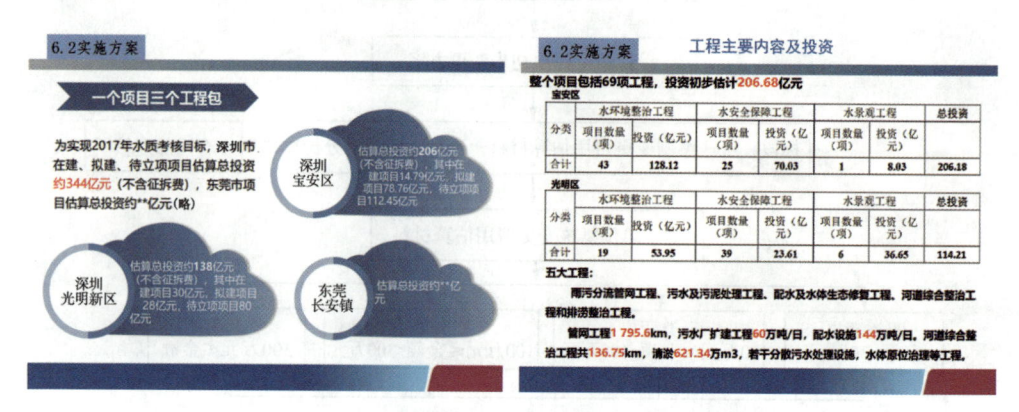

图 6-5 茅洲河项目第一版项目群范围框架

"统一路径标准"是指,茅洲河项目涉及"两市三地"多个建设主体,项目群范围的设计必须遵循同一套治理标准和实施技术路径,以确保"三地"的设计项目相互衔接协调,不出现互相冲突或遗漏。为此,中国电建在项目实施初期就系统提出了茅洲河治理"分步走"(综合治理、正本清源、全面消黑、提质增效)的项目实施路径,以求统一各地业主和关键相关方的认识和期望,引导各个实施阶段的茅洲河项目群范围的设计工作有序进行,确保了整个项目群能够系统地、全域地、滚动地、逐步地向治水目标靠近。

"成熟打包立项"是指,在各个实施阶段,把当时已经明确需求和条件成熟的项目全部打成一个项目包,以项目包的形式纳入茅洲河项目群范围,并进行建设立项,以节省立项时间。成熟一批,打包一批,对于条件尚不成熟或需求、技术方案等还不明确的项目,则继续研究和做准备。

"年度回顾审查"是指,根据年度的水质考核结果,对现有的项目范围和实际治理效果进行回顾性审查,以及时发现和讨论有关的问题,提出改进措施,确定对项目群范围、进度或实施过程进行调整的决定,以帮助明确下一轮的项目群范围。

通过上述项目群范围动态设计方法的成功应用,茅洲河项目范围的确定被迅速优化,在 4 年内逐渐被完善为由 12 个项目包组成的完整的茅洲河项目群。在一个新的项目包被明确定义后,其中所包含的各个子项目一般首先会被按照以下原则(图 6-6)划分到各个标段,其中一个子项必须被完整地划入某个标段,而不能被分解到两个以上不同的标段。

例如,茅洲河流域(宝安片区)水环境综合整治项目包的 46 个项目一共被划分为

10个标段，划分到各个标段的各个子项目则按照常规的 WBS（Work Breakdown Structure）分解原则和方法，进行标准的 WBS 分解，一般按工序分解至工作包，分配给各个作业队。根据上述方法，最终形成的茅洲河项目的项目群结构和各子项目的 WBS 首层分解结构如图 6-7 所示。

6.3　范围管理中遇到的主要挑战和克服措施

范围管理中遇到了很多困难挑战，中国电建积极采取了相应的克服措施。

（1）治水的系统性与常规经验认知及地方政府人员任期有限性之间的矛盾

茅洲河流域水环境治理项目是一个完整的系统工程，必须按照"流域统筹、系统治理"的理念来治理，很多设计内容和措施往往具备先进性和创新性，超出了常规经验认知，而且建设周期长，也往往要超过属地政府和业主单位领导的任期，导致中国电建系统设计的项目范围与地方政府主管部门初始难以迅速达成共识。

例如，中国电建在 2015 年开展茅洲河项目初期，深圳市水务局已经给深圳六大水系安排做规划，其中预计花三五百亿元可以把茅洲河治好。电建生态公司在了解政府规划的基础上，以更长远的视角，重新做了一套内部规划报告，通过这个设计规划把电建生态公司的方案、思路、技术路线更加完整地梳理出来，提供给政府作为决策参考。在这个设计规划中只要与整个茅洲河长治久清有关的，中国电建不仅把水环境治理的方案给予落实，更为沿河城市更新、产业升级、"三线下地"等民生工程也提供建议，把周边的产业升级改造、景观绿道、康养健身设施建设、拆迁的费用都考虑进去。

划分标段的原则
(1) 充分考虑本项目EPC管理模式的特点；
(2) 充分考虑本项目的工程专业分类及关联性；
(3) 充分考虑本项目的行政属地范围情况；
(4) 考虑项目实施过程的资源配置及调配和现场管理的需要；
(5) 考虑外部接口及对外协调的需要；
(6) 考虑方便施工组织，减少相互干扰的需要；
(7) 考虑拟投入实施的电建子公司的施工资质和类似工程施工业绩情况；
(8) 综合考虑本项目施工过程中的安全、质量、进度等因素。

图 6-6　项目包的标段划分原则

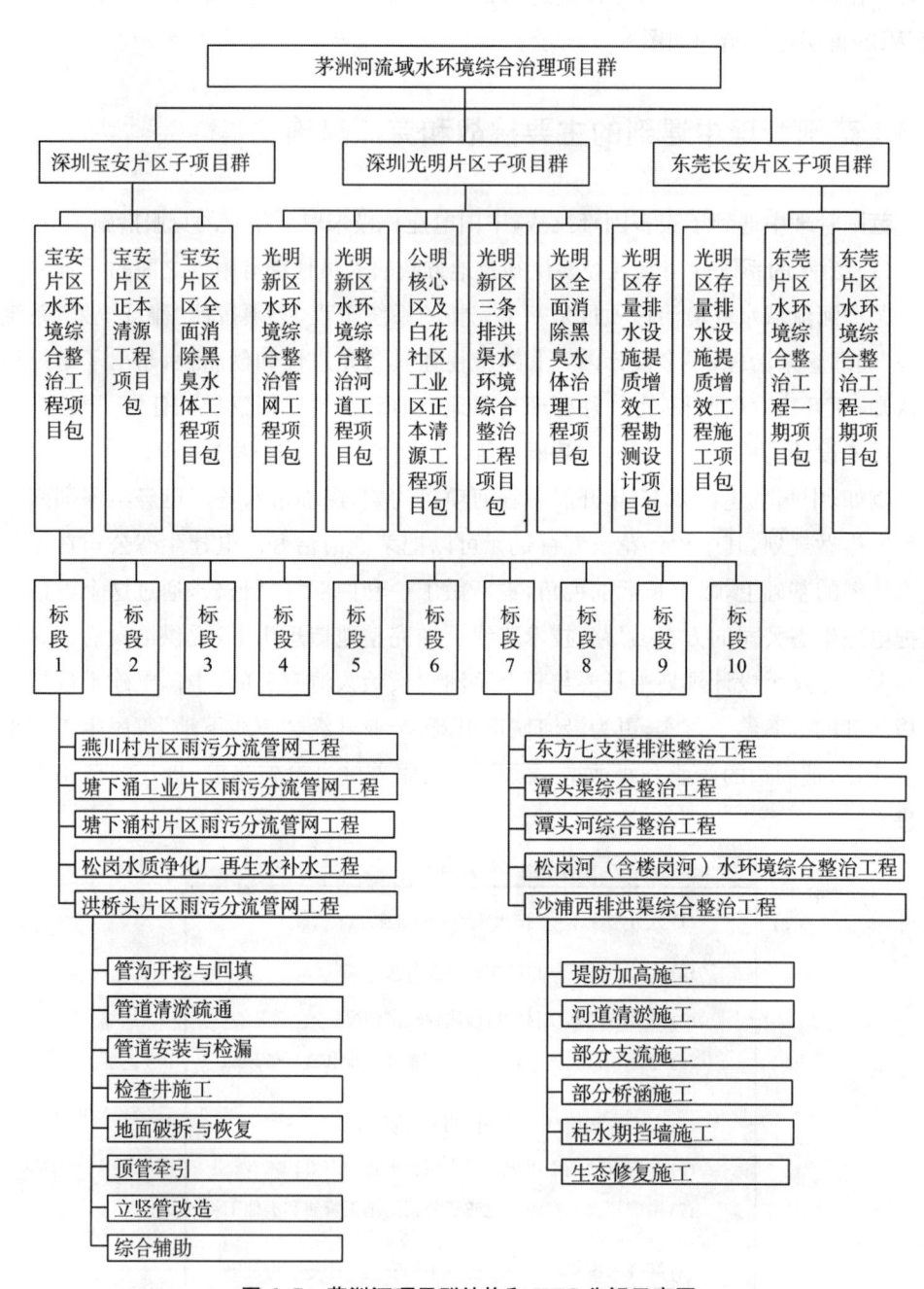

图 6-7 茅洲河项目群结构和 WBS 分解示意图

电建生态公司对此始终坚持系统治水、可持续发展的原则,通过各种方式,与各有关部门进行了大量的沟通研讨工作,反复建议和说明,要达到茅洲河流域长制久清的根本目的,项目范围就得有这么完整的设计规划,而且按整个设计规划做就得花钱,当然其中有的费用不是直接治污的钱,如拆迁费,但是防洪治涝、景观提升、产业升级改造、城市更新改造、脏乱差治理等等需要的费用,应该一并设计和统筹考虑,否则,下步实施时又要在同一区域、同一地点"翻烧饼",让老百姓很反感。还有如水安全方面的防洪工程建设,当年政府规划写的是 50 年一遇防洪标准,电建生态公司认为,如果按此标准建设,将来很多地方又可能因标准的提高需要推倒重来,所以建议提高到 200 年一遇防洪标准实施建设,政府也接受了这个建议,干流下游河段提高了防洪标准。排涝河口以下至海口干流采用 200 年一遇设计防洪标准,排涝河口以上至洋涌河水闸段干流采用 100 年一遇设计防洪标准。支流河段根据防洪保护对象等采用不同等级的设计洪水标准。结果证明,政府决策对了,特别是该河段经历了几次台风暴雨的考验,大家的体会更深了。实际上,电建生态公司的这套设计规划设置了一步一步的阶段性目标和具体建设任务,这样既确保了政府领导任期任务的完成,也践行了"一张蓝图干到底"的理念。

(2) 项目的创新性与现有工程建设体制之间的矛盾

茅洲河项目是一个创新的项目,其中有很多新问题在现有的工程建设体制下是难以解决的,对此电建生态公司与当地政府密切合作,充分依托深圳特区的政策优势,心往一处去,劲往一处使,以"一切为治水让路","只为治水找出路,不为自己留退路"的精神,深入研究、精心策划、大胆尝试,探索推行了很多创新的做法,为茅洲河项目的成功开辟了"出路"。

例如,在茅洲河流域(宝安片区)水环境综合整治 EPC 总承包项目的立项过程中,经深圳市政府同意,决定采用将 46 个项目打包,一次性招标委托一家单位统一实施的创新模式,以最大限度满足茅洲河流域系统治理的需求。但是,当时 46 个项目中,已经获批初步设计的项目只有 4 个,按照现有工程建设管理制度是可以进行公开招标的;其他可行性研究已获批的有 9 个,可行性研究已编未获批的有 9 个,其他 24 个全部没有完成可行性研究编制,甚至没有确定概算,按照现有工程管理体制都不能进行公开招标。但是,茅洲河流域水环境治理的任务十分迫切,如按现有管理程序,等到这些项目都完全具备公开招标条件,将根本无法满足 2017 年底通过第一次国家环保考核的要求。

对此,电建生态公司与地方政府创新提出了"估算总额限制,包内子项目调剂"的项目包招标价格确定机制,即遵循"概算不能超估算"的原则,将整个项目包的概算控制在项目包的总估算费用范围内先进行整体招标,对于包内尚未确定概算的各个子项目,则可以在项目包的总估算限额内,相互调剂。以项目包整体估算的确定满足了现有管理体制对于公开招标相关规定。

此外,即使如此,在项目招标前,还有较多内容难以通过在概算中计列预备费、暂列金、不可预见费等来解决和预测,而且难以包含在46项中。当时地方政府主管部门深入调查研究后,对这些不确定性很大、难以预判但很可能需要实施的工程任务和项目,采取在46个项目中,设置一个项目内容留白的"恢复工程"项目。这样,可以在项目实施过程中,在项目包整体估算限额范围内,根据项目实施的需要和实际情况,经项目业主同意,在该"恢复工程"项目中可增加所需新的项目内容,以此顺利解决了管理项目范围不确定的问题与现有工程管理模式和体制之间的矛盾,为有效管理具有不确定性的项目开辟了一条新的路径。该恢复工程预算费用为5亿元,实际执行后费用为3.5亿多元。

综上所述,茅洲河项目通过大胆探索,创新应用以上项目范围管理体系和各项工具,有效管理了项目群的动态范围,继2016年2月1日中国电建中标茅洲河流域(宝安片区)水环境综合整治EPC总承包项目后,在其后4年电建生态公司与"两市三地"政府紧密合作,又相继中标、策划和实施了其他11个茅洲河流域水环境综合治理相关项目包,逐步构建起完整的茅洲河项目群,充分满足了茅洲河流域水环境整体治理的动态需求,确保了水质达到整体绩效目标,包括每个里程碑目标的达成,提前1年零2个月实现茅洲河水质达到国考要求。

第 7 章 项目进度管理

茅洲河项目整治工程工序繁多且复杂,管网、河道等工程施工强度极大,屡创国内相关施工纪录,但项目面对的国家、省级水质考核的压力巨大,导致项目有效工期非常紧张;同时项目位于城市高密度建成区,河道两岸工厂及居民区林立且无沿河道路,不仅很难形成标准化和规模化施工,施工难度极大,而且外部协调工作量极其繁重,不可控因素极多。以上问题对项目进度影响极大,因此必须对茅洲河项目进行严密整体的计划,严格执行进度控制,保障项目建设顺利完成。

7.1 项目进度计划的制订

在项目范围初步明确后,茅洲河项目管理团队组织制订进度计划(流程如图 7-1 所示),通过各项管理措施确保进度计划的执行和优化。进度管理流程和工具主要包括进度制定和执行流程、进度控制等流程,以及报告、会议和信息管控平台等工具,以确保实现"日保周、周保月、月保季、季保年、年保总"的管理效果。

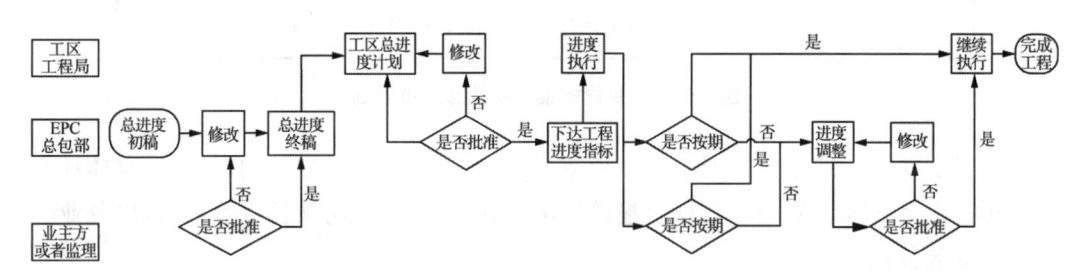

图 7-1 整体进度计划制定流程图

茅洲河项目进度计划包括总进度计划、子项进度计划和工区进度计划、年度进度计划等。首先是政府确定了茅洲河水环境治理的总的治理进度里程碑目标,策划分解成若干项目包,对项目包进行挂网招标。中国电建集团等总承包竞标单位根据政府确定的治理总体目标进行投标,在投标文件中明确符合业主招标要求的项目包的初步总体进度计划,如图 7-2 所示。

中标后,对茅洲河项目根据与业主签订的"总承包协议",综合考虑设计文件、施工图纸、施工条件、工艺关系、组织关系、合理施工顺序等因素,在项目工作分解结构(WBS)的基础上利用横道图、网络计划技术等计划工具编制项目进度计划,对进度

茅洲河流域(宝安片区)水环境综合整治项目　　　　　　　　投标文件/技术标部分

第五章 施工进度计划及保证措施

第一节 工期目标

根据招标文件及补疑001，业主对项目总工期要求为：2016年1月31日工程开工，2017年12月31日前完成指定工程，其余所有工程按"项目内容清单表"完工时间完工。

本项目计划开工日期为2016年1月31日，2017年12月16日完成指定工程，较招标文件要求的完工日期提前15天，沙井茗边涌片区内涝整治工程提前一个月完工，其余所有工程按"项目内容清单表"完工时间提前至少半个月。全部工程2019年9月30日完工，较招标文件提前3个月完工。

表4-5-1-1 计划工期目标与招标里程碑工期对照表

序号	里程碑工程任务	里程碑工期	计划完成时间	对比情况	备注
1	进场施工	2016年1月31日	2016年1月31日		满足河段截污的时间要求
2	管网工程累计完成240 km	2016年12月31日	2016年12月31日	提前0天	
3	管网工程累计完成不低于600 km	2017年12月31日	2017年12月16日	提前15天	
4	排涝工程完工	2019年5月31日	2019年4月30日	提前31天	
5	河流治理工程完工	2017年12月31日	2017年12月16日	提前15天	
6	完成河道底泥处置	2017年12月31日	2017年12月16日	提前15天	
7	全部工程完成	2019年12月31日	2019年9月30日	提前3个月	

图 7-2　项目投标策划中的总进度计划

影响因素进行识别与排序，从而编制形成"项目包总体进度计划"材料。该项总体计划由公司茅洲河EPC总包部同时报送公司建管中心（茅洲河项目直管部门）以及业主方审批备案。

根据总进度计划，茅洲河EPC总包部将各子项目按所属工区归集，根据项目时间紧迫程度和必要审查程序倒排各子项目进度计划，并对各子项目进一步细化进度指标。茅洲河EPC总包部向各工区工程局下达总计划后，各工区（标段）项目部根据总计划编制工程计划。各个工区项目部在开工前14天内向EPC总包部报送工区以及所属各子项目的总进度计划。

最后，茅洲河EPC总包部会根据项目包和各子项目的总进度计划编制相应的年度进度计划。所有的年进度计划需于上一年度12月10日前，加盖公章报送公司建设管理中心，同时呈送监理方审批。各工区根据批准的相应年度进度计划，结合本工区和所属子项目工作的具体要求，滚动制订阶段性进度作业计划，并按规定向茅洲河EPC总包部上报年度、季度、月份、周进度计划。茅洲河流域水环境综合整治工程项目进度计划的制订举例如图 7-3 至图 7-7 所示。

在进度计划实施过程中,总包方以及各工区工程局定期检查工作的实际完成情况,并与计划进度进行比较分析。一旦发现偏差,工程局或者总包方会同工程局在分析原因的基础上提出改进措施,以加快工作进度;必要时总包方对原进度计划进行调整并报业主或者监理单位审批。

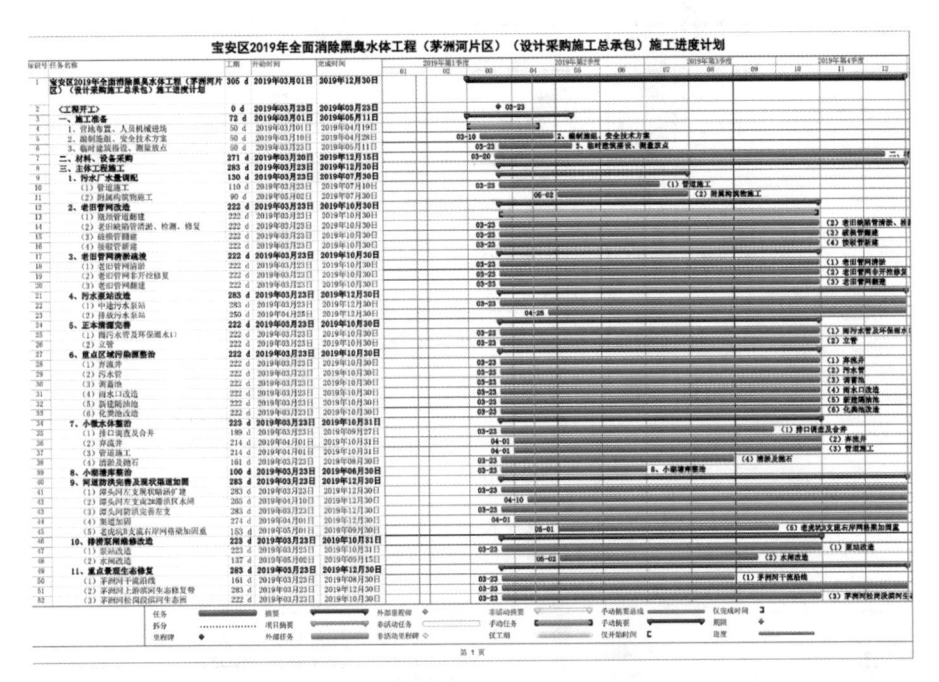

图 7-3　宝安区 2019 年全面消除黑臭水体工程(茅洲河片区)施工进度计划

宝安区2019年全面消除黑臭水体工程（茅洲河片区）施工总进度计划
正本清源完善工程

序号	工区	设计小区数量	污水管（m）	雨水管、明渠（m）	建筑立管（m）	接驳化粪池（个）	接驳点（个）	路面恢复（m）	计划开工时间	计划完工时间	备注
1	1工区	25	11172	3612	14616	75	25	14784	2019年3月23日	2019年10月30日	
2	2工区	5	3500	400	3000	200	30	3500	2019年3月23日	2019年8月30日	
3	3工区	4	1017	95	105	4	10	1112	2019年3月23日	2019年10月30日	
4	4工区	3	4025	1031	5265	120	46	5326	2019年3月23日	2019年9月30日	
5	5工区	22	32000	4000	92000	580	64	34000	2019年3月23日	2019年8月30日	
7	7工区	1	820	400	0	15	15	820	2019年3月23日	2019年8月30日	
8	8工区	8	1000	1000	0	17	16	3000	2019年3月23日	2019年8月30日	
9	合计	68	53534	10538	114986	1011	206	62542			

图 7-4　宝安区 2019 年全面消除黑臭水体工程(茅洲河片区)各工区进度指标

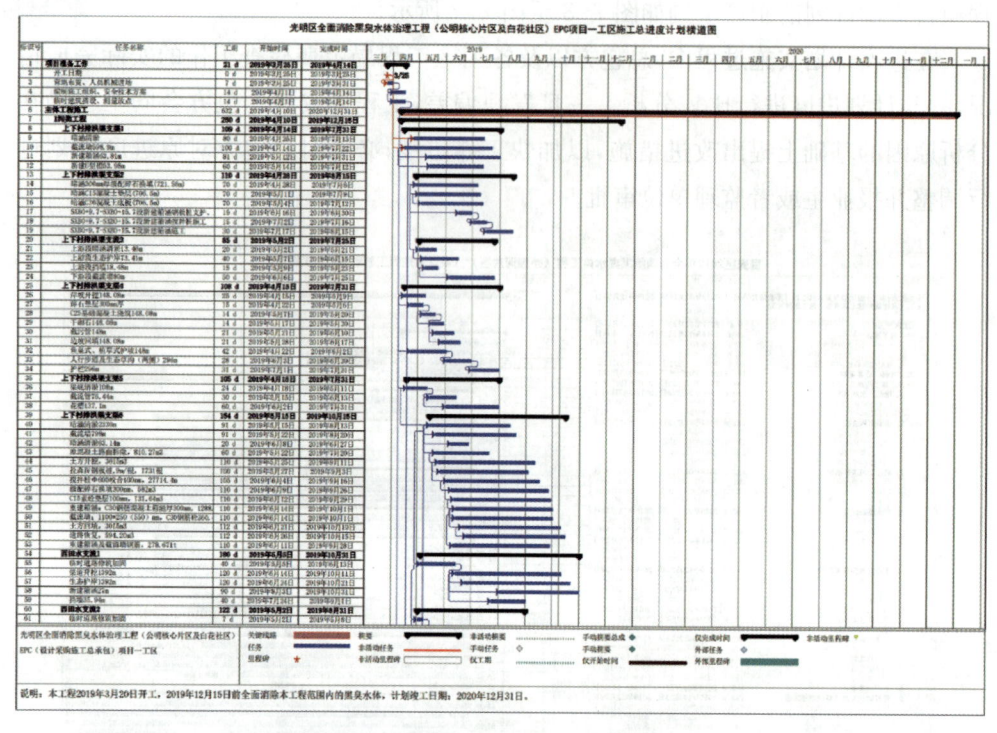

图 7-5　各工区进度计划横道图

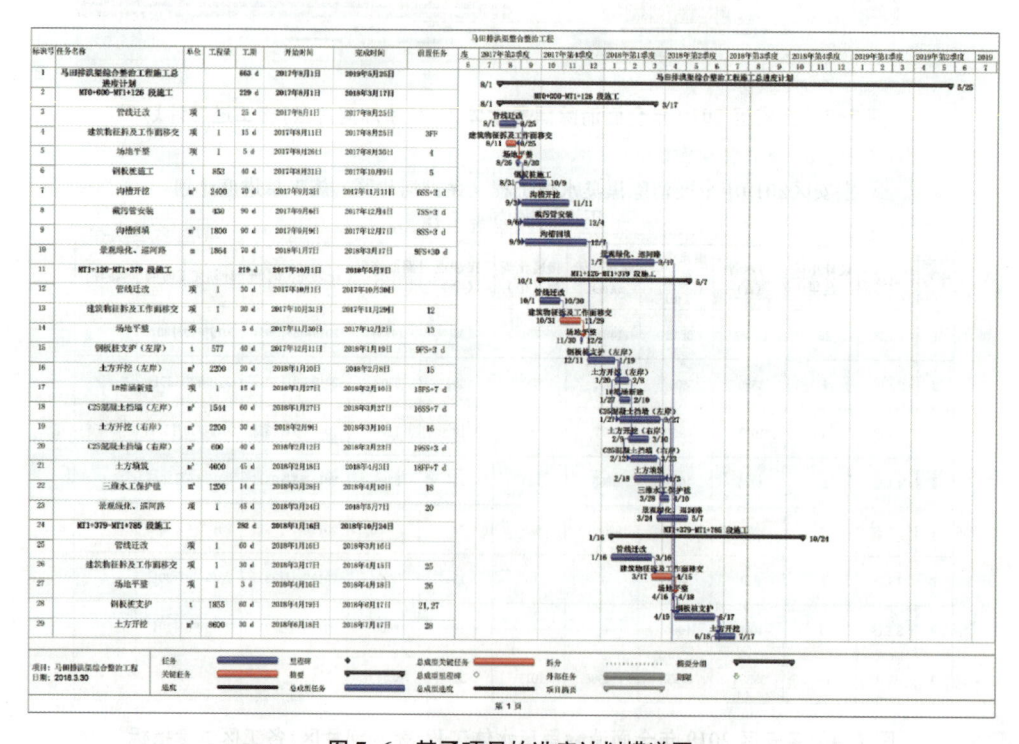

图 7-6　某子项目的进度计划横道图

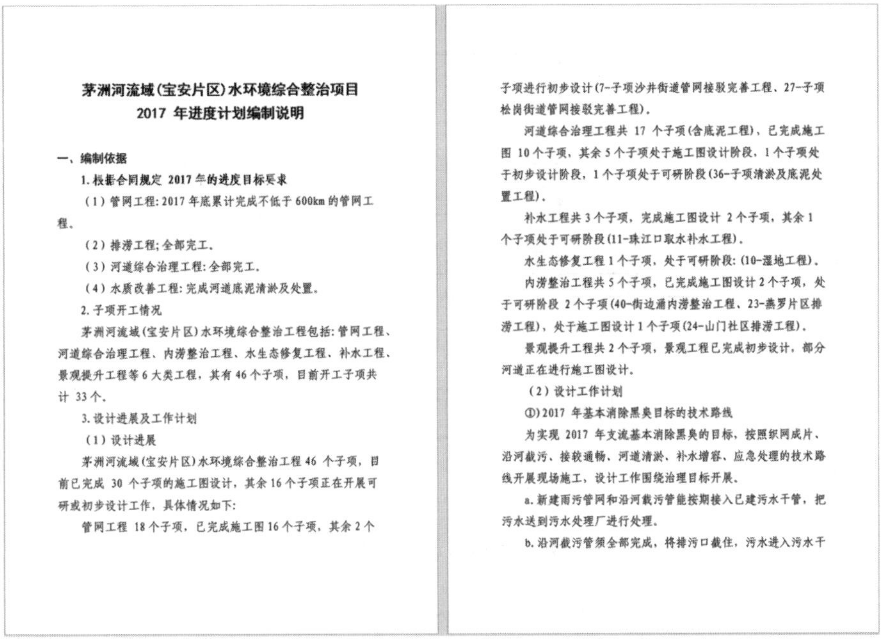

茅洲河流域(宝安片区)水环境综合整治项目
2017 年进度计划编制说明

一、编制依据

1. 根据合同规定 2017 年的进度目标要求

(1) 管网工程: 2017 年底累计完成不低于 600km 的管网工程。

(2) 排涝工程; 全部完工。

(3) 河道综合治理工程: 全部完工。

(4) 水质改善工程: 完成河道底泥清淤及处置。

2. 子项开工情况

茅洲河流域(宝安片区)水环境综合整治工程包括: 管网工程、河道综合治理工程、内涝整治工程、水生态修复工程、补水工程、景观提升工程等 6 大类工程, 其有 46 个子项, 目前开工子项共计 33 个。

3. 设计进展及工作计划

(1) 设计进展

茅洲河流域(宝安片区)水环境综合整治工程 46 个子项, 目前已完成 30 个子项的施工图设计, 其余 16 个子项正在开展可研或初步设计工作, 具体情况如下:

管网工程 18 个子项, 已完成施工图 16 个子项, 其余 2 个子项进行初步设计(7-子项沙井街道管网接驳完善工程、27-子项松岗街道管网接驳完善工程)。

河道综合治理工程共 17 个子项(含底泥工程)、已完成施工图 10 个子项, 其余 5 个子项处于施工图设计阶段, 1 个子项处于初步设计阶段, 1 个子项处于可研阶段(36-子项清淤及底泥处置工程)。

补水工程共 3 个子项, 完成施工图设计 2 个子项, 其余 1 个子项处于可研阶段(11-珠江口取水补水工程)。

水生态修复工程 1 个子项, 处于可研阶段: (10-湿地工程)。

内涝整治工程共 5 个子项, 已完成施工图设计 2 个子项, 处于可研阶段 2 个子项(40-街边涌内涝整治工程、23-燕罗片区排涝工程), 处于施工图设计 1 个子项(24-山门社区排涝工程)。

景观提升工程共 2 个子项, 景观工程已完成初步设计, 部分河道正在进行施工图设计。

(2) 设计工作计划

①) 2017 年基本消除黑臭目标的技术路线

为实现 2017 年支流基本消除黑臭的目标, 按照织网成片、沿河截污、接较通畅、河道清淤、补水增容、应急处理的技术路线开展现场施工, 设计工作围绕治理目标开展。

a. 新建雨污管网和沿河截污管能按期接入已建污水干管, 把污水送到污水处理厂进行处理。

b. 沿河截污管须全部完成, 将排污口截住, 污水进入污水干

图 7-7　年度进度计划编制

7.2　进度计划实施和控制的流程工具

进度计划实施与控制的流程和工具如下:

(1) 进度实施与控制流程

项目进度计划的实施和管理总体上分为公司层和项目层管理。公司层管理一般实施“公司—区域总部—总承包部”三级管理模式。公司建管中心负责定期或不定期检查各单位的进度管控情况。茅洲河项目是电建生态公司的第一个项目,也是集团的标杆项目,因此茅洲河项目是公司直管项目,直接由公司建管中心领导。

项目层管理则以总承包部为领导单位,实施“EPC 总包部—工区工程局—作业管理层”三级进度管理。在进度计划实施过程中,各工区(标段)项目部将 EPC 总包部批准的阶段性进度计划进行分解,将目标和责任落实到工区(标段)、作业队,通过生产例会、专题会等方式逐级进行计划交底,确保各作业面及各作业队管理人员明确控制要求与保障措施。各工区(标段)项目部负责对施工现场的每日数据进行检测、核查和汇总,保证工程完成量统计的准确性,并按日、周、月以报表和报告的形式上报 EPC 总包部。进度管理组织体系和各方的主要分工责任如图 7-8 和表 7-1 所示。

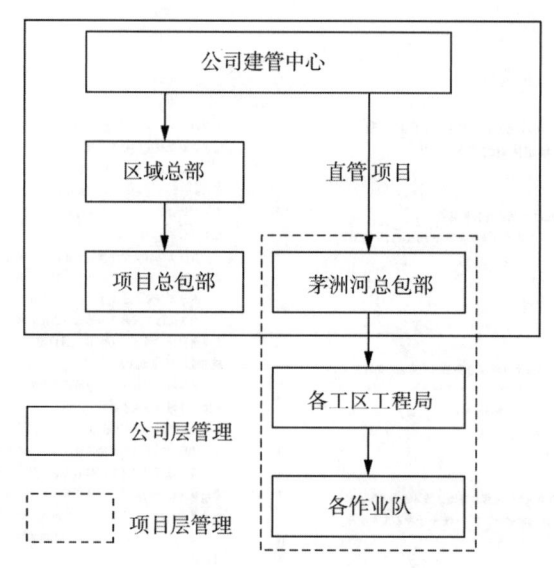

图 7-8　茅洲河项目进度管理组织体系图

表 7-1　各方的主要分工责任

管理层次	组织/人员	职责
公司层管理	电建生态公司	督导茅洲河项目的进度管理工作,定期或不定期检查各单位的进度管控情况,协助制定整改措施,并监督执行;根据项目进度滞后情况组织约谈相关参建单位责任人或领导
	EPC总包部	督导各单位对所辖项目或承建项目的进度管理工作,定期或不定期检查各单位的进度管控情况,根据项目进度滞后情况组织约谈相关子项目负责人以及工区(标段)项目负责人
项目层管理	工区(标段)项目经理	将茅洲河指挥部批准的阶段性进度计划进行分解,将目标和责任落实到工区(标段)和各个作业队;全面负责工区进度计划的实施,落实资源保障,及时进行进度纠偏,同时编制项目进度分析报告,并完成上报、审批
	作业队伍管理层	主要负责监督具体作业的进度计划的实施进展情况

此外,EPC总包部也会对各工区工程局进行每日跟踪,每周进行进度更新,每月进行计划综合比较,每季进行总结分析。若有偏差,各工区工程局内部自行召开会议分析原因并提出改进措施报 EPC 总包部;问题较为严重时,EPC 总包部与工区工程局召开协调会共同分析,共同提出解决方案;必要时,EPC 总包部对原进度计划进行调整并报业主或者监理单位审批。每季末,EPC 总包部对项目季度进展进行总结分析并形成报告交监理审阅。

(2) 进度计划的实施和控制工具

① 报告管理系统

在项目实施过程中,各工区(标段)项目部对施工现场的每日数据进行检测、核查和汇总,保证工程完成量统计的准确性,并按日、周、月以报表和报告的形式上报

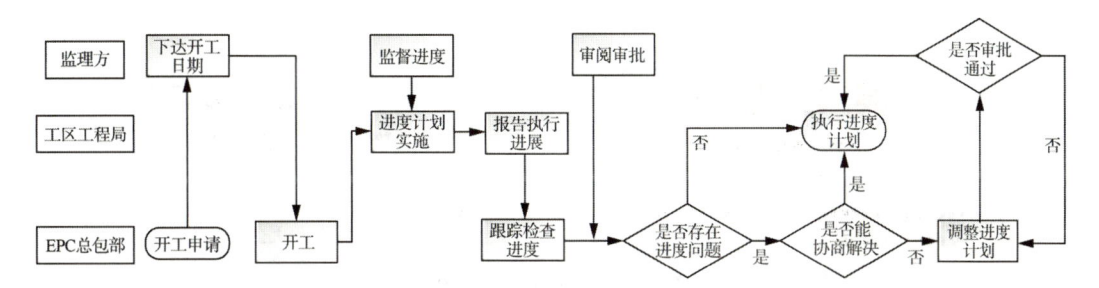

图 7-9 项目层进度控制流程

茅洲河 EPC 总包部。茅洲河 EPC 总包部设立进度专员进行工程现场日常检查以及不定期巡查和抽查，督促各项工作进展，并审核日报进展。茅洲河 EPC 总包部每周根据提交的报告资料和现场反馈情况，对进度计划的执行情况进行校核、分析、督导；对于每个标段的月报进行评比选优，进一步保证项目进度的执行。

表 7-2 报告类型及内容要求

报告类型	报告内容
日报	展示每日的工作内容、工作人员数量、现场有无紧急特殊事项等
周报	展示正在进行的工作进度完成情况、动员计划完成情况，提出需要尽快协调解决的问题
月报	须对月度工作进度计划综合比较，绘制进度考核曲线，分析工作进度是否满足计划要求，提出需要协调解决的问题

茅洲河 EPC 总包部汇总各标段上报内容，编制整个项目包的每周、每月和每季进度报告，在报告中总结各期进展和计划进度总体完成情况，分析进度完成情况中出现的问题，最后提出改进措施，并报监理单位和业主方审阅。

图 7-10 进度日报表示例

图 7-11 进度周报示例

图 7-12 进度分析报告示例

②协调管理机制

茅洲河 EPC 总包部设立进度专员,主要负责监督进度计划的实施进展情况,包括对设计、图纸、施工材料、劳工数量、工程进度等各方面进行统计考核,重点管理组织协调、资源配置、技术支持等,分析掌握项目施工各阶段基本矛盾及其变化情况,抓住主要矛盾,采取合理的调度、协调手段保证进度目标的实现。若关键节点施工进展存在延误,进度专员须24小时驻扎项目工地,与工区项目经理等人员紧密合作共同解决进度问题。

茅洲河EPC总包部主要通过协调会议制度、进度奖惩制度等进行进度管控。协调会议制度主要采取"周例会"和"组织工程协调会议"的形式。在项目建设中,茅洲河EPC总包部定期收集进度报表资料,每周召开一次内部协调会,就施工中的有关生产、技术、质量、安全及物资设备等各方面的问题进行协调,每次协调会后编制会议纪要,并监督落实情况,以确保不影响进度。周例会参加人员主要包括各专业部门负责人以及各工区(标段)负责人,茅洲河EPC总包部在会议上负责汇报分析这周的项目总体实施进度情况,对进度落后的分包商提出增加资源等相应的措施建议。组织工程协调会议主要联系业主出面协调土建、路面、水电安装、绿化等专业工程在安全、质量、工序方面的施工配合。

③工程管控平台

茅洲河EPC总包部开发了工程管控平台,可以对项目总体进度、专项工作进度以及细分专业进度进行三级进度管理,并结合三维GIS平台将进度信息与空间要素信息紧密结合起来,提供多角度、全方位的工程进度可视化管理。通过该平台,茅洲河EPC总包部可以实现定期自动监测与偏差分析,从而制订科学合理、有针对性、切实可行的工作计划,降低潜在的工程延误风险。平台展示界面如图7-13和图7-14所示。

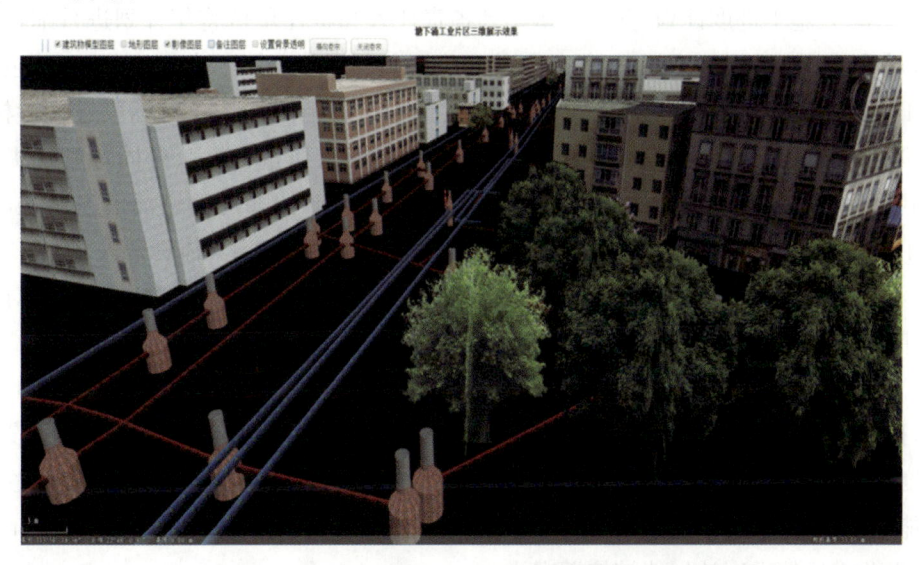

图7-13 工程管控平台进度管理三维展示界面

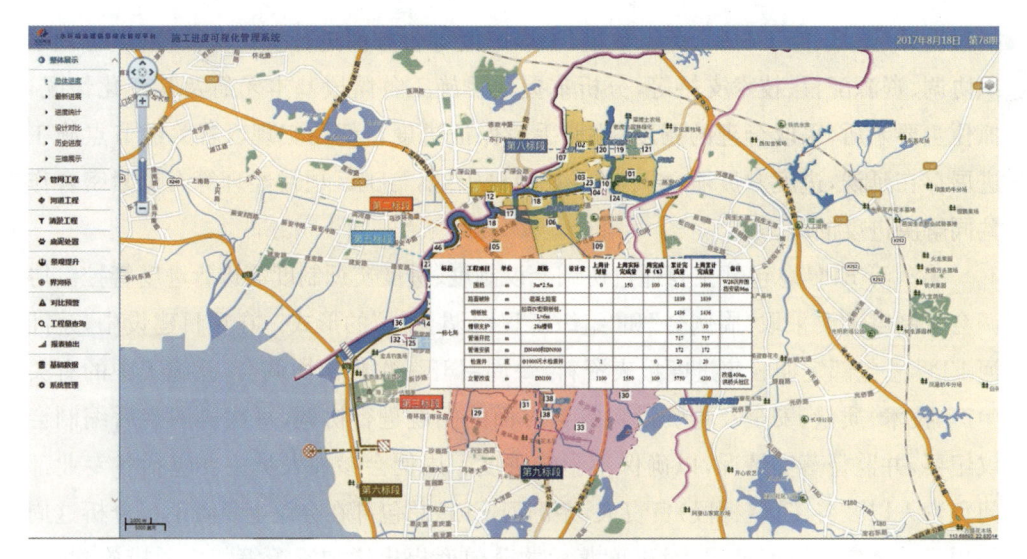

图 7-14　工程管控平台进度管理统计图表展示界面

7.3　项目关键路径的管理

项目关键路径进展始终是茅洲河项目进度管理中首要关注的重点。为此，茅洲河 EPC 总包部综合运用上述所有流程和工具，实施了多项措施。

（1）茅洲河 EPC 总包部十分重视工程计划安排，重点监控关键环节，确保各环节按时保质完成

按照"适当提前"的原则制订施工总工期计划，并将总工期计划依次分解，制订成年、季、月施工进度计划，并分解落实到各责任人和责任单位将年计划进行细化分解，对重要节点目标倒排工期，每日跟踪，以计划引领现场建设，茅洲河 EPC 总包部的工程部每天召开"碰头会"和周例会，落实计划执行情况并按月对标段进行考核。标段考核制度又分综合考核和专项考核，对标段安全、质量、进度、合同等管理提升起到督促作用。对于关键的主体工程明确完工的日期，比如对衙边涌清淤工程，明确了工程具体完工时间，通过"军令状"将工程完工责任落实到具体责任人。

（2）茅洲河 EPC 总包部紧密监控各工区各子项目关键路径上的任务进度，对进度滞后风险进行预警，及时调整进度计划和重新组织实施方案，提高施工效率

茅洲河 EPC 总包部按照各个工区负责的子项目的内容来管理子项目整体的进度，按"紧前原则"安排施工，为后续项目工程的施工留出适当余地。工程部门设有进度专员每日现场检查巡视施工情况，督促人力和资源配置，确保每日进展能够尽可能完成周计划，每周进展能够尽可能完成月计划，月度进展能够尽可能完成年计划，以此来确保进度计划能够按期完成。

当茅洲河 EPC 总包部发现有延期子项目时,立即召开进度会议,分析原因并商讨对策;遇到外部干扰因素时及时通过业主进行多方协调,提前解决可能导致项目延期的主要问题。同时,茅洲河 EPC 总包部派驻进度督察人员,会同进度专员和工区工程局对进度计划和组织实施方案进行局部调整,并在下一阶段集中力量,加快工程的实施,确保总工期不变。

(3) 加强与建设、监理、设计等单位的沟通,同时积极主动与当地其他相关部门协调,提前预判并及时解决可能存在的各种问题,为施工创造良好宽松的外部环境,确保生产顺利进行

茅洲河项目由于时间紧、任务重,牵连利益相关者众多,协调工作的顺利展开是进度管理的重中之重。为及时解决协调问题,茅洲河项目一方面建立房屋拆迁、绿化迁移、管线迁改及交通疏解等统计台账,对施工红线范围内的征地拆迁、管线迁改数量、类别,分类建立动态台账并实行重难点问题销号管理;另一方面,与地方政府、业主、设计、监理等单位形成有效沟通机制,并且设立协调专员优先跟进和重点处理影响关键路径进度的协调事宜。首先,在内部协调上,为茅洲河项目每周召开例会,及时发现和解决项目内部协调事宜,同时了解和商讨需外部协调的有关工作。其次,在外部协调上,积极与宝安区和光明区各级单位、部门沟通,维护对外协调关系,极大加快了工程协调事项的解决;同时,积极组织标段对接自然资源、交通运输、交通委员会、电力、环境保护和水务、社区、村民委员会、街道办等十几个部门、几十个单位,针对每个部门的职责权限、把项目需要协调的问题一一对应,逐个解决。

对于内外部协调阻力较大、自身难以出面解决的事宜,茅洲河项目总包方一方面积极与业主单位联系,通过业主单位与政府系统等单位协调;另一方面则通过电建生态公司协调解决,而对电建生态公司难以快速协调解决的问题则提请中国电建协调解决。

(4) 利用工程管控平台,对施工全线、全过程资源进行动态配置管理,协助施工现场的协调和指挥,帮助总包方及时处理协调问题,保证各工序紧密衔接,减少工序准备时间,提高工作效率

通过工程管控平台,茅洲河项目可以实现对进度完成情况的集成展示、施工物资的精准管控与调度等,从而实现施工网格化管理。同时,该平台为工程参建各方提供了一个统一的信息交流平台,切实为工程问题的快速协调处理提供了有力、便捷的工具。工程管控平台物资管控处理界面和协调事项处理界面如图 7-15 和图 7-16 所示。

茅洲河项目工程管控平台上还建立了政府协同工作平台,以茅洲河工程协调事项(征地拆迁、社会反对、工程冲突、管线迁改、交通疏解等 8 类问题)处理为重点,建立了与水务局、街道办、监理、工区(标段)项目部等的协同办公子系统。政府协同工作平台的建立,使得项目组能够及时向政府反馈困难并且及时得到政府的响应和处

理,这大大缩短了与政府沟通和协作的时间,提高了项目整体效率。

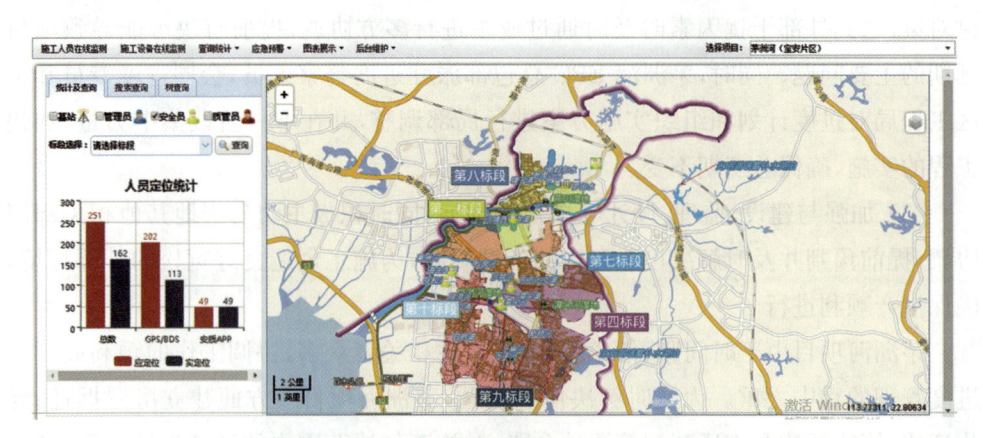

图7-15　工程管控平台物资管控处理界面

图7-16　工程管控平台协调事项处理界面

7.4　进度管理中遇到的复杂情况和克服措施

7.4.1　进度管理中的复杂情况

在进度管理中往往会出现很多复杂情况,具体如下:

(1)茅洲河项目点多面广,施工占线长,且深圳的雨季时间长,施工期较短,但茅洲河治理成效检查的时间节点较紧张,茅洲河EPC总承包方的进度管理面临较大压力

一方面,茅洲河项目遵循"流域统筹、系统治理"理念,工程范围涵盖河道、管网、消黑与清淤等多项工程;另一方面,茅洲河项目施工区域基本涵盖了茅洲河全流域,

因此达成阶段性治理成效目标所需工程量较大。此外,深圳地处亚热带季风气候区,夏季降水多为短时强降水,同时台风天气较多,因此茅洲河项目所面临的"三防"压力较大且自然灾害会改变施工条件从而阻碍施工进度。按照考核要求,到2017年底前茅洲河流域(宝安片区)就要实现基本消除黑臭水体、污水基本全收集、全处理、河岸无违法排污口等目标,并且洋涌大桥、燕川、共和村等3处河流考核断面水质还要基本达到Ⅴ类标准,然而,茅洲河项目2016年3月份才开始施工奠基,项目工期十分紧张,任务十分艰巨,进度管理难度极大。

(2) 茅洲河项目涉及利益相关方众多,协调难度大,进度管理进一步承压

一方面,茅洲河项目占用道路、绿化恢复等报批手续繁多,须与诸多政府监管部门协调进场时间和施工范围,且界河段工程有关工作涉及深莞两地政府间协调;另一方面,施工涉及广大居民和企业的正常生活生产,在施工前还须征得广大居民和企业的同意。因此,茅洲河项目中与属地政府、监管部门、建设接口单位、居民与企业等等的协调工作成为制约工程施工进度的决定性约束因素,相关工作十分繁重、面临的挑战极大。

(3) 项目所需材料缺乏统一标准,与业主方确定材料标准耗费较多时间

流域水环境综合治理尚无统一的标准体系,目前开展水污染综合整治工程的勘测设计、施工建造和运行管理,大多借用水利、环保、城建、建筑、农业、林业等行业的技术规范和标准,涉及的各行业技术标准由于是自成体系的,缺乏衔接协调,针对同一项专业工作,不同技术标准间甚至难免出现相互矛盾的地方。这造成了业主与总包方之间在某些具体项目上对适用标准产生分歧,比如,在项目施工前期,就茅洲河项目管材选用具体遵照何种标准执行,EPC总包部与业主方、监管方等各方的经验、认识和意见不一,反复进行论证,前期研究和论证工作时间一再延长,严重影响管材的确定、采购和工程施工进度。

(4) 新冠疫情的爆发对项目的人员进场以及材料配送造成严重影响,项目建设一度暂停

新冠疫情导致部分劳务人员无法返岗,对于返岗的劳务人员仍须进行集中隔离,核酸检测通过后方能进行正常工作。劳务人员进场困难的同时,各个施工标段受疫情影响材料的供应量不足,部分子项目施工进度受到严重的影响。

7.4.2 复杂情况的应对措施

针对进度管理中的复杂情况的应对措施如下:

(1) 开展"施工会战"等劳动竞赛活动,发挥党员先锋模范作用

茅洲河项目的管理人员选派共产党员积极组织、参加活动。EPC总包部通过开展"党性教育""公开承诺""岗位奉献"等主题活动,并通过联建支部的推动,广泛吸

纳劳务工党员参与，多措并举发挥党员的先锋模范作用。比如为确保合水口排洪渠雨季达标，标段项目部高度重视、精心策划、布置，在施工现场树党旗、强党建，成立"党员突击队"，党员骨干作先锋，并抽调4个班组、58名工人，召集施工队伍负责人及班组长，实地部署工作。要求队伍分工明确，满足队伍施工期间人、材、机调配需要，采用"绣花"模式，党员带头、轮番上阵，并选派优秀管理干部充实至生产指挥一线，24小时无间断施工。最终顺利完成任务。又比如，面对2017年11月30日国考这一重要里程碑节点，在十分有限的施工时间下，EPC总包部举办了"茅洲河百日大会战"等活动(图7-17)，通过颁发"先锋队"荣誉称号，让党员先锋模范作用点燃整个项目成员干创事业的热情，激发了其加快推进工程进展的豪情。

(a) 动员大会

(b) 授旗仪式

图7-17 茅洲河项目"百日大会战"

(2) 以水质考核目标为标准狠抓重点工程与工序,灵活紧凑安排工作,以保障效果、达成目标

在建设过程中,EPC总包部和各工区工程局紧抓各项工程的关键工序,以及与保障水质目标紧密相关的各项关键工程,总包部和工程局现场指挥资源投入与工序衔接,从而实现多项工程在同个作业面实现同步施工。比如,为确保实现2017年的考核目标,茅洲河项目组提出在2017年底前完成全部河道综合治理工程。对于管网工程,茅洲河项目组提出"结合河道堤防建设,优先开展沿河截污干管的施工"、"结合宜居社区创建工作,优先实施社区管网与污水主管网的接驳"、"充分利用现有管网,优先开展距离污水厂和主管网近的管网的施工"、"重点收集污水量大、污染贡献大的污水,优先开展工业企业聚集区域的管网的施工"以及"先易后难,优先将具备条件的原有合流管改造为污水系统"5个优先原则来加快管网工程实施进度。为抢时间,EPC项目部还实施了"人海战术"和"三班倒"轮班制。高峰时期,单个施工作业面有约260人同时进行管网建设、清淤等不同子项目的施工。又如在柏溪路南二巷雨污分流工程中,将163.3 m管道共分3段同时作业,人工、机械轮番上阵,24小时"不打烊",最终如期完工。

(3) 积极承担社会责任,主动进行项目宣传,争取干系人对茅洲河项目施工的理解和支持

茅洲河EPC总包部展现央企责任担当,为减少项目施工带来的扰民影响,施工过程中茅洲河项目部落实降尘减噪,采用喷雾、静压桩等技术,配备洒水车、雾炮机,通过相应技术手段解决扰民等问题,降低施工阻力。此外,茅洲河项目施工队在深入各家各户改造老旧小区管网的同时也承担了房屋修补等额外工作,还为暂时搬迁的人员提供舒适的临时居住条件。除在与工程进展紧密相关的活动中展现社会责任外,茅洲河EPC总包部还积极投入到社会抢险救援与公益宣传中。比如2016年,松岗街道某仓库发生大火,火灾险情紧挨居民楼,茅洲河项目部门立刻组织力量主动配合消防队抢险,运送渣滓,谨防死灰复燃;2017年"五四"青年节当日,茅洲河各工区与地方公益组织联合开展"绿色出行、低碳环保"的公益活动,40多名青年团员义务参与交通文明劝导等互动;在2018年春节期间,松岗街道发生水管爆裂,茅洲河项目部门立即组织成立抢险队,通过逐个破解面临的困难,将平时需要一周才能完成的工程量压缩到16小时完成,保证了市民春节用水。一系列体现社会责任担当的举动受到了广泛好评,也赢得了众多利益相关者对项目进展的支持和理解,较大程度上缓解了外部协调难题所带来的进度问题。

(4) 坚持技术创新,并牵头制定水环境治理标准体系,解决标准适用争议

茅洲河EPC总包部一直坚持技术创新,不断加强技术投入,目前已获得国家专利200项。同时EPC总包部结合水环境治理工程的项目组成和特点,创新研发构建

了水环境治理技术标准体系层次,并通过成立水环境联盟等组织来推动企业标准向团体标准转化的工作。目前,EPC总包部已将14项企业标准成功应用于茅洲河水环境综合整治工程建设,编制的2项标准已成为深圳市级标准推广使用,并与国家标准化管理委员会及工业和信息化部相关管理机构对接团体标准向行业标准转化的工作。以上工作在较大程度上解决了标准适用问题,降低了标准不统一导致的进度延误风险。

  茅洲河项目有效的进度管理,创造了流域水环境治理的"深圳速度",用4年时间补齐了茅洲河流域40年的历史污染欠账,各项流域治理里程碑目标均提前达到,2017年12月11日原环境保护部对茅洲河干流三个断面水质进行了首次国家考核,监测结果表明已达到不黑不臭标准,顺利通过首次国家"环保大考";2018年水质考核全年基本达标,稳定实现不黑不臭,达到2018年广东省年度考核目标,并以优美的生态景观迎来2018年"6·5"世界环境日龙舟赛,再现茅洲河千舟竞发、人水交融的和谐场景;2019年实现了干流和深圳侧一级支流全部消除黑臭,11月份水质持续达到地表水Ⅴ类标准,提前2个月达到地表水Ⅴ类标准,即提前1年零2个月实现国考目标(国控断面水体考核目标要求)。

第 8 章　项目成本管理

茅洲河项目成本管理以项目包为核心单元,遵循"总包成本总额控制,包内子项目间可以互相调剂"的项目成本动态管理原则。茅洲河水环境治理项目采用 EPC 总承包模式建设,主要材料及设备的采购招标采用综合评估法。成本控制贯穿于工程项目的全过程,从开工准备到竣工移交的每项内容,如人工费、材料费、机械费、管理费都要纳入成本控制的范围,加强项目资金集中统一管理,科学合理筹集和使用资金,监督资金运转情况,确保资金安全,提高资金使用效益;同时,深化成本管理职能,做好与经营、技术、人力资源、设备物资等相关职能部门的沟通,推动全员成本管理,提升经济效益。

8.1　茅洲河项目的成本确定方式和工具

茅洲河项目成本确定的主要特点是"总包成本总额控制,子项目互相调剂"。因此 EPC 总包商对茅洲河项目的概预算进行严格的管理以加强项目内部管控,防范经营风险,提高管理水平和经济效益。参与概预算管理的部门及其职责如图 8-1 所示。

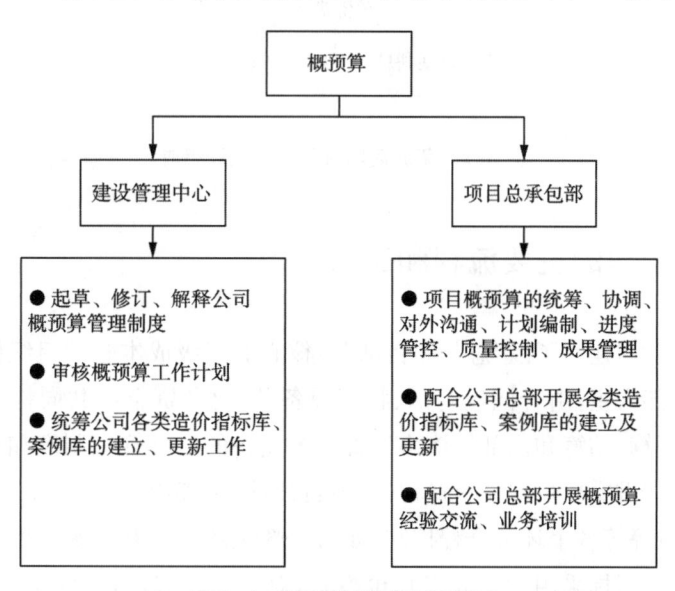

图 8-1　概预算编制部门职责

茅洲河项目的概预算管理分为设计概算造价控制管理和施工图预算造价控制管理:

(1) 设计概算造价控制管理

EPC总包商要求设计概算按照合同约定做好造价控制,原则上设计概算编制费用不应高于可行性研究报告批准的估算金额。建设内容、建设规模、建设标准、设备规格、技术方案、边界条件等发生变化,造成项目设计概算增加或减少时,造价控制流程为:

①项目总承包部会同设计院梳理造价变动原因;

②针对造价变动的具体原因制定相应的解决方案;

③在必要时,召开专题会议进行研究,确保项目造价受控。

(2) 施工图预算造价控制管理

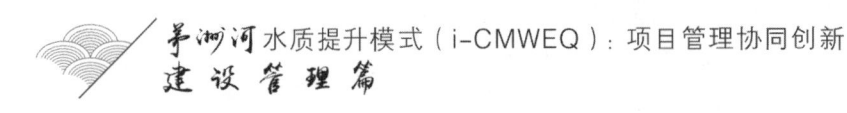

施工图预算要按照合同约定做好造价控制,原则上施工图预算编制费用不应高于批复概算中的建筑安装工程费用。建设内容、建设规模、建设标准、设备规格、技术方案、边界条件等发生变化,造成项目施工图预算增加或减少时,项目总承包部要统筹协调工区(标段),梳理造价增减原因,制定解决方案,确保项目造价受控,必要时组织召开专题会议进行研究。

茅洲河项目的总投资概算组成如图8-2所示。

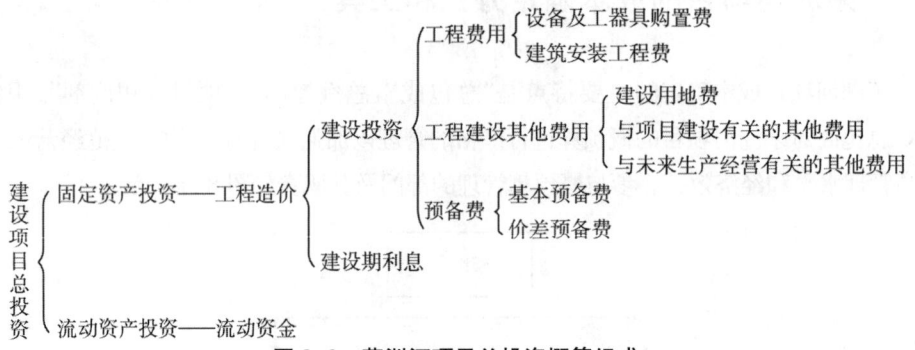

图8-2 茅洲河项目总投资概算组成

8.2 成本管理的主要流程和工具

电建生态公司建立了以"总包项目部"为核心的三级成本管理组织体系,公司层面以工程管理部为主,由合同履约部、物资设备部、财务资金部共同构成,制定了一套包含支付、预算、结算和内部经济协议管理等完备的财务管理制度和流程,这套体系对成本的管理贯穿项目建设全过程,对项目设计、施工组织、物资采购和使用控制管理、资金支付等等各个环节全程控制,如图8-3至图8-6和表8-1所示。

茅洲河项目招标采用的是固定总价模式,对于业主来讲,只要不发生重大的范围变更,则在正式签署EPC合同后,项目的静态总投资就已基本被固定了,主要风险基本转移给EPC承包商。EPC承包商成本控制的环节为:

第8章 项目成本管理

①EPC总包商通过集中采购,优选供应商签订长期采购合同,降低价格波动影响,实现采购成本可控;

②优选最佳施工方案,实现有效的技术节约和对工程设计成本最优控制;

③根据工程进度情况编制劳动力计划材料,精心组织施工,实现对人力成本最优控制;

④运用先进的施工技术和工艺,提高资源使用效率,实现对资源损耗最优控制。

项目资金的支付严格按照以下流程进行:分包商各工程局先提交账单,该账单包括进度款、大宗材料采购款等的业主采购支付款和劳务工的工资等,然后由项目指挥部相关部门核实账单,核实无误后拨款至分包商,指挥部的项目合同部会同财务部监管拨付资金的使用。在完成承包商审批支付程序后,经监理审核、造价管理站审核等管理程序,形成最终预算。拨付流程如图8-6所示。

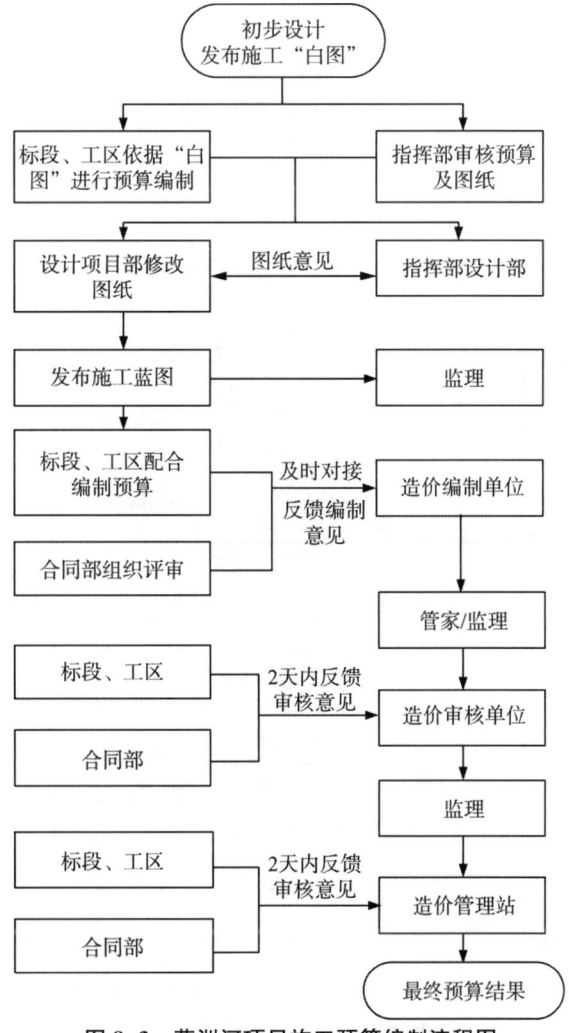

图8-3 茅洲河项目施工预算编制流程图

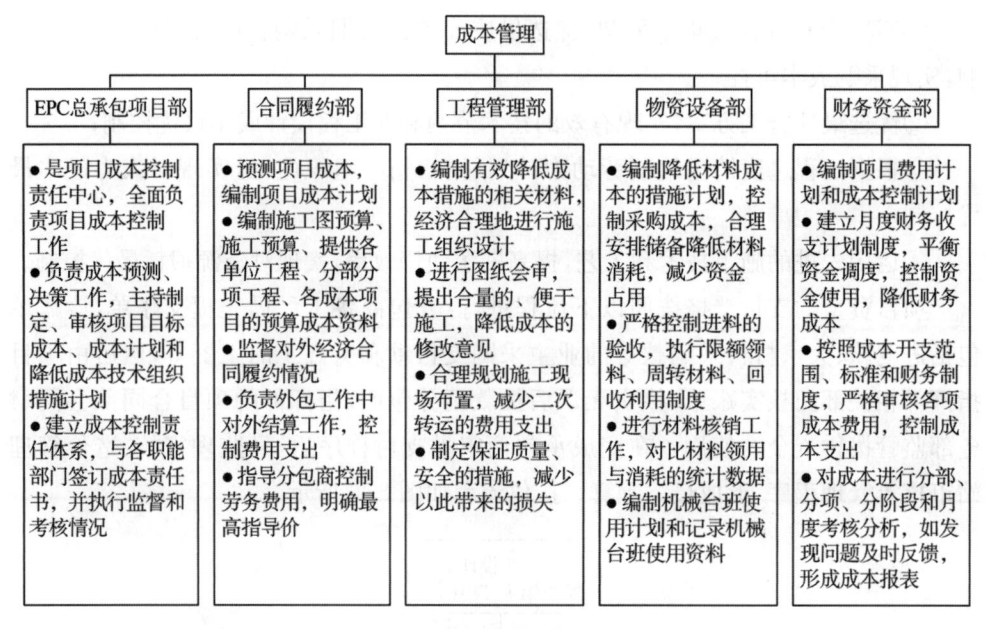

图 8-4 成本管理的组织体系

成本管理

- **EPC 总承包项目部**
  - 是项目成本控制责任中心，全面负责项目成本控制工作
  - 负责成本预测、决策工作，主持制定、审核项目目标成本、成本计划和降低成本技术组织措施计划
  - 建立成本控制责任体系，与各职能部门签订成本责任书，并执行监督和考核情况

- **合同履约部**
  - 预测项目成本，编制项目成本计划
  - 编制施工图预算、施工预算、提供各单位工程、分部分项工程、各成本项目的预算成本资料
  - 监督对外经济合同履约情况
  - 负责外包工作中对外结算工作，控制费用支出
  - 指导分包商控制劳务费用，明确最高指导价

- **工程管理部**
  - 编制有效降低成本措施的相关材料，经济合理地进行施工组织设计
  - 进行图纸会审，提出合量的、便于施工，降低成本的修改意见
  - 合理规划施工现场布置，减少二次转运的费用支出
  - 制定保证质量、安全的措施，减少以此带来的损失

- **物资设备部**
  - 编制降低材料成本的措施计划，控制采购成本，合理安排储备降低材料消耗，减少资金占用
  - 严格控制进料的验收，执行限额领料、周转材料、回收利用制度
  - 进行材料核销工作，对比材料领用与消耗的统计数据
  - 编制机械台班使用计划和记录机械台班使用资料

- **财务资金部**
  - 编制项目费用计划和成本控制计划
  - 建立月度财务收支计划制度，平衡资金调度，控制资金使用，降低财务成本
  - 按照成本开支范围、标准和财务制度，严格审核各项成本费用，控制成本支出
  - 对成本进行分部、分项、分阶段和月度考核分析，如发现问题及时反馈，形成成本报表

图 8-4 成本管理的组织体系

图 8-5 成本管理主要流程

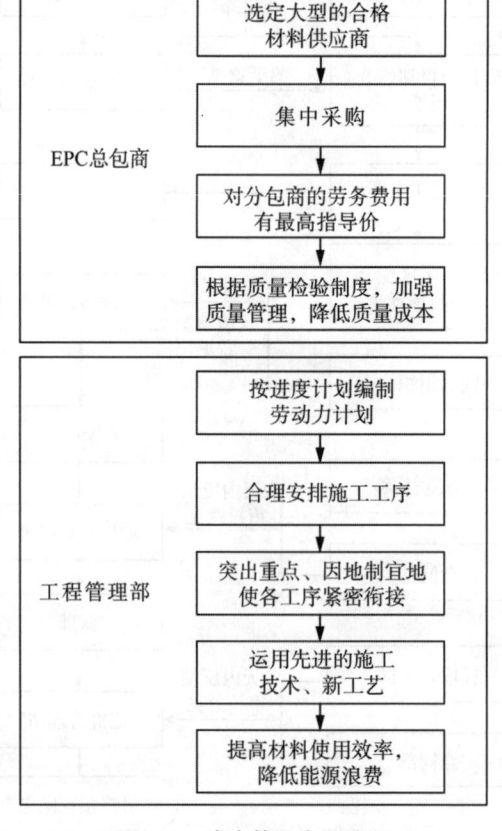

EPC 总包商
- 选定大型的合格材料供应商
- 集中采购
- 对分包商的劳务费用有最高指导价
- 根据质量检验制度，加强质量管理，降低质量成本

工程管理部
- 按进度计划编制劳动力计划
- 合理安排施工工序
- 突出重点、因地制宜地使各工序紧密衔接
- 运用先进的施工技术、新工艺
- 提高材料使用效率，降低能源浪费

图 8-5 成本管理主要流程

表 8-1　主要成本管理制度

序号	名目	制度类型
1	内部经济协议管理办法	内部制度
2	项目结算管理办法	内部制度
3	项目概预算管理办法	内部制度
4	项目变更索赔管理办法	内部制度
5	项目成本管理办法	内部制度

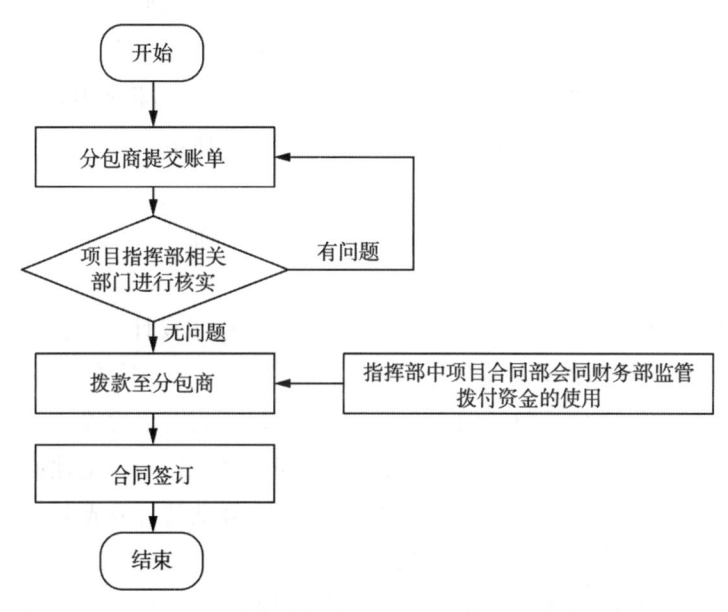

图 8-6　项目付款流程图

8.3　项目成本管理的实施

茅洲河项目的成本管理依据"全面控制、开源节流、计划预算、动态管控"的原则,运用以下管理方式使动态投资实现最优化。

（1）EPC总包商通过集中采购,选定大型的合格材料供应商并与其签订长期采购合同,将材料市场价格波动影响降到最低,实现材料费成本可控;自有大量的、适用的管网施工机械设备可随时调用,实现机械费成本可控。

（2）工程管理部对多个方案进行技术经济分析,选择科学先进、经济合理的施工方案为最优施工方案;提出有效的节约技术,降低成本措施。

（3）工程管理部根据工程进度情况编制劳动力计划,精心组织施工,严格执行工艺流程,合理安排施工工序,做到布置合理,突出重点、因地制宜地全面展开流水作

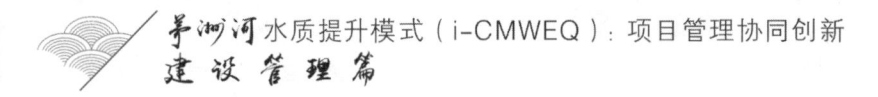

业、平行作业、交叉作业,使各工序紧密衔接,避免不必要的重复施工和窝工。

(4) 物资设备部结合施工方法,进行材料使用比选,在满足功能的前提下,通过优化配合比、添加外加剂等方法合理降低材料消耗成本;选用经济合理的周转材料;确定最合适的施工机械设备选型,并制定合理现场机械布置和施工方案,定期进行机械设备的维修保养,保证机械设备高效运行。

(5) 工程管理部积极运用先进的施工技术、新材料、新设备和新工艺,同时提高效率,降低成本,降低水资源、电能等能源的浪费。

(6) 分包商的劳务分包虽然由各工程局自行召集,但 EPC 总包商对分包商的劳务分包进行延伸管理,总包商对分包商的劳务费用有最高指导价。

(7) EPC 总包商加强质量管理,制定技术质量检验制度,积极开展质量控制小组活动,确保工程质量达预期目标,以降低质量成本、促进质量改善。

8.4 成本管理中遇到的复杂情况和克服措施

茅洲河项目招标时,大部分子项目都还没有完成初步设计,因此在实施过程中,部分子项目的施工图和预算的批复进度较实际施工进度落后较多,如果还沿用现有的工程款支付制度,EPC 承包商的资金垫付量将极大,将背负完全无法承受的财务成本。因此,现有工程款支付管理体制不适用茅洲河项目,中国电建必须突破现有体制,创新工程款支付机制,减轻总包商的垫付压力,降低其财务成本。

(1) 创新合同支付模式,有效控制财务成本

在项目初始阶段,茅洲河项目总合同规定支付给 EPC 总包商 10% 的预付款,在签完子项目合同后才继续支付工程进度款,但是由于茅洲河项目的特殊性,子项目合同必须在子项施工图和预算审批后才能签署。同时因为茅洲河项目工期短,所以初步设计和可行性研究准备时间较少、深度有限,业主和 EPC 总包商对子项目的工程造价分歧较大。业主方邀请了 4 家预算编制单位和 2 家预算审核单位来共同审核茅洲河项目的预算,且在业主编审完之后还交给区造价站进行审定,并委托一家第三方协审单位,最后审定预算。对于审定的预算,业主和 EPC 总包商有很大分歧,难以签订合同。为此,EPC 总包商和区相关部门进行了大量的沟通,最终形成一个新型合同支付模式:在子项目合同签订前,付完 10% 的预付款之后再追加预付 40% 的工程进度款,这样极大地减缓了 EPC 总包商的现金流压力,降低了财务成本,赢得采购缓冲期,让 EPC 总包商在预算有争议的情况下能够按时履约。

(2) 创新支付制度,打造便捷履约通道

项目之初,区政府相关会议纪要明确"在各子项目概算未获批复前,进度款只能支付至各子项目暂定合同金额的 60%",而概算批复过程较长,给项目实施带来很大

资金压力。通过与建设单位和相关政府部门的充分沟通，阐明进度款资金拨付大幅低于现场实际完成产值将带来工程进度受限、上访频发等负面问题，最终由建设单位向区政府汇报后形成纪要，达成了"对于暂未批复概算的子项目，概算申报文件经区发改部门初审，投资概算超过经批准的可行性研究报告提出的投资估算10%，按相关规定须重新修编可行性研究报告的子项目工程，累计支付进度款按合同暂定价的80%执行"的共识，进一步提高支付比例，减小了财务成本。

这是深圳建区以来第一个改变合同的支付比例的EPC项目，为茅洲河项目的履约提供了资金保障，是茅洲河项目成本管理的一个重要创新点。

（3）积极做好反索赔工作，建立规范的索赔管理流程体系

茅洲河项目公司专门制定了索赔管理制度和流程，以规范公司对索赔事件的应对行为，防范相应的风险，如图8-7所示。

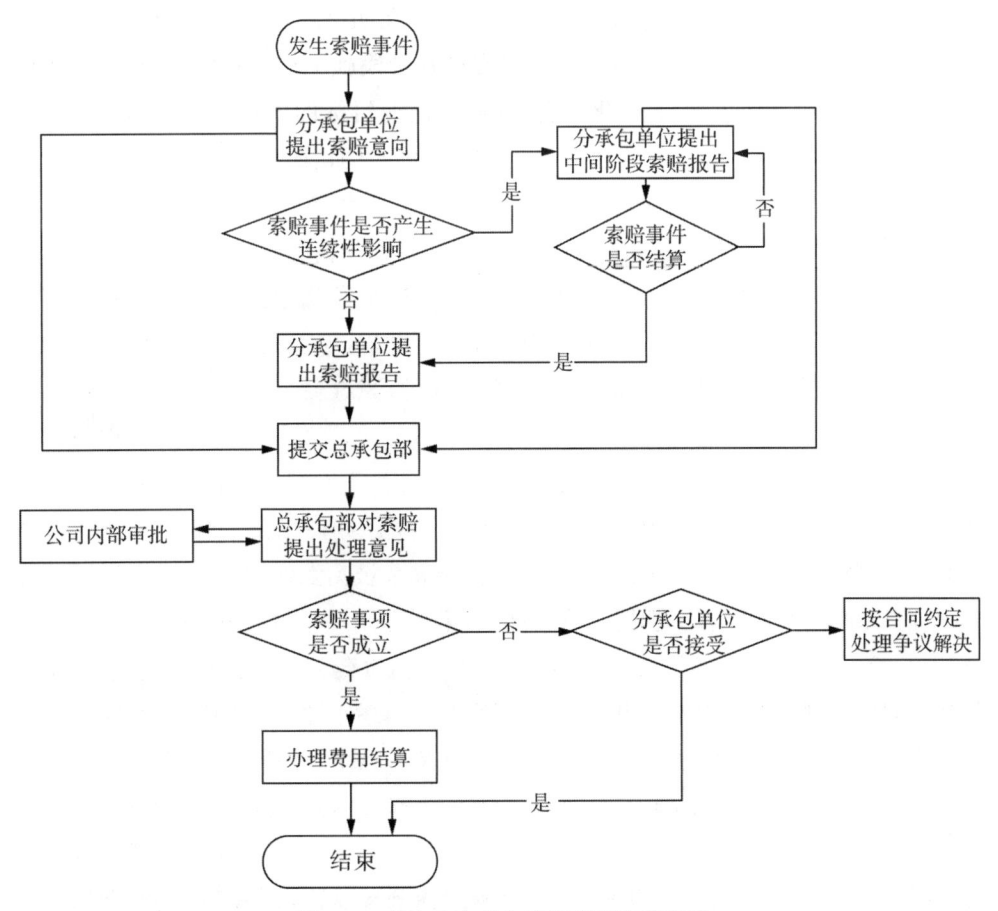

图8-7 分包商向总包商提出的索赔流程

（4）及时做好工程变更工作，建立规范的工程变更应对机制

由于茅洲河项目工期进度要求高，多数项目采取边设计、边审批、边施工的方

式，正常的建设程序已不能覆盖全部施工项目。因此EPC总包商采取"图纸替换"和"快速变更"的措施解决变更问题，其中"图纸替换"是指先出图施工，再同步持续工作完成预算编制，进而完成施工图全部要素，形成规范的施工蓝图，规避图纸与实际不符以减少变更；"快速变更"是指一旦发生变更，分包商均应及时提出，EPC总承包商建立变更机制，明确节点目标避免影响结算。

茅洲河项目高效的成本管理有效地控制住了项目的总投资，EPC总包商通过优选供应商进行集中采购，实现对采购成本最优控制；工程项目部选择最佳施工方案，实现有效的技术节约；编制劳动力计划，精心组织施工，实现对工程设计成本和劳动力成本最优控制；运用先进的施工技术和工艺，提高资源使用效率，实现对资源损耗最优控制；物资设备部通过优化材料配合比、添加外加剂等方法提高资源使用效率，控制资源成本。茅洲河项目成本管理以项目包为核心单元，遵循"总包成本总额控制，子项目互相调剂"的项目成本动态管理原则。在明确不突破项目包估算总额的情况下，对子项目进行资金调剂，这样合理安排各阶段施工成本投入，均衡各子项的协作配合，加强工期与成本的优化组合，为项目商业目标的成功达成做出了不可或缺的贡献。

第 9 章 项目质量管理

工程质量的优劣决定了项目的成败。工程质量不仅对项目建成后的使用有直接影响，而且对参与工程建设的各大主体单位都有非常重要的意义。电建生态公司以"打造质量效益型的世界一流水环境集团"为企业愿景，奉行"强技术、精专业、细项目、重管理"的质量管理思想，既注重**工程实体建筑物**建设全过程的设计质量和建设质量管控，更注重**水体水质目标**分阶段、全年度、长效性均能达成的设计质量和建设质量管控，坚持**"精工良建、品臻致远"**的质量管理理念，建立单位级和项目级质量管理制度，借助"智慧水环境"综合管理平台，创新"互联网＋质量管理"模式，全面强化质量措施，落实质量责任，取得了优异的成效。

9.1 项目质量管理的组织体系和制度流程

9.1.1 质量管理的组织体系

茅洲河项目工期压力大、子项工程多、专业类别多、接驳协调难度大、社会协调面广、综合治理目标高，在国内城市河道流域综合治理尚属首例。电建生态公司高度重视茅洲河项目的质量管理，坚持以"设计施工一体化"为指导思想，创建了贯穿EPC项目全过程的质量管理组织体系。

(1) 质量管理委员会

为进一步加强质量管理，建立健全质量管理体系，茅洲河项目设立质量管理委员会(图9-1)，并下设质委会办公室，办公室设在工程部，由质委会办公室负责质委会日常质量管理工作。设立质量管理委员会是水环境治理项目质量管理在管理体制和机制上的重大管理创新，通过这一体制，对质量管理相关成果或决策如规划设计方案及成果、重大技术路线选择与确定等提前进行评审评估，实现质量管理前移，确保各阶段成果质量更加可控。

(2) 质量管理组织机构

健全完善的组织机构是工程质量的保证。为规范项目质量管理工作程序，落实质量责任，确保工程质量可控，茅洲河项目建立总承包项目部、工区项目部、作业队三级质量管控体系(图9-2)，对项目实施全过程质量动态管理。总承包项目部及工区项目部均设立质量管理部。质量管理部为质量主责部门，配备具有专业资格、经验丰富、责任心强的质量管理人员，加强质量策划，落实质量管理岗位职责。

中国电建深圳茅洲河流域水环境整治指挥部 办公室文件

茅洲河指办〔2017〕56号

关于成立中国电建深圳茅洲河流域水环境整治指挥部办公室质量管理委员会的通知

茅洲河指挥部办公室各部门，各标段项目经理部：

为进一步加强中国电建深圳茅洲河流域水环境综合整治项目质量管理工作，确保茅洲河项目工程质量管理总体目标的实现，顺利完成生产经营任务。经指挥部办公室研究决定，成立中国电建深圳茅洲河流域水环境综合整治指挥部办公室质量管理委员会（以下简称"质委会"）。

图 9-1 成立质量管理委员会的通知

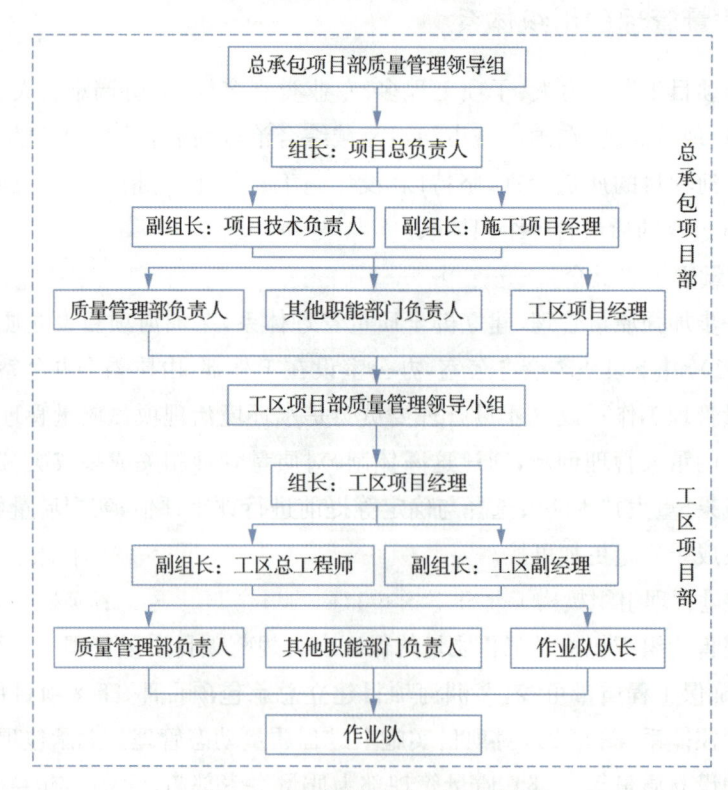

图 9-2 质量管理组织机构框架图

9.1.2 质量管理标准体系的策划编制

茅洲河流域水环境综合整治项目启动后,公司组织编制了项目质量管理策划(示例如图9-3)、项目质量管理体系等文件,明确工程总体部署、质量管理组织机构、质量管理依据、质量保证措施、主要分部、分项工程质量控制措施等内容。同时要求各分包单位在开工前,须提交《项目建设管理大纲》,详述安全、质量、环保、进度、技术等各方面的组织建设方案和计划,审批后方可开工。

由于国内尚未形成能够有效支撑流域水环境治理项目全生命周期技术活动的技术标准体系,电建生态公司系统梳理研究国内外水环境治理相关行业标准体系,在此基础上初步构建了科学、合理、可持续发展的涵盖水环境治理行业全生命周期技术活动的技术标准(图9-4)和质量管理标准体系。

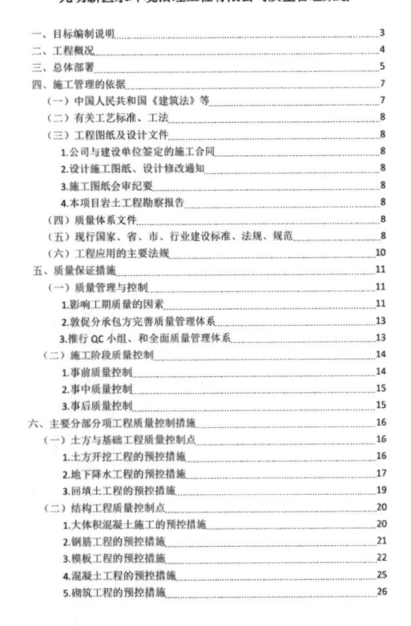

图 9-3 质量管理策划示例

围绕技术标准体系,电建生态公司牵头组建"水环境联盟",构建水环境治理产业开放合作生态。重点打造生态环境治理技术研发中心和专业检验检测机构。在此基础上,开展一系列科研创新活动(图9-5),建立了全套技术质量规范、标准化指导性技术文件(示例如图9-6),从体系上保障了茅洲河项目实施的高标准和高质量,促进了我国在水环境治理领域质量管理水平的提升。

电建生态公司联合水环境联盟开展相关标准制修订及发布工作,目前已制定并发布实施31项企业标准、1项行业标准、4项地方标准、14项团体标准(部分公司发布实施的标准和部分依托水环境联盟发布实施的团体标准见表9-1和表9-2),填补了国内水环境治理团体标准空白。公司积极推动团体标准向国家标准或行业标准的转化,为成果产业化提供标准支持。

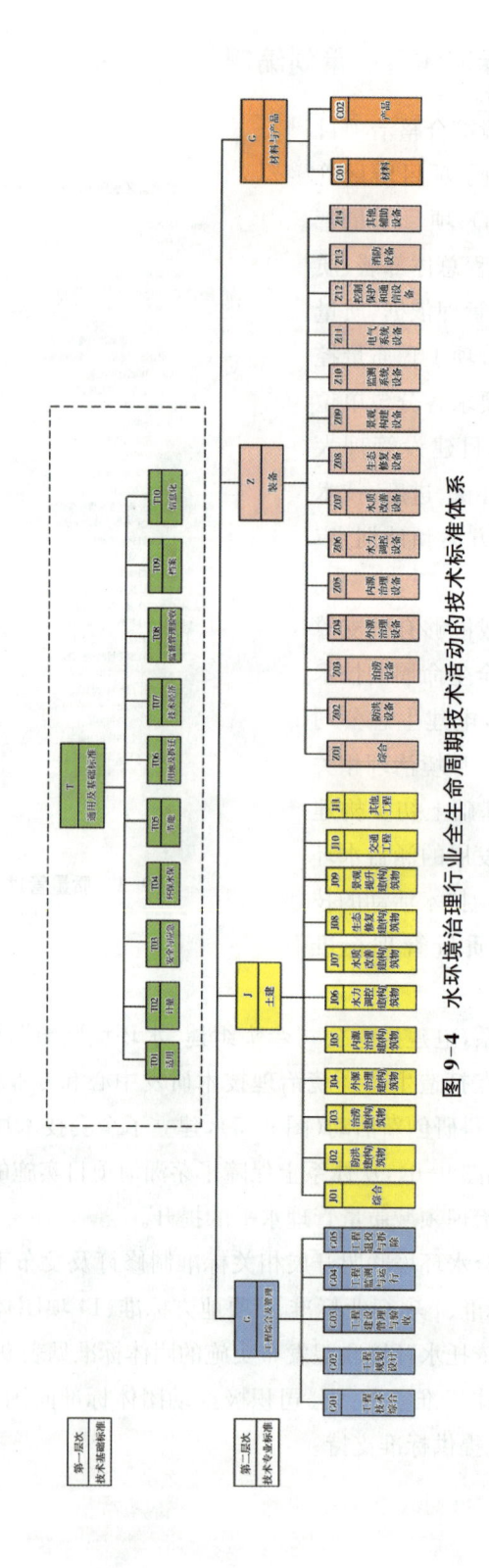

图 9-4 水环境治理行业全生命周期技术活动的技术标准体系

第 9 章　项目质量管理

水环境联盟成立大会(2016年)　　水环境联盟年会(2017年)　　水环境联盟年会(2018年)

水环境联盟年会(2019年)　　　　　水环境联盟年会(2020年)

图 9-5　水环境联盟活动

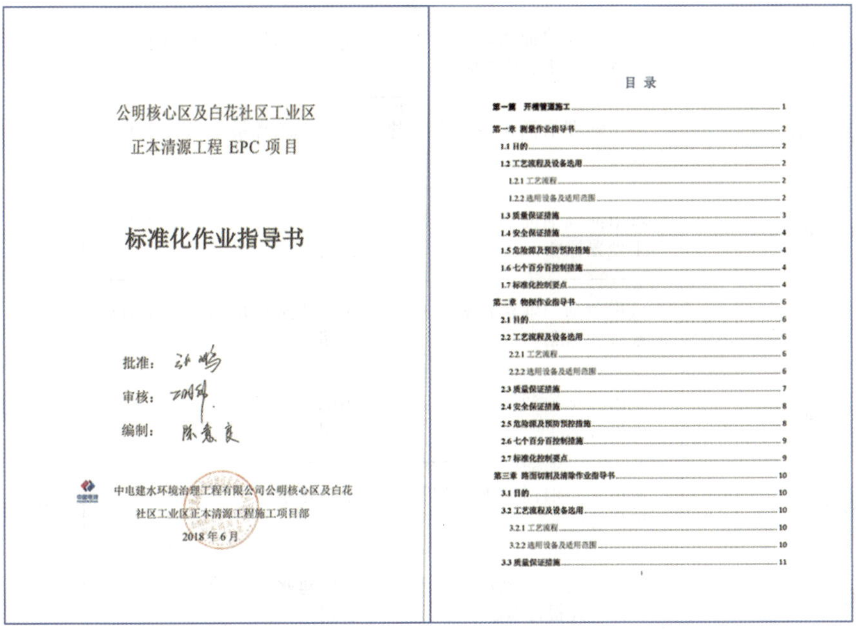

图 9-6　标准化作业指导文件示例

205

表 9-1 制定和发布实施的标准（部分）

序号	标准编号	标准名称	主编单位	备注
1	JC/T 2459—2018	陶粒泡沫混凝土	中电建水环境治理技术有限公司	行业标准
2	DBJ 15-198—2020	城镇排水管网动态监测技术规程	广州市城市排水监测站、中电建生态环境集团有限公司、中国电建集团昆明勘测设计研究院有限公司	广东省地方标准
3	SZDB/Z 239—2017	低压排污、排水用高性能硬聚氯乙烯管材	中电建水环境治理技术有限公司	深圳市地方标准
4	SZDB/Z 236—2017	河湖污泥处理厂产出物处置技术规范	中电建水环境治理技术有限公司	深圳市地方标准
5	SZDB/Z 328—2018	河湖污泥处理厂运行管理与监测技术规范	中电建水环境治理技术有限公司	深圳市地方标准
6	Q/PWEG 001—2016	城市河湖泊涌水环境治理工程建设管理规程	中电建水环境治理技术有限公司	企业标准
7	Q/PWEG 002—2016	城市河湖泊涌水环境治理工程设计阶段划分及工作规定	中电建水环境治理技术有限公司	企业标准
8	Q/PWEG 003—2016	城市河湖泊涌水环境治理综合规划设计编制规程	中电建水环境治理技术有限公司	企业标准
9	Q/PWEG 004—2016	城市河湖泊涌污泥处理厂建设标准	中电建水环境治理技术有限公司	企业标准
10	Q/PWEG 005—2016	城市河湖泊涌污泥处理厂余土处置标准	中电建水环境治理技术有限公司	企业标准
11	Q/PWEG 006—2016	城市河湖泊涌污泥处理厂余水排放标准	中电建水环境治理技术有限公司	企业标准
12	Q/PWEG 007—2016	城市河湖泊涌污泥处理厂余沙处置标准	中电建水环境治理技术有限公司	企业标准
13	Q/PWEG 008—2016	城市河湖泊涌污泥处理厂垃圾处置标准	中电建水环境治理技术有限公司	企业标准
14	Q/PWEG 009—2017	城市河湖水环境治理工程可行性研究报告编制规程	中电建水环境治理技术有限公司	企业标准
15	Q/PWEG 010—2018	城市河湖水环境治理污染底泥清淤工程设计规范	中电建水环境治理技术有限公司	企业标准

第9章 项目质量管理

续表

序号	标准编号	标准名称	主编单位	备注
16	Q/PWEG 011—2017	城市河湖水环境治理污染底泥清淤工程施工规范	中电建水环境治理技术有限公司	企业标准
17	Q/PWEG 012—2017	河湖污泥清淤与处理工程消耗量定额	中电建水环境治理技术有限公司	企业标准
18	Q/PWEG 013—2017	河湖污泥清淤与处理工程施工机械台班费用定额	中电建水环境治理技术有限公司	企业标准
19	Q/PWEG 014—2017	河湖污泥清淤与处理工程计价规则	中电建水环境治理技术有限公司	企业标准

注：中电建水环境治理技术有限公司于2019年更改名称为中电建生态环境集团有限公司。

表9-2 依托水环境联盟发布的团体标准（部分）

序号	标准编号	标准名称	主编单位	备注
1	T/WEGU 0001—2019	城市河湖水环境治理工程设计阶段划分及工作规定	中电建水环境治理技术有限公司	适用于城市河湖水环境治理工程项目，其他水环境治理工程亦可按本规定执行。
2	T/WEGU 0002—2019	城市河湖水环境治理综合规划设计编制规程	中电建水环境治理技术有限公司	适用于城市河湖水环境治理综合规划设计报告的编制。
3	T/WEGU 0003—2019	城市河湖水环境治理工程可行性研究报告编制规程	中电建水环境治理技术有限公司	适用于新建、改建、扩建的城市河湖水环境治理工程可行性研究报告的编制。
4	T/WEGU 0004—2019	城市河湖水环境治理工程初步设计报告编制规程	中电建水环境治理技术有限公司	适用于新建、改建、扩建的城市河湖水环境治理工程初步设计报告的编制。
5	T/WEGU 0005—2019	河湖污泥处理厂产出物处置标准	中电建水环境治理技术有限公司	适用于河湖污泥处理厂的产出物处置，以防治二次污染，维护生态环境，提高资源化利用水平，有效指导污泥处理厂余土、余水、余沙、垃圾的相关指标控制及处置途径选择。
6	T/WEGU 0006—2019	城镇水环境动态监测技术规程	中国电建集团昆明勘测设计研究院有限公司	适用于城镇排水管网动态监测系统的建设和运行维护。
7	T/WEGU 0007—2018	重金属污染物场地稳定/固定化和化学淋洗修复技术导则	中国电建集团中南勘测设计研究院有限公司	适用于重金属污染场地稳定化/固定化和化学淋洗修复技术方案的制定。

续表

序号	标准编号	标准名称	主编单位	备注
8	T/WEGU 0008—2018	污染地下水渗透反应墙修复技术规范	中国电建集团中南勘测设计研究院有限公司	适用于电镀、电解、冶炼、化工、制革、加工、垃圾填埋、农业等行业中除承压含水层和超过10m的非承压含水层污染地下水采用原位渗透反应墙技术处理污染地下水的修复。
9	T/WEGU 0009—2020	城市河湖水环境治理工程织网成片专题报告编制指南	中电建生态环境集团有限公司	适用于城市河湖水环境治理工程初步设计阶段织网成片专题报告的编制,不同类型工程可根据其工程特点对本标准规定的内容进行取舍。
10	T/WEGU 0010—2020	城市河湖水环境治理工程正本清源专题报告编制指南	中电建生态环境集团有限公司	适用于城市河湖水环境治理工程初步设计阶段正本清源专题报告的编制,不同类型的水环境治理工程可根据其工程特点对本指南规定的内容有所取舍。
11	T/WEGU 0011—2020	城市河湖水环境治理工程水梳岸专题报告编制指南	中电建生态环境集团有限公司	适用于城市河湖水环境治理工程初步设计阶段理水梳岸专题报告的编制,对于工程建设范围较小、建设内容相对单一的项目,专题报告编制可适当简化。
12	T/WEGU 0012—2020	城市河湖水环境治理工程生态补水专题报告编制指南	中电建生态环境集团有限公司	适用于编制城市河湖水环境治理工程可行性研究阶段生态补水专题报告,乡(镇)河湖水环境治理工程生态补水专题报告亦可按本指南执行。
13	T/WEGU 0013—2020	城市暗涵、暗渠、暗河探查费计算标准	中电建生态环境集团有限公司	适用于城市范围内原有暗涵、暗渠、暗河探查费计算。
14	T/WEGU 0014—2020	流域水环境污染源调查技术导则	中国电建集团西北勘测设计研究院有限公司	适用于流域水环境规划、方案设计,以及对新建及已建水环境工程污染源的调查和评估。

9.1.3 质量管理的流程和工具

为确保工程质量标准和规范的落实,茅洲河水环境治理项目严格遵循行业各项标准,借鉴中国电建的成功管理经验和管理体系,建立了适合水环境治理项目建设特点的质量管理体系、质量管理办法、质量管理实施细则等,明确质量方针和目标、质量管理职责、质量管理制度、质量管理流程、质量保证措施等内容。

(1) 质量管理制度

质量管理制度分为单位级和项目级,如表9-3所示。

表 9-3　单位级与项目级质量管理制度

序号	制度类别	制度名称
1	管理单位级质量管理制度	质量管理办法
2		质量事故管理办法
3		质量检查考核办法
4		质量责任制
5	项目级质量管理制度	茅洲河流域水环境综合整治项目质量管理办法
6		茅洲河流域水环境综合整治项目质量管理实施细则
7		茅洲河流域水环境综合整治项目工程首件及试验段验收管理办法
8		茅洲河流域水环境综合整治项目原材料质量控制管理办法

(2) 质量管理体系

质量管理体系包括质量方针和目标、质量管理组织机构等内容，如图 9-7 所示。

图 9-7　质量管理体系示例文件

(3) 质量管理流程

质量管理流程如图 9-8 所示。

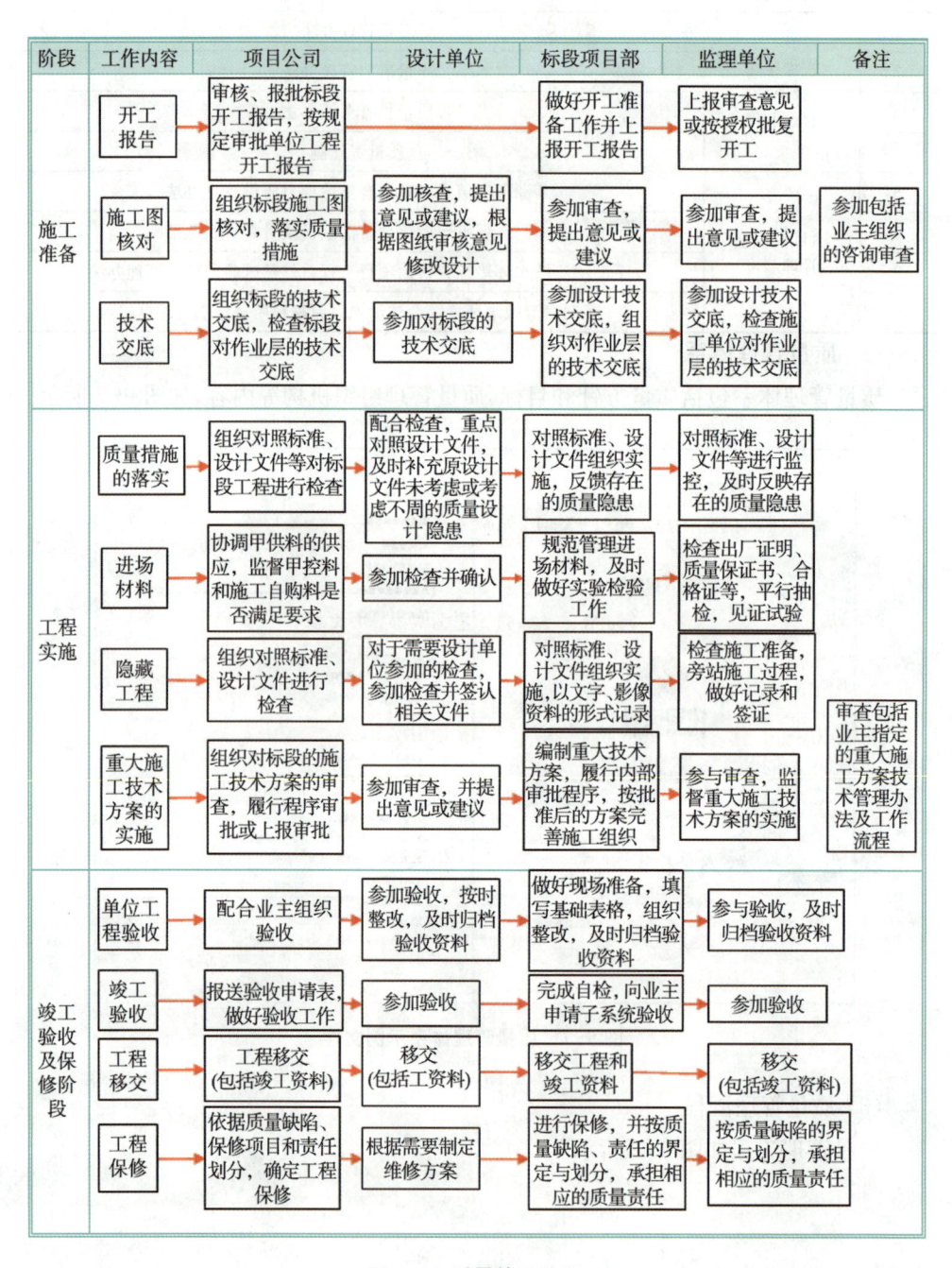

阶段	工作内容	项目公司	设计单位	标段项目部	监理单位	备注
施工准备	开工报告	审核、报批标段开工报告，按规定审批单位工程开工报告		做好开工准备工作并上报开工报告	上报审查意见或按授权批复开工	
施工准备	施工图核对	组织标段施工图核对，落实质量措施	参加核查，提出意见或建议，根据图纸审核意见修改设计	参加审查，提出意见或建议	参加审查，提出意见或建议	参加包括业主组织的咨询审查
施工准备	技术交底	组织标段的技术交底，检查标段对作业层的技术交底	参加对标段的技术交底	参加设计技术交底，组织对作业层的技术交底	参加设计技术交底，检查施工单位对作业层的技术交底	
工程实施	质量措施的落实	组织对照标准、设计文件等对标段工程进行检查	配合检查，重点对照设计文件，及时补充原设计文件未考虑或考虑不周的质量设计隐患	对照标准、设计文件组织实施，反馈存在的质量隐患	对照标准、设计文件等进行监控，及时反映存在的质量隐患	
工程实施	进场材料	协调甲供料的供应，监督甲控料和施工自购料是否满足要求	参加检查并确认	规范管理进场材料，及时做好实验检验工作	检查出厂证明、质量保证书、合格证等，平行抽检、见证试验	
工程实施	隐藏工程	组织对照标准、设计文件进行检查	对于需要设计单位参加的检查，参加检查并签认相关文件	对照标准、设计文件组织实施，以文字、影像资料的形式记录	检查施工准备，旁站施工过程，做好记录和签证	审查包括业主指定的重大施工方案技术管理办法及工作流程
工程实施	重大施工技术方案的实施	组织对标段的施工技术方案的审查，履行程序审批或上报审批	参加审查，并提出意见或建议	编制重大技术方案，履行内部审批程序，按批准后的方案完善施工组织	参与审查，监督重大施工技术方案的实施	
竣工验收及保修阶段	单位工程验收	配合业主组织验收	参加验收，按时整改，及时归档验收资料	做好现场准备，填写基础表格，组织整改，及时归档验收资料	参与验收，及时归档验收资料	
竣工验收及保修阶段	竣工验收	报送验收申请表，做好验收工作	参加验收	完成自检，向业主申请子系统验收	参加验收	
竣工验收及保修阶段	工程移交	工程移交(包括竣工资料)	移交(包括工资料)	移交工程和竣工资料	移交(包括竣工资料)	
竣工验收及保修阶段	工程保修	依据质量缺陷、保修项目和责任划分，确定工程保修	根据需要制定维修方案	进行保修，并按质量缺陷、责任的界定与划分，承担相应的质量责任	按质量缺陷的界定与划分，承担相应的质量责任	

图 9-8 质量管理流程

施工过程质量控制和工序质量控制程序如图 9-9、图 9-10 所示。

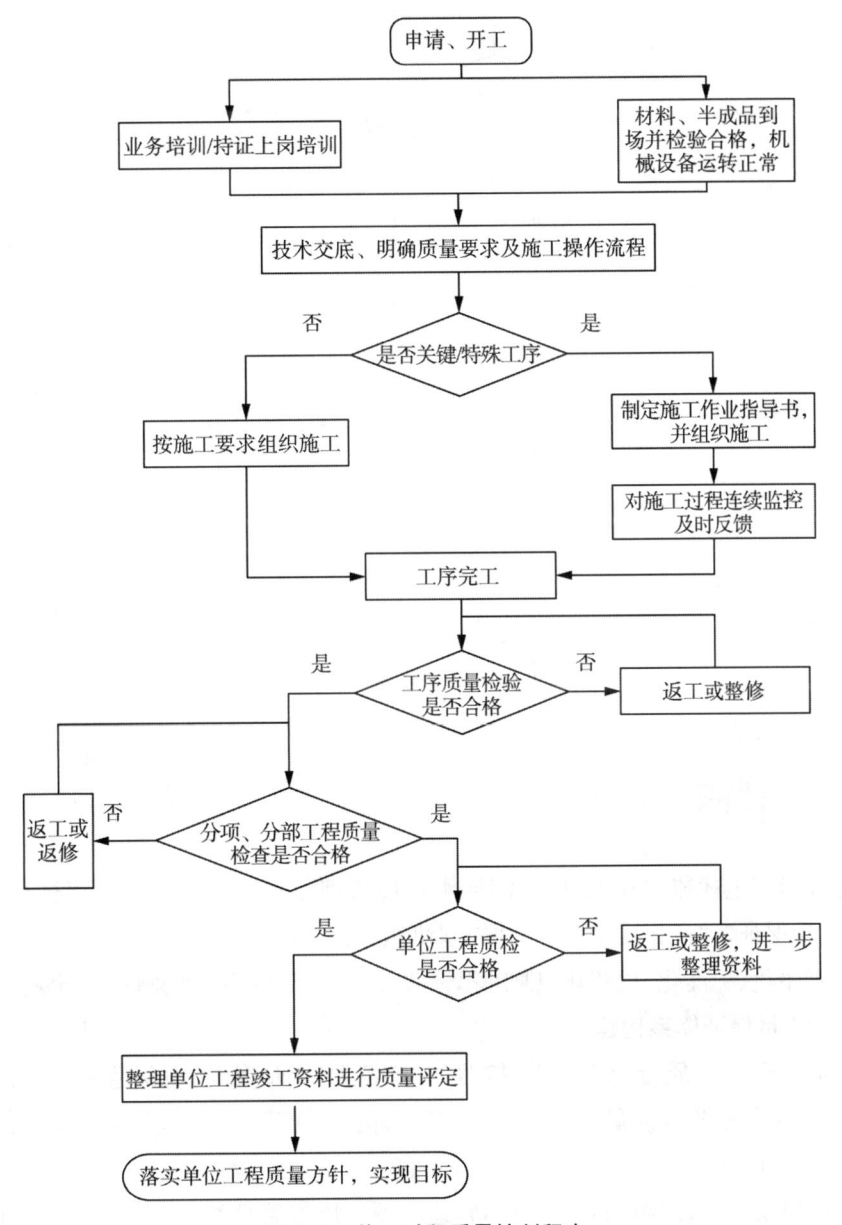

图 9-9 施工过程质量控制程序

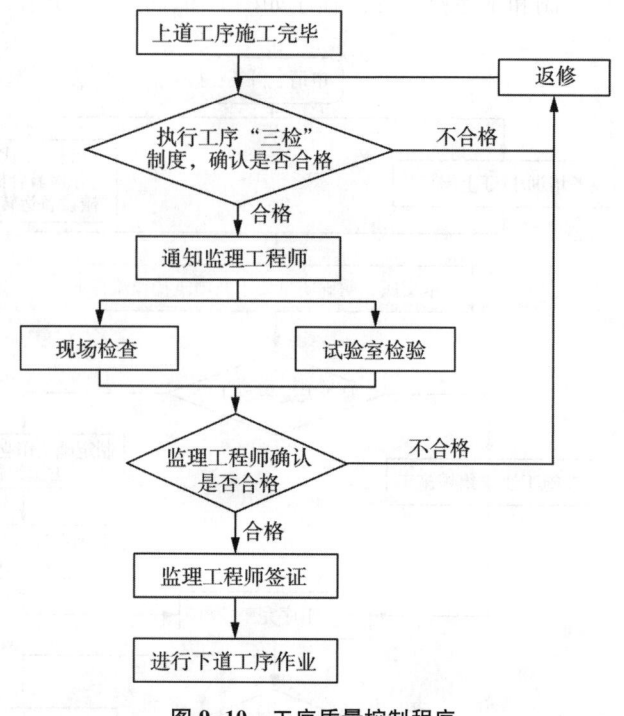

图 9-10　工序质量控制程序

9.2　项目质量保证体系

综合运用上述流程和工具，茅洲河水环境治理项目通过建立质量保证体系，从"队伍质量保证"、"过程质量保证"、"控制协调保证"和"成果验收保证"等 4 个方面，使施工程序化、标准化、规范化、科学化，实现工程项目质量管理水平的不断提升。

（1）质量保证体系构建

依据 ISO9001 质量管理体系，按照"统筹策划、全员参与、分级管理、样板引路、全程受控"的原则建立质量保证体系，实行全面质量管理。

（2）质量保证体系运行

依据质量目标，组织编制质量计划，建立项目质量管理组织机构，以质量计划为龙头、过程管理为重心，按照 PDCA 循环原理进行，按照事前、事中和事后控制相结合的模式依次展开。

（3）质量保证制度

茅洲河项目总承包项目部及工区项目部，针对施工过程专门制定了行之有效的质量管理实施办法及制度，是质量管理体系的重要组成部分，是指导施工、规范质量管理行为、保证工程质量的科学手段，主要包括如表 9-4 所示的各项制度。

第9章 项目质量管理

表 9-4 质量保证主要制度

序号	主要制度	简述
1	质量管理岗位责任制度	(1) 项目总负责人为整个项目的工程质量第一责任人。对总承包项目部工程质量方针、政策、目标和质量体系的建立和有效运行全面负责 (2) 施工项目经理为工程施工质量的第一责任人,对其所承担的工程质量全面负责。建立健全各项管理制度,并做好关键岗位的教育培训工作并落实考核合格者持证上岗,确保质量管理体系的建立和持续有效运行 (3) EPC总承包项目部负责施工质量的全过程管理,协调各工区之间的交叉配合,确保各工区按照总承包项目部批准的施工组织设计和施工方案进行施工
2	施工技术交底制度	建立二维码扫描平台,分阶段、分级进行书面交底及意图传递
3	教育培训制度	全员、全方位、分阶段培训,落实特殊岗位工种培训持证上岗制度
4	质量检查制度	分级进行定期、不定期检查,改进机制
5	隐蔽工程检查鉴证制度	隐蔽工程经施工监理鉴证确认后方可转序
6	工程质量旁站监督制度	对特殊过程、关键工序、关键部位实行专人监督指导机制
7	样板引路制度	明确样板标准,先施做样板示范项目,再全面展开
8	原材料、构配件进场检查验收、储存管理制度	各项原材料出厂后都要进行进场验收及抽样检测,并分类、分批存放及设立标识
9	质量会议制度	定期召开质量管理分析会议,总结经验,分析问题,改进提高
10	质量奖惩制度	分级制定综合考核标准,定期检查、评价,并进行奖惩
11	工程质量事故报告、调查、处理制度	施工中发生质量事故时按程序及时向上级或相关单位上报,组织或参与事故调查及事故处理工作
12	成品、半成品保护制度	对施工过程中已经完成或部分完成的项目进行保护
13	质量隐患整改制度	组织对施工过程中存在的质量隐患进行定期排查并及时整改消除,确保工程实体质量及施工安全
14	不符合项和不合格品管理制度	针对施工过程中的不符合项及不合格品及时进行识别和控制,按照规定程序进行闭合处理
15	工程资料管理制度	明确各类工程资料的收集、归档及管理工作,确保工程档案的齐全、完整、准确、系统
16	检验批、分部、分项工程质量检查、申报、签认制度	明确各级质量验收评定内容及程序
17	质量验收"三检"制度	施工过程中严格执行自检、互检、专检的"三检制"管理制度,上道工序检验不合格的不得进入下道施工工序 (1) 工程自检与报验:施工过程中各工区质检人员按照合同、图纸、规范、标准的要求进行检查,自检合格后填写工程报验单,报请监理工程师现场检查,合格签字后方可进入下道工序;不合格者,进行整改处理,直到监理工程师验收合格签字后,方可进行下道施工工序 (2) 分部工程所含分项工程的质量均应验收合格;质量控制资料应完整;涉及结构安全和使用功能的质量应按规定验收合格;结构尺寸、外观质量验收应符合要求 (3) 单位工程所含的分部工程的质量均应验收合格;质量控制资料应完整;单位工程所含分部过程中有关安全和功能的控制资料应完整;影响工程安全使用和周围环境的参数指标应符合规定;结构尺寸、外观质量验收应符合要求

(4) 质量保证体系要素的职责分配

根据已建立的质量保证体系,结合项目的实际,茅洲河项目质量保证体系要素的职责分配如图 9-11 所示。

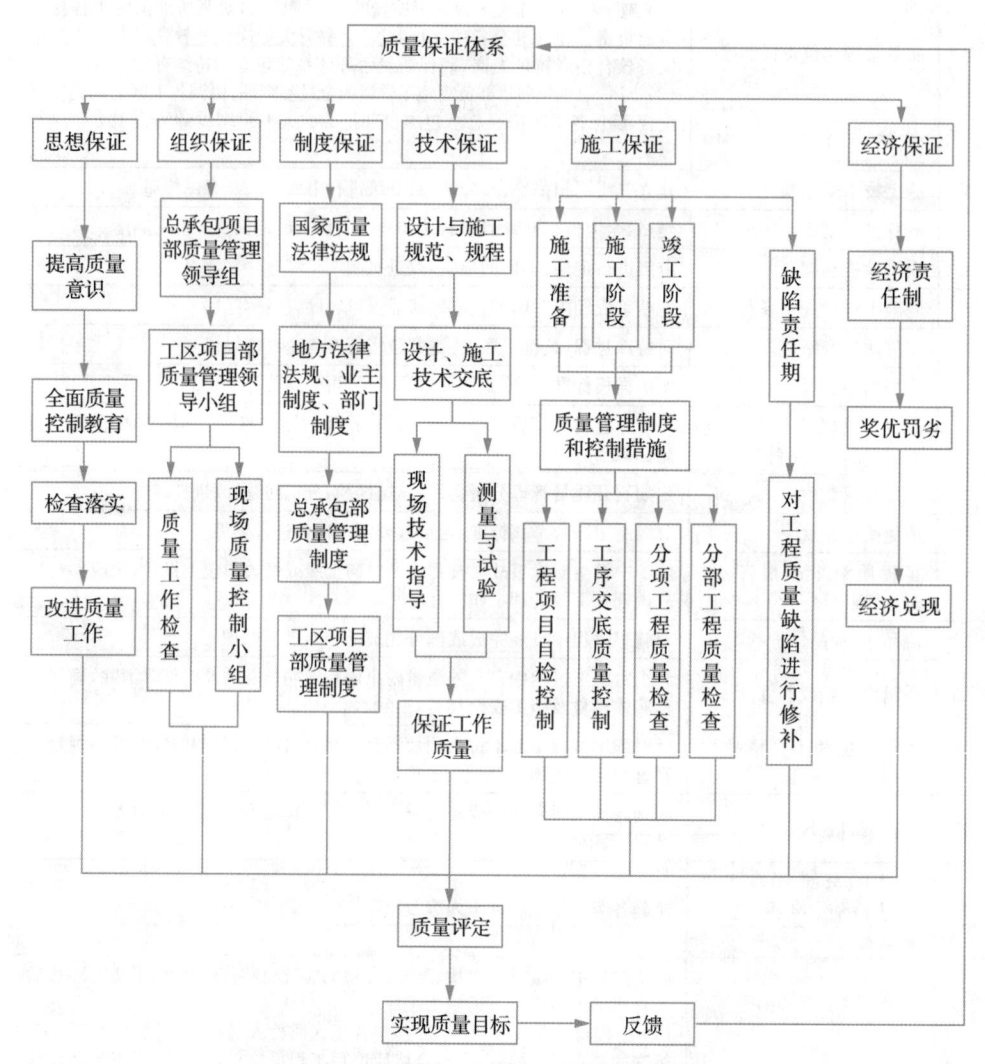

图 9-11 质量保证体系框架

第9章 项目质量管理

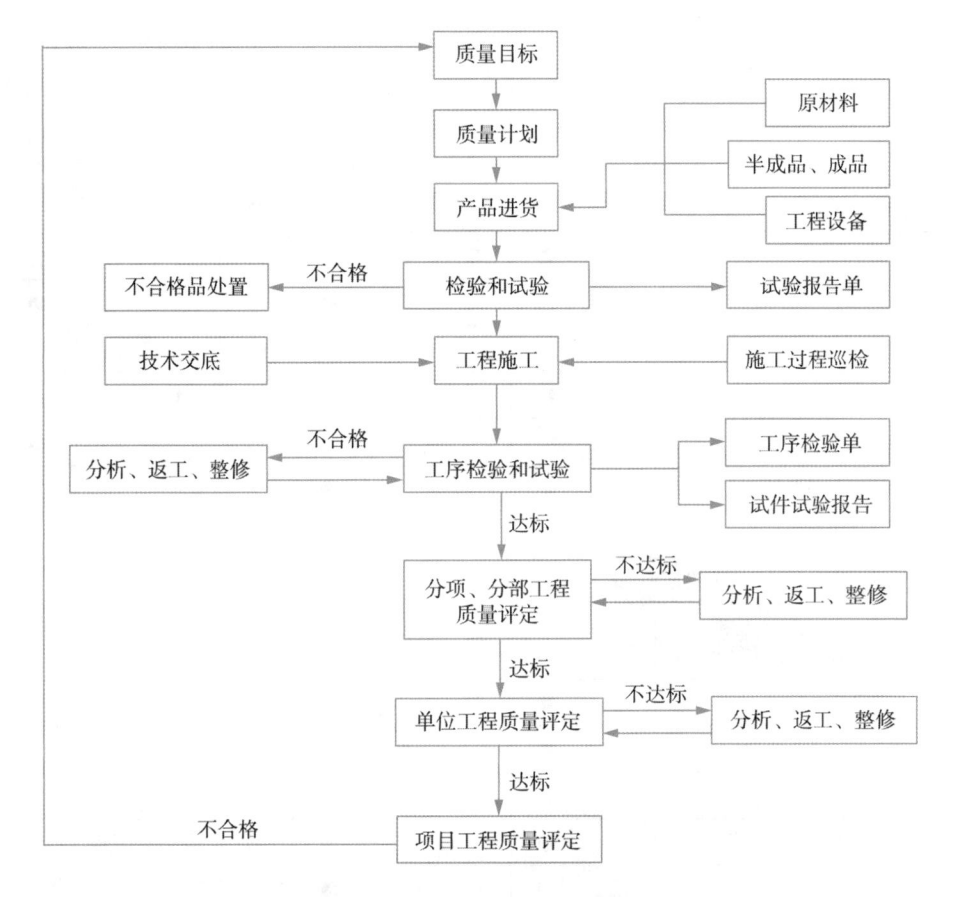

图 9-12 质量保证体系运行

表 9-5 项目工程质量保证体系要素职责分配表

ISO9001:2015 标准	职能部门									
	设计管理部	工程管理部	物资设备部	安全环保部	质量管理部	合同履约部	对外协调部	财务资金部	综合事务部
4.1 理解组织及其环境	○	○	○	●	○	○	○	○	○
4.2 理解相关方的需求和期望	○	○	○	○	○	●	○	○	○
4.3 确定质量管理体系的范围	○	○	○	○	●	○	○	○	○
4.4 质量管理体系及其过程	○	○	○	○	●	○	○	○	○
5.1 领导作用和承诺	○	○	○	○	●	○	○	○	○
5.2 方针	○	○	○	○	●	○	○	○	○
5.3 组织的岗位、职责和权限	○	○	○	○	●	○	○	○	○
6.1 应对风险和机遇的措施	○	○	○	●	○	○	○	○	○
6.2 质量目标及其实现的策划	○	○	○	○	●	○	○	○	○

续表

ISO9001:2015 标准		职能部门							
		设计管理部	工程管理部	物资设备部	安全环保部	质量管理部	合同履约部	对外协调部	财务资金部	综合事务部
6.3	变更的策划	●	●	○	○	○	●	○	○	○
7.1	资源	○	●	●	○	○	○	○	○	○
7.2	能力	○	○	○	○	●	○	○	○	●
7.3	意识	○	○	○	●	○	○	○	○	○
7.4	沟通	●	●	○	○	○	●	○	○	●
7.5	形成文件的信息	○	○	○	○	○	○	○	○	●
8.1	运行策划和控制	○	●	○	○	○	○	○	○	○
8.2	产品和服务的要求	○	○	○	○	○	●	○	○	○
8.3	产品和服务的设计和开发	●	○	○	○	○	○	○	○	○
8.4	外部提供过程、产品和服务的控制	○	○	●	○	○	○	○	○	○
8.5	生产和服务提供	○	●	○	○	○	○	○	○	○
8.6	产品和服务的放行	○	●	○	●	○	○	○	○	○
8.7	不合格输出的控制	○	●	○	○	○	○	○	○	○
9.1	监视、测量、分析和评价	○	●	○	○	●	○	○	○	○
9.2	内部审核	○	○	○	○	●	○	○	○	○
9.3	管理评审	○	●	○	○	○	○	○	○	○
10.1	总则	○	○	○	○	○	○	○	○	○
10.2	不合格和纠正措施	○	●	○	●	●	○	○	○	○
10.3	持续改进	○	○	○	●	●	○	○	○	○

注:"●"表示主办,"○"表示协办。

9.3 项目参建队伍和现场管理队伍的质量保证

项目参建队伍和现场管理队伍的质量保证的措施如下:
（1）严格选择参建队伍,保证队伍专业化,在源头上把好质量关

茅洲河项目工程子项目较多,需要成熟的专业队伍参建,项目集结了中国电建集团旗下十几个具有特级资质、一级资质的工程局,行业优势世界领先,价值创造能力卓越,知名品牌蜚声全球,工程技术能力世界一流。多年来,中国电建在水利水电设计建设及新能源开发、火电电网、基础设施建设、装备制造与设备租赁领域,为业

主、为社会奉献了一系列令世人瞩目的精品工程，参与茅洲河整治项目施工管理人员均属于各工程局派驻的骨干人员，可保证建设施工队伍的专业化。

(2) 强化岗位管理，建立岗位价值评估体系，保证质量管理团队专业化

公司在组建之初就高度重视人才选拔任用，要求安全质量管理人才具备大学本科及以上学历、土木工程类相关专业，以及中级及以上职称；从事安全管理者须具备注册安全工程师执业资格，熟悉工程质量与安全管理工作内容，具有较强的项目施工管理能力和良好的沟通协调能力等等，并将具有一级建造师执业资格、担任过大中型项目安全质量管理部门负责人、具备 5 年以上项目管理经验等作为选拔条件，确保项目配备的是一支经验丰富、纪律严明、思想统一、职责明晰的监管队伍，起到对项目安全质量的保驾护航作用。

岗位序列 / 岗位等级（序号）	管理序列						专业技术序列
	公司总部	区域总部	子公司/项目公司		总承包部		
			大型	小型	重点	一般	
一	党委书记、董事长、总经理						—
二	副总经理、党委副书记、总会计师、总工程师、总经济师、纪委书记、工会主席						首席专家
三	董事会秘书、总经理助理、安全总监、总法律顾问	—					高级专家
四	副总工程师、副总经济师、副总会计师、中心总经理/主任、纪委副书记、工会副主席	党委书记、总经理	—	—	—	—	专家
五	中心副总经理/副主任、团委书记	副总经理、党委副书记、总工程师、总会计师、安全总监、纪委书记	董事长、执行董事、总经理、党组织书记	—	总经理、项目经理、党组织书记	—	高级技术研发师/高级主任师
六	高级经理三级/高级主管三级	总经理助理、财务总监	副总经理、总工程师、总会计师、安全总监	董事长、执行董事、总经理、党组织书记	项目副经理、总工程师、安全总监	总经理、项目经理、党组织书记	三级技术研发师/三级主任师
七	高级经理二级/高级主管二级	部门经理	总经理助理	副总经理、总工程师、总会计师、安全总监	总经理助理、项目经理助理	项目副经理、总工程师、安全总监	二级技术研发师/二级主任师
八	高级经理一级/高级主管一级	部门副经理	部门经理	总经理助理	部门主任	总经理助理、项目经理助理	一级技术研发师/一级主任师
九	专业经理三级/主管三级	专业经理三级/主管三级	部门副经理	部门经理	部门副主任	部门主任	—
十	专业经理二级/主管二级	专业经理二级/主管二级	专业经理二级/主管二级	部门副经理	主管二级	主管二级	—
十一	专业经理一级/主管一级	专业经理一级/主管一级	专业经理一级/主管一级	专业经理一级/主管一级	专业经理一级/主管一级	专业经理一级/主管一级	—
十二	专员三级	专员三级	专员三级	专员三级	专员三级	专员三级	—
十三	专员二级	专员二级	专员二级	专员二级	专员二级	专员二级	—
十四	专员一级/见习员	专员一级/见习员	专员一级/见习员	专员一级/见习员	专员一级/见习员	专员一级/见习员	—

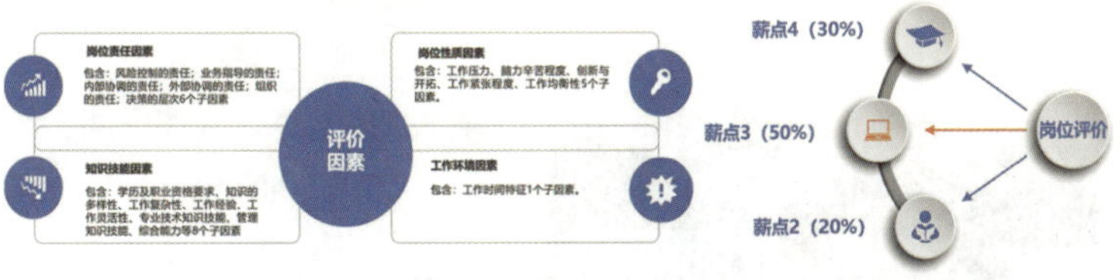

图 9-13　岗位序列表、岗位评价因素分析图

(3) 建立学习型组织，建设全方位培训体系，保证全体参建队伍正规化

茅洲河项目投资规模高达数百亿元人民币，必须从遍布全国各地的系统内单位组建参建人员队伍，参建人员的企业文化、管理习惯等都存在较大差异，茅洲河项目狠抓团队建设活动，做好入职教育，开展入职团队国防教育训练和团队建设拓展训练，实现考核合格才能上岗，做到让全员都理解城市水环境治理的特殊性，对安全文明施工和质量要求理解更透彻，要求所有参建单位严格做好安全交底、技术交底、图纸交底工作，保障施工工序受控，将安全质量意识铭记在心，保证全体参建队伍的正

规化。公司组织各类培训情况见表 9-6。培训及活动现场如图 9-14 和图 9-15 所示。

表 9-6　公司组织各类培训情况

序号	名称	2017 年	2018 年	2019 年	2020 年
1	年度培训费用	180 万	220 万	340 万	486 万
2	培训费用增长率	62%	22%	55%	43%
3	人均培训课时数	20 课时	25 课时	40 课时	60 课时
4	培训计划完成率	100%	100%	100%	100%
5	导师带徒制度完成率	100%	100%	100%	100%
6	新员工职业规划完成率	100%	100%	100%	100%

图 9-14　试验检测专题培训

图 9-15　积极组织开展"质量月"活动

9.4 项目建设过程的质量保证

茅洲河项目建设管理质量控制是在监理的监督下由总承包商和各分包商切实履行合同条款中的工作,以落实各项质量管控措施的方式进行,主要包括设计质量管理、设备材料质量管理、施工现场质量管理等3个方面。

9.4.1 设计质量管理

坚持以"设计施工一体化"为指导思想,坚持设计工作"现场引领后方"的工作方式,倡导"动态设计"理念,做好自身勘察设计及与其他设计单位的配合,保证满足设计质量、设计进度和控制投资的要求。

设计将主动与施工深度融合、优势互补,在深入施工现场一线与施工单位共同规划拟定施工组织方案过程中,充分吸收施工人员的经验意见,对施工进度、工艺、条件等进行深入了解,换位思考、主动思考和理解工程建设中遇到的各种问题,并根据施工过程中获得的现场数据合理修改调整工程设计。这是一个动态循环的过程,在不断地更新各种信息的过程中,确保设计适配现场。

设计产品的质量控制从上而下包括:设计院总工程师→项目总工程师→专业审查人(主管)→校核人(主设)→设计人员5级质量控制环节,按各级质量技术管理职责对设计项目负责,确保产品质量符合要求。项目设计大纲、综合性报告、重大技术专题等应由设计院组织院内专家进行设计评审(图 9-17)。对于施工图审查采取内部审查与外部审查相结合的方式。内部质量审查分为4级,即校核、审查、专业核定、项目部核定,所有产品依据"静态控制、动态管理"的原则,严格按照分级要求进行审查。外部审查是项目公司将施工图提交给业主,业主将图纸提交给建设主管部门认定的施工图审查机构按照有关法律、法规,对施工图涉及公共利益、公众安全和工程建设强制性标准的内容进行的审查。

9.4.2 设备材料质量管理

电建生态公司本着竭诚为业主服务的思想,采取"集中采购、招标采购;计划先行、库存合理;跟踪服务、管理规范;保质保量、厉行节约"的原则,严格控制工程质量及进度、工程所需物资、设备的质量,保证提供的物资、设备满足业主的要求。公司设置物资设备部,负责项目的日常物资设备采购和质量管理相关工作。物资设备部门岗位设置及人员配置如表 9-7 所示。

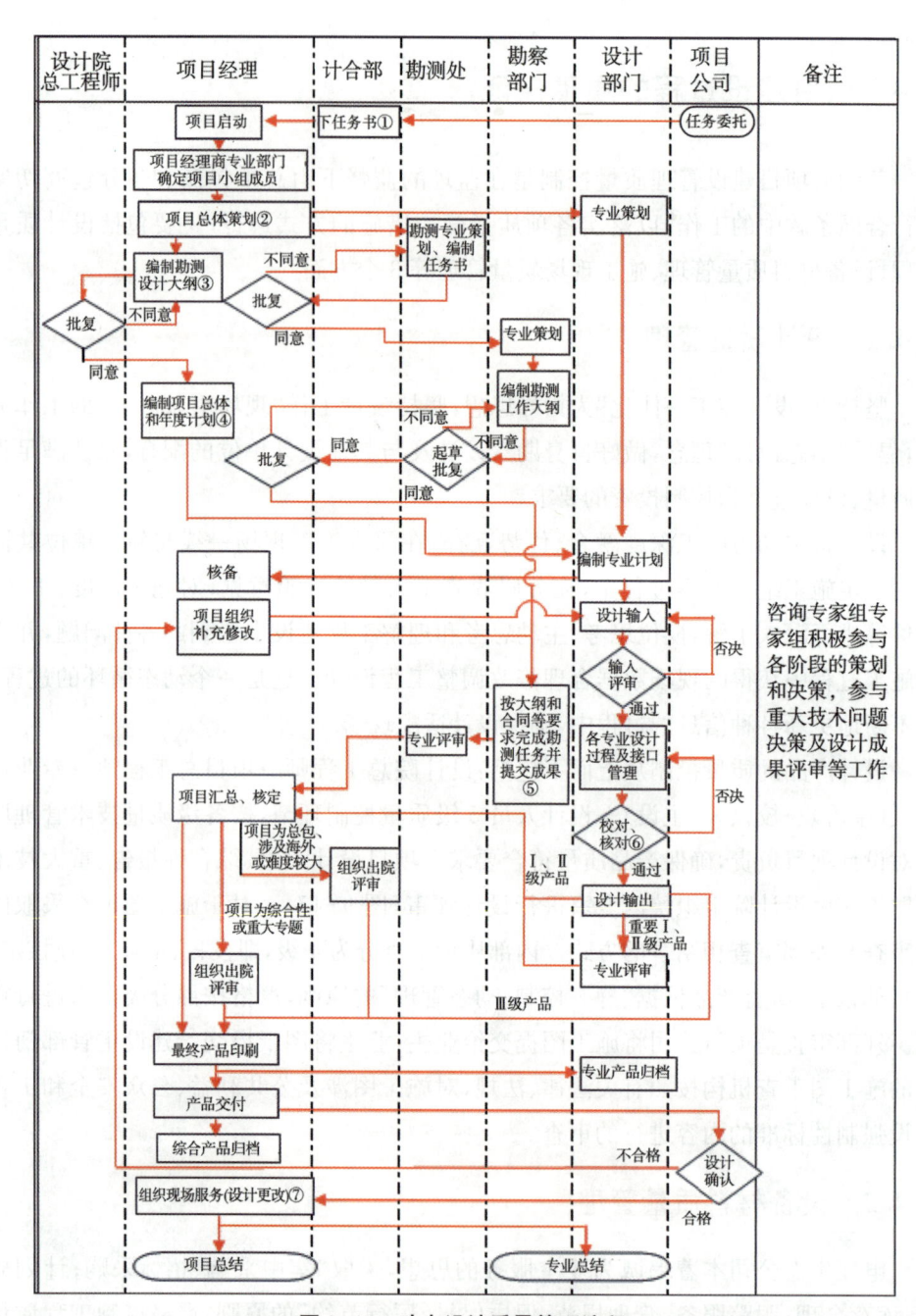

图 9-16 动态设计质量管理流程

图注：图中序号表示各部门阶段性任务或需完成的成果。①任务书；②项目总体策划；③编制勘察设计大纲；④编制项目总体计划和年度计划；⑤按大纲和合同要求完成勘察任务并提交成果；⑥校对与校对；⑦组织现场服务(设计更改)

图 9-17 设计方案评审会

表 9-7 物资设备部门岗位设置及人员配置表

序号	岗位(工种)名称	人数	备注
1	物资设备部主任	1	全面领导物资设备部的工作
2	物资设备部副主任	1	协助物资设备部主任工作,参加采购工作手册、采购进度计划等管理文件编制、审查工作
3	采购计划工程师	2	负责采购进度计划的编制、执行与调整
4	采购工程师	2	负责物资设备采购
5	采购协调员	2	负责各方的协调、施工现场的日常管理
6	合同管理员	1	负责合同的审查与盖章、归档及其他业务
7	资料管理员	1	负责文件的接收和传递、物资设备收发统计、数据及相关资料收集和整理、汇总等
8	保管员兼 HSE 员管理员	15	负责物资验收、储存、发放(回收)管理,兼职 HSE 管理
9	设备管理员	2	负责设备的管理
10	司机	2	满足部门人员对车辆使用的需求

为茅洲河项目成立以公司物资设备部牵头,以公司负责人、主管领导、相关业务部门负责人组建的物资设备采购招标工作小组,对项目的物资设备按不同采购权限实施招标采购。物资设备需求计划由各标段项目部编制,由公司工程管理部门进行汇总,提交至公司分管领导进行审核。物资设备采购过程质量监督与控制流程如图 9-18 所示。

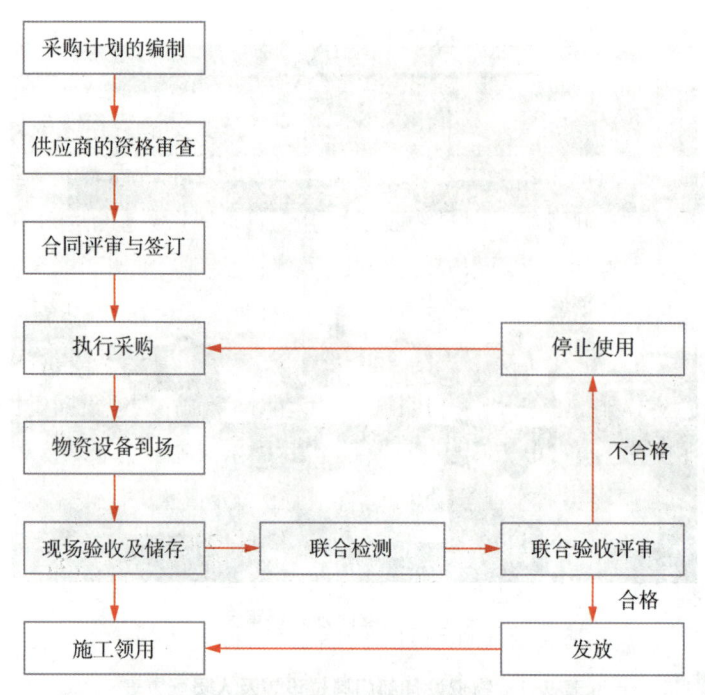

图 9-18　物资设备采购过程质量监督与控制流程

为确保采购的物资设备质量，必须严格进行设备物资供应商管理，加强对供应商的合同履约、售后服务、资质业绩等相关情况的评审（图 9-19），并保持与供应商的联系，及时掌握供应商存货情况，根据施工计划，加强与供应商沟通，确保物资的正常供应。

把好采购源头关。在招标前，邀请业主和设计单位对拟进行招标的物资设备进行技术交底（图 9-20）。坚持质量第一的原则，不以最低价作为中标的首选条件，以保证供货质量及售后服务的稳定性。安排人员驻厂监造，切实加强物资设备制造过程中的监控。根据物资设备特点，采取科学合理的储存方式，定期组织相关部门对物资

图 9-19　供应商评估与资质评审

和设备进行巡检和抽检,以及配合和接受业主方和第三方检测单位定期和不定期的质量检查和监督。CCTV 检测以及 QV 现场抽检如图 9-21 所示。

图 9-20 技术交底会

图 9-21 CCTV 检测以及 QV 现场抽检

为加强管材质量管控,安排专人驻厂监造,从源头质量管控;同时,在每根管材喷绘二维码标识,二维码包含管材厂家、批次、生产日期等信息,确保管材质量的可追溯性,如图 9-22 所示。

图 9-22　进场材料二维码

9.4.3　施工现场质量管理

根据茅洲河项目实施的进展情况和每个项目包的特点及建设需求,针对每个项目包,都量身定制了《项目质量检查考核细则》(图 9-23),在不同管理阶段确定不同的管控重点,有效实施施工质量管控。《考核细则》进一步强化了监督管理作用,落实质量责任,通过进一步明确及细化质量管理奖罚机制,充分提高各级管理人员的质量意识,调动质量管理人员的积极性和主动性,确保标段项目经理部质量管理体系的运行持续有效。

在电建生态公司领导的大力支持下,各部门和标段项目部积极配合、通力合作,上述各项质量检查考核细则作为质量管理体系的有机组成部分,全部通过了由质量管理部牵头完成的两个阶段、三项管理体系认证审核工作。认证工作和认证证书如图9-24 和图 9-25 所示。

图 9-23　质量检查考核细则

针对工程点多面广的特点,施工现场管理采用了移动式或固定式视频监控(图 9-26),全程监控现场施工过程,以及时发现施工现场存在的质量违规行为和隐患,确保掌握真实的缺陷处置的整改情况,为施工生产一线质量管控提供快速高效的服务。

第9章 项目质量管理

图 9-24 两个阶段质量管理体系认证工作

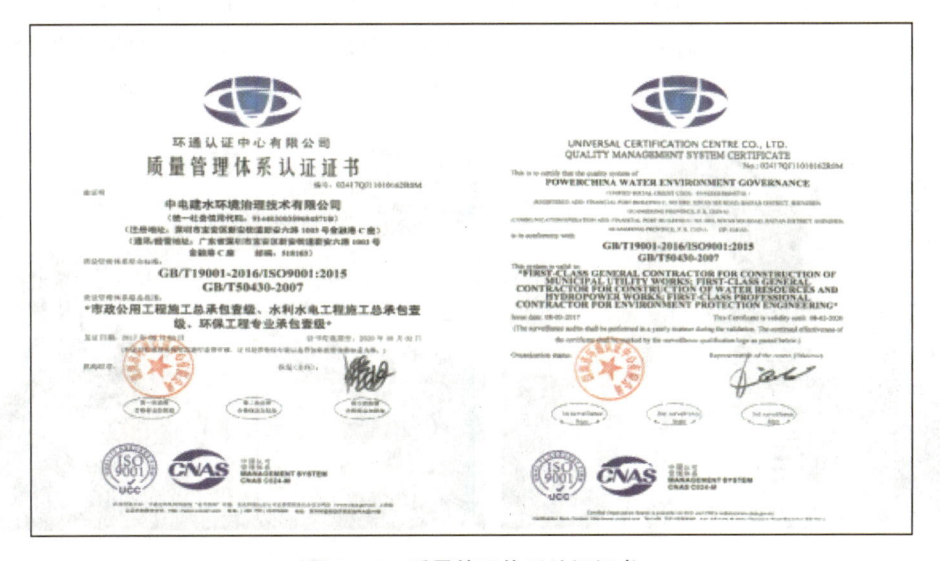

图 9-25 质量管理体系认证证书

图 9-26 施工现场监控摄像头

225

施工现场管理团队充分履行质量监督管理职责，以促进各标段落实企业主体责任为核心，以强化质量过程管控为手段，以确保工程实体质量达标创优为目的，通过日常检查（图9-27）、月度检查（图9-28）、专项检查、夜间不定期巡查及季度检查考核等多样化的方式，对不同区域、不同部位、不同阶段、不同时间进行差异化管理，实施"宏观管理，重点管控"，力求对施工点全覆盖。对检查发现的偷工减料、不按设计图纸及规范施工等行为一律从严处理，通过整改、整顿、处罚、通报等方式，要求各参建单位举一反三，达到以查促建，以查促管的目的。检查考核通报、奖励考核通报文件及现场抽检如图9-29至图9-31所示。

为加强施工现场质量管理，茅洲河项目还针对重点环节的质量管理，持续开展各种形式的教育培训和活动。例如，为规范原材料取样及中间过程的试验检测工作，杜绝人为因素导致检测不合格现象，确保检测频次满足设计及规范要求，公司相

图 9-27　日常质量检查　　　　　图 9-28　月度质量检查

图 9-29　检查考核通报、奖励考核通报

图 9-30　关键工序实名制专项检查　　　　图 9-31　现场抽检

继召开试验检测、CCTV 管道内窥检测等一系列专题培训交流会(图 9-32)。根据深圳市公布的全市管网内窥检测缺陷情况通报,公司新建管网重大缺陷率为 0,一般缺陷率远低于深圳市同期平均水平,建设质量优势明显。

又如,积极开展"质量月"活动(图 9-33),以增强质量意识。通过给参建单位派发《工程建设标准强制性条文》等书籍、举办质量管理体系宣贯等系列讲座、组织知识竞赛(图 9-34)和劳动竞赛等活动,营造浓厚的"人人重视质量、人人创造质量、人人享受质量"的氛围,牢固树立质量第一的意识,提高质量管理水平及管控能力。

9.4.4　干支流河道水体水质质量检测监测与管理

1. 项目公司自主成立水质检测监测机构

为解决茅洲河水环境治理工程中遇到的一系列重大和关键技术难题,保障茅洲河流域水环境综合整治项目如期实现工程和水质治理目标,发展水环境治理相关领域核心技术,推动公司高新技术企业申办,塑造企业高新技术品牌形象,水环境公司成立一年后研究决定设立"中国电建水环境治理研究实验中心"(以下简称"实验中心")。经过一段时间的筹备,配置了首批科研工作人员,购买了一大批先进的仪器设备。2017 年 3 月 25 日,实验中心在茅洲河 1 号底泥处理厂生产区域挂牌成立,把底泥厂已建设的办公用房,布置成室内实验室,安装了实验/试验检测设备和检测仪器,利用场外区域建设安装了室外检测设施设备。

图9-32　CCTV管道内窥检测培训交流会

图9-33　"质量月"活动启动仪式　　　　图9-34　知识竞赛

　　实验中心下设综合信息处、技术标准处、监测处和试验处4个处室，拥有1个分支机构（雄安分实验中心），人员定编16人。实验中心作为公司总部内设部门独立办公。

　　随着工程建设进展和实验中心不断发展，各项职能进一步完善，科技研发能力进一步提升，科研人员配置进一步加强。2019年6月10日，以实验中心为基础，深圳国涗检测技术有限公司（以下简称"国涗公司"）注册成立。此后，实验中心与国涗公司合署运行。实验中心对内履行管理职责，国涗公司对外承担法人公司责任。目前，实验中心和国涗公司拥有专门的办公与研发场所，面积约1 300 m^2，建有理化、重金属、有机物等 11 个检测分析室和 1 个水质在线监测设备研发实验室,拥有环境领域高端仪器设备约 170 台套,仪器设备总价值约 1 000 万元,能够满足水环境治理所需各项水质指标的检测需求。

2. 动态检测监测干流支流水质变化

在茅洲河流域,设立有国家考核监控断面、省级考核监控断面和市级考核监控断面。国家考核监控断面设立在茅洲河下游,离河口约 2 km,在深圳市共和村附近建设有固定监测设施(以下简称"共和村断面"),自动采样;省级考核监控断面主要位于洋涌河水闸和燕川断面(离河口距离约 12 km),主要采取人工采样与自动站采样监测相结合的方式;深圳市级的考核和监测断面分布于干流和支流,2017 年共设有 62 个(其中干流 7 个,一、二、三级支流共 55 个),2022 年底设有 79 个(其中干流 7 个,一、二、三级支流共 72 个)。电建生态公司在 16 条支流和干流及暗涵布设检测点进行了水质监测,为了能根据工作需要随时对不同点位进行采样监测。

各断面的主要监测指标有氨氮、总氮、总磷和溶解氧,公司在监测污水管涵水质时,要检测 COD 和 BOD(5 日化学需氧量和生化需氧量等);在污泥治理中,要检测各种重金属指标等。

治理前,茅洲河全流域的水质差别较大,污染物来源不同,污染程度也不同。干流上下游、不同的支流均有较大差异。随着工程建设的进展,河流水体水质不断变化,总体上持续好转。施工过程中,不同的施工方案和措施,对水体水质的影响程度不同,所以要对水体水质特别是考核断面水质的影响程度及时分析。其中,对于水体水质影响较大,甚至影响水质考核指标达成的施工方案须及时调整和退出。深圳地处沿海,一年之内有明显旱雨两季气候,茅洲河为雨源性河流,干流下游常年有水,最下游十多公里又为半日潮(一日两次潮汐),上游多数支流旱季少水或无水。降雨带着面源污染物流入河水,对河流水体水质影响较大,且大小雨的影响不同,降雨初期和中后期的影响也不同。这一系列特点,都影响着水环境综合治理的方案的制定和实施,而且都需要在治理过程中通过不断地检测观测、分析研究、制订方案、实施工程、检测效果等,进行持续的动态分析。

为此,公司不仅要收集国家、省、市考核断面数据进行分析和研究,更需要设立大量自测断面进行随机检测,监控各种情况下的水质变化。公司主要做了以下工作:

(1) 以茅洲河流域水环境综合整治项目为起点,实验中心构建了履约目标导向的水质监测体系,成为茅洲河治水模式的重要一环,为保障项目工程和治水目标的实现起到了关键性作用。结合"流域统筹、系统治理"的治水理念,围绕"管网排查、织网成片、正本清源、理水梳岸、寻水溯源"五大技术指南,实验中心从源头治理、本底分析、过程管控、成效验证、考核达标等涉及项目全生命周期的各环节切入,系统地开展水质检测监测、管控、预警分析等工作,取得了良好成效。

（2）流域尺度上，建立了严格的水环境质量监测技术规范、标准方法和工作流程，筛选了合理的检测监测指标，开展全流域水质监测，全面、准确地掌握茅洲河流域内干支流水质水情状况及其动态变化。

（3）构建了具有适应性的现场快速检测技术方法体系，及时反馈潮汐、降雨等自然条件和相关工程措施等边界条件变化对断面水质产生的影响。

（4）针对茅洲河严重的底泥内源污染问题，建立了河道污染底泥处理处置全过程污染物监测技术方法，为底泥处理厂进行生产方案、工艺选择与优化、内部质量控制等提供良好的数据支持。

（5）针对管网接驳点、雨/污水箱涵、溢流排口、排水管道、排涝设施以及污水处理厂、水处理应急设施、生态补水水源等，结合应用场景和目标，建立了定性与定量相结合的监测方法体系，为高效、快速排查河道水质变化各类影响因素提供有力技术支撑。

（6）相关监测成果为克服茅洲河项目水质污染问题和解决关键技术难题提供了坚实的数据支撑，助力茅洲河项目工程和水质目标的顺利实现。

（7）实验中心对茅洲河项目水质监测工作经验进行复盘总结，形成了可复制、可推广的水质管控和检测监测体系，统筹指导公司水质检测监测工作，进一步推广茅洲河项目经验，在石马河项目、龙岗河、观澜河项目、前山河项目等多个公司重点、重大水环境治理项目得到应用，为保障项目履约提供的良好的技术支撑和数据基础。

（8）随公司快速发展，承担水环境治理相关项目近百个，多数项目具有水质考核目标或须要控制项目产生不利环境影响。实验中心积极发挥职能作用，协同生产管理部门，建立了项目水质管控和预警分析机制。实验中心建立了严格的数据报告管理制度，构建了一套适应于公司水环境治理项目的监测数据报送机制，上传至公司流域水环境智慧管控平台，实现监测数据的存储、管理以及数据的基础性分析、处理、评价和管控。基于监测数据，整合分析各类信息，在时间尺度上，与工程治理实际进度紧密结合，编制形成各类水质监测月报、季度报告、年度报告等，反映流域水质水情动态变化。对公司在建项目进行全面梳理，按月收集、汇总在建项目水质数据，分析水质达标情况、存在问题和成因等，编制形成《水质监测月报》和《重点项目达标分析报告》，及时报送公司，为公司掌握在建项目水质改善情况、水质履约风险提供了检测监测与预警信息，对促进项目水质达标起到了积极作用。

3. 充分利用现有污水处理设施改善水质

经收资调研分析，在2015年底，茅洲河流域内，共有大中型污水处理设施5座（以下简称"污水处理厂"），设计污水处理能力约70万 t/d（参见表2-3）。但其当时的运行情况很不理想，主要表现在以下几个方面：污水处理厂服务片区内污水收集率较低、大型污水厂进水量不足、不能满足设计产能，一方面未被处理的污水水量较大；另一方面产能闲置，同时，还有一些应急设施(初步统计有6座，总设计处理能力约30万t/d)被先后建立在河道沿岸或"架在"河上，其运行状态中经常是直接抽取河水进行处理，一边在上游河道抽水，一边就在相隔几十米既排向下游，看似应急，而实际治理效果很差，改善河水水质作用并不明显。

随着茅洲河综合治理工程建设的推进，特别是下决心采用雨污分流的排水体制后，雨污排水系统建设取得重大进展。2017年底，新建、已建污水排水管网里程达到1 000 km，大量排水立管被大力改造，排水管网系统初步实现"织网成片"，初步估测污水收集率达到70%左右，进厂处理的污水量明显增加，已建成污水处理厂的作用得到有效发挥，污水直接入河的现象得到初步控制。比如2017年底，国家考核断面水质中氨氮浓度降至7.39 mg/L，低于考核指标8.0 mg/L，首次实现了断面消除黑臭的考核目标，完成考核任务。

2018年及以后，全流域污水收集率不断提高。2019年启动全面消除黑臭水体行动后，污水收集率进一步提高，2021年底达到95%以上。沿河布置的应急污水处理设备被陆续关停，管网收集的所有污水均通过污水管网送到污水处理厂处理。茅洲河流域的污水处理设施与域外设施在实际运行时，也会根据来水情况进行跨区调度。根据建设规划，松岗污水处理厂承担着光明区部分行政辖区的污水处理任务。

4. 新建、扩建主要污水处理设施及总规模

结合经济发展情况和中长期预测，茅洲河流域内现有污水处理设施的处理能力满足不了近期发展要求。经分析研究，决定新建和扩容一批污水处理设施，已建及先后新建或扩建的设施共有12项，总处理规模有189.5万t/d，其中新增污水处理能力119.5万t/d。至此，茅洲河流域内的污水处理设施总设计能力达到近200万t/d(含各类应急措施)。同时，对各已建污水处理厂还进行了提标改造，设计出水水质由一级B，提高到一级A[①]，部分指标达到地表水Ⅳ类标准，新建污水处理设施均按高出水标准建设。

5. 适当建设应急污水处理设施

在茅洲河中下游的沙井片区，有正在运行的沙井污水处理厂，设计处理能力为15万t/d。规划新建一座35万t/d的沙井污水处理厂(二期工程)，但因各种原因，建设投产日期超出预期时间，在2022年底前才投入使用。经分析计算，预测2022年

---

① 书中"一级A""一级B"的水质标准划分以《城镇污水处理厂污染物排放标准》(GB 18918—2002)为依据。

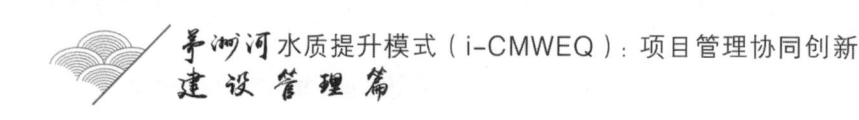

底前,沙井污水厂一期满负荷运行的前提下,还有约 5 万 t/d 的污水不能得到及时处理。经研究,决定建设一座应急污水厂,解决污水处理问题。决策后,沙井应急厂采用 BO 模式管理,快速建设,于 2021 年 9 月 20 日投产运行,及时解决了污水处理能力不足的问题。沙井应急厂采用了先进的污水处理工艺,不仅满足正常出水水质要求,还在总氮去除上显示了较好的效果,因尾水经河流后最终会排入海中,总氮的去除特别有利于海水水质管理。该厂于 2023 年 9 月 30 日暂停运行,共运行约 2 年,累计处理污水 5 117 万 m³。

同步建设底泥处理厂污水处理设施(污水处理能力为 5 万 t/d)。茅洲河底泥处理厂同时处理河道底泥和管道淤泥,底泥大部分来自干支流,且大部分是由绞吸式挖泥船疏挖,经管道连泥带水一并送入厂内存泥池,含水率在 90% 左右,一部分通过抽吸车运输到厂内,一部分处于半干式污泥状态,由汽车运输到厂内。半干式污泥进厂后还要加水稀释。这样底泥处理过程中会有大量的生产余水需要处理,余水经处理后再排回河道。

底泥厂内建立有 2 套余水处理设施,一套为超磁净化设备,一套为一体化污水处理设备,设计日处理能力为 5 万 t/d,规模能力足以满足污泥处理进度要求,经板框压滤机流出的余水,全部进行超磁处理,出水水质达到一级 B 以上,超出治理期间河道同期水质,符合排放要求。

茅洲河流域内各主要污水处理设施及处理规模情况见表 9-8。

表 9-8　茅洲河流域主要污水处理厂及其处理能力

序号	净化厂/处理厂名称	规模(万 t/d)
	上游光明区污水处理厂	光明小计:59.5
1	光明水质净化厂一期	15
2	公明水质净化厂一期	10
3	光明水质净化厂二期扩建	15
4	公明水质净化厂二期扩建	10
5	上下村、合水口和白花 3 座污水处理站	9.5
	中下游宝安区污水处理厂	宝安小计:100(不含应急)
1	沙井污水处理厂一期	15
2	沙井污水处理厂二期	35
3	沙井污水处理厂三期	20

续表

序号	净化厂/处理厂名称	规模(万 t/d)
4	松岗污水处理厂一期	15
5	松岗污水处理厂二期	15
6	沙井应急污水处理厂(2023 年 9 月份已停运)	5
	下游右岸长安镇污水处理厂	东莞小计:30
1	三洲污水处理厂	15
2	新区污水处理厂	15

6. 专项开展分散式污水处理设施的技术比选

分散式污水处理技术通常作为集中式污水处理的重要补充措施,在污水处理政策和市场中占据着一定的位置。分散式污水处理设备主要应用场景通常有 3 个,一是建设分散式污水处理站,用于处理市政污水管网中的污水;二是处理河道疏浚底泥余水;三是对污染的河道、小微水体进行异位水质净化。对于茅洲河水环境综合治理,这 3 种场景都将面对,为此,研究、比选、开发和掌握先进的分散式污水处理技术是构建集团水环境治理技术体系的重要部分。

市场上,分散式污水处理技术与设备种类繁多、良莠不齐。公司利用平台优势,立足当前茅洲河流域水环境综合整治项目,依托水环境治理研究实验中心,开展了"分散式污水处理技术比选试验"(以下简称"技术比选")。通过提供良好的试验平台,吸引全国企业报名参加比选。报名单位达到一百余家,通过调研和筛选,选择了 10 家掌握不同主流分散式污水处理工艺的厂家(以下简称"试验厂家")参与试验。试验厂家的技术路线包括:物理法中的过滤法、气浮法和微磁量子净水技术 3 种工艺原理;生物法中的 MBR、活性污泥法和生物膜法 3 种工艺原理;生物膜法设备的主体工艺类型分别为生物转盘法、生物接触氧化法和曝气生物滤池。

2017 年在茅洲河流域一级支流沙井河潭头水闸下游右岸开展技术比选试验。试验持续时间约 6 个月。试验期间,实验中心对各设备进出水 COD、氨氮、总氮和总磷指标进行了连续检测和对比分析。在设备进入运行稳定期后,每天对各设备的实际处理量、能耗、药剂使用量、自来水用量、设备维修和维护情况等进行记录和评估,测算了运行成本、吨水占地面积、运行稳定性等参数,评估了投资成本。通过对试验结果的分析,发现:

(1) 物理法。出水基本无法达到一级 B 的排放标准。研究认为,其能作为补充方法使用,不能单独作为污水深度处理方法使用。

(2) 生物法。其出水基本上都能够稳定达到 COD 指标要求,出水可稳定达到或超过一级 A 标准。其中技术适应性强、运行稳定、污染物去除效果好、经济性较好的技术和设备分别为某 A 公司的兼氧膜生物反应器(FMBR)和某 B 科技公司的快速生化污水处理技术(RPIR)。

主要比选数据为：某 A 公司的设备，出水各主要指标均能较稳定达到一级 A 标准(总磷达标率为 67.5%，总氮达标率为 77.4%，其余指标达标率均在 85% 以上)，COD、氨氮能较稳定地达到地表水 Ⅲ 类标准(达标率分别为 86.8% 和 81.0%)。吨水占地约 0.3 m^2，吨水耗电约 0.59 度。

某 B 科技公司设备，出水 COD 能够稳定达到一级 A 标准，氨氮一级 B 达标率为 93.3%，一级 A 达标率为 76.7%。总磷一级 B 达标率为 80%，总氮一级 B 达标率为 66.7%，总磷和总氮没有达到一级 A 标准。该设备对 COD 和氨氮的处理效果稳定性较高，运行过程中污泥排量较少，且自动化程度较高，人工维护要求比较低。

技术比选及其试验结果，指导公司一方面有效采购社会上成熟的技术与装备；另一方面促进公司自主研发新装备，有效解决了茅洲河 1# 底泥厂余水处理技术选择问题，也有效解决了后来建设沙井污水应急处理站技术选择问题，同时还指导了公司自主研发工作，培养了公司科技研发能力和管理能力。此后，公司进一步总结经验，投入研发资源，深入研究分散式处理的技术原理、工艺特点、污水净化效果、运行稳定性和运行成本，自主研发出一体化污水处理设备 2 台，设备出水可稳定达到一级 A 排放标准。该项技术和设备的生化处理池吨水耗电仅 0.49 度，药剂成本仅 0.14 元/t，预处理池吨水耗电 0.22 度，药剂成本 0.3 元/t，技术经济指标较好。应用该技术和设备，解决了茅洲河底泥厂余水排放氨氮不达标的难题，填补了固定化微生物技术在河道疏浚底泥余水处理方面的应用研究空白，也解决了常规技术出水不能稳定达到一级 A 排放标准的难题。

9.5 项目质量的控制协调保证

9.5.1 项目质量控制协调措施

对于工程质量管理，电建生态公司层面通过报告审阅分析、例行检查、飞行检查、会议协调等措施进行控制和协调，以确保项目质量目标的达成。

首先，对于分包商和监理提交上来的工程质量周报和月报(图 9-35)，项目公司相应的专业部门要进行审阅、比较、分析，辨识确认项目质量状态和发展趋势的真实情况，对于风险较大的问题要及时或在项目公司周例会上提出，并提出相应的解决方案。

其次，电建生态公司领导和各专业部门每月对各标段工地进行月度现场检查

第9章 项目质量管理

（图9-36），重点检查重要施工工序质量措施落实情况等；此外，还经常会进行不定期的飞行检查。对于在检查中发现的各种不符合规范的事项，下达限期闭环整改要求（整改报告如图9-37所示），建立台账定期分析总结。

最后，坚持问题导向，以现场检查发现的质量问题通病和试验检测数据为基础，对"问题工点"重点关注。内部每周召开质量分析会（图9-38），对执行过程中发现的问题进行商议协调，及时提出纠正的方案；每月与各分包商分别召开质量专题月度会议，相关监理等单位参会，针对关键施工方案组织设计进行重点审查，协调、敦促分包商解决当前遇到的质量问题；通过召开项目验收评定工作推进会（图9-39），利用质量分析手段，查找分析问题原因，为工程验收移交铺垫基础。

图9-35 工程质量月报

9.5.2 项目成果验收保证措施

电建生态公司明确配合验收组织架构，制定工程项目验收管理办法，全力配合招标人、监理、安监站及其他相关监管部门做好工程验收工作，对相关单位在验收中

图9-36 日常质量巡检　　　　图9-37 质量检查整改报告

图 9-38　质量工作分析会　　　　　　　图 9-39　质量验收评定工作推进会

提出的建议、意见及问题及时整改,严格按照工程验收规范做好验收工作,确保工程顺利验收、移交。

(1) 配合验收组织架构

配合验收组织架构如图 9-40 所示。

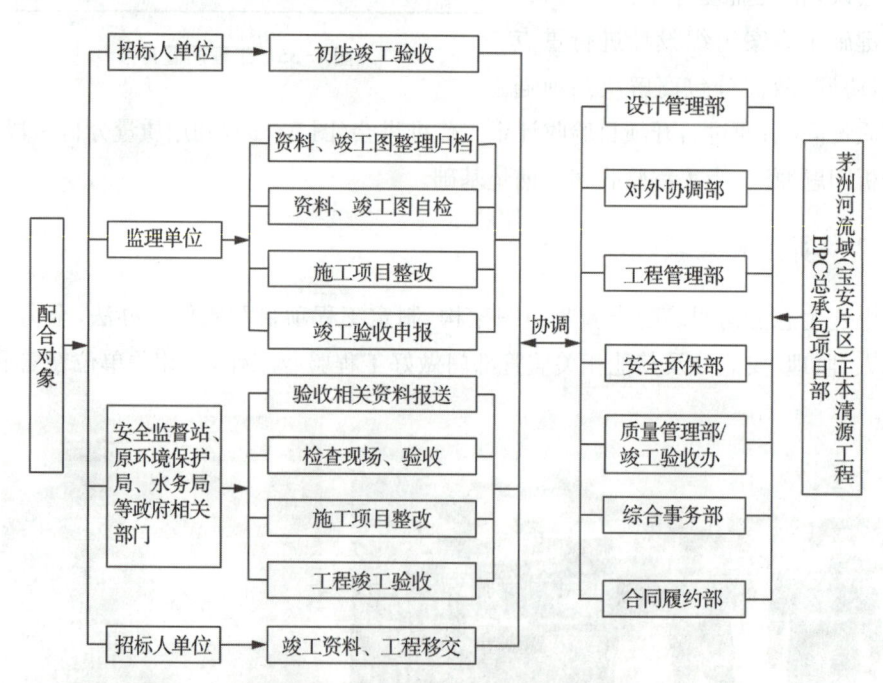

图 9-40　配合验收组织架构

（2）配合流程

配合流程如图 9-41 所示。

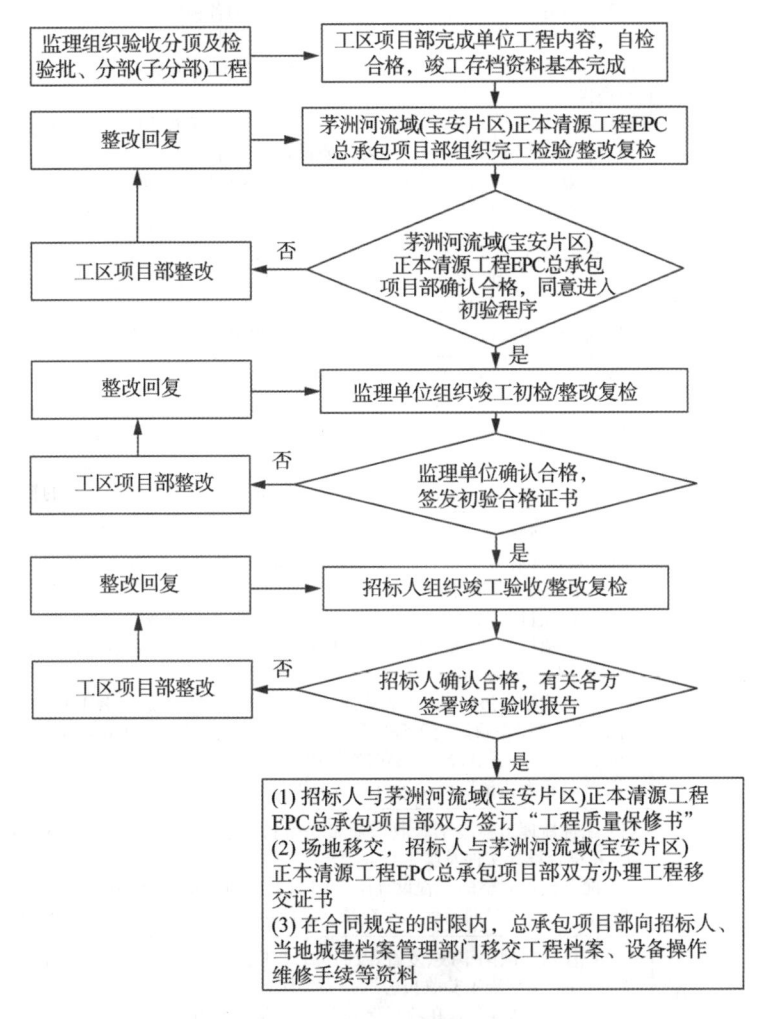

图 9-41 配合验收流程

（3）验收配合方案

验收配合方案如表 9-9 所示。

表 9-9 验收配合方案

序号	类型	内容
1	依法依规验收	（1）建设工程验收应当依据国家、广东省、深圳市工程质量要求、质量标准、规范及经审查合格的施工图纸设计文件进行 （2）工程经验收合格后方可交付使用

续表

序号	类型	内容
2	有条件验收	(1) 检查建设工程已经完成设计和合同约定的各项内容 (2) 检查是否有完整的技术档案和施工管理资料 (3) 检查工程上使用的主要建筑材料、构配件和设备是否均有合格证书和进场试验报告 (4) 检查是否有茅洲河流域(宝安片区)正本清源工程EPC总承包项目部、工程监理、第三方检测等单位分别签署的质量合格文件 (5) 检查是否有茅洲河流域(宝安片区)正本清源工程EPC总承包项目部签署的"工程质量保修书"
3	以检查工程观感质量和使用功能质量为主的竣工验收	(1) 配合竣工验收检测污水箱涵系统的完整性 (2) 配合竣工验收检查管道安装平直、沟槽、埋深、覆土等是否符合设计要求 (3) 配合竣工验收检查污水、雨水检测井内管道安装状态 (4) 配合竣工验收检查工程是否存在违反强规和安全隐患方面的问题
4	检测管道及附属设施安装验收	(1) 配合竣工验收检查管井布置、数量、位置是否符合设计规范 (2) 配合竣工验收检查雨水、污水管井是否按规范砌筑,井底是否用水泥砂浆抹平,做防漏处理。井径是否保证有足够的操作、维修空间,检查井过深时是否安装了脚码 (3) 检查是否使用了雨水、污水专用井盖,是否采用了不符合标准的轻型井盖
5	工程竣工验收程序实施	(1) 工程达到竣工验收条件后,工区项目部依据竣工验收要求,先组织自审、自查、自评,自评工作完成后,填写工程竣工报验单,并将全部竣工资料报送项目监理单位,申请工程竣工初验 (2) 配合项目监理单位会同招标人对竣工资料及实物进行全面初验 (3) 配合招标人、监理单位检测工程观感质量和使用功能不符合规范或设计图纸要求的问题,做好整改安排 (4) 对整改结果进行验收,结果合格后,由总监理工程师签署工程竣工报验单,并向工程质量监督站提交工程质量评估报告和工程竣工验收申请报告 (5) 督促招标人积极配合质量监督站做好验收工作 (6) 及时联系质量监督站进行最后的竣工验收备案
6	竣工验收及工程移交	(1) 配合梳理工程竣工验收的质量是否符合法律、法规、工程建设强制性标准规定,并符合设计文件及施工合同要求 (2) 配合提供完整的工程设计图纸和施工合同约定的全部内容,经监理单位竣工初验合格后,及时向招标人提交竣工验收申请,技术档案,施工管理资料
7	缺陷责任期责任	(1) 积极落实缺陷整改、复查、及时办理"工程质量保修书",会同监理协助招标人及时办理"工程竣工验收报告",并妥善保管 (2) 对于在保修期内、在项目保修范围内的项目,在接到保修通知之日后7天内派人修理

(4) 工程验收移交

"三检"合格后,由终检人员整理质量检验记录,填写工序质量报验单等质量资料,报请监理工程师进行签证。监理工程师进行现场检验时,终检人员应全程跟检,配合监理工程师工作,对检验出的质量问题详细记录并安排项目部现场施工员及施工班组按要求限期整改。施工过程中高度重视施工日志、施工原始记录、质检、试验资料等材料的整理和收集工作,并确保资料的真实性、及时性和完整性,做到同时完成工程施工完工、竣工资料。某工程验收移交会如图9-42所示。

图 9-42　某工程验收移交会

9.6　质量管理中遇到的挑战和克服措施

茅洲河项目中,质量管理工作遇到许多挑战,克服措施如下:

(1) 茅洲河项目大部分工程位于高密度城市建成区,工程规模大、类别多,专业衔接复杂,容易诱发质量通病,出现质量隐患

为加强施工质量管理,认真落实质量控制程序,统一操作规范和工作流程,实现工序检查和中间验收标准化、程序化,电建生态公司制定了"工程首件及试验段验收管理办法"(图 9-43),将工程首件及试验段验收确定为施工质量标准、工艺参数、操作流程和管理要求的重要环节,并作为指导后期同类工程施工和质量验收的重要依据,首件样本的标准在分项工程每一个检验批的施工过程中得以推广,强化质量检查程序,提高作业人员的质量意识,规范作业人员质量行为,从施工源头上确保质量目标实现,从而带动工程整体质量水平的提高。

(2) 管材质量缺陷,如刚性管道(砼管材)出现渗漏、破裂等问题,柔性管道(B 型管、塑料缠绕管)出现起伏、变形等问题

抓住问题关键,改善质量缺陷。缺陷情况可以反映出施工过程的整体管控情况:渗漏和起伏说明了现场施工控制不严,对管口连接和基础处理等关键工序管控不力;破裂和变形说明了施工过程中对原材料保护不力,造成管材破坏,柔性材料在受到碰撞或冲击后产生变形,刚性材料则产生破损。对此,要求各标段认真分析各自的缺陷情况,采取切实可行的管控措施,抓住关键环节,降低缺陷水平,压低质量成本。

图 9-43　工程首件及试验段管理制度　　　　**图 9-44　泵站出水箱涵上钢筋**

　　同时,联合中国水利水电第八工程局有限公司下属科研设计院共同筹建了中心试验室,纳入质量管理部管理,对工程建设过程中的原材料、半成品及质量控制过程、工程实体质量等进行自检和抽查,全面参与公司质量检查监督活动,适时组织标段开展检验试验教育培训,规范检验试验行为。联合中国电建中南勘测设计研究院有限公司对完工管道进行自检工作,通过CCTV、QV内窥检测,及时发现管道缺陷,督促各标段及时整改消缺、及时进行闭合复测,为工程验收移交"把好第一道关",实现一次验收合格。通过缺陷数据分析,及时发现质量问题产生的原因,从而有针对性地开展监督检查工作。

　　定制"身份信息"、严控原材料质量。合格材料是保证工程建设质量的前提和基础,为从源头上控制工程质量,杜绝使用不合格材料现象,专门制定了项目原材料质量控制管理办法,要求择优选择原材料供应商,严把材料供应渠道,对主要材料实行驻厂监造,加强对材料生产过程中使用的主要原材料、中间产品及成品的质量控制,特别是要在管材醒目位置印制管材编码和LOGO标识,编码采用条形码或二维码,信息内容包含管材型号、规格、厂名、茅洲河项目专用等。材料出厂前由驻厂人员签字确认,材料进场验收时扫码验证,不合格材料禁止进入施工现场,实现原材料100%合格,确保工程质量。

　　(3) 项目范围广、工期紧张、接口复杂,资源动态管理要求高,参与方之间异质性明显,质量管理协同程度低

　　依托中国电建平台,展示水环境治理工程管理优势。作为茅洲河项目建设的承建单位,电建生态公司积极承担电建集团使命,利用大平台、大机遇展现企业形象,使水环境治理工程"大兵团""大规模作战"中安全质量管理优势得到明显体现。及时成立了"中国电建水环境治理研究实验中心",投入必要的试验检测设备,对茅洲

河水质进行24小时跟踪检测,掌握感潮河段水质变化规律,同时重点对主要材料、实体结构以及商品混凝土进行内部质量检测,以客观准确的数据,反映项目实体质量,做到早发现、早改进,全力规避和整改质量问题。电建生态公司充分利用大集团优势,总结和提炼产业经验,积极实施标准的编制工作,把企业标准转化为地方标准和行业标准,填补行业标准的空缺,保障知识产权优势,不断提升企业技术水平,同时也提升安全质量管理水平。

用好信息化平台,体现水环境治理工程现代优势。提倡"互联网＋安全质量"管理理念,挖掘大平台大数据。一是建立"智慧水环境"之类的综合管理平台,针对清淤、底泥处理、管网标段主干道建立视频监控监测系统,及时跟踪掌握现场作业情况;二是充分利用运营商网络(4G)、卫星通信等技术,对作业人员、管理人员进行动态跟踪,掌握现场作业信息与管控实况;三是通过信息化平台提供材料供应等综合信息,结合质量验收成果及传统数据统计方法,对出现的问题和缺陷追溯到具体责任人,分析出具体原因,有针对性地改进和提高;四是建立每周工点信息情况、每日更新微信管理影像资料的创新管理模式,实时掌握施工作业面、工作点动态,做到检查工作有的放矢;五是建立安全生产管理云平台,通过电脑及掌上APP平台掌握施工现场人员动态、设备动态等实况。通过各个平台的综合应用实现严密防控,充分体现安全质量管理的现代优势。

(4) 面对复杂的施工环境,工区项目部及作业班组在不同程度上存在大局意识不强、政治站位不够高、质量管理能力不足等问题,导致施工质量隐患和瑕疵频现

选派具有丰富施工经验、懂技术、精管理的人员担任项目总负责人和工区项目经理,由技术精湛、经验丰富的专业人员担任项目技术负责人、工区总工程师,由管理素质过硬、经验丰富且质量意识强的专业人员担任质量分管领导,组建精干高效的项目质量管理机构。

建立健全"横向到边,纵向到底"的质量保证体系。总承包项目部及工区项目部均设立质量管理部,配备满足能力要求的专职质检工程师;为作业队设专职质检员;为作业班组设兼职质检员。

选择具有类似工程施工经验、技术水平高、设备先进齐全的施工队伍入场施工;现场实行实名登记,采用二维码扫描手段强化作业层人员管理,随时对作业和管理人员进行定位考勤和读取违章人员信息。实行关键工序质量实名制登记,责任具体到人。最终实现对工程施工质量的有效控制。

实行"质量例会"制度,定期通报质量管理结果,对于严格按照质量要求和标准进行施工的单位和个人进行奖励,对出现施工质量问题、整改不到位且达不到验收标准的单位和个人给予经济处罚,对造成质量事故的单位和个人坚决予以清退出场的处罚,并追究相应责任。

9.7 质量管理对于整个项目成功所做的贡献

质量管理对于项目成功所做的贡献如下：

（1）工程实体的高质量建成及顺利验收投入运营，促证茅洲河项目提前1年零2个月实现水质达到国考要求；2020年全年共和村国考断面稳定达到地表水Ⅴ类标准，各支流河道逐步稳定达到地表水Ⅴ类标准，顺利通过深圳市2020年长制久清评估工作。中国电建积极践行初心使命，坚持攻坚克难，以高度的责任感和强烈的国企担当投入茅洲河共和村、前山河石角咀水闸等重点国考断面水体达标攻坚工作，高质量完成了重点治污工程建设任务，为国考断面水质达标发挥了重要作用，为广东省打赢水污染防治"攻坚战"，圆满完成"十三五"水污染防治考核目标做出重大贡献。

（2）电建生态公司每年开展在建项目客户满意度调查统计分析，调查10项指标，客户满意度评分均在90分以上，且呈上升趋势，顾客满意度高。

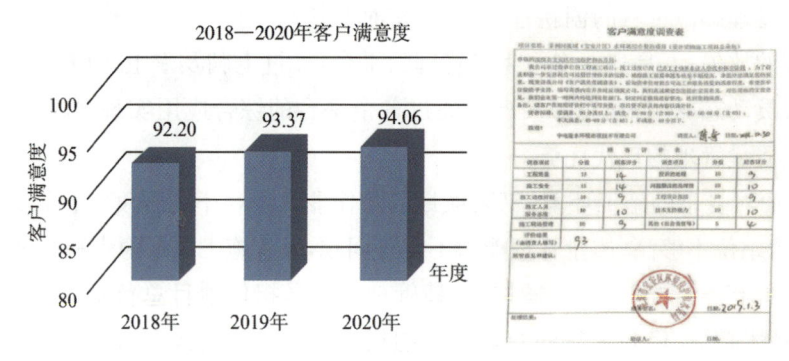

图 9-45　顾客满意度统计分析与调查表

（3）近年来，各大媒体就茅洲河治理相继展开专题报道，报道指出深圳已在全国率先实现全市域消除黑臭水体，被国务院评为重点流域水环境质量改善明显的5个城市之一，并成为全国黑臭水体治理示范城市。各大媒体高度评价了中国电建在茅洲河治理中探索总结形成的具有先行示范意义的"深圳模式"和"深圳经验"，全面塑造了电建生态公司专业精湛的生态环境品牌形象。

图 9-46　各大媒体宣传

第 10 章 项目安全管理

安全就是生命。安全管理是企业生产管理的重要组成部分,其本质是风险管理。对于企业来说,有了安全保障,才能持续、稳定发展。电建生态公司以科学发展、安全发展为指引,坚持"安全第一、预防为主、综合治理"的方针,牢固树立"一切事故都可以预防"的安全理念,坚守"红线意识",强化对安全生产工作的领导,健全规章制度,落实岗位责任,注重事故预防,加强安全监管,夯实基础管理,大力推进企业安全生产标准化,建立基于 GIS 的施工网格化安全应急管理模式,有效防范事故发生,取得了优异的成效。

10.1 项目安全管理的组织体系和模式、流程

10.1.1 安全管理的组织体系

茅洲河流域水环境治理项目规模大、系统性强、施工难度大、不可控因素多、社会关注度高,要实现项目安全管理目标,必须严守安全底线,有效控制各类风险。根据《中央企业安全生产监督管理暂行办法》,中国电建对子企业安全生产实行分类监管和动态管理。依据生产经营范围、企业规模、业务领域、安全风险不同的特点分成3类,电建生态公司属于风险最高的一类企业。因此,健全完善安全管理组织体系,对项目建设和企业发展尤为重要。

(1) 安全生产委员会

中国电建规定系统内各单位应成立以法定代表人为主任的安全生产委员会(以下简称"安委会"),下设安委会办公室,安全生产委员会的成立和调整的文件应由第一责任人签发。各级安委会是本级安全生产与职业健康工作的领导和协调机构。其职责主要是研究、部署、指导、协调本单位安全生产工作;研究提出本单位安全生产工作的重大战略方针,审查安全生产工作重要事项;分析本单位安全生产形势,研究解决安全生产工作中的重大问题;协调调动本单位资源,参加生产安全事故应急救援工作。各级安委会如图 10-1 所示。

(2) 施工安全管理组织机构

为加强安全生产工作,明确和落实安全生产主体责任,规范安全生产管理,防止和减少生产安全事故,保障员工职业健康安全,电建生态公司建立了公司、标段项目

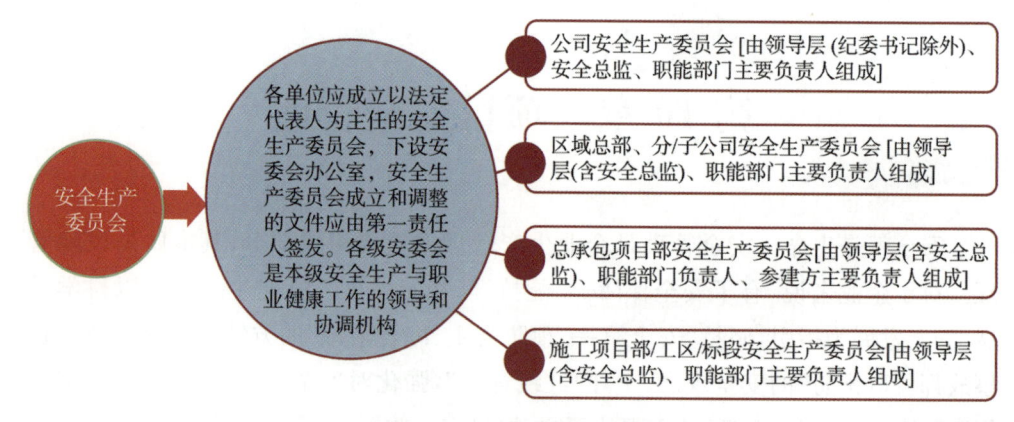

图 10-1 各级安委会组成

部、作业队三层安全施工管理组织体系。公司安全施工管理工作领导机构负责统一领导茅洲河项目安全施工工作，研究决策项目实施过程中的安全生产重大问题。标段项目部负责领导标段的安全施工工作，研究决策标段工程施工过程中的安全生产重大问题。作业队成立以队长为组长，副队长、安全员、技术员、质量员为成员的安全生产小组，负责施工作业过程中的安全生产管理工作。如图10-2所示。

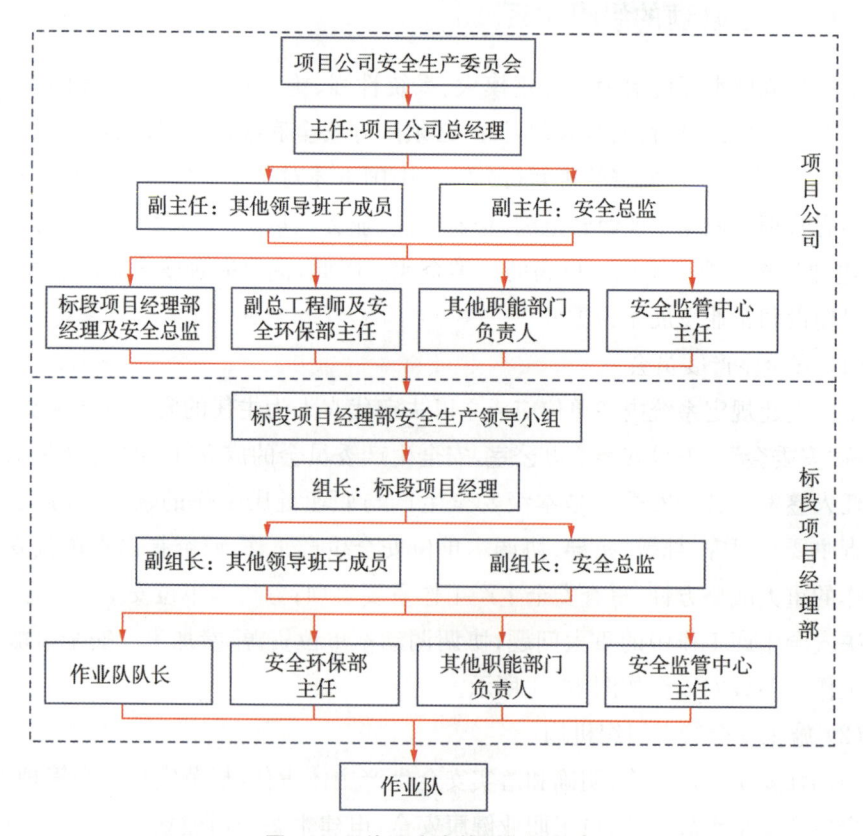

图 10-2 施工安全管理组织机构

10.1.2 施工安全管理模式

要实现在建项目安全生产"六无"目标,即无因工重伤及死亡事故、无重大机电设备事故、无重大交通事故及火灾事故、无触电及高空坠落事故、无中毒事故、无群体性事件事故,需要设计科学合理的内部安全管理方法和施工安全管理模式(图 10-3),加强施工过程安全管控。根据茅洲河项目的特点,项目安全施工管理采用"三级管控,预防为主"的管理模式。

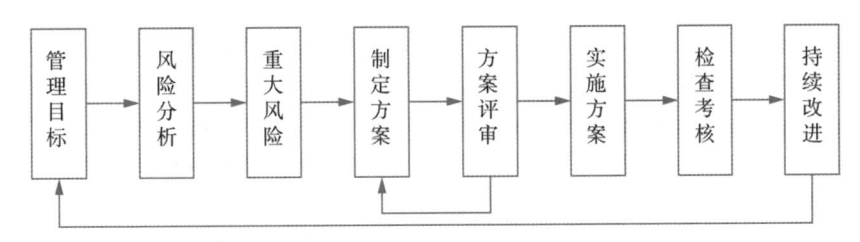

图 10-3 施工安全管理模式

10.1.3 施工安全管理的流程和工具

电建生态公司坚持"安全第一、预防为主、综合治理"的方针,树立"以人为本,关爱生命"的理念,按照"党政同责、一岗双责、齐抓共管、失职追责""谁主管、谁负责"的原则,坚持依法依规生产经营,强化项目安全生产主体责任落实,建立"统一领导、综合监管、分级负责、协同管控"现代安全管理体制和机制,确保安全生产目标的实现。

(1) 安全管理制度

根据电建生态公司相关安全规章制度的要求,结合茅洲河项目实际建设情况,从管理单位级和项目级 2 个层次,制定了《茅洲河流域(宝安片区)水环境综合整治项目安全生产管理规定》《茅洲河流域(宝安片区)水环境综合整治项目安全生产责任制》等 54 项安全管理制度(图 10-4),并进一步推广应用于茅洲河项目的所有项目包。在此基础上,于 2020 年相继制(修)定《中电建生态公司茅洲河指挥部安全风险管控管理办法》(图 10-5)、《中电建生态公司茅洲河指挥部安全生产奖惩管理办法(2020 年版)》(图 10-6)、《中电建生态公司茅洲河指挥部领导带班值班管理办法(2020 年版)》(图 10-7)等管理规定、标准规范。部分管理制度如表 10-1 所示。

(2) 安全生产责任体系

安全生产责任制是企业岗位责任制的一个组成部分,是企业中最基本的一项安全制度,也是企业安全生产、劳动保护管理制度的核心。电建生态公司按照

"安全第一，预防为主，综合治理"安全生产方针，建立并完善各岗位的安全生产责任制。为进一步强化安全责任落实，根据"党政同责、一岗双责、失职追责"的原则，形成以各级主要负责人为首的"安全行政管理体系"；以各级分管生产负责人为首的"安全生产实施体系"；以各级工程技术负责人为首的"安全技术支撑体系"；以各级安全总监为首的"安全监督管理体系"。公司各层级安全管理机构、岗位及人员配置要求如图10-8所示。

图10-4 54项安全管理制度

图10-5 安全风险管控管理办法

图10-6 安全生产奖惩管理办法

图10-7 领导带班值班管理办法

第 10 章 项目安全管理

表 10-1 安全管理制度(部分)

序号	制度类别	制度名称
1	管理单位级安全生产管理制度	安全事故管理办法
2		安全生产责任制
3		安全生产管理规定
4		安全生产考核管理办法
5		生产安全事故隐患排查治理管理办法
6		安全生产标准化自评管理办法
7		分包商安全管理办法
8		安全总监管理办法
9		地质灾害防治管理类办法
10		安全培训管理办法
11		重大危险源管理办法
12	项目级安全生产管理制度	茅洲河流域水环境综合整治项目安全生产管理规定总则
13		茅洲河流域水环境综合整治项目安全生产监督制度
14		茅洲河流域水环境综合整治项目安全生产考核管理办法
15		茅洲河流域水环境综合整治项目安全生产责任制
16		茅洲河流域水环境综合整治项目安全生产检查制度

企业分类		4个责任体系责任人配置	安全总监设置	机构设置	专职安全管理人员配置
一类企业	施工业务板块企业(含有资质的平台公司)	总部	4个责任体系责任人可以交叉(至少配置3人,但行政管理体系不能与监督体系交叉)	应设置安全总监	独立安全环保部门	特级企业不少于6人;一级企业不少于4人
		二级生产经营单元	4个责任体系责任人可以交叉(至少配置3人,但行政管理体系不能与监督体系交叉)	应设置安全总监	独立安全环保部门	年产值≥10亿元的不少于4人;年产值<10亿元的不少于3人
		施工项目部	4个责任体系责任人不允许交叉(配置4人)	应设置安全总监	独立安全环保部门	年产值≥3亿元的不少于4人;年产值<3亿元的不少于3人
		总承包部(项目公司)	4个责任体系责任人不允许交叉(配置4人)	应设置安全总监	独立安全环保部门	年产值≥10亿元的不少于4人;10亿元>年产值≥3亿元的不少于3人;年产值<3亿元的不少于2人

图 10-8 各层级安全管理机构、岗位及人员配置要求

(3) 安全管理流程

安全管理流程如图 10-9 所示。

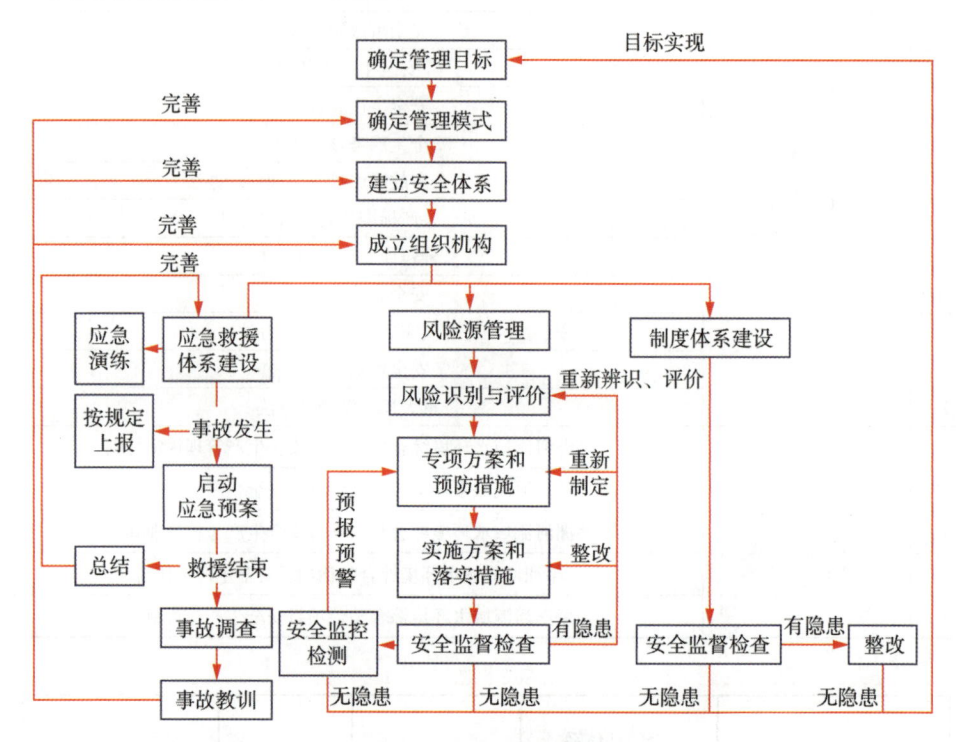

图 10-9 安全管理流程

10.2 项目安全生产保证体系

综合运用上述流程和工具,茅洲河水环境治理项目从"安全生产保证体系""危险源辨识与防控""危大工程安全管理""应急体系""安全文化建设"等 5 个方面,推进全员、全方位、全过程安全生产标准化,通过规范安全管理和作业行为,建立健全安全管理体系,有效防范事故发生。

(1) 安全生产保证体系构建

按照"作风务实、严控过程、操作稳定、事故为零"的管理思路,从思想、组织、制度、经济等 4 个方面建立了全面的安全生产保证体系(图 10-10),坚决执行国家安全法律、法规及规章、制度,遵守安全规范、操作规程及作业手册。精心组织实施,严肃行为准则,强化奖惩兑现,重视违规处罚,做到以"实"保"控",以"控"保"稳",以"稳"保"零",最终实现安全目标。

(2) 安全生产保证体系运行

安全生产保证体系的运行以"风险源辨识管理"为主线,以过程监控为中心,加

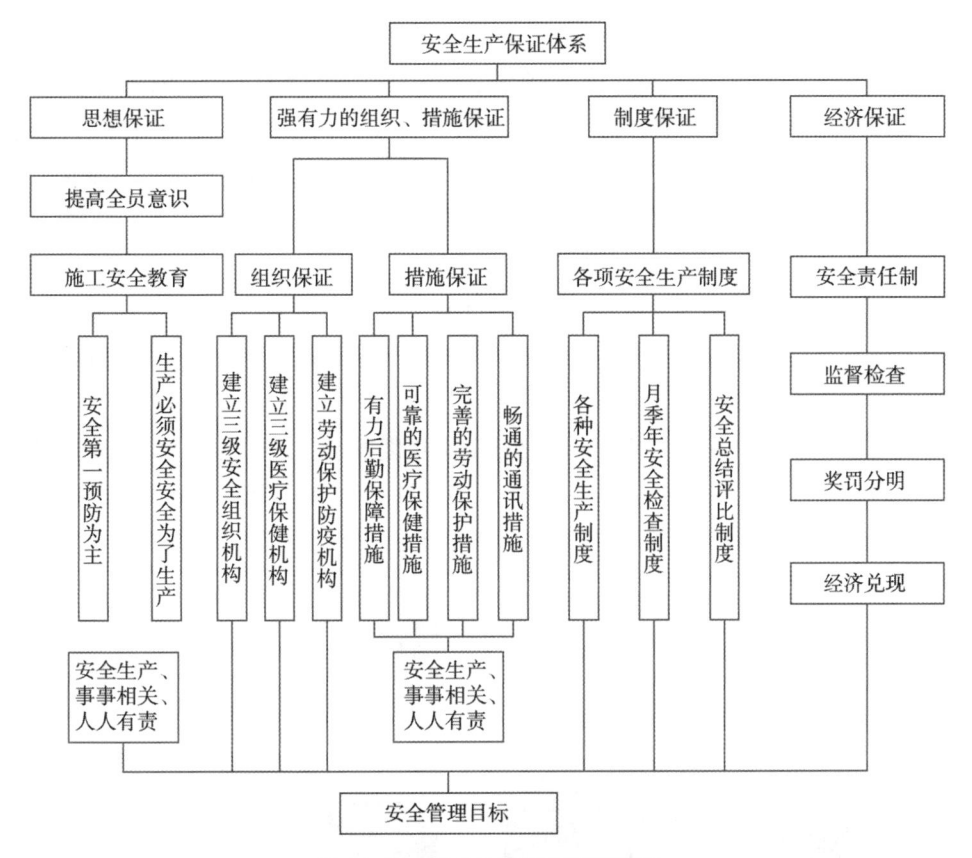

图 10-10 安全生产保证体系框架

强对风险源的动态管理及监控防范。公司安全环保部为安全管理主责部门，负责对茅洲河项目安全管理工作进行整体的策划、监控和指导；标段项目经理部安全环保部负责标段工程安全管理具体组织实施工作，并进行过程监控，按管理过程主要包括签订安全施工管理目标责任书、职业健康安全管理计划、教育培训、安全施工技术管理、安全检查、应急管理、安全事故管理等主要工作。

（3）安全生产标准化建设

安全生产标准化体现了"安全第一、预防为主、综合治理"的方针和"以人为本"的科学发展观。通过建立安全生产责任制，制定安全管理制度和操作规程（图10-11至图10-15），排查治理隐患和监控重大危险源，建立预防机制，实现安全健康管理系统化、岗位操作行为规范化、设备设施本质安全化、作业环境器具定置化，并持续改进。

（4）三标管理体系认证

质量、环境、职业健康安全三个管理体系（以下简称"三体系"），是以《中华人民共和国产品质量法》《中华人民共和国标准化法》《中华人民共和国计量法》等法规和产品标准为依据，通过组织构架的建立、岗位的设定、岗位职责的划分、岗位制度和流程的制定，从人员、工作场所、设备设施、经营品项和环境影响等方面进行有效运行和管控，以实现人员安全、质量保证、环境保护、顾客满意和企业受益的一种宏观的管理理念。

电建生态公司每年开展针对 ISO 三标管理体系的内部审核、管理评审、外部监督审核工作（图 10-16 至图 10-21 及表 10-2 和表 10-3）。结合内外部环境变化和审核提出的改进建议，持续提升质量、环境和职业健康安全管理水平。

（5）安全承诺及会议

新入职员工在完成三级安全教育后签订安全生产承诺书，换岗员工在完成新岗位的安全教育后重新签订安全生产承诺书，如果没有按规定进行安全教育培训，员工不得在安全承诺书上签字。

电建生态公司和各单位每年组织召开 1 次年度安全生产工作会议，党政班子每年至少召开 1 次研究安全生产工作的会议。公司每年组织召开不少于 2 次安委会会议。各单位、项目部每季度至少组织召开 1 次安委会会议，并认真落实会议决议。

图 10-11　安全生产标准化管理制度汇编 　　图 10-12　安全生产操作规程汇编

图 10-13　有限空间作业标准化工作指南 　　图 10-14　施工现场安全生产标准化图册

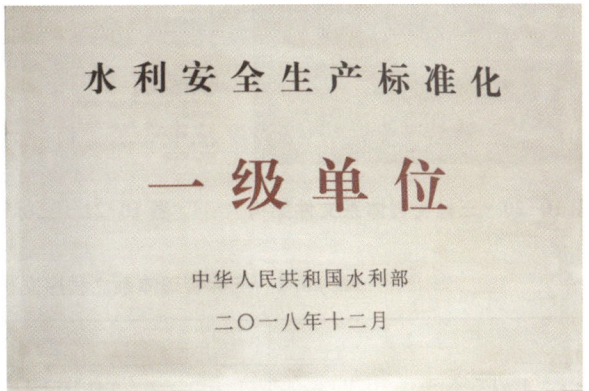

第 10 章　项目安全管理

图 10-15　水利安全生产标准化级单位荣誉牌匾和证书

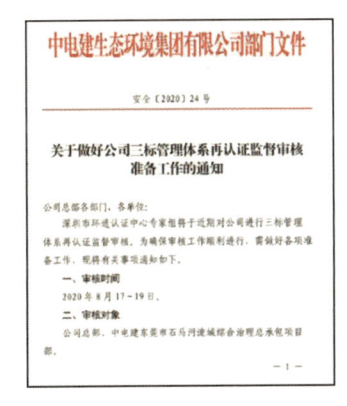

图 10-16　公司三标管理体系认证相关通知　　图 10-17　公司三标管理体系认证证书

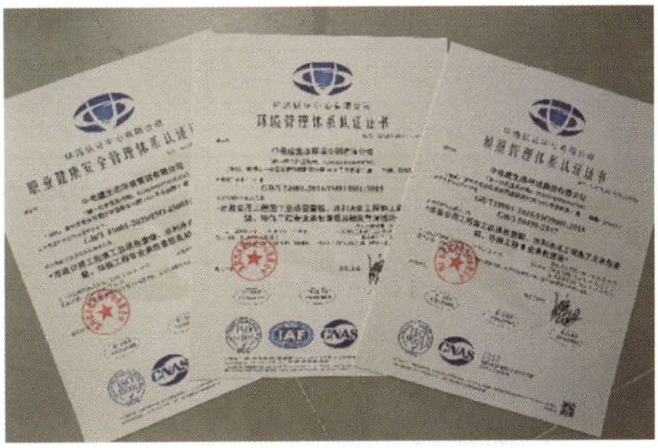

图 10-18　公司三标管理体系内审末次会议　　图 10-19　公司三标管理体系内审现场检查

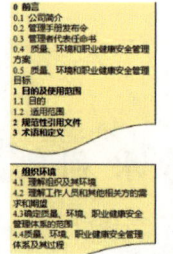

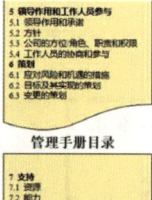

图 10-20　三标管理体系文件架构　　图 10-21　三标管理体系之管理手册目录

表 10-2　三标管理体系之程序文件目录

序号	编号	文件名	页次
1	PWEG-MS-B-01-2024	文件及记录控制程序	1
2	PWEG-MS-B-02-2024	经营环境分析控制程序	13
3	PWEG-MS-B-03-2024	相关方控制程序	19
4	PWEG-MS-B-04-2024	方针目标和方案控制程序	27
5	PWEG-MS-B-05-2024	与客户有关过程控制程序	41
6	PWEG-MS-B-06-2024	应对风险和机遇措施控制程序	49
7	PWEG-MS-B-07-2024	人力资源控制程序	59
8	PWEG-MS-B-08-2024	信息沟通控制程序	65
9	PWEG-MS-B-09-2024	施工过程控制程序	73
10	PWEG-MS-B-10-2024	设备设施控制程序	83
11	PWEG-MS-B-11-2024	检测设备控制程序	89
12	PWEG-MS-B-12-2024	合规义务控制程序	99
13	PWEG-MS-B-13-2024	物料采购控制程序	107
14	PWEG-MS-B-14-2024	产品标识和可追溯性控制程序	115
15	PWEG-MS-B-15-2024	产品防护控制程序	121
16	PWEG-MS-B-16-2024	分包管理控制程序	125
17	PWEG-MS-B-17-2024	知识管理控制程序	135
18	PWEG-MS-B-18-2024	交付控制程序	141
19	PWEG-MS-B-19-2024	施工过程检验控制程序	147
20	PWEG-MS-B-20-2024	不合格品控制程序	153
21	PWEG-MS-B-21-2024	环境因素识别和评价控制程序	159
22	PWEG-MS-B-22-2024	危险源辨识和风险评价控制程序	169
23	PWEG-MS-B-23-2024	运行控制程序	189
24	PWEG-MS-B-24-2024	环境和职业健康安全监测控制程序	199

第10章 项目安全管理

续表

序号	编号	文件名	页次
25	PWEG-MS-B-25-2024	数据分析控制程序	207
26	PWEG-MS-B-26-2024	合规性评价控制程序	213
27	PWEG-MS-B-27-2024	应急准备和响应控制程序	221
28	PWEG-MS-B-28-2024	事故报告、调查与处理程序	229
29	PWEG-MS-B-29-2024	内部审核控制程序	237
30	PWEG-MS-B-30-2024	管理评审控制程序	247
31	PWEG-MS-B-31-2024	纠正与预防措施控制程序	257
32	PWEG-MS-B-32-2024	双重预防机制建设控制程序	265

表 10-3 三标管理体系之作业文件目录

序号	编号	文件名	页次
1	PWEG-MS-C-001-2024	目标管理制度	1
2	PWEG-MS-C-002-2024	劳动防护器具管理办法	7
3	PWEG-MS-C-003-2024	安全警示标志管理办法	11
4	PWEG-MS-C-004-2024	工伤保险管理规范	15
5	PWEG-MS-C-005-2024	工程变更控制指导书	21
6	PWEG-MS-C-006-2024	工程监测管理规范	25
7	PWEG-MS-C-007-2024	施工与服务管理规范	33
8	PWEG-MS-C-008-2024	工程资料归档管理规范	39
9	PWEG-MS-C-009-2024	竣工工程交付管理规范	43
10	PWEG-MS-C-010-2024	废弃物管理规范	49
11	PWEG-MS-C-011-2024	弃渣土临时管理规定	55
12	PWEG-MS-C-012-2024	物料管理规定	59
13	PWEG-MS-C-013-2024	技术交底管理制度	63
14	PWEG-MS-C-014-2024	噪声控制管理规定	69
15	PWEG-MS-C-015-2024	电焊安全作业指导书	73
16	PWEG-MS-C-016-2024	内部校准规程	79
17	PWEG-MS-C-017-2024	施工用电安全管理规定	83
18	PWEG-MS-C-018-2024	职业病危害个体防护用品管理规定	89

（6）安全生产保证措施

为贯彻落实安全生产方针,明确职责,必须在各自工作范围内对实现安全生产文明施工负责,保障员工的安全,促进安全生产的发展。电建生态公司遵循"以人为本、安全第一、预防为主"的原则,具体制定了完善有效的各类安全生产保证措施(表10-4)。

表 10-4 安全生产保证措施

序号	措施名称	措施计划
1	组织措施	(1) 总承包项目部、工区项目部设安全生产委员会,配备与项目安全管理岗相适应的专职、兼职安全管理人员 (2) 充分发挥集团优势,调集并购买最先进的施工、监测设备供本项目使用,并保证调配充足的资金与物资 (3) 由总承包项目部安全管理部门牵头,成立专门的安全教育与培训组织机构,负责监督工区项目部对全体参建人员进行安全教育与培训。工区项目部设工地夜校,负责对工区项目部安全管理人员、作业队负责人、专职安全管理人员和关键岗位人员、作业人员进行教育与培训
2	管理措施	(1) "三类人员"均取得安全生产考核合格证书,人员数量、资质满足项目实施管理和招标文件要求 (2) 全面实行"一岗双责",对各级管理人员进行安全生产工作绩效评价,强化安全生产责任 (3) 成立事故隐患排查治理领导小组,组织项目安全生产风险预评估和项目安全策划,对事故隐患进行定性分析,确定事故隐患等级,制定防范措施和治理方案,建立排查治理档案。制定事故隐患治理防范措施和方案,做到防范措施、责任、人员、资金和时间"五落实"。各类重大事故隐患未得到及时处理前,有安全风险的工点采取局部停工或全部停工措施,严禁冒险蛮干 (4) 总承包项目部成立安全生产检查考核评比领导小组,定期组织安全生产检查评比活动,针对每季度评比结果实行一次奖罚,对排名靠前的工区进行奖励 (5) 推行标准化工地建设,按照"安全文明标准化工地"创建标准,统一规划场地整体布置,合理安排办公区、生活区、生产区等 (6) 通过二维码系统为每个施工人员生成、制作唯一的二维码徽标,二维码信息包括作业人员的姓名、年龄、身份证号、入场教育时间、所属作业队、工区项目部、安全教育培训、身体健康、持证情况等内容。用智能手机进行识别,即可随时随地获取作业人员相关信息 (7) 加强施工现场安全管控,规范施工现场的作业行为,实施视频监控管理。视频监控点安装应满足监控视野覆盖整个施工工点,每个工点至少配置一台视频监控设备(球机或枪机),确保能对关键工序施工、危险品存储、车辆出入等重点部位实施监控 (8) 采用建筑施工掌控安全 APP、QQ、微信等软件,即时上传安全生产相关信息,主要包括班前五分钟教育活动、演练活动、人数统计、检查记录、隐患排查治理情况等 (9) 严格执行建设单位、监理单位等上级单位的各项安全管理制度
3	经济措施	(1) 规范安全生产费用的提取、使用、统计工作,确保安全生产费用专款专用,安全措施落实到位 (2) 建立安全施工及环保风险抵押金的管理制度,健全考核奖惩机制,奖优罚劣;各层级均设立安全奖励基金,对各级管理人员实行安全生产工作绩效评价与考核奖惩,强化安全生产责任
4	技术措施	(1) 制定施工图设计审查制度、危险性较大分部、分项工程方案论证制度,从设计源头上预控工程安全风险 (2) 认真分析本项目重大危险源以及不良地质对工程产生的施工风险,实行风险动态管理,形成安全风险源清单;对危险性较大的分部、分项工程编制安全施工专项方案。实施项目前组织设计、施工人员编制安全施工专项方案,并组织专家进行论证审查,保证本项目安全风险可控 (3) 结合工程施工的每道工序编制《安全操作与安全作业规程》,在每道工序施工前,对作业队作业人员进行详细的安全技术交底、操作规程交底,确保施工安全 (4) 编制详细施工监测方案,加强施工监测,严密注视监测点的位移、沉降、变形和水位变化等,及时采集数据信息,以控制施工安全、降低施工对周边环境的影响,对可能发生的危及环境安全的隐患(如裂缝、错位、沉陷、倾斜和坍塌等)或事故提供及时、准确的预报,提前采取预防措施,避免事故的发生

10.3 项目危大工程安全管理

1. 安全管理要求

国务院《建设工程安全生产条例》强调，施工单位应当在施工组织设计中编制安全技术措施和施工现场临时用电方案，对下列达到一定规模的危险性较大的分部分项工程编制专项施工方案，并附具安全验算结果，经施工单位技术负责人、总监理工程师签字后实施，由专职安全生产管理人员进行现场监督：

(1) 基坑支护与降水工程；

(2) 土方开挖工程；

(3) 模板工程；

(4) 起重吊装工程；

(5) 脚手架工程；

(6) 拆除、爆破工程；

(7) 国务院建设行政主管部门或者其他有关部门规定的其他危险性较大的工程。

对前款所列工程中涉及深基坑、地下暗挖工程、高大模板工程的专项施工方案，施工单位还应当组织专家进行论证、审查。

本条第一款规定的达到一定规模的危险性较大工程的标准，由国务院建设行政主管部门会同国务院其他有关部门制定。

根据上述要求，电建生态公司进一步明确和落实各项危大工程管理要求如图10-22所示。

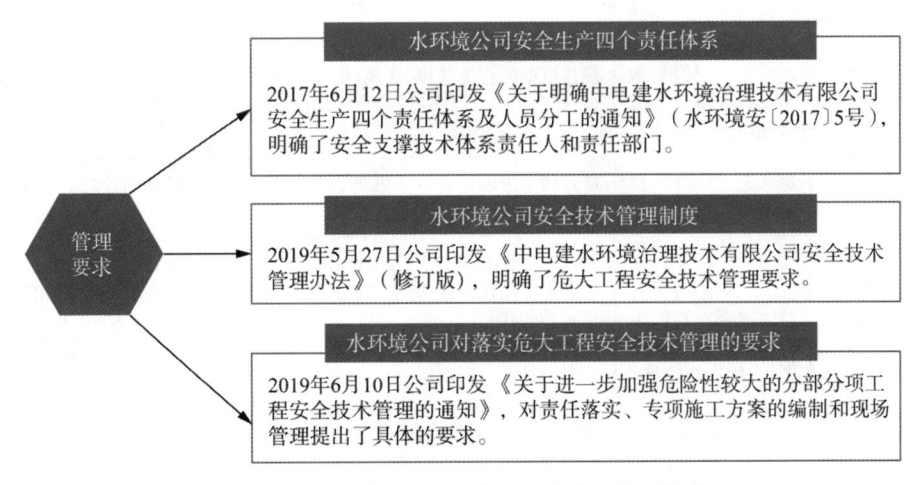

管理要求

- 水环境公司安全生产四个责任体系
  2017年6月12日公司印发《关于明确中电建水环境治理技术有限公司安全生产四个责任体系及人员分工的通知》（水环境安〔2017〕5号），明确了安全支撑技术体系责任人和责任部门。

- 水环境公司安全技术管理制度
  2019年5月27日公司印发《中电建水环境治理技术有限公司安全技术管理办法》（修订版），明确了危大工程安全技术管理要求。

- 水环境公司对落实危大工程安全技术管理的要求
  2019年6月10日公司印发《关于进一步加强危险性较大的分部分项工程安全技术管理的通知》，对责任落实、专项施工方案的编制和现场管理提出了具体的要求。

图 10-22 电建生态公司危大工程安全管理要求

2. 安全技术责任落实

安全技术责任落实如表 10-5 所示。

表 10-5 安全技术责任落实表

	工作内容	涉及的人员
1	专项施工方案编制	项目负责人组织工程技术人员编制专项施工方案
2	专项施工方案审核	施工单位技术负责人、项目技术负责人审核专项施工方案
3	专项施工方案专家论证会	总承包单位和分包单位技术负责人或授权委派的专业技术人员、项目负责人、项目技术负责人、专项施工方案编制人员、项目专职安全生产管理人员及相关人员参与专项施工方案专家论证会
4	方案交底和安全技术交底	编制人员或者项目技术负责人应当向施工现场管理人员进行方案交底。施工现场管理人员应当向作业人员进行安全技术交底,并由双方和项目专职安全生产管理人员共同签字确认
5	危大工程验收	总承包单位和分包单位技术负责人或授权委派的专业技术人员、项目负责人、项目技术负责人、专项施工方案编制人员、项目专职安全生产管理人员及相关人员参与危大工程验收

3. 专项施工方案编制

专项施工方案编制表如表 10-6 所示。

表 10-6 专项施工方案编制表

序号	章节	编制内容要求	具体编制内容
1	工程概况	危大工程概况和特点、施工平面布置、施工要求和技术保证条件	(1) 简述项目概况 (2) 简述危大工程概况、气象条件、水文地质条件、施工平面布置、施工准备情况、技术保证条件等 (3) 简述工程范围内的地下管线、建(构)筑物情况 (4) 简述危大工程施工对周边环境的安全影响情况
2	编制依据	相关法律、法规、规范性文件、标准、规范及施工图设计文件、施工组织设计等	简述依据的相关法律、法规、规范性文件、标准、规范及施工图设计文件、施工组织设计等,应注意引用标准规范的有效性
3	施工计划	施工进度计划、材料与设备计划	简述施工进度计划及采取的保障措施,简述材料计划及材料性能要求,简述设备计划及设备性能要求
4	施工工艺技术	技术参数、工艺流程、施工方法、操作要求、检查要求等	(1) 设计方案:简述危大工程设计方案、设计要求、施工技术要求等,如高支模设计方案、脚手架设计方案、基坑支护设计方案,并附相应的平面、剖面图 (2) 工艺流程:简述危大工程施工工艺流程,按照工艺发生的顺序或者事物发展的客观规律来编制工艺流程,必要时用图表进行说明 (3) 施工方法及施工工艺:说明各工序项目的施工方法、施工工艺和技术要求,此部分结合标准化作业要求进行编制

续表

序号	章节	编制内容要求	具体编制内容
5	施工安全保证措施	组织保障措施、技术措施、监测监控措施等	(1) 组织措施:简述安全生产管理组织机构、安全管理职责、安全管理制度、安全生产教育培训等;简述危大工程作业单位资质和作业人员要求 (2) 技术措施:说明应对危大工程安全风险的技术措施(事故预防措施在这里写) (3) 现场安全管理措施:简述方案交底和安全技术交底措施,现场安全防护措施、交叉作业安全管理措施;简述危大工程现场标识要求;简述危大工程施工期间的安全检查内容和参加人员;编制专项施工方案现场检查表,明确参加检查人员;在危大工程施工期间,应检查现场作业是否按专项施工方案要求进行施工 (4) 监测监控措施:说明施工监测方案,简述监测信息应用方案等
6	施工管理及作业人员配备和分工	施工管理人员、专职安全生产管理人员、特种作业人员、其他作业人员等	(1) 施工管理:简述现场施工组织及现场作业管理 (2) 人员配置:简述施工管理人员、专职安全生产人员、特种作业人员、其他作业人员的配置要求
7	验收要求	验收标准、验收程序、验收内容、验收人员等	对于按照规定需要验收的危大工程(高支模、脚手架等),施工单位、监理单位应当组织相关人员进行验收。验收合格的,经施工单位项目技术负责人及总监理工程师签字确认后,方可进入下一道工序。 (1) 施工前条件验收:推荐按照《住房城乡建设部办公厅关于加强城市轨道交通工程关键节点风险管控的通知》(建办质〔2017〕68号)进行施工前条件验收 (2) 工序安全验收:围护结构、模板支撑、脚手架、起重设备等施工安装完成后,必须验收合格后才能投入使用或进入下一道工序 (3) 编制内容:简述危大工程工序安全验收标准、验收程序、验收内容、验收人员
8	应急处置措施	应急处置措施、应急抢险预案	(1) 应急处置措施:对危大工程可能发生的险情和事故危害进行分析,提出应急处置措施 (2) 应急抢险预案:简述应急抢险组织机构、人员和应急物资的配备、应急响应的工作程序、救援路线、联系方式等

4.《专项施工方案》审批流程

《专项施工方案》审批流程如图10-23和图10-24所示。

电建生态公司监督施工班组每日按时开展班前安全交底会(班组班前安全交底会,如图10-25所示),全员交底作业内容、施工风险及预控措施,各工区、施工队均建立格式统一、内容细致的班前活动记录档案,形成班前会常态机制。

5. 安全技术交底

施工作业前,总承包部组织安全技术文件三级交底。第一级交底由总承包部总工程师或编制人员向总承包部施工现场管理人员、施工单位现场技术负责人进行交底;第二级交底由施工单位现场技术负责人向施工单位施工现场管理人员、作业单位现场负责人进行交底;第三级交底由施工单位施工现场管理人员向作业班组长、班组技术员、作业人员进行施工前的安全技术交底。

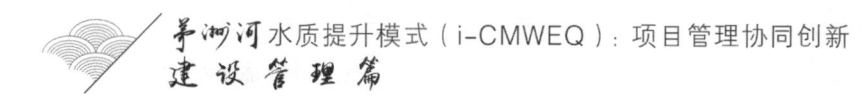

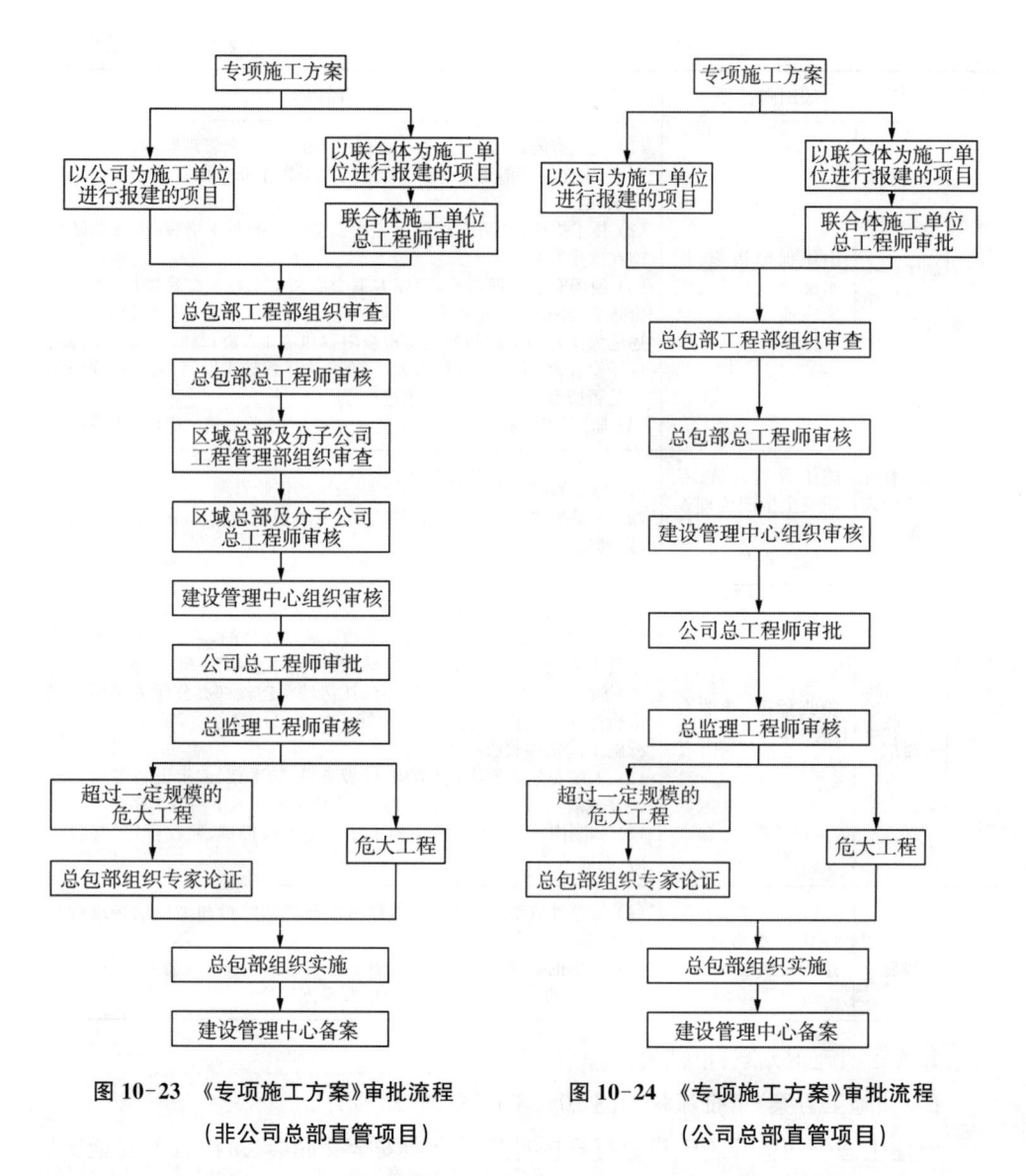

图 10-23 《专项施工方案》审批流程
（非公司总部直管项目）

图 10-24 《专项施工方案》审批流程
（公司总部直管项目）

6. 施工安全监督检查

依据"党政同责、一岗双责、齐抓共管、失职追责"的原则，构建"统一领导、综合监管、分级负责、协同管控"的安全生产工作分级监督管理机制。指挥部办公室负责对所属各标段项目经理部安全生产的综合监督管理；各标段项目经理部负责对所属部门、工区的安全生产进行监督管理，落实上级对下级的安全生产工作监督管理（安排如表 10-7 所示），并接受业主、监理、政府有关职能部门的监督。

安全监督检查主要包括综合性检查、专项（专业）检查、季节性检查、节假日检查、日常检查和临时检查。公司每年至少对 3 个各单位所属项目进行抽检。

第 10 章 项目安全管理

图 10-25 班组班前安全交底会

表 10-7 安全监督安排表

序	类型	组织及时间	检查内容	检查要求
1	综合检查	(1) 由公司、各单位党政主要负责人、分管领导带队进行；项目部由项目主要负责人带队（2）公司每年至少 2 次；各单位及所属项目部每月至少 1 次；确保检查频次满足需求	(1) 主要包括安全管理和施工现场两方面，并应对安全管理和施工现场两方面的实际状况作出评价（2）具体包括安全生产考核内容	(1) 正式下发检查通知，填写"安全检查记录表"，下发"安全隐患整改通知书"（2）依据《安全生产绩效评定管理办法》考评
2	专项（专业）检查	(1) 由各级安全总监（或安全管理部负责人）带队，项目部由项目分管领导或安全总监带队（2）公司根据上级要求和工作需要进行（3）各单位每年每项专业检查不少于 1 次	对危险物品、设备、用电、防汛、消防、交通情况、地质灾害、营地、洞室开挖、隧道施工、高边坡开挖、竖井开挖、脚手架、爆破、起重工作等进行特殊检查或单项集中检查	(1) 对专项专业检查宜下发检查通知（2）宜先编制安全检查方案，明确检查标准，突出重点，检查结束后编写检查报告上报公司，形成闭合管理（3）检查中填写"安全检查记录表"，若发现安全隐患应根据需要下发"安全隐患整改通知书"或"处罚通知单"
3	季节性检查	(1) 由各单位、项目部分管领导（或安全总监）带队，每年每类检查不少于 2 次（2）各单位及所属项目部应在每季度的首月进行	以春季防雷、防静电、防解冻跑漏工作；夏季防暑降温、防食物中毒、防台风、防洪防汛、防泥石流工作和雨季检查工作；秋季防火、防冻保温工作；冬季防火、防爆、防煤气中毒、防冻、防凝、防滑工作为重点	
4	节假日检查	(1) 由各单位安全总监（或分管领导）带队；项目部由安全总监带队，办公室、工程部、安全部门应派人参与（2）一般在节前一周进行	根据政府部门、上级公司的要求，在春节、国庆等重要节假日进行检查（包括复工检查），重点对各单位、项目施工现场和办公场所、食堂等进行检查	填写"安全检查记录表"，根据结果下发"安全隐患整改通知书"

259

续表

序	类型	组织及时间	检查内容	检查要求
5	日常检查	由各单位及所属项目部、作业班组的专(兼)职安全管理人员负责,包括每日巡检、周检查和月度检查	检查安全设施、安全防护用品的使用、排查事故隐患、违章纠正及各类安全制度的执行	(1)各单位组织月检、周检;项目部或班组实行日检; (2)做好检查记录,发现安全隐患的,应督促当场整改,现场验收
6	临时检查	公司领导、各职能部门根据需要进行,一般由安全管理部门牵头组织。公司对各单位的临时检查不应低于2次/年,实现对各单位安全检查的全覆盖	主要涉及安全管理和施工现场两方面	(1)采取简化综合性检查或采用"四不两直"方式进行检查 (2)应有双方签字的检查记录表和隐患整改通知等过程记录

注:以上各类安全检查均应将各分包商纳入安全检查范畴。

项目专职安全生产管理人员应当对专项施工方案实施情况进行现场监督,对未按照专项施工方案施工的,应当要求立即整改,并及时报告项目负责人,项目负责人应当及时组织限期整改。现场安全检查如图10-26所示。

图 10-26 现场安全检查

7. 设备物资安全管理

电建生态公司在原有设备物资管理制度基础上,继续深化设备物资及危化品整治。一是开展特种设备安全管理人员取证培训工作,确保持证上岗率达到100%;二是开展特种设备专项检查;三是强化危化品等危险物资安全。进一步摸排涉及危化品等危险物资材料的采购、储存、使用、运输和废弃处置等各环节、各领域的安全风险,开展专项检查,形成危化品安全专项检查治理工作报告,并报送至安全环保中心。公司将继续严格管控设备物资,确保管得住、管得好。现场设备物资安全检查如图10-27所示。

8. 基于"互联网+"的施工现场安全智能化管控

电建生态公司在中国电建信息化"PRP-ERP-GRP"顶层构架体系基础上,结合水环境治理工程特点及公司自身业务发展需要,构建水环境治理工程信息管控平台(图10-28),以多维度、多视角的全新方式,实现工程施工期间对设计、施工、水质、安全质量及协调沟通的全方位管控。

图 10-27　现场设备物资安全检查

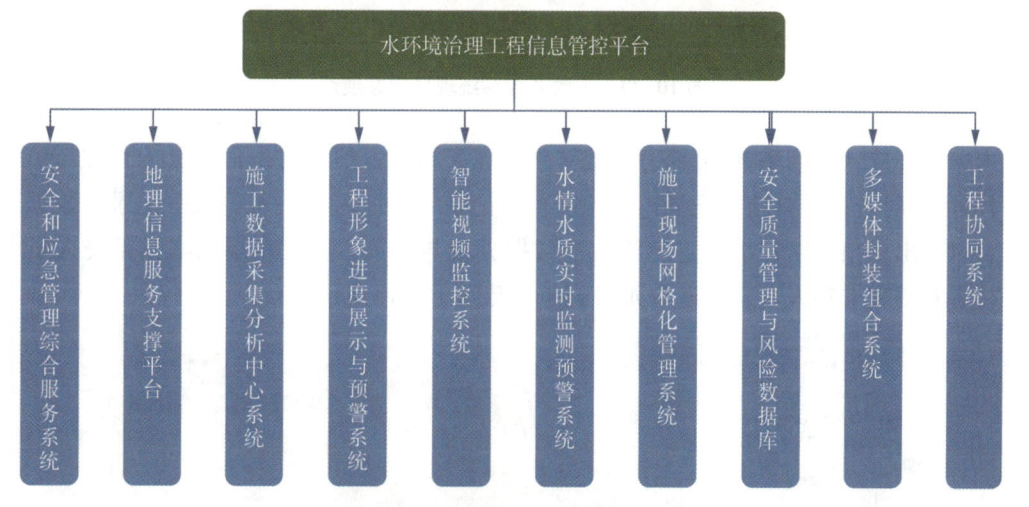

图 10-28　水环境治理工程管控平台

平台通过先进的系统集成技术,实现各子系统的无缝衔接、数据互联互通,集成 APP 与 PC 等不同的应用方式,采用"瘦"客户端的模式,让系统的应用推广简单可行。

智能视频监控系统融合应用物联网、GIS 等技术,对茅洲河流域整治施工、运营等各阶段的工程建设面貌进行视频监控,提供监控视频相关信息的监测、传输、存储、综合管理和集成展示,供相关设计、管理人员决策、会商及日常辅助管理使用,如图 10-29 所示。为电建生态公司开展水环境治理全过程、全产业链、全价值链的信息化数字化应用提供技术支撑。

施工现场网格化管理系统充分利用 GIS 技术、物联网技术、智能识别技术、管理信息系统等信息化手段,辅助一系列必要管理措施的实施,充分发挥信息化手段在工程建设项目中的作用,以提高工程建设项目的管理水平和效率,探索出一整套对类似工程建设项目的人员、设备网格化管理的行之有效方法,为电建生态公司采用信息化手段全面开展茅洲河项目的人员、设备网格化管理积累经验。对普通施工工

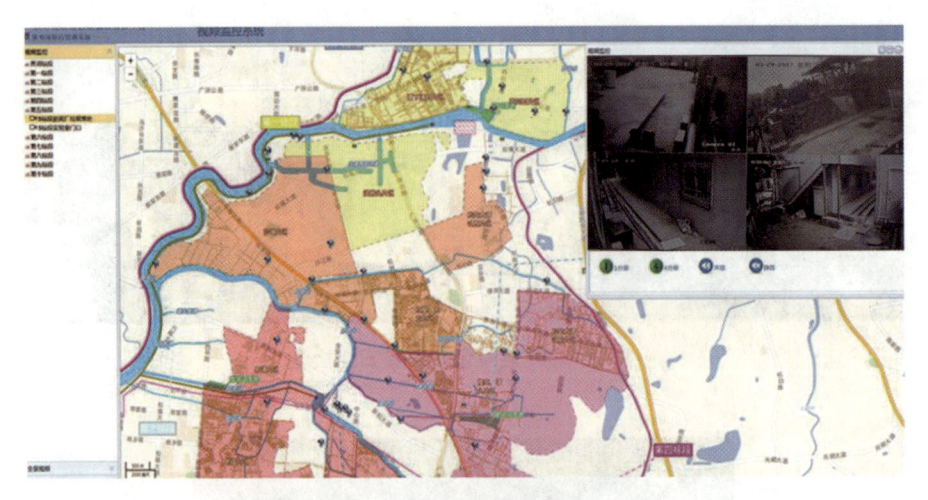

图 10-29　视频监控系统现场视频展示

人采用开放式签到系统,能够有效地对施工现场施工人员的身份信息进行管理与监控,可实时统计项目施工现场人员的上下岗记录、工种、工人技术等级等记录。数据可以导出供项目管理部门进行深入的数据分析与决策。施工现场网格化系统人员位置及资料卡和人员定位设备如图 10-30 和图 10-31 所示。

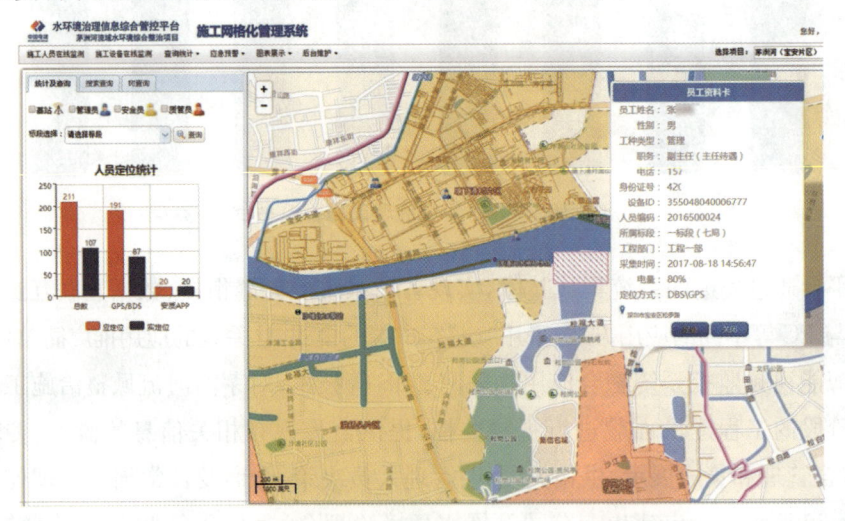

图 10-30　施工现场网格化系统人员位置及资料卡展示

安全和应急管理综合服务系统是以"互联网+"的思维理念为基础,采用大数据技术、移动互联网技术、物联网技术、云计算技术等多种先进的技术构建的工程安全应急专业管理系统。系统将项目安全应急管理技术服务与信息化融合集成,提供智能手机 GPS 定位、二维码等功能,在安全管理方面应用效果良好。安全和应急管理综合服务系统分为手机端(即手机 APP)和电脑端(即运维平台);手机端主要提供现

图 10-31　人员定位设备

场照片等资料的上报、查看功能；电脑端主要提供资料查看处理、统计报表、资料保存等功能。系统应提供通知、数据库建设、班前会、现场记录、人员定位、隐患上报处理、事故、污染源、巡检记录、特种设备、突发事件上报、巡检签到、在线监控监测功能、持证上岗、二维码功能、搜索功能、应急通讯录、数据统计、HSE 报表 19 个功能点。系统展示如图 10-32 所示。

图 10-32　安全和应急管理综合服务系统

10.4　项目危险源管理

1. 危险源清单编制

风险源识别是茅洲河流域水环境治理项目进行灾害预防的基础环节。总承包项目部在系统辨识危险源(图10-33)并对其进行风险分析的基础上,编制危险源初步辨识清单。根据项目的安全管理目标,制定项目安全管理计划,并按规定程序批准后实施。

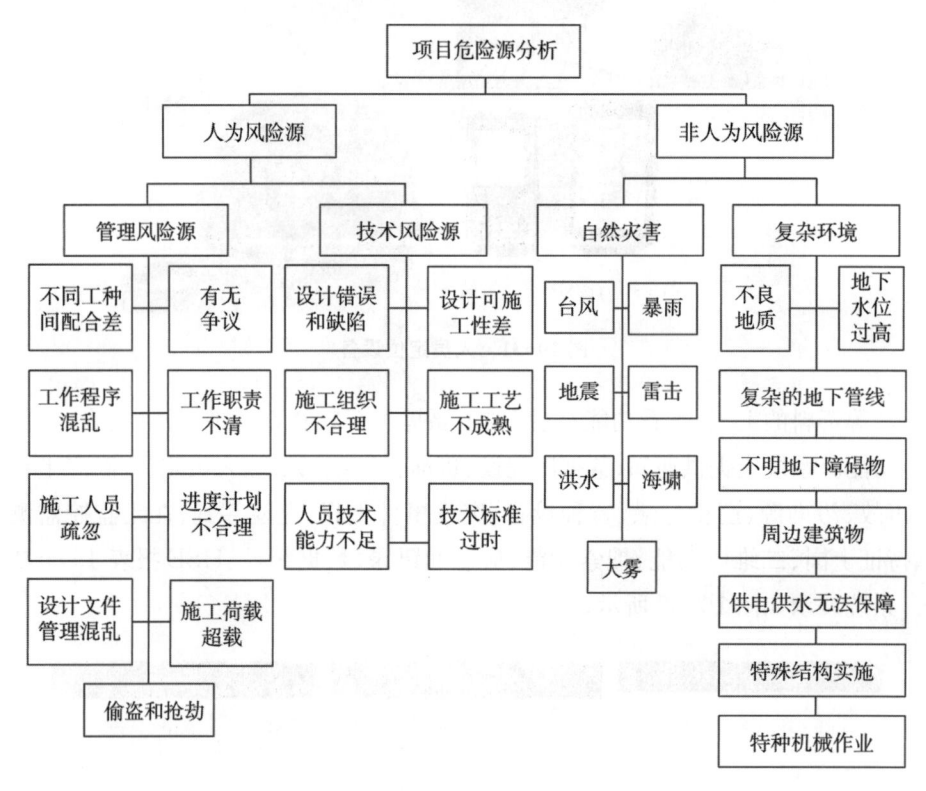

图 10-33 工程风险源

2. 危险源动态控制

随着工程施工进展,施工工艺和环境改变,现场风险情况也在不断变化。在项目实施过程对风险源实施动态管理,如图10-34所示。

3. 危险源排查

开工前,由总承包项目部职能部门组织工区项目部工程、安全、物资、设备等有关部门人员,依据茅洲河指挥部《生产安全事故隐患排查治理管理办法》《安全风险管控管理办法》等安全管理制度及本工程合同规定的相关风险控制要求,审查施工图纸,开展现场调查分析,结合本项目的实际情况对全过程、全工序进行安全生产风险性分析,排查、确定项目实施过程中的安全风险。日常排查与辨识与评估报告如图10-35和图10-36所示。

第 10 章　项目安全管理

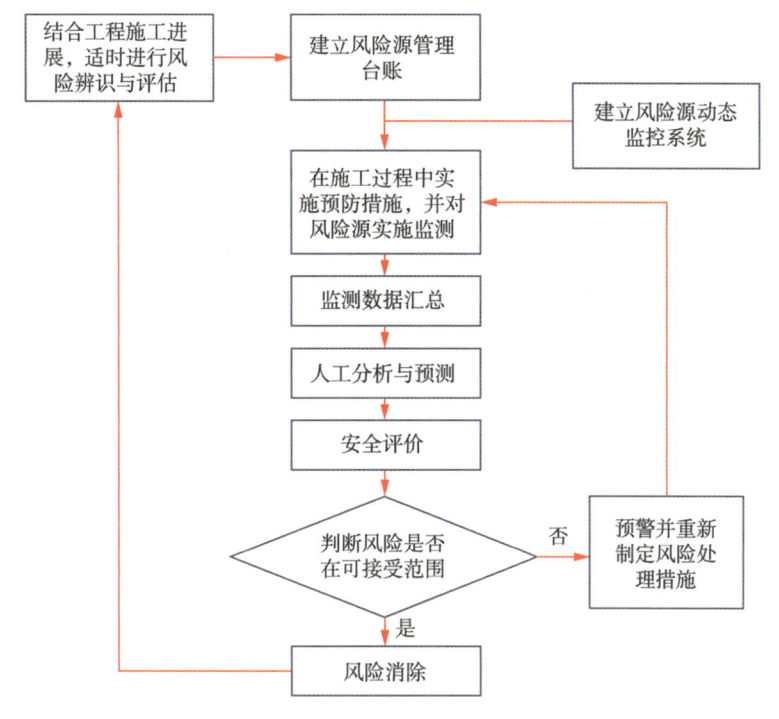

图 10-34　危险源动态控制流程

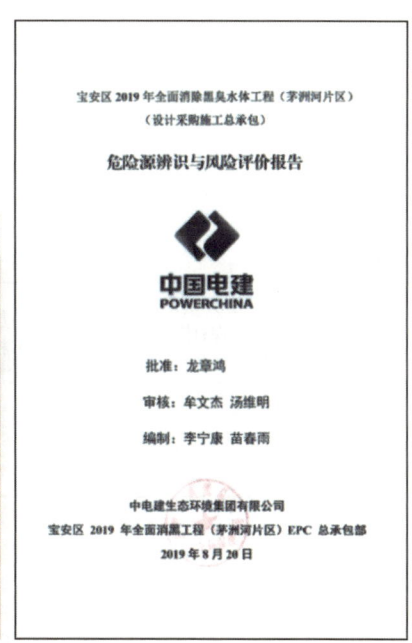

图 10-35　日常危险源排查　　图 10-36　危险源辨识与评估报告

4. 风险源评估及管理预防措施

有效分析辨识茅洲河项目施工过程中可能存在的安全风险,根据法律法规、制度规定、合同文件等,成立了由总包部技术负责人牵头,各职能部门、各工区、设计团队组成的危险源辨识评价小组,对工程项目建设管理活动存在或可能存在的危险因素进行辨识和评价。

各项目部结合危险源辨识、评价情况,确定风险危险等级,建立重大危险源和不可接受风险清单,并提出应对措施,如表10-8所示。

表10-8 风险源评估及应对措施(部分)

序号	类别	风险源分析	风险等级	预防措施
1	施工用电	施工用电对现场施工作业人员的人身安全存在一定的潜在威胁	二级	(1) 临时用电线路采用架设方式;配电系统分级配电,配电箱、开关箱外观完整、牢固、防雨防尘。箱内电器可靠、完好,造型、定值符合规定,用途被标明;所有电器设备及金属外壳或构架均按规定设置可靠的接零及接地保护 (2) 制定、落实好安全生产交底制度、检查制度、责任书制度,以及应急处置预案;对现场作业人员上岗前,进行三级安全教育,同时,对特种作业进行专项安全技术教育
2	沟槽开挖	工程所在区域雨量充沛,土壤含水量较高,管网开挖过程,存在边坡土体坍塌的风险	三级	(1) 结合地勘结果,根据现场土体稳定情况,有针对性地采用木板、槽钢、拉森钢板桩等支护措施 (2) 使用小型开挖机械,减小对场地土体的扰动;对于使用机械作业空间受限的情况,采用人工开挖的方式 (3) 加强对边坡开挖施工的监测,留意开挖面是否有洞穴、涌砂、涌水、支护结构变化情况等,确认安全后,方可继续进行挖掘。 (4) 如果发现流沙、涌水、支护结构变形过大等不良预兆,立即停止作业并迅速撤离
3	防洪度汛	项目所属地雨量充沛,汛期时间长,防洪压力大,防洪度汛风险大	二级	(1) 成立防洪度汛领导机构,制定应急预案,建立值班制度,彻底排查施工现场存在的安全隐患并落实整改措施,对施工现场防洪度汛措施不落实的,及时上报安全、质量监督机构 (2) 组织参建单位对可能出现灾情险情的施工地段、施工设施分别进行检查和加固,及时排除险情,做好抢险救灾准备工作
4	立管施工	项目涉及大量的建筑立管工程;施工场所建筑物密集,间距较小,人口稠密,进行脚手架等高空作业时具有高空坠落及坠物的风险	四级	(1) 加强作业人员安全培训,提高其安全意识和自我保护能力 (2) 根据工程特点编制预防高处坠落事故的专项施工方案,并组织实施 (3) 正确使用"三宝"及个体防护用品 (4) 脚手架外侧边缘用密目式安全网封闭 (5) 禁止无关人员进入施工场所

10.5 项目应急管理体系

为应对突发事件,电建生态公司充分整合和利用现有资源,在建立和完善本单位"一案三制"的基础上,全面加强应急重要环节的建设,包括监测预警、应急指挥、应急队伍、物资保障、培训演练、恢复重建等。

第10章 项目安全管理

1. 应急组织体系

公司应急组织体系如图10-37所示。

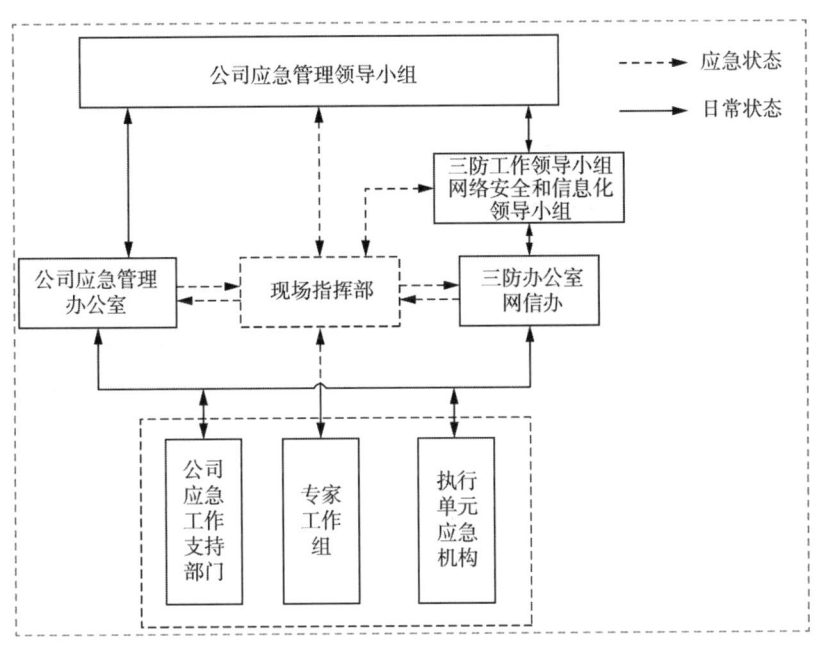

图10-37 公司应急组织体系

2. 应急预案体系

电建生态公司发布应急预案汇编，涵盖综合应急预案、专项应急预案、现场处置方案3类。预案管理主要包括按照预案要求进行资源配置、保管及维护，机构的正常运转、教育培训、演练及应急响应等内容，实行分级管理。在开工前，由总承包项目部编制《生产安全及自然灾害事故综合应急预案》及《生产安全事故专项应急救援预案》。资源配置由总承包项目部策划、配置、保存、维护及调配。应急预案由总承包项目部紧急应变指挥部办公室每年组织一次演练并总结提高。现场处置方案由各工区项目部编制；资源配置由各工区负责并报总承包项目部备案；教育培训由总承包项目部半年组织一次，各工区负责平时不定期教育培训；演练由总承包项目部组织、参加并指导，每半年进行一次。应急预案体系汇编及目录如图10-38、图10-39所示。

3. 应急响应

当紧急事故发生时，公司统一指挥，启动应急响应机制（图10-40），各应急小组成员责任落实到人，各司其职。公司、标段项目经理部、各应急小组充分发挥自身优势，建立联动协调机制，整合各方面资源，形成反应灵敏、功能齐全、协调有序、运转高效的应急管理机制。

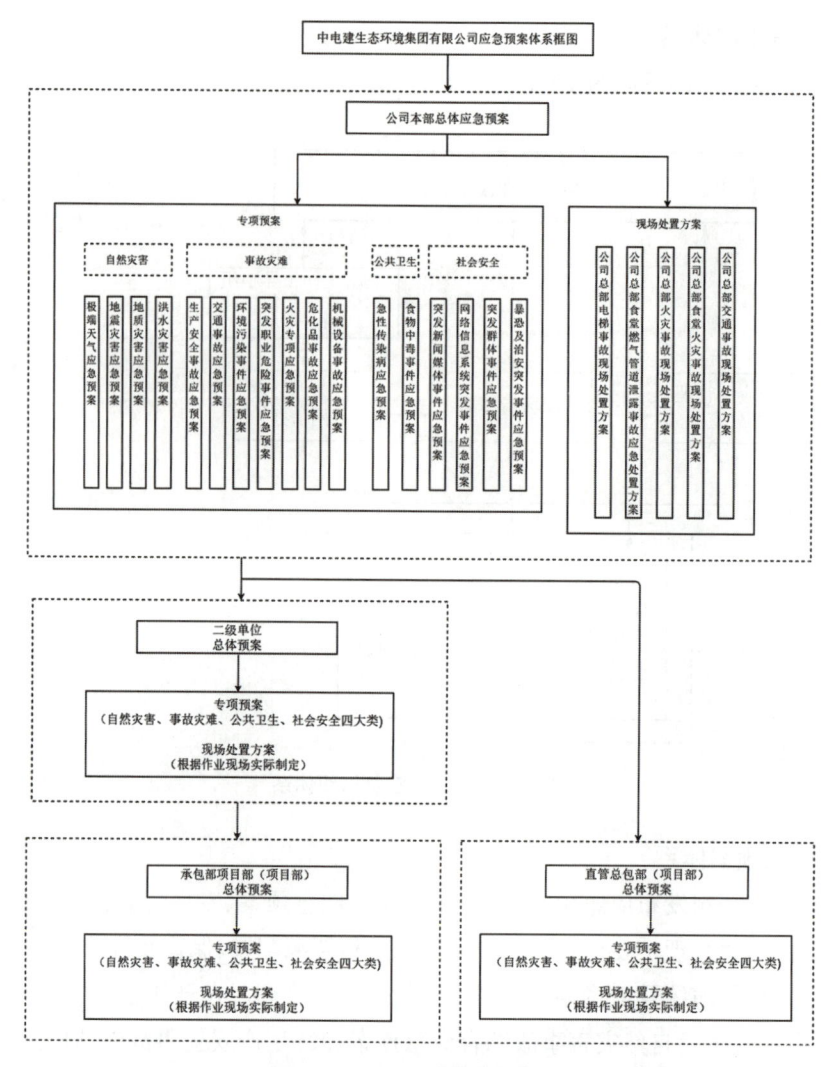

图 10-38　公司应急预案体系

图 10-39　公司应急预案汇编及目录

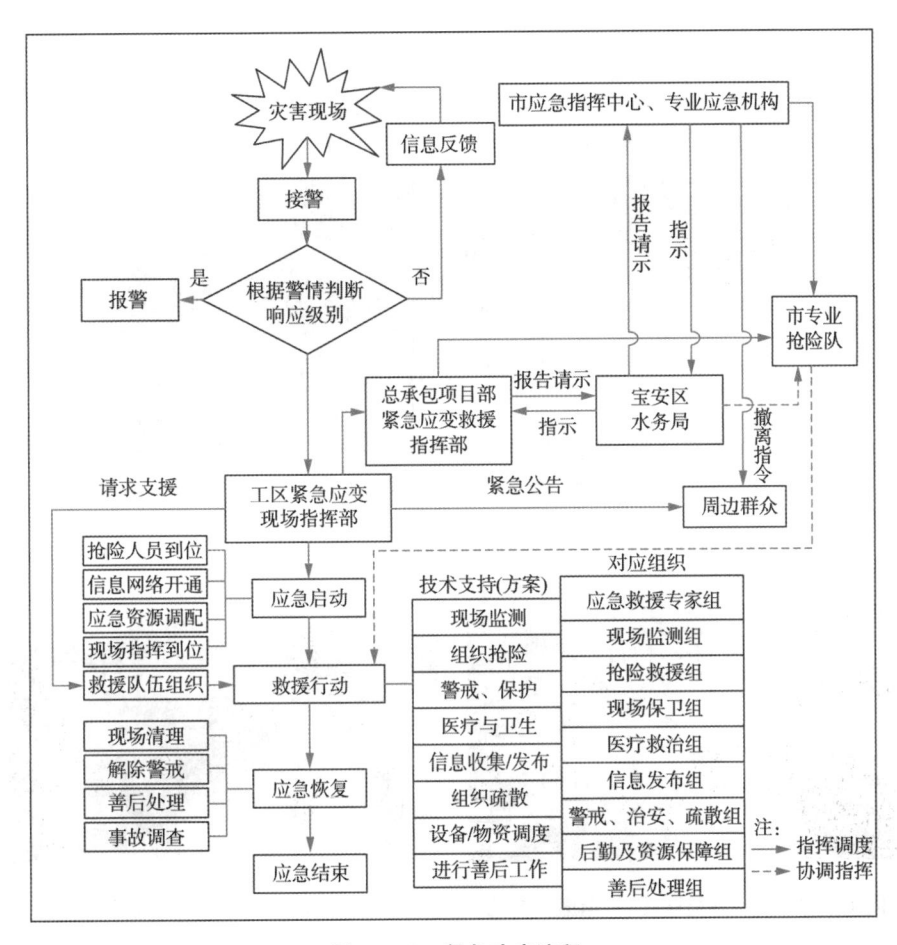

图 10-40 紧急响应流程

应急响应分级及启动条件：结合公司突发事件分级标准（共五级），公司应急响应分为Ⅰ级、Ⅱ级、Ⅲ级，如图 10-41 所示。

10.6 项目安全文化建设

安全文化是企业文化的子文化，是企业员工共享的安全价值观、态度、道德和行为规范组成的统一体。通过推进安全文化建设，确立全体员工共同认可并共享的安全愿景、安全使命、安全目标和安全价值观，引导全体员工树立正确的安全态度和自觉规范的安全行为，结合公司实际，推进安全文化体系形成、特色安全文化品牌活动建设、视觉传播与载体推进、安全文化品牌提升 4 项工作，充分发挥全体员工的知识、技能和主人翁意识，追求卓越的安全绩效，如图 10-42、图 10-43 所示。

事件分级和应急响应分级关系表				
事件分级	响应分级			
^	股份公司	公司	公司区域总部、分(子)公司及直管项目	项目部/参建方项目部
一级	I	I	I	I
二级	II	I	I	I
三级	III	II	I	I
四级		III	II	I
五级			III	II/III

图 10-41 事件分级和应急响应分级关系

图 10-42 开展联防联控，打造廉洁文化

图 10-43 员工拓展训练

1. 安全文化理念

公司安全文化理念如图 10-44 所示。

管理原则
以人为本，预防为主，全员参与，持续改进

安全价值观
安全是企业最大的效益，安全是员工最大的福利

行为准则
不伤害自己、不伤害他人、不被他人伤害、保护他人不受伤害、保护职业健康

安全理念
以人为本、关爱生命、安全发展

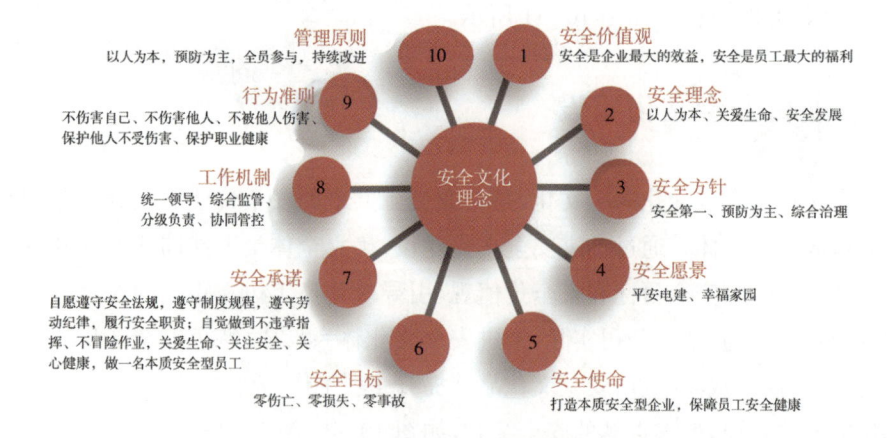

工作机制
统一领导、综合监管、分级负责、协同管控

安全方针
安全第一、预防为主、综合治理

安全承诺
自愿遵守安全法规，遵守制度规程，遵守劳动纪律，履行安全职责；自觉做到不违章指挥、不冒险作业，关爱生命、关注安全、关心健康，做一名本质安全型员工

安全愿景
平安电建、幸福家园

安全目标
零伤亡、零损失、零事故

安全使命
打造本质安全型企业，保障员工安全健康

图 10-44 公司安全文化理念

2. 安全文化建设模型

电建生态公司遵循"以人为本、关爱生命、安全发展"安全理念,构建了以"安全物质文化、安全制度文化、安全行为文化、安全精神文化"为4个主线,以6大安全体系为支撑,以18项具体行动为要素的"4+6+18"安全文化建设模型,如图10-45所示。

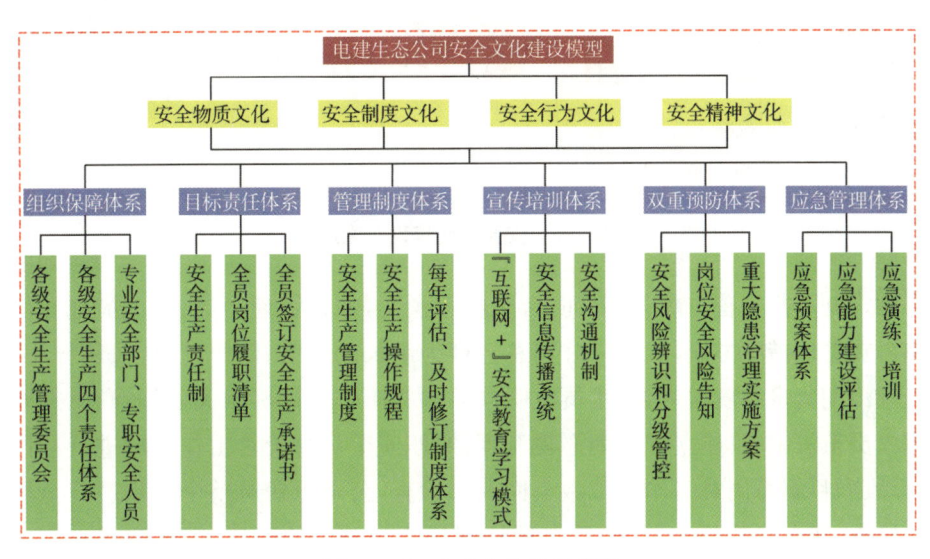

图 10-45 安全文化建设模型

3. 安全文化建设实施路径

围绕电建生态公司生产经营活动和安全管理特色做法,打造"5+6"安全文化品牌体系,即5大安全文化品牌工程(全员安全素质工程、安全文化落地工程、安全"五送"工程、班组安全建设工程、安全文化"四个一"工程)和6大安全文化品牌活动("我为大家讲安全"、安全趣味运动会、安全知识竞赛、"安全一线面对面""安全积分超市"、安全合理化建议征集)。不断在制度建设、安全管理、安全行为中诠释安全文化的含义,践行"筑牢安全基石、建设一流企业"的安全使命,形成具有公司特色的安全文化建设实施路径。安全"五送"工程:"送健康进工地""送文化进工地""送法律进工地""送教学进工地""送清凉进工地"。安全文化"四个一"工程:提一条安全生产建议、查一起安全事故隐患、写一篇安全生产体会、当一天安全检查专员。安全文化建设实施路径如图10-46所示。

10.7 安全管理中遇到的挑战和克服措施

在对茅洲河项目进行安全管理的过程中遇到许多挑战,运用的克服措施如下:

1. 茅洲河水环境治理项目位于东南沿海,经常受到台风、暴雨、雷电等极端天气影响,造成工程施工安全隐患

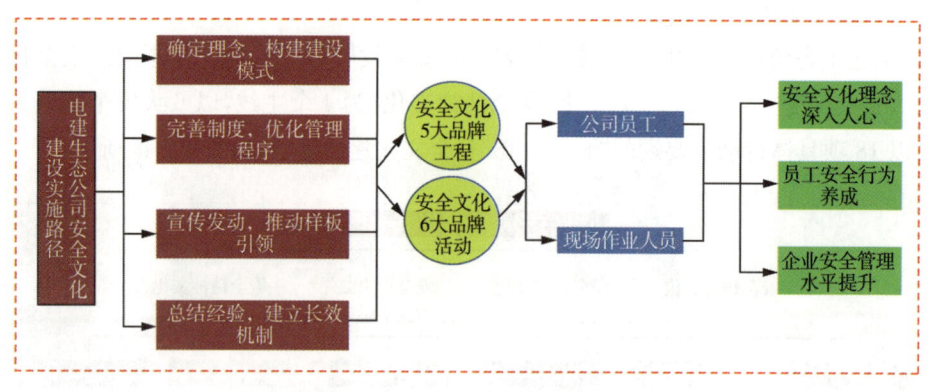

图10-46 安全文化建设实施路径

制定并不断完善防潮、防汛、防台风应急预案，加强管理措施、施工措施和保障措施。在管理措施方面，成立以公司总经理为组长的防洪、防汛、防台风领导小组；建立潮汛期值班制度，指定技术员收听气象预报工作并做好相关工作，潮汛期建立管理人员值班制度；建立潮汛期巡视制度，专职安全员每天对工作区域进行巡回检查，标段项目部每周对工作区域做全面彻底检查，公司每旬对整个项目进行全面彻底的检查；建立专项检查制度，重点检查现场围挡基础的稳定、排水沟积水坑的畅通、高脚手架的安全性及拉结点的设置、建筑起重机械的安全稳定性及临时用电、临时建设的安全性等；建立材料堆放机制，现场材料入库存放，进场的材料不要堆放在低洼处，各种机械设备必须设在防护棚内，防护棚须真正起到防雨淋的作用；建立物资保障机制，组织好抢险队，各种防汛防潮物资进场，遇到险情能立即投入使用。在施工措施方面，在汛期，若遇突发大雨，应立即停止施工作业，将各种使用的设备电源关闭并用防水材料对其进行覆盖，人员撤离出作业面；现场机电设备要做好防雨、防雷、防淹、防漏电等措施，并接好接地安全保护器，露天机械要搭设临时防护；尽量避开雨天进行混凝土浇筑作业；雷阵雨期间，施工人员，特别是抽水人员的站立位置要有所选择，不得选择在高压线附近，突出的电线杆处严禁设置抽水电箱和站立施工人员，以免引发雷击事件。在保障措施方面，建立应急队伍保障，公司、标段项目经理部成立应急抢险队伍，人员应包括电工、机修工、脚手架工、木工、泥工等工种，并定期组织进行应急救援的技能培训；建立应急物资设备保障，配备适量的安全防护用品、应急照明、应急车辆、应急设备设施及应急药品；建立应急经费保障，设立专项应急经费，用于防洪防台风所需的应急物资储备、灾后处理、灾后恢复工作经费和应急人员补助等。

2. 项目工期紧张，施工人员长期高强度工作，导致安全生产意识降低，现场作业不能按照安全操作规程执行，容易出现安全问题

电建生态公司始终致力于打造学习型组织，以企业战略和目标为学习方向，以持续的学习培训提高员工安全意识。建立了覆盖全员、全业务模块的"三纵三横"全

方位的安全培训体系(图10-47)。采用多样化的安全培训课程,优化培训资源。建立公司内部安全培训师团队,鼓励公司员工持续学习提升。通过"请进来送出去"、线上与线下学习相结合、实地考察与项目课题相结合的方式,提升安全培训的针对性。培训现场如图10-48和图10-49所示,培训清单如表10-9和表10-10所示。

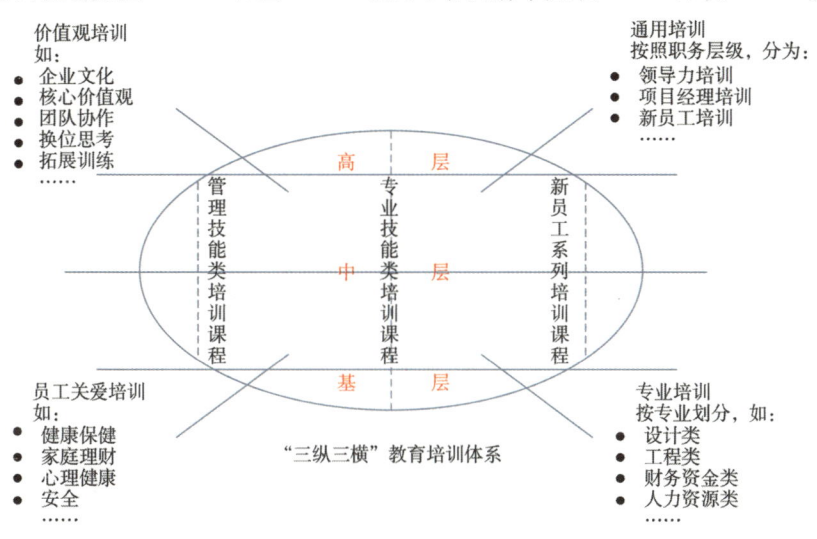

图10-47 "三纵三横"的安全培训体系

采取分级培训的方式,增强培训效果。新入职人员进行三级安全教育培训,并经考试合格后上岗;新员工三级安全教育培训时间不少于50学时;对转岗、复岗的作业人员,根据具体情况开展三级安全教育培训;转岗、复岗的作业人员应接受不少于20学时安全教育培训。各单位应对离岗1年以上的复岗员工进行三级安全教育培训;在新技术、新材料、新设备、新工艺投入使用前,对有关管理、操作人员进行针对性的安全技术和操作技能培训;特种作业人员离岗6个月以上重新上岗前应经过实际操作考核合格后上岗工作。特种作业人员每年应接受不少于20学时的继续教育。

(3)项目范围广,施工单位及协作队伍较多,各种设备、预制件、建筑材料的运输、存放、保管等管理工作烦琐,管理人员水平参差不齐,造成现场管理不善,影响施工安全

图10-48 中电建生态公司领导宣贯安全体系 　　**图10-49 工程项目安全管理知识体系培训**

表10-9 生态公司内部安全岗位培训清单

2018年公司对外（各单位）培训情况

序号	开始时间	结束时间	培训机构	培训内容	受训单位	培训组织单位	参加人员	人数
1	2018.7.3	2018.7.3	安全管理部	公司安全生产及三项业务规章制度宣贯	深汕水资源公司	安全管理部	赵新民、陈运初、管木杰、深汕水资源公司员工	40
2	2018.7.5	2018.7.5	安全管理部	公司安全生产及三项业务规章制度宣贯	福州公司	安全管理部	赵新民、陈运初、管木杰、福州公司员工	13
3	2018.7.7	2018.7.7	安全管理部	公司安全生产及三项业务规章制度宣贯	南昌市水环境综合治理工程总承包部	安全管理部	赵新民、陈运初、管木杰、南昌市水环境综合治理工程总承包部人员	23
4	2018.7.9	2018.7.9	安全管理部	公司安全生产及三项业务规章制度宣贯	武汉美丽东方污泥治理科技有限公司	安全管理部	陈运初、管木杰、武汉美丽东方污泥治理科技有限公司员工	11
5	2018.7.12	2018.7.12	安全管理部	公司安全生产及三项业务规章制度宣贯	成都香城公司新都毗河总承包部	安全管理部	陈运初、管木杰、成都香城公司及新都毗河总承包部人员	26
6	2018.11.24	2018.11.24	安全管理部	安全生产及三项业务专题培训	东莞市水生态建设项目工程（第一标段）总承包部	安全管理部	黄卫东、东莞市水生态建设项目五期工程（第一标段）总承包部人员	53

2019年公司对外（各单位）培训情况

序号	开始时间	结束时间	培训机构	培训内容	受训单位	培训组织单位	参加人员	人数
1	2019.1.25	2019.1.25	安全管理部	1.宣贯水环境公司安全生产制度介绍；重点宣讲55项管理制度；施工现场安全文明管理要求；茅洲河项目管理照片展示。2.重点宣贯安全生产标准化体系、应急能力建设体系、双重预防机制体系、标准体系的融合。3.宣贯水环境公司环境保护、职业健康和节能减排制度。	龙观两河项目	安全管理部	总包部	52
2	2019.1.26	2019.1.26	安全管理部	同上	铁岗石岩项目	安全管理部	总包部	33
3	2019.1.27	2019.1.27	安全管理部	同上	东莞石马河项目	安全管理部	总包部	66
4	2019.2.20	2019.2.20	安全管理部	同上	大空港消黑项目	安全管理部	总包部	65
5	2019.2.21	2019.2.21	安全管理部	同上	茅洲河消黑项目	安全管理部	总包部	40
6	2019.3.5	2019.3.9	安全管理部	同上	鹰潭中心城区供水项目	安全管理部	总包部	27
7	2019.5.21	2019.5.21	安全管理部	同上	光明消黑总包部	安全管理部	总包部	21
8	2019.6.13	2019.6.13	安全管理部	同上	西安皂河项目	安全管理部	总包部	24
9	2019.10.31	2019.10.31	安全管理部	同上	雄安府河项目	安全管理部	总包部	20

第10章 项目安全管理

表10-10 生态公司对外单位安全培训清单

序号	开始时间	结束时间	培训机构	培训内容	培训地点	是否脱产	培训对象	参加人员	人数
\multicolumn{10}{	c	}{2017年公司安全生产岗位培训}
1	2017.2.17	2017.2.17	安全质量部	安全生产规章制度	指挥部办公室	否	光明新区项目部	靖谌等	31
2	2017.2.23	2017.2.23	安全质量部	安全生产的意义、安全法律法规、安全责任落实与安全标准化重点、河道建设施工风险点与主要事故类型、事故案例等	指挥部办公室	否	指挥部办公室、宝安、光明片区标段项目部	高阳、李望林等	38
3	2017.7.30	2017.7.31	安全质量部	新员工入职安全教育	103会议室	是	2017年新入职员工	黄郑郑等77人	77
4	2017.9.25	2017.9.25	安全质量部	江西公司安全质量交底与交流	指挥部办公室1002室	否	江西公司及项目参建单位	路科钧等	45
5	2017.10.22	2017.10.22	安全质量部	四川公司安全质量交底与交流	指挥部办公室1003室	否	四川公司及项目参建单位	路科钧等	28
\multicolumn{10}{	c	}{2018年公司安全生产岗位培训}
6	2018.3.9	2018.3.9	安全质量部	应急救援知识及应急预案宣贯培训(含应急救援管理知识培训、应急预案内容讲解、紧急救护知识)	C座103	否	安全质量部	公司领导、各部门主要负责人、新入职员工(具体详见签到表)	89
7	2018.3.26	2018.3.26	安全质量部	股份公司2017年开展情况、务工作2108年三项业务工作要点	前指103会议室	否	安全质量部	安全质量部全体在深人员(详见签到表)	22
8	2018.3.27	2018.3.27	安全质量部、技术标准部	企业技术标准基础知识、培训和管理体系文件编写基本知识	C座103	否	安全质量部	公司各部门内审员(详见签到表)	53

275

续表

2018年公司安全生产岗位培训

9	2018.5.4	安全质量部	职业健康知识培训	C座103、各单位视频分会场(7个)	否	公司	公司各部门、茅洲河标段(60人)视频分会场(70人)(详见签到表)	130
10	2018.5.15	安全质量部	公司三标管理体系内审员培训	C座103	否	公司	公司内审员(详见签到表)	60
11	2018.6.12	水利部、企业协会	安全生产标准化评审标准	湖南常德	否	公司及各单位安全生产标准化评级负责人	颜铭、吴仕刚、管木杰、蒋洪岐、史琦伟、蒋俊峰、马涛、阙林昌、胡二飞	9
12	2018.6.22	安全质量部、工程管理部、设计管理部	四个责任体系、公司管理制度、安全警示教育、安全生产管理、安全生产技术	C座103	否	安全质量部	公司各部门项目经理和安全总监现场会议(70人)+各视频分会场(150)(详见签到表)	220

276

一方面，从管理体系和现场实际情况出发，全面梳理施工风险类别，认真识别存在的危险源，对施工现场地下燃气管线、高压电力线路、交通疏解、深基坑施工、施工临时用电、有害有毒气体等进行严格管控。

另一方面，合理使用水环境治理工程综合管控平台，结合"互联网＋"、移动应用技术、网格化管理技术、视频结构化分析技术等建立水环境智慧感知体系，对茅洲河流域水环境治理项目现场施工安全进行监控。一是基于GIS的城市大范围施工网格化管理，实现"远程大规模作战指挥"。针对水环境工程施工场景特点，采用多种基于GIS的网格化定位设备（安全帽定位器、无源标签、手表手环等），实现高精度可视化定位追踪管理。通过"应急调度指挥中心"大屏，可直观了解施工现场人员、设备分布情况、活动轨迹。在应急场景下，实现与现场人员实时视频对讲，使公司能够远程调度指挥。二是基于GIS的城市管网施工移动式视频监控，实现安全问题追溯。建立一套适用于水环境治理工程项目作业面广、施工周期短等特点的视频监控管理体系，采用移动式监控、全景相机、视频结构化分析等设备和技术手段，有效提升水环境治理工程施工现场监控管理，为工程安全问题追溯提供实景资料。三是利用互联网技术实现作业一线安全应急管理。将施工作业方法、风险源辨识等"大数据库"通过移动APP"瘦"客户端快速便捷地推送给一线作业人员，同时，运用智能手机GPS定位、二维码等技术，实现施工现场数据交互；借助"互联网＋"技术，与施工现场班前会、隐患上报处理、巡检上报、特种设备报备、突发事件上报、持证上岗等工程安全管控相融合。系统界面如图10-50、图10-51所示。

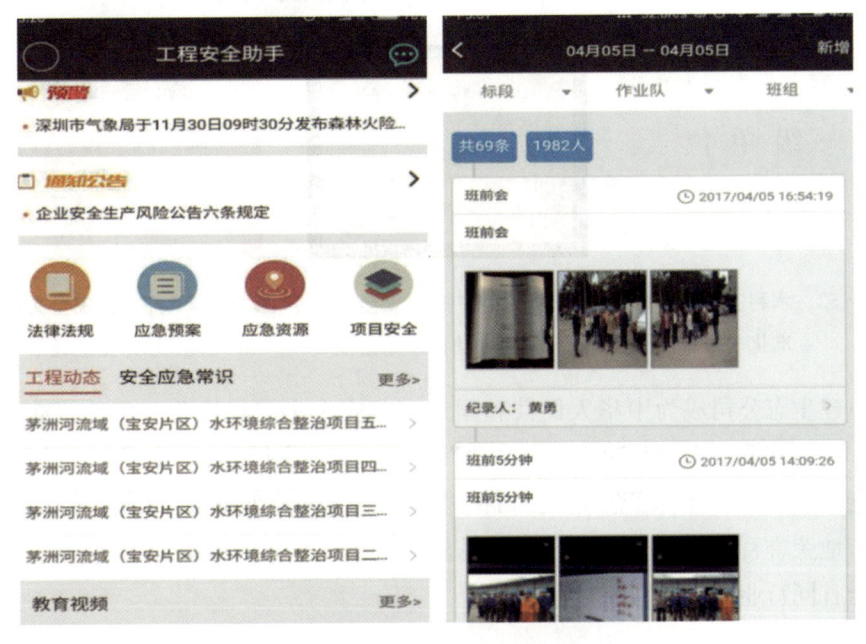

图10-50 手机端安全和应急管理系统界面

图 10-51　Web 端安全和应急管理系统界面

10.8　安全管理对于整个项目成功所做的贡献

电建生态公司高度重视安全生产工作，不断加大项目现场监管力度，全面推行安全责任"一岗一清单"；制定并发布安全生产与职业健康、能源节约与生态环境保护规章制度 58 项、应急预案 25 项、操作规程 45 项、标准化图册 1 项；以"四不两直"的方式开展常态化安全生产监督检查，提升项目安全管控水平。

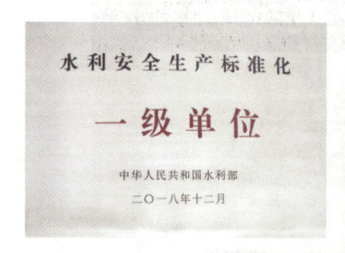

图 10-52　水利安全生产标准化一级单位

图 10-53　广东省安全文化建设示范企业

图 10-54　广东省安全文化建设示范企业证书

电建生态公司成为中华人民共和国水利部安全生产标准化一级达标企业（图 10-52）、"广东省安全文化建设示范企业"（图 10-53、图 10-54）、中国电力建设集团应急能力建设评估"优良"企业。公司在建项目荣获各所在地省、市级安全生产文明示范工地荣誉百余次，公司安全管理优秀做法被纳入广东省安全文化建设典型案例集在全省同行业广泛推广。

第 11 章　项目资源管理

11.1　项目资源识别、获取和管理的基本情况

茅洲河项目人力、物力投入巨大,超过 20 家设计、施工、科研、装备企业的 3 000 多名管理人员和 30 000 多名施工人员同时参与项目建设,设备投入超过 2 300 台套。工程涉及的管材等主材、大型机械设备、新型设备数量品种皆创公司以往项目使用记录,因此进行科学有效的资源管理对于项目的有序开展十分重要且必要。电建生态集团公司成立了公司总部、总承包部、项目部分级监督管理的三级设备物资管理体系,建设管理中心是公司总部设备物资管理职能部门,各单位分级设立设备物资管理职能部门。

(1) 茅洲河项目涉及的物资设备资源

在物资资源方面,EPC 总包商的设备资源配置遵循"科学统筹、优化配置、性价比优"的原则,优化设备结构,充分利用内部资源。大型专用设备资源的管理以"合理控制增量、有效盘活存量"为原则,实现公司整体利益最大化。在物资资源方面,包括大型机械设备与工程材料 2 类,大型机械设备主要指电建生态公司专有机械设备[包括 1200 型绞吸式挖泥船、智能一体化污染底泥处理设备、管道内窥检测系统(CCTV)、管道压力测试系统、管道预处理机器人系统、紫外线光固化修复系统,两栖清淤船清淤机器人等设备]。工程材料主要包括本工程使用所有进入工程实体的主要材料(HDPE 中空壁塑钢缠绕管、钢筋、砂石骨料、水泥等)由电建生态公司统一进行招标并购买。此外,由于本工程施工作业面广点多,施工任务急而繁重,各子项工程作业时段较短,且高峰期施工比较集中,需要的设备品种多,因此无法进行集中购买或者租赁设备。施工过程中所用设备由各工区根据具体施工任务和总施工进度计划进行安排,总体上对大型设备采用就近租赁方式,测量仪器、小型工机具等全部根据施工需要进行自购,满足施工需要即可。

(2) 茅洲河项目涉及的人力资源

茅洲河项目的人力资源包括监督管理人员、社区协调人员等。项目的人力资源管理主要分为两部分:对管理技术人员的管理和对劳务人员的延伸管理。管理技术人员包括对项目进行总体管理的管理人员和负责项目技术把关、指导的高级技术人员等,包括中国电建集团股份有限公司及下属公司和项目部现场经理,其他临时需

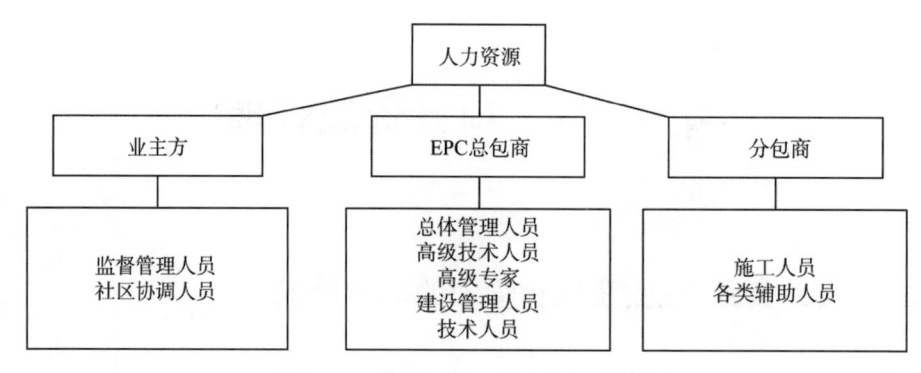

```
                          人力资源
                             │
        ┌────────────────────┼────────────────────┐
        │                    │                    │
      业主方              EPC总包商              分包商
        │                    │                    │
   监督管理人员          总体管理人员           施工人员
   社区协调人员          高级技术人员         各类辅助人员
                        高级专家
                        建设管理人员
                        技术人员
```

图 11-1　茅洲河项目涉及的人力资源

要支持的高级专家或机构则由中国电建集团总部统一调拨。须要特别指出的是，在项目施工过程中，各标段的人力和物资资源主要由各标段分包商自行负责获取和管理使用，但 EPC 总承包项目部也不是完全放任不管，而是要通过合同约定对其中的若干关键事项进行延伸管理或掌握工作进度，以避免风险、帮助决策和控制质量。茅洲河项目涉及的人力、物资资源分别如图 11-1、图 11-2 所示。

```
                          物资资源
                             │
        ┌────────────────────┼────────────────────┐
        │                    │                    │
   大型机械设备           工程材料              机械设备
   (EPC总包商)          (EPC总包商)           (分包商)
        │                    │                    │
 1200型绞吸式挖泥船      HDPE中空壁塑钢缠绕管      挖掘机
 智能一体化污染底泥处理设备    钢筋              自卸汽车
 管道内窥检测系统(CCTV)    砂石骨料             装载机
 管道压力测试系统          水泥                 打夯机
 管道预处理机器人系统     商用混凝土            压路机
 紫外线光固化修复系统
 两栖清淤船
 清淤机器人
```

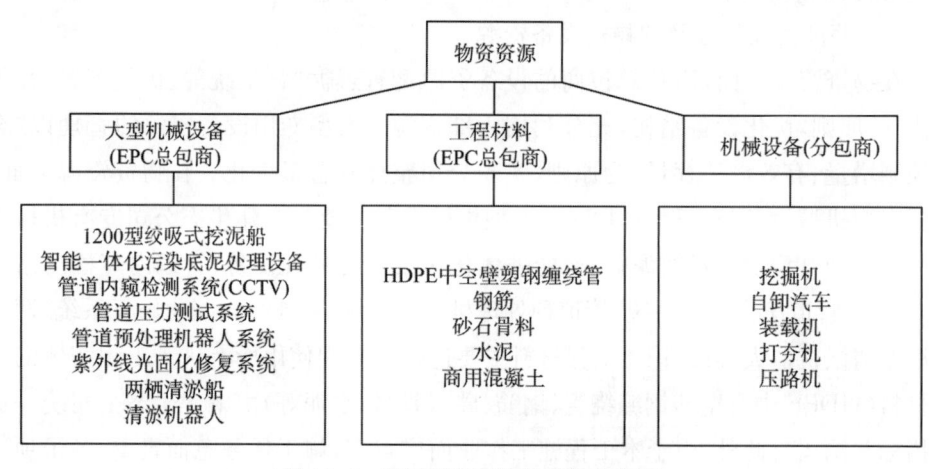

图 11-2　茅洲河项目涉及的物资资源

11.2　项目资源管理的流程和工具

茅洲河项目资源管理的工具加强了对设备物资和人员的管理，优化了资源配置，保障了人力资源的权益和物资设备的使用安全，发挥人力资源和设备物资在公司生产经营活动中的重要作用，如表 11-1 所示。

第11章 项目资源管理

表11-1 茅洲河项目资源管理工具

序号	名称
1	设备验收报告单
2	设备资产盘点表
3	设备资产调拨单
4	施工机械设备进出场统计台账
5	设备物资管理评价考核评分表
6	农民工实名制管理办法
7	茅洲河项目人员网格化管理系统

茅洲河项目物资资源管理部分文件表格（台账）如表11-2至表11-4所示。

表11-2 茅洲河项目设备资产调拨表

设备资产调拨单

调出单位：

调入单位：　　单位：元　　调拨时间：20××年 ××月××日　　调拨单号：ZCDB(20××)××号

序号	设备名称	固定资产编码	规格型号	单位	数量	财务原值	财务净值	设备功率	设备状况	车牌号	供应商	备注

调出单位设备管理经办人：　　　　　　　　调入单位设备管理经办人：

调出单位财务管理经办人：　　　　　　　　调入单位财务管理经办人：

表11-3 茅洲河项目特种设备管理台账

特种设备管理台账

填报单位：　　　　　　　　　　　　　　　报送时间：

序号	项目名称	特种设备名称	设备出厂编号	制造许可证号	设备型号	制造单位	出厂日期	进场/安装日期	登记报备进度	投入使用日期	检验日期	工区/标段	使用单位	使用地点	备注

审核人：　　　　　　　　　　　　　　　填报人及联系方式：

填表说明：
1. 本表由总承包部、各标段项目经理部填写各地数据信息后报送，报送时间为每月24日前；
2. 本表填报数据为累计数据（自项目开工至完工期间），项目施工现场尚未拆除或未退场的特种设备均须填报；
3. 报表中每月新增数据的统计周期为上月21日至本月20日；
4. 当月新增特种设备须同时报送特种设备安装报备、验收资料（pdf扫描件），资料不齐的要备注说明；
5. 表格中的"日期"格式严格按照"年—月—日"填写。

表11-4 茅洲河项目自有设备（资产）管理台账

自有设备（资产）管理台账

填报单位：　　　　　　　　　　　　　　　报送时间：

序号	项目/公司名称	资产编码	设备名称	设备型号	生产厂家	设备原值	设备净值	采购时间	累计使用时间（月）	设备状态	备注
合计											

审核人：　　　　　　　　　　　　　　　填报人及联系方式：

填表说明：
1. 本表由区域总部汇总本级机关和各下属项目数据信息后报送，报送时间为每月24日前，新增数据的统计周期为上月21日至本月20日；
2. 本表填报能够构成"设备资产"的公司自有设备，不包括参建单位的设备，如果没有可填"无"。"设备资产"指单台人民币价值在5 000元及以上，国（填）外单台价值在1 000美元及以上，且使用年限在1年以上，并能独立完成某项工作的机器、设施、仪器和机具等；
3. 本表填报时必须与财务部门配合完成，设备原值、净值须与财务部门固定资产卡片的账面数据一致，采购时间与财务资产卡片上的使用时间一致；
4. 报表中的"日期"格式严格按照"年-月-日"格式填写；
5. "累计使用时间"填写从固定资产入账到本月的时间，按月份填报。

第 11 章 项目资源管理

表 11-5 茅洲河项目设备物资管理评价考核评分表

受考评单位： 考评时间：

一级指标	二级指标	权重、分值区间	考核细则	得分	备注
设备物资管理	机构与制度	10%[0,10]	设置设备物资管理专职或兼职管理人员得5分,无设备物资管理专职或兼职管理人员扣5分;管理制度健全得5分,管理制度中采购管理、设备管理(含设备资产)、特专设备管理、危险物资、现场检查管理等方面内容,缺少1项扣1分,扣完为止。		
	采购管理	15%[0,15]	按时报送采购计划并建立采购台账、合同台账得满分15分。未按时报送采购计划扣5分,未汇总建立采购台账扣5分,未及时签订集采框架协议或采购合同扣5分,扣完为止。		
	现场监管	15%[0,15]	每月对现场定期开展设备物资监督检查,并对发现问题进行通报、整改闭合得15分;未定期开展监督检查扣5分,未对发现问题进行通报扣5分,问题未整改闭合扣5分。		
	供应商管理	10%[0,10]	建立供应商管理台账,按时完成供应商评价,对违约供应商进行动态管理(包括及时上报、采取处罚措施等)得10分;未建立供应商管理台账扣4分,未按时完成供应商评价扣3分,未对严重违约供应商进行动态管理(如及时上报、会议协调、处罚等措施)得3分。		
	货款结算与支付	15%[0,15]	建立完整的设备物资货款支付台帐得5分,未建立不得分;根据设备物资货款逾期未付额占应付总额的比例酌情扣0—10分。		
	特专设备及危化品管理	15%[0,15]	建立设备进出场台帐、特种设备台帐、危化品台帐并定期更新得9分,缺1项扣3;设备安装报验资料备案齐全并按期年检得6分,报验资料未在区域公司或直管总包部备案扣3分,未按期年检扣3分。		
	设备资产管理	10%[0,10]	设备资产及时建立资产卡片、设备资产台账并定期盘点得10分,未及时入账建资产卡片扣4分,未建立设备资产台账扣3分,未定期盘点扣3分。		
	月报及管理落实	10%[0,10]	按时保质报送月报及其他管理资料得10分,未按时报送月报1次扣2分,月报质量不高、反复返工1次扣2分,未按要求完成公司其他紧急管理措施和任务1次扣2分,扣完为止。		

水环境治理行业由于其工序复杂,施工周期短,施工面分布面积广,施工人员多的特点,给人员管理带来的较大难度,因此较适合采用网格化管理的方式对人员进行定位及管理。

工程网格化管理,是指依托统一的工程管理平台,将管理区域按一定的标准划分成单元网格,通过加强对单元格中部件和事件的巡查,建立监督和处置相分离的、允许管理人员主动发现、及时处置的工程动态管理的一种方式。

茅洲河项目人员网格化管理系统采用GPS/北斗定位方案,实现对现场施工人员、管理人员位置信息定期的自动化收集、展示和管理。通过在地图上的人员位置可实现对现场人员的精确调控和统计，并可通过数据分析得出某项施工工序所需的人员数量，实现定额测定，达到人员网格化管理系统建设的目标。施工人员可视化管理调度平台如图11-3所示。

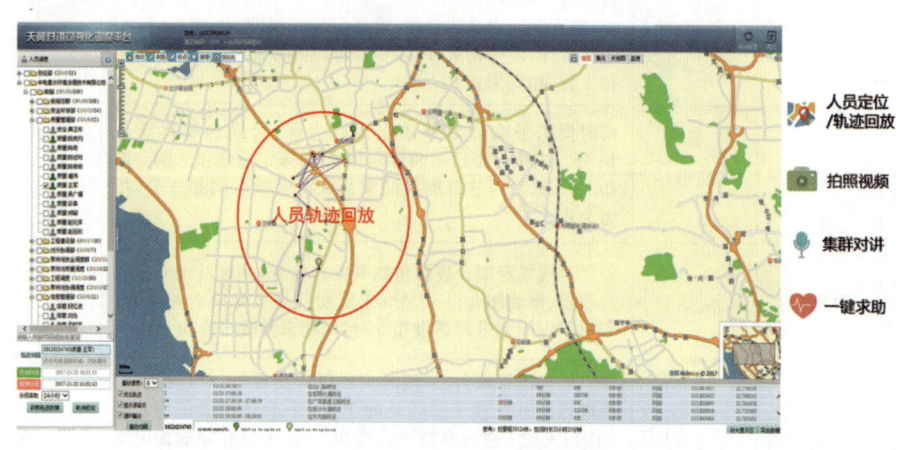

图11-3　施工人员可视化管理调度平台

为保证各工段、工区施工人员的及时到场、实现人员配置，茅洲河项目全程采取信息化管理的模式，实现了在复杂项目群中对不同工种施工人员信息的及时掌握，从而实现对人力资源的合理、高效配置。具体流程如图11-4所示。

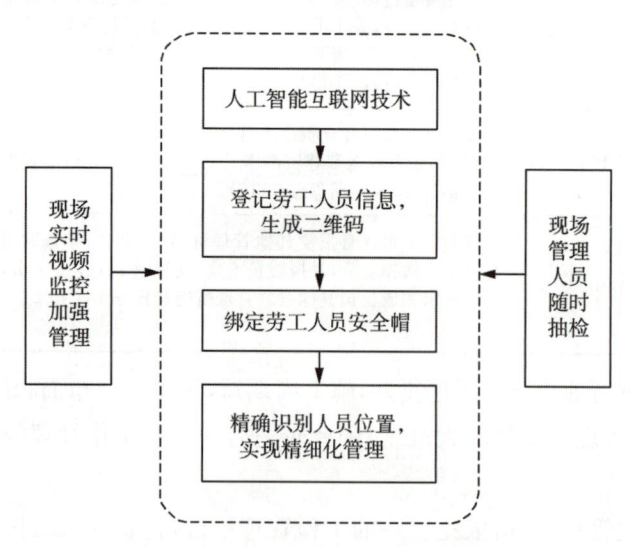

图11-4　施工人员实名制管理流程

（1）采用人工智能互联网技术，运用二维码对人员进行信息化管理。所有参与工程施工的人员在深圳市相关负责机构进行登记，将个人信息进行登记并生成二维码,张贴在个人安全帽上显著位置,便于现场管理人员随时进行抽检管理。

(2) 利用施工网格化管理系统对现场劳务作业人员进行实名制全方位跟踪定位管理。主要是通过对施工管理人员、施工劳务人员及施工大型设备的位置和轨迹分析,为施工项目的人员管理、工程质量、安全管理提供可靠和及时的基础数据服务。针对施工人员众多、分散范围广的大范围、半开放、开放式施工场地,实现较为精确地对施工人员的位置识别以及较为精确地对施工机械的轨迹追踪识别;实现对施工人员、施工机械的精细化管理,快捷、高效地进行安全生产和考勤管理,提高施工管理水平。

(3) 关键工序开工前落实人员配置并进行实名登记,实行审批制度,做到责任具体落实。

(4) 现场实行视频监控等制度,随时监控现场的安全、质量、进度情况,加强对现场的各项管理。

11.3 项目资源管理模式

茅洲河项目人力资源的配置方式是根据目前工作面具备的开工条件情况,结合工程量分布情况,各工种按需配置。在施工过程中,按照各单项工程施工的工序,做前期的施工准备,以保证工序衔接顺利和工程施工有序进行。茅洲河项目物资设备资源的配置方式是根据施工技术总体规划原则及施工总进度安排,按照各单项施工项目的开工日期、施工强度以及要求的节点工期、采用的施工方案、施工技术措施、工程测量、工程试验规划等,结合总包部现有施工机械设备的状况配置施工设备、合理配置施工资源,实行对施工资源的动态管理,确保本工程工序衔接顺利,工程施工有序进行。物资资源的资源管理架构如图 11-5 所示。

茅洲河项目是由多个项目组成的项目群,项目边界经历了由不确定到确定的过程,对同一个项目包内的各个标段的资源采用协调管理,而不同项目包的资源则由组织系统内不同的设计院和工程局来承担管理工作。因此其资源需求管理相应地也表现为系统内各个工程局和设计院对资源需求横向协调与总包商对分包商大型进口高端设备等资源需求动态纵向协调补充的特点。

(1) 横向项目资源配置管理

在分包商之间的资源管理方面,主要以建立科学完善的资源管理制度为手段,明确各项目物资使用、采购等管理办法。首先,总承包项目部的物资设备部按照统一领导、归口管理的原则实施各项设备物资管理工作;制定《中电建生态环境集团有限公司设备物资管理办法(2020 年版)》(图 11-6)和《茅洲河宝安项目设备物资供应保障方案》(图 11-7)等管理制度,成立物资设备管理领导小组,负责主要物资设备管理工作的总体部署以及调配等重大事项的决策。其次,对于各项目工程管材、商混、钢材等大宗物资及设备采用集团化专业管理,并及时建立统一物流管理平台,对生产相关要素进行事前优化配置和过程动态管理。实际工作中,物资设备部建立和完善有关物资设备的管理制度和办法(图11-8),协调和监管物资材料的到场及分配,全力支持、配合指挥部各部门、各标段项目经理部工作,确保茅洲河项目施工设备物资供应及时、质量可靠。

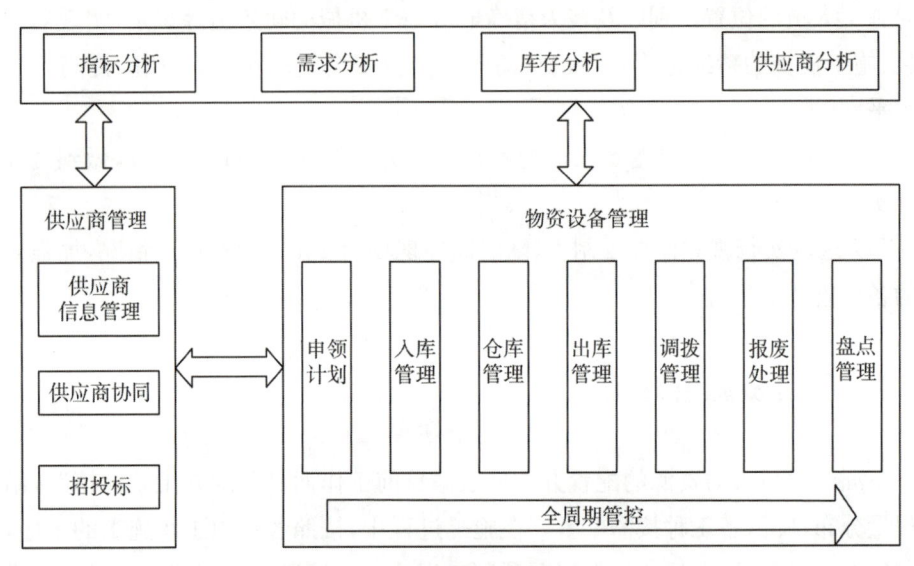

图 11-5　物资资源的资源管理架构

图 11-6　设备物资管理办法

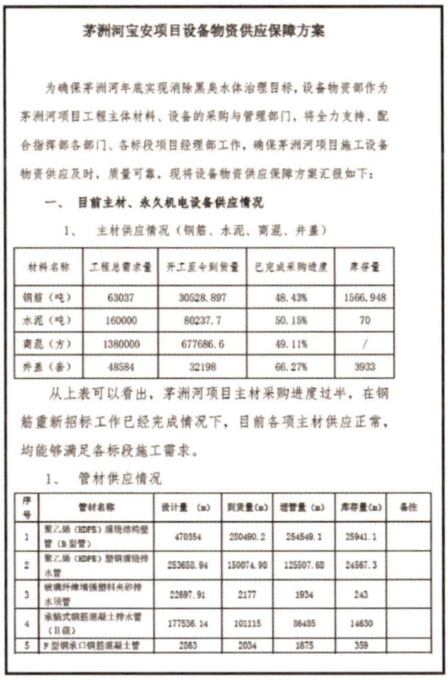

茅洲河宝安项目设备物资供应保障方案

为确保茅洲河年底实现消除黑臭水体治理目标，设备物资部作为茅洲河项目工程主体材料、设备的采购与管理部门，将全力支持、配合指挥部各部门、各标段项目经理部工作，确保茅洲河项目施工设备物资供应及时，质量可靠，现将设备物资供应保障方案汇报如下：

一、　目前主材、永久机电设备供应情况

1、　主材供应情况（钢筋、水泥、商混、井盖）

材料名称	工程总需求量	开工至今到货量	已完成采购进度	库存量
钢筋（吨）	63037	30528.897	48.43%	1566.948
水泥（吨）	160000	80237.7	50.15%	70
商混（方）	1380000	677686.6	49.11%	/
井盖（套）	48584	32198	66.27%	3933

从上表可以看出，茅洲河项目主材采购进度过半，在钢筋重新招标工作已经完成情况下，目前各项主材供应正常，均能够满足各标段施工需求。

1、　管材供应情况

序号	管材名称	设计量（m）	到货量(m)	埋管量（m）	库存量(m)	备注
1	聚乙烯（HDPE）缠绕结构壁管（B型管）	470354	280490.2	254549.1	25941.1	
2	聚乙烯（HDPE）塑钢缠绕排水管	253658.94	150074.98	125507.68	24567.3	
3	玻璃纤维增强塑料夹砂排水顶管	22697.91	2177	1934	243	
4	承插式钢筋混凝土排水管（II级）	177536.14	101115	86485	14630	
5	F型钢承口钢筋混凝土管	2063	2034	1675	359	

图 11-7　设备物资供应保障方案

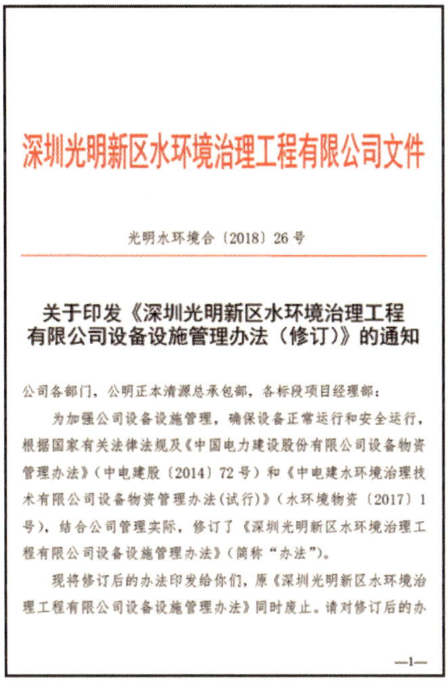

深圳光明新区水环境治理工程有限公司文件

光明水环境合〔2018〕26号

关于印发《深圳光明新区水环境治理工程有限公司设备设施管理办法（修订）》的通知

公司各部门，公明正本清源总承包部，各标段项目经理部：

为加强公司设备设施管理，确保设备正常运行和安全运行，根据国家有关法律法规及《中国电力建设股份有限公司设备物资管理办法》（中电建股〔2014〕72号）和《中电建水环境治理技术有限公司设备物资管理办法(试行)》（水环境物资〔2017〕1号），结合公司管理实际，修订了《深圳光明新区水环境治理工程有限公司设备设施管理办法》（简称“办法”）。

现将修订后的办法印发给你们，原《深圳光明新区水环境治理工程有限公司设备设施管理办法》同时废止。请对修订后的办

—1—

图 11-8　设备设施管理办法

（2）纵向项目资源配置管理

在总包商对分包商资源管理方面，茅洲河项目群构建了清晰的施工计划与相应的沟通办法。首先，总承包项目部负责主要施工设备的统筹管理，对新购的大型设备从合同谈判、生产过程、交付使用进行全程监管。其次，各工区根据施工进度计划编制月、季、年度的主要材料需求计划，积极配合材料的验收等工作，秉着“先检后用”的原则，严把材料质量关。对于工区加强物资材料计划管理，开工前准确计算各种材料数量，统筹安排材料供应范围，严格编制并及时上报需求计划；合理利用地方运力，科学组织材料进场，认真做好物资点收和发放台账工作，全力减少库存和二次倒运费用，努力降低运杂费项等开支；同时，加强进场物资材料的质量检验工作，杜绝质量不合格产品入场。此外，物资设备使用计划如因施工组织变更设计进行调整，各工区要及时编制并上报物资设备需用量变更计划，以便总承包项目部进行合理调配。

（3）项目间关键资源的协调机制(图 11-9)

以项目指挥部为主来调配各个分包商之间关键资源，指挥部首先对各个工程局的项目的履约情况进行核查，判断是否是由于资源不到位引起工程进度不达标，如果长期履约不到位，指挥部会以文件的形式来协调增加资源。通过管材日报的形式及时反映各标段管材使用量、库存量、当日到货量等过程动态；时刻与供应商保持联系，主动协调以确保供应商履约，严格要求供应商按照供货计划，在承诺的时间内完成供货，及时掌握供货信息，若发现问题及早协调解决(图 11-10)。

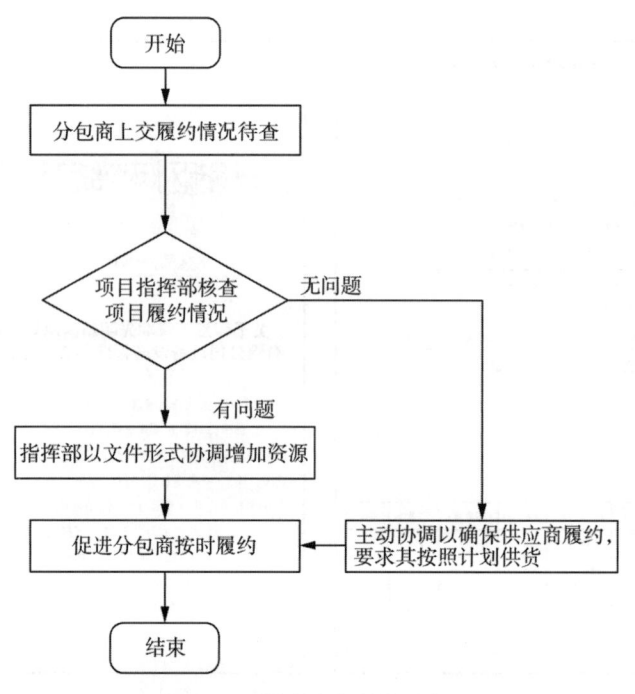

图 11-9　关键资源的协调机制

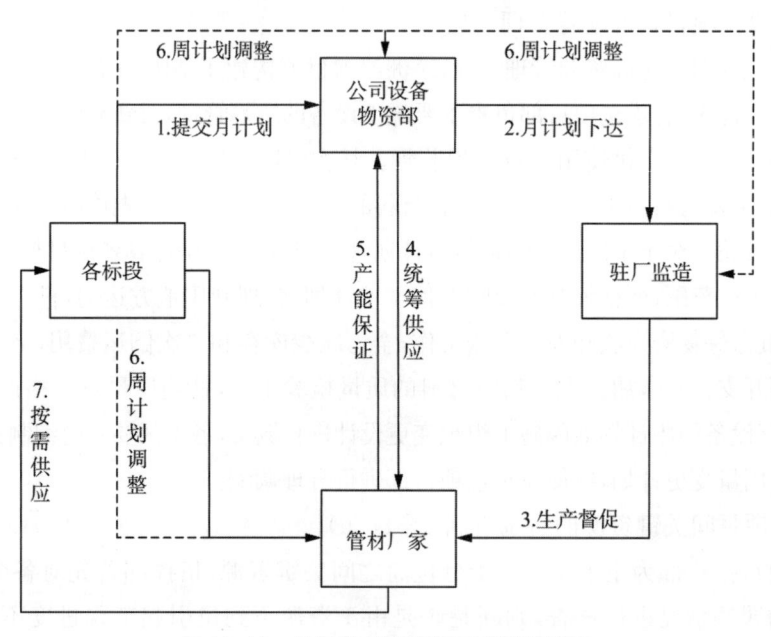

图 11-10　各标段关键资源实时联动流程

（4）对项目关键资源——工程管材的管理

工程管材作为茅洲河项目基础设施建设部分的关键材料，其选购与供应机制的科学合理关系到整个项目的质量与成效。同时茅洲河项目由多个子项目群构成，工程管材的选购、供应机制涉及到不同项目管材型号匹配、不同片区污水流量对管材的需求差异等复杂问题。因此如何确保管材被足量、及时地配置到位是本项目资源管理的重要内容之一，对此，项目团队按照"保质保量、深入沟通、统筹分配"原则，结合管材供应商的产能、供货能力及各标段施工进度工程量需求，科学、合理地编制管材供应方案，建立管材应急保障供应措施，确保项目管材供应。

对于同一种管材，均确定两家及以上的供应商，以确保所需管材的及时、足量供应。具体而言，每月上旬，由各标段根据施工进度计划、各片区使用管材类型、规格型号编制管材月度需求计划，及时提供给相关管材供应商。同时，各标段根据实际施工变化做好周计划的调整，实时沟通，建立实时联动反馈机制，并通过管材日报的形式及时反映各标段管材使用量、库存量、当日到货量等过程动态；时刻与供应商保持联系，主动协调以确保供应商履约，严格要求供应商按照供货计划，在承诺的时间内完成供货，及时掌握供货信息，若发现问题及早协调解决。

11.4 项目资源管理的实施

11.4.1 项目人力资源管理

1. 项目人力资源配置原则及方案

除了 EPC 总包商对管理人员的管理之外，分包商的人力资源配置也属于总包商对人力资源的延伸管理范围内。分包商根据招标文件对工程安全、质量、工期的要求，选择项目管理经验丰富、资质资历满足要求、专业知识过硬的管理人员及劳务人员，遵循"结构合理、分工明确、专业突出、满足工期、保证安全质量、适度弹性"的原则，分阶段、分专业、分工种地进行劳动力配置，满足专业、数量和技能的合理匹配。

2. EPC 总包商对项目工人的延伸管理

根据本项目特点和施工总体筹划目标的要求，茅洲河流域 EPC 总承包项目部负责本工程的施工，配置有丰富施工经验的熟练技术工人，组成一批思想素质好、作风顽强、经验丰富、技术过硬的专业施工队伍。

图 11-11 安全帽、手表/手环和无源 RFID

初次进场的人员办理进场手续，填写进(退)场登记表，参加安全教育培训并考核合格后,通过信息平台终端或手机 APP,采用刷劳务工身份证等方式上传施工人员的姓名、性别、民族、家庭住址、身份证号码等基本信息,同时录入工资卡、工种、技能证书、电话号码、进场日期、安全培训等信息。施工人员在进入施工现场时,须在安全帽上张贴能识别身份特征信息的"二维码",项目管理人员在施工现场通过手机扫码,对施工人员身份识别并对工资发放、培训教育等情况进行检查(图 11-11)。

11.4.2 项目物资设备资源的管理

1. 估算项目物资资源的整体需求

公司的设备资源配置充分利用内部资源。大型专用设备资源的管理以"合理控制增量、有效盘活存量"为目的,实现公司整体利益最大化。在重要机械设备需求管理方面,坚持按照茅洲河项目资源管理模式,落实资源配置方式,动态配置重要机械设备,确保工程施工顺利进行。主要机械设备配置情况如表 11-6 所示。

表 11-6 主要机械设备配置表(局部格式)

序号	机械设备名称	型号	数量	备注
1	土石方专业设备			
2	混凝土专业设备			
3	测量设备			
4	管道施工设备			
5	清淤设备			
6	其他设备			

在管材等施工材料需求确认方面,根据茅洲河(光明新区)项目工程承包合同及设计图纸,项目主材包括钢筋、水泥、商品混凝土、内肋增强聚乙烯(PE)螺旋波纹管、硬聚氯乙烯(PVC-U)排水管及管件、钢筋混凝土排水管、球墨铸铁井盖等,需求量如表 11-7 所示。

表 11-7 茅洲河项目主材需求量(局部)

序号	名称	单位	工程量					备注
			一标	二标	三标	四标	小计	
1	内肋增强聚乙烯(PE)螺旋波纹管	m	116 296.00	119 762.00	8 141.00	12 233.00	256 432.00	
2	钢筋混凝土排水管	m	3 112.00	6 064.00	6 300.00	2 091.00	17 567.00	
3	硬聚氯乙烯(PVC-U)排水管	m	210 518.00	195 000.00			405 518.00	

续表

序号	名称	单位	工程量					备注
			一标	二标	三标	四标	小计	
4	钢筋	t	1 336.54	2 848.00	5 769.55	15 574.40	25 528.49	
5	水泥	t	1 742.00	1 800.00	15 844.50	3 500.00	22 886.50	
6	商品混凝土	m³	87 409.00	105 600.00	138 447.89	160 672.00	492 128.89	

2. 构建实时获取资源需求的线上系统

为保证实时获取各工区资源需求信息,电建生态公司建立了项目可视化信息管理平台,开发了采购管理 APP,进行项目采购数据采集与分享,实现采购的可视化管理。该系统实现了设备供应商可视化,提供了各供应商资源库、物资设备可视化资源库,对各片区、工段资源需求进行实时动态管理。具体动态管理的流程如图 11-12 所示。

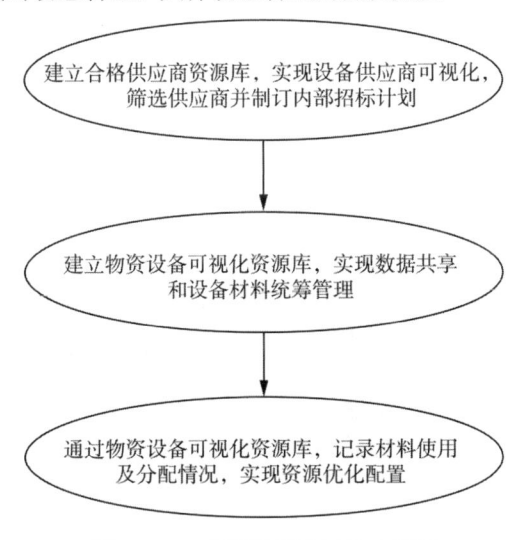

图 11-12 标段资源实时动态管理

3. 物资资源的存储、进场安排

基于施工计划及资源需求情况,电建生态公司进行物资资源采购,具体采购相关内容请参见采购管理部分,在此不再赘述,重点聚焦于采购后的物资资源存储及进场安排工作。

针对本工程主要施工项目需求,以主要工程量、施工方案为依据,实现材料的购置计划与施工内容、施工进度、施工强度相适应,并确保物资资源数量足够、质量优良、经济合理。资源的精益化管理模式体现在施工材料数量及配置的准确无误:工程进场初期即安排人员进行图纸工程量核算,根据图纸工程量编制年度材料需求计划,同时及时跟进现场施工进度,根据施工内容编制月度材料需求计划。施工过程中,施工材料根据施工进度及动态需求进行购进、检查,使材料供应满足施工进度要求,部分施工材料进场安排情况如表11-8所示。此外,主要应急物资由总承包项目部在物资仓储基地集中存放、统筹管理,若遇突发事件,第一时间直接派人前往事故现场,以时间换取抢险空间,将损失减至最低程度。

表 11-8 施工材料进场安排情况(局部)

序号	材料名称	规格型号	单位	数量	进场时间	储存方式
1	无缝钢管	D325	m	6 336.00	2019年4月	现场
2	无缝钢管	D426	m	9 309.00	2019年4月	现场
3	PVC-U 排水立管	DN100	m	11 256.50	2019年4月	现场
4	钢筋砼管	DN1500	m	520.00	2019年4月	现场
5	PVC-U 排水立管	DN200	m	370.00	2019年4月	现场
6	锚杆	DN28	m	20 368.80	2019年4月	现场
7	钢筋砼管	DN400	m	663.00	2019年4月	现场
8	钢管	DN50	m	2 250.00	2019年4月	现场
9	钢筋砼管	DN600	m	3 775.68	2019年4月	现场
10	PVC泄水管	DN80	m	1 316.40	2019年4月	现场
11	钢筋砼管	DN800	m	12 981.64	2019年4月	现场
12	聚乙烯缠绕结构壁管(B型)	DN200 SN12.5	m	4 624.00	2019年4月	现场
13	聚乙烯缠绕结构壁管(B型)	DN300 SN12.5	m	16 739.00	2019年4月	现场
14	聚乙烯缠绕结构壁管(B型)	DN400 SN12.5	m	14 643.94	2019年4月	现场
15	聚乙烯缠绕结构壁管(B型)	DN500 SN12.5	m	2 948.94	2019年4月	现场
16	聚乙烯缠绕结构壁管(B型)	DN600 SN12.5	m	13 742.64	2019年4月	现场
17	聚乙烯缠绕结构壁管(B型)	DN800 SN12.5	m	4 429.15	2019年4月	现场
18	PE100 管	DN300 1.0 MPa	m	651.00	2019年4月	现场
19	槽钢		t	33 576.14	2019年4月	现场
20	雨水口	单算联合式	个	44	2019年4月	现场
21	阶梯式生态框	2 m×1 m×0.5 m	个	20 090	2019年4月	现场
22	平铺式生态框	1 m×1 m×0.5 m	个	20 583	2019年4月	现场

4. 设备物资的验收制度

对于项目所用的大型设备,公司制定了新增设备验收制度(图11-13),新购设备到货后,由设备使用单位组织,设备管理、采购管理、财务管理等部门人员参与,成立设备验收小组,并按照如图11-14步骤做好验收工作。

EPC总包商对机械设备按照综合管理方针优化配置与科学使用相结合的原则,机械设备进场报验工作流程如图11-15所示。

图 11-13 设备验收报告单

5. 对专用设备、关键设备、大型设备实行机长负责制

关键设备操作人员必须经过技术培训,经考试合格后获得操作证,属于特种设备的必须获得"特种设备作业人员证"。坚持持证上岗的原则,严禁无证操作,并执行以下规定:遵守安全操作规程,保证安全生产;正确操作设备,发挥设备效益,努力降低消耗;认真做好设备日常保养工作,保持主机及附属装置完好,随机工具、随机资料齐全。

6. 建立设备技术档案和资产盘点制度

大、中型设备资产入账建卡后,应及时建立设备技术档案,保证设备历史资料的完整性和可追溯性。特种设备必须有定期检验记录。各单位的设备管理职能部门要建立设备资产台账,定期开展固定资产盘点,确保设备资产台账、设备资产实物与财务管理部门出具的设备资产卡片"三相符";每季度要与本单位的财务管理部门核对账目,保证设备数量、原值、净值等信息"账、卡相符";每半年组织一次设备清查盘点,每年度进行一次全面清查盘点,并填报设备资产盘点表(图 11-16)。

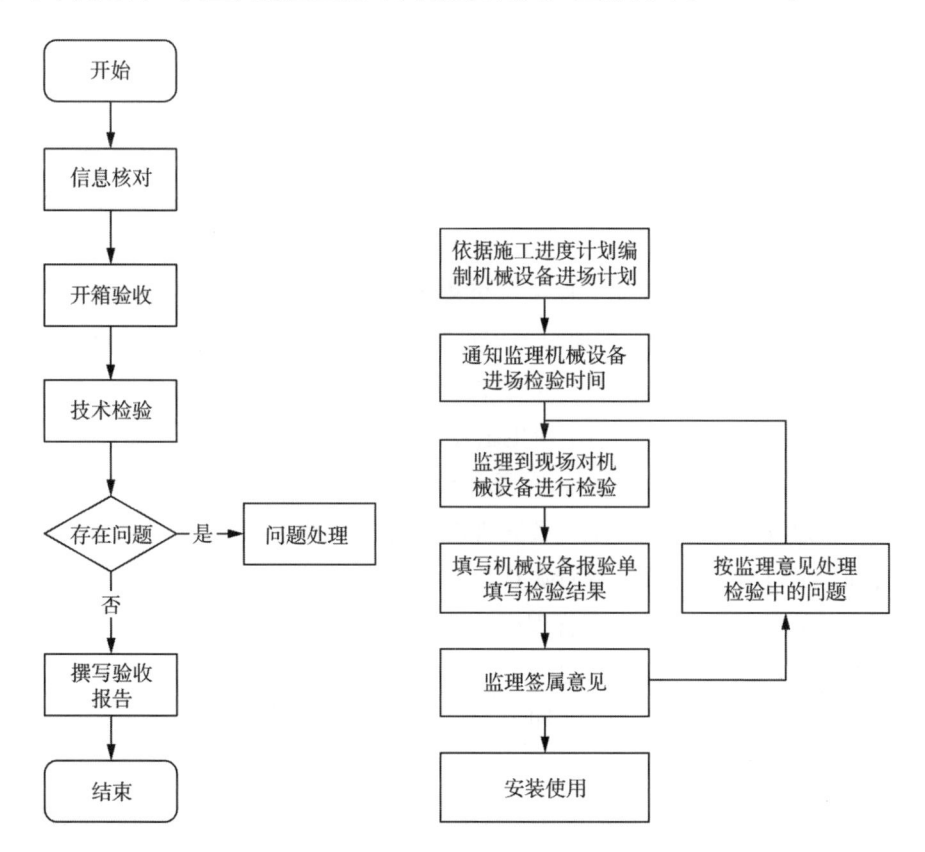

图 11-14 新增大型设备验收制度　　**图 11-15 机械设备进场报验工作流程**

设备资产盘点表

盘点截止日期：20xx年xx年xx日　　资产金额单位：元

序号	资产编码	资产名称	规格/型号	资产原值	资产净值	资产类别	管理单位/部门	存放地点
1								
2								
3								
...								

设备管理部门负责人：　　设备管理部门盘点人：

财务管理部门负责人：　　财务管理部门盘点人：

监管部门负责人：

图 11-16　设备资产盘点表

11.5　资源管理中遇到的复杂情况和克服措施

茅洲河项目资源管理过程中遇到的最大困难在于如何在各个标段和各项目包间构建起有效的资源协调机制。由于项目涉及多个行政片区，加之工期短，工程复杂程度极大。同时项目施工涉及多个不同类型施工建设项目，这些项目很可能要占用公共交通资源，如管网工程的工作面要占用局部市政道路、部分厂区、小区通道，由于工期紧迫，还可能与其他工程项目交叉施工，施工时与其他项目会同时占用道路，对居民正常出行影响大，交通疏解审批难度大。因此如何有效实现资源在项目推进过程中的协同利用不仅关系到项目的有序推进，同时也会影响到发生突发事件时资源的应急调配效率。对此，电建生态公司采取了以下措施提高资源管理效率：

（1）建立茅洲河项目资源信息共享系统

基于信息共享系统，建立了一套完善的项目协同机制，包括内部协同与外部协同两方面。通过对内、外部各种资源优化及调配，各部门实现信息的高度共享及工作处理流程的标准化，建立协同管理模式，达到过程控制、动态管理、信息共享和自动传递的目的，实现信息及资源的协同，充分发挥项目管理的效能，从而实现对本项目的全过程实时管理，如图 11-17 和图 11-18 所示。

（2）建立健全的项目关键物资供应制度

工程管材作为茅洲河项目基础设施建设部分的关键材料进行管理。具体要求见 11.3 节。对工程管材供应，要求管材供应商于货物启运前 1 日内，将发货通知单以传真或电子邮件形式通知项目标段负责人，发货通知单包括供货商名称、合同号码、货物名称、型号规格和数量、货物总价值、总件数、发运日期及预计到达日期，以

图 11-17 茅洲河项目协同机制

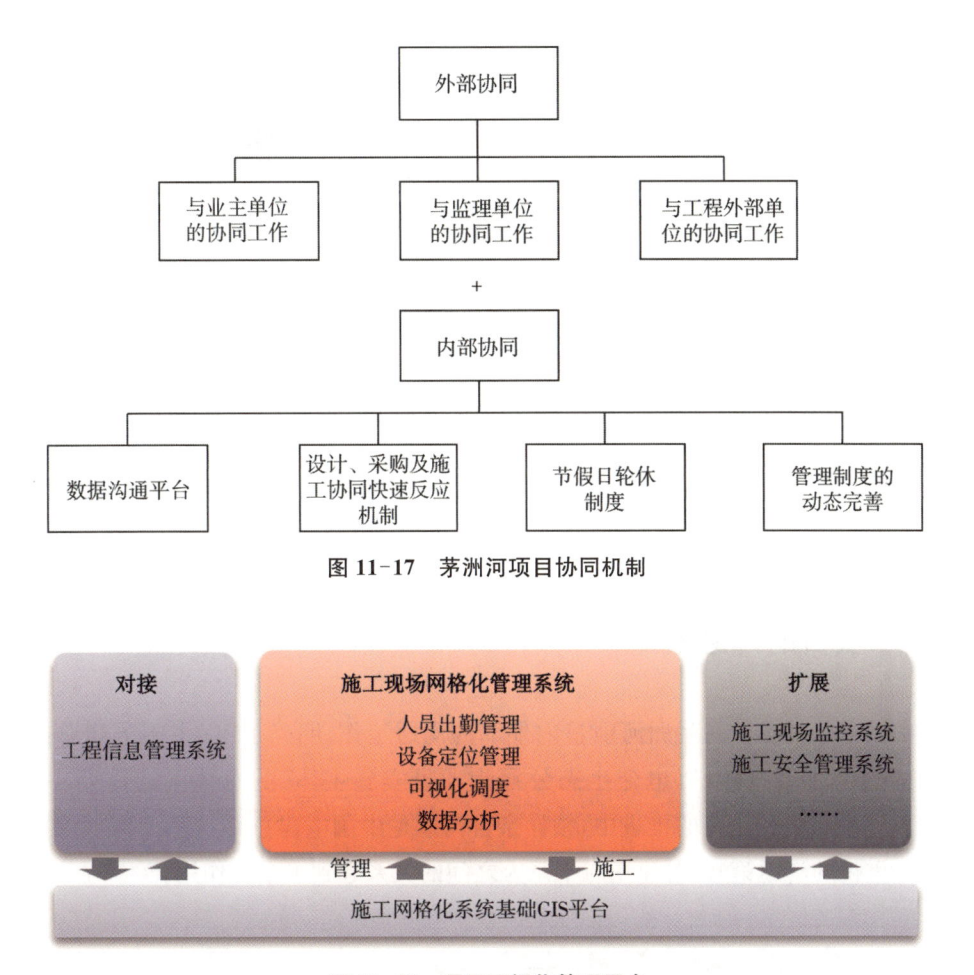

图 11-18 项目可视化管理平台

便标段负责人安排到货接收。同时，驻厂监造人员同步在厂内做管材出厂验收，在出厂验收合格的发货单上签字，同时知会管材需求的相应标段，确保管材供应及时、有序。

综上所述，茅洲河项目涉及庞大的人力、物力资源，整体项目具有复杂性高、工期短、任务重的特点，须要通过有效的资源管理，对项目资源进行高效的计划、组织、指导和控制以实现对项目资源全过程的动态管理和项目目标的综合协调与优化。茅洲河项目涉及多个项目间的资源协调问题，因此资源管理的重点在于根据不同项目进度，不断进行资源的配置和协调，以保证项目在各个阶段得到有效的资源支持。茅洲河项目周密细致的资源管理工作，有效地支撑保障了项目建设的进度、质量和成本控制，确保了整个项目在推进过程中对资源的科学有效利用。

第 12 章 项目沟通管理

作为各级政府高度重视的生态治理项目，茅洲河项目投资大、社会影响力大，涉及复杂的并行、协同施工作业，同时面临各种跨行政区、跨部门的沟通、审批工作，沟通与信息管理工作复杂程度高且重要性强。对此，电建生态公司高度重视项目内外部的沟通工作，在项目迭代推进过程中，构建了具有动态适应性、针对性的沟通协调机制，针对茅洲河项目沟通复杂性特点，项目团队成立了对外协调部，负责项目涉及的对外、对内沟通事项，并针对不同沟通主体及工作情况选取恰当的沟通工具，为项目实施营造了良好的内外部环境，成效显著。

12.1 项目的沟通策略

中国电建高度重视茅洲河项目内外部的沟通工作，明确了"以中国电建总部与政府部门为协调主体，以电建生态公司为项目实施主体"的总体沟通体制，见图12-1。在项目自始至终的推进中，领导亲自沟通是中国电建总部与茅洲河项目指挥部十分重视的沟通策略，对建立与干系人之间的关系起到了重要作用。

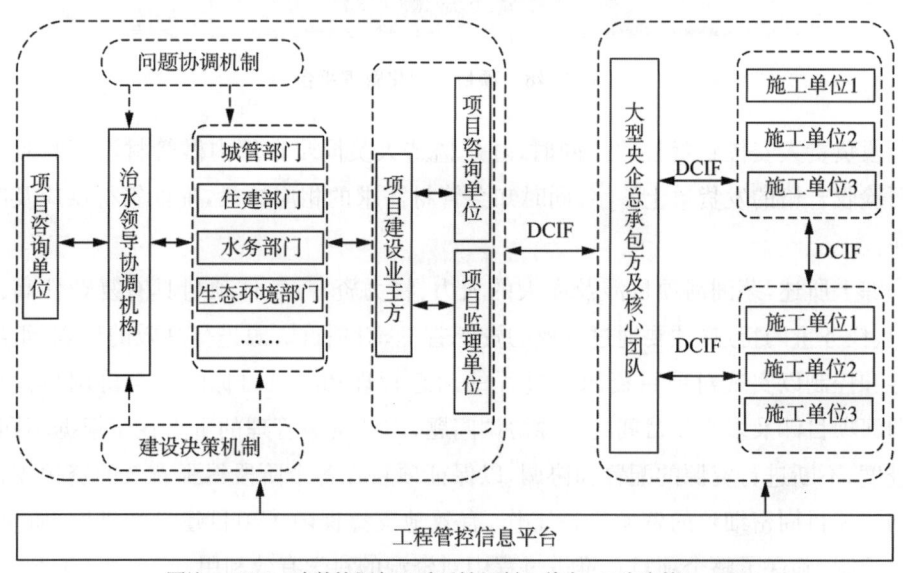

图注：DCIF—决策协调与互动反馈机制。其中，D为决策(decision)，C为协调(coordination)，I为互动(interaction)，F为反馈(feedback)。

图 12-1 项目总体沟通体制结构

针对茅洲河项目群的沟通复杂性难点,项目团队围绕"工作关系"的关键纽带对主要干系人间工作关系进行梳理(详见第十五"项目章干系人管理"相关内容),理顺各干系人在复杂项目群中的沟通关系网络,在此基础上明确与各干系人沟通的目的并形成了相应的沟通策略,如图 12-2 所示。

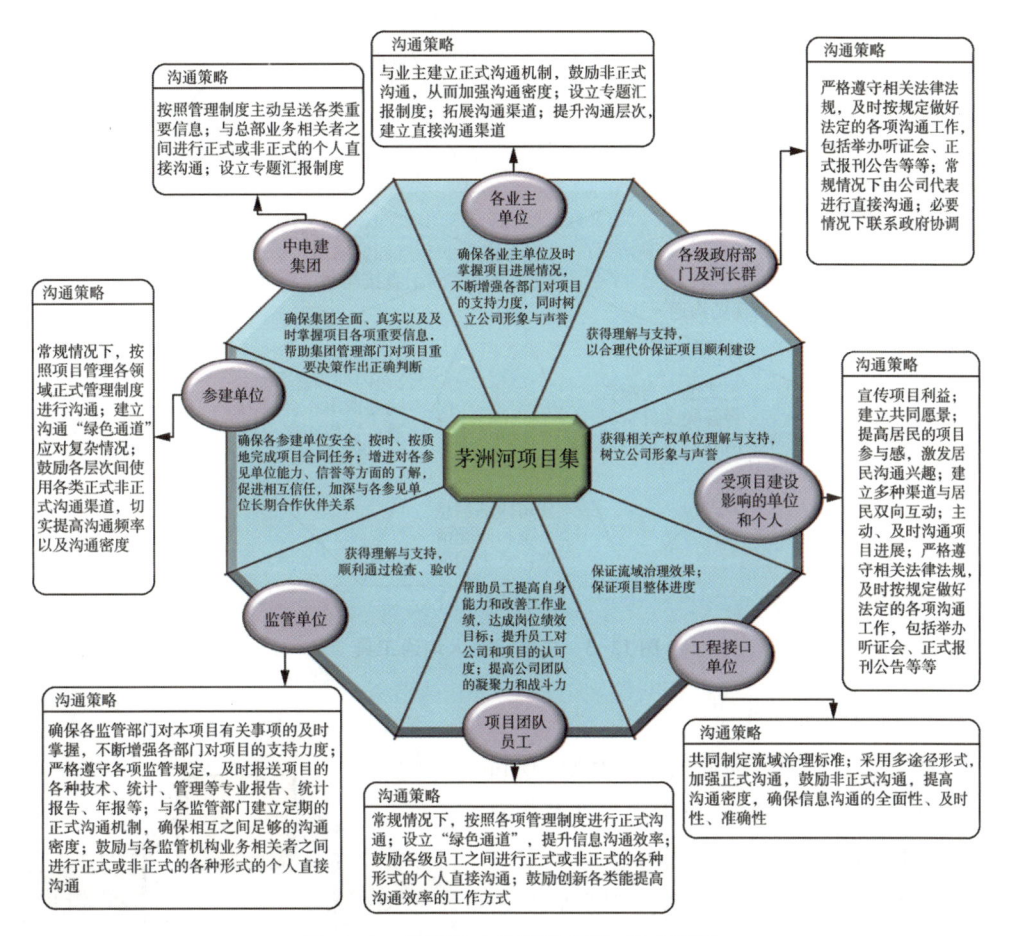

图 12-2 与干系人沟通的目的、策略梗概

12.2 项目沟通管理的流程和工具

12.2.1 茅洲河项目主要沟通工具

1. 主要沟通工具

为确保茅洲河项目实现多主体间沟通的有效性,针对不同沟通主体及工作情况选取恰当的沟通工具,包括正式公文与报告等各类文件资料沟通、信息系统沟通、会

议沟通、直接沟通、项目现场沟通、社会宣传、员工沟通等类型,具体参见图12-3。

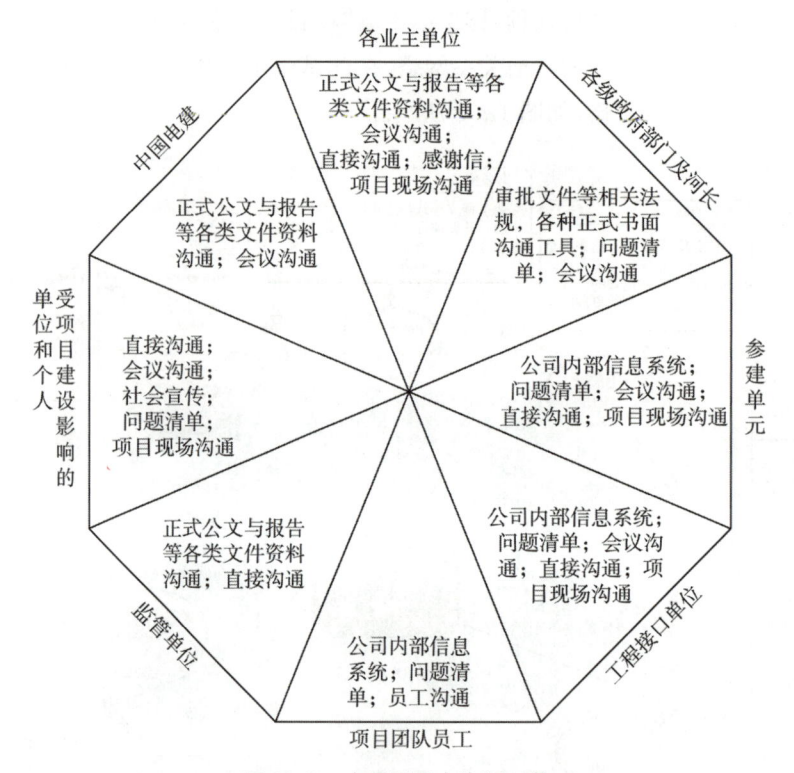

图 12-3 主要干系人沟通工具

2. 特色沟通工具

针对茅洲河项目沟通复杂性特点,项目团队成立了对外协调部,负责项目涉及的对外、对内沟通事项。与此同时,基于项目动态需求项目团队还设计制定了问题清单(含表扬信台账)与项目管理信息平台两大沟通工具,保证了整个项目群在动态迭代过程中沟通的唯一性、稳定性、规范性、可扩充性、一致性、实用性以及时效性(图12-4),为项目的有序开展提供了有力的沟通保障。

(1) 茅洲河项目对外协调部

茅洲河项目对外协调部(以下简称"协调部")主要负责与市、区(县)、街道(村委)等政府相关部门、项目建设方以及政府

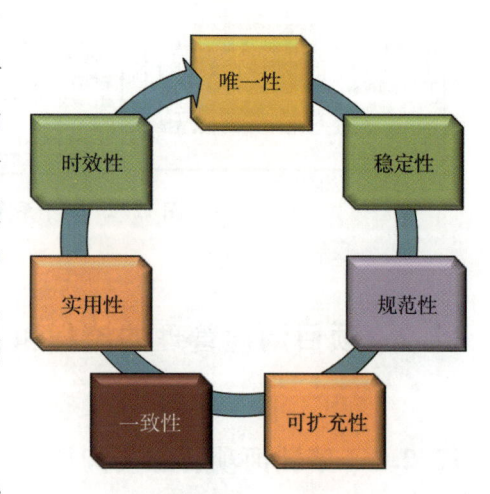

图 12-4 茅洲河项目沟通工具原则

所属的交通、绿化、燃气、供电、电信、水务等产权单位的上级主管部门沟通和协调，建立起流畅的沟通网络和交流平台，为有效解决现场问题，奠定良好的基础。协调部设综合处、协调处 2 个处室，分别设协调部主任岗、综合处处长岗、综合主管岗、协调处处长岗、协调主管岗。协调部主要工作包括但不限于：①引领指导各标段协调部的工作，发挥标段协调部的主动性。引领标段协调部与政府部门及各相关单位的接洽，理顺政府、街道办（村委）、社区（大队）及相关部门的隶属关系；广泛建立业主建设方、相关管线单位的沟通网络，为以后施工生产创造良好环境。②负责各标段协调部与业主、设计等部门的工作对接，指导各标段协调部做好前期场地规划及用地范围测定。③组织各标段协调部研究分析征迁形势、指导制定征迁方案，找出影响工期的征迁难点，提前入手早做安排。④及时了解和掌握各级政府、建设方、规划和土地管理及绿化、管网等相关信息，及时掌握进场前各种手续的办理流程，督促各标段协调部做好各种进场手续的办理，为尽快进场做好准备。⑤组织标段协调部做好施工范围内的地块权属、绿化权属、房屋产权、管线、市政路网道路以及交通流量调查等工作，为落实征迁方案做好准备。⑥负责组织各标段协调部人员业务学习，开展相关法律法规和业务知识培训，负责邀请有关征地拆迁、绿化迁移、管线迁改及交通疏解方面专家授课、指导，使对外协调人员更好地了解和掌握迁改过程中的相关要求和注意事项。⑦积极配合拆迁部门做好各项工作，同时组织各标段协调部开展对施工用地范围内地上、地下建（构）筑物的调查、产权单位的核实，做好影像资料的搜集和整理工作。⑧引领各标段协调部树立顾全大局观念、增强协同作战意识，理顺施工主体与用地、管线、交通疏解等各权属单位之间的关系，推进管线迁改、交通疏解等施工进度。

(2) 问题清单与表扬信台账

为保证项目开展过程中各类干系人所反馈问题得到准确、及时的解决，项目团队制定了一套完善的问题清单制度，根据问题类型的不同分为"对外协调问题清单"和"需业主协调解决的问题清单"两大类，及时、准确地将各类问题进行科学统筹。与此同时，项目团队建立表扬信统计台账（表 12-1），对各工区、标段、团队等获得相关荣誉进行统计，在获取业主等干系人正向反馈的同时，给予项目内部成员以正向激励。

(3) 项目管理信息平台

茅洲河项目自主开发了施工期项目管理信息平台（图 12-5）（以下简称"项目管理信息平台"），以建立先进、标准的企业及项目信息服务平台为目标。该项目管理信息平台集成了问题清单功能（图 12-6），实现了问题清单相关数据的共享与联动，并保证了数据和信息在各应用子系统中的唯一性和准确性，大大提高了问题清单统计、反馈的效率与精确度。

表 12-1 茅洲河项目表扬信统计台账(部分)

序号	项目名称	信函日期	表彰单位	被表彰单位	内容摘要
1	麒麟山庄天鹅湖碧道工程	2020.8.12	麒麟山疗养院	中电建生态环境集团有限公司	实现麒麟山疗养院1#、2#、3#湖景观改造的目标。
2	茅洲河流域(宝安片区)水环境综合整治项目一标	2018.12.6	深圳市深水水务咨询有限公司	中国水利水电第七工程局有限公司	圆满完成施工,顺利实现通水。
3	茅洲河流域(宝安片区)水环境综合整治项目一标	2018.12.12	深圳市宝安区环境保护和水务局	中国水利水电第七工程局有限公司	顺利完成施工,实现通水。
4	茅洲河流域(宝安片区)水环境综合整治项目一标	2018.1.25	深圳市宝安区环境保护和水务局	中国水利水电第七工程局有限公司	按时完成一标段管网工程、松岗补水工程等。
5	深圳沙井松岗水质净化厂压力管应急工程	2018.12.6	深圳市宝安区环境保护和水务咨询有限公司	中电建生态环境治理技术有限公司	完成4.5公里长DN1000钢管制安施工,顺利通水。
6	松岗2#污水泵站至水质净化厂3#压力管工程	2018.12.12	宝安区环境保护和水务局	中国水利水电十一工程局有限公司	完成4.5公里长DN1000钢管制安施工,顺利通水。
7	茅洲河流域(宝安片区)水环境综合整治项目三标	2017.12.26	宝安区环境保护和水务局	中国水利水电十一工程局有限公司	补水管主干管顺利通水。
8	茅洲河流域(宝安片区)水环境综合整治项目三标	2017.12.25	深水水务咨询有限公司	中国水利水电十一工程局有限公司	实现向茅洲河第一支流沙井河补水。
9	宝安区2019年全面消除黑臭水体工程(茅洲河片区)四工区	2020.5.28	中电建生态公司茅洲河综合整治项目监理部	中国电建市政建设集团有限公司	对茅洲河项目在老旧城中村正本清源完善中的优秀表现及起到模范带头作用予以表扬。
10	茅洲河流域(宝安片区)水环境综合整治项目十标	2019.1.21	深圳市深水水务咨询有限公司茅洲河综合整治项目监理部	中国水利水电第一工程局有限公司	水环境综合整治十标段圆满完成各子项工程施工任务。
11	茅洲河流域(宝安片区)水环境综合整治项目十标	2019.1.21	深圳市宝安区环境保护和水务局	中国水利水电第一工程局有限公司	如期实现了两子项工程建设任务,水质考核工作中表现出色。
12	茅洲河流域(宝安片区)水环境综合整治项目六标	2019.8.19	深圳市宝安区新桥街道办事处	中国水利水电第六工程局有限公司	实现防洪、景观、人文的深度融合。
13	茅洲河流域(宝安片区)水环境综合整治项目五标	2019.1.20	宝安区环境保护和水务局	中电建港航建有限公司	面对诸多不利因素,顺利实现节点目标。
14	茅洲河流域(宝安片区)水环境综合整治项目五标	2018.6.20	宝安区环境保护和水务局	中电建港航建有限公司	为广东省龙舟赛紧急拓宽河道表现突出。

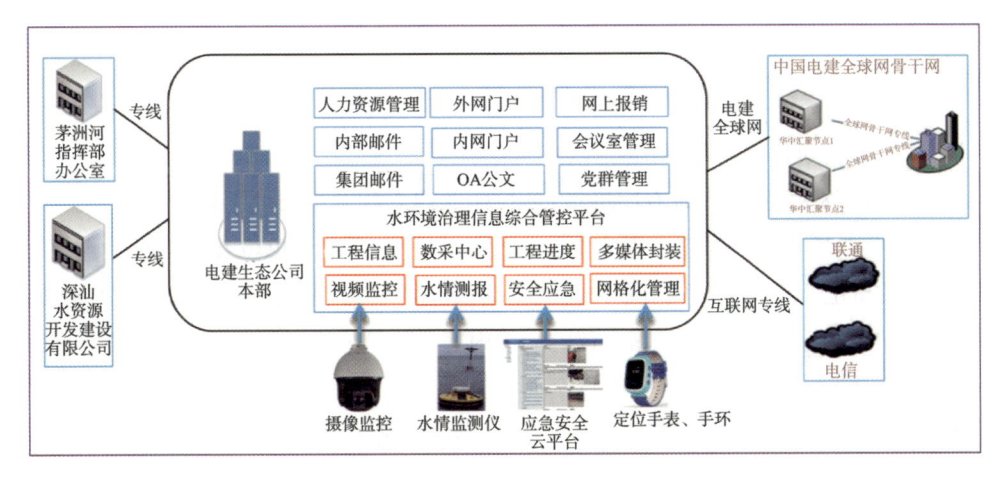

图 12-5　项目管理信息平台功能模块架构

图 12-6　茅洲河项目(群)问题清单展示(局部)

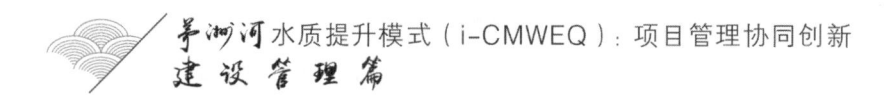

12.2.2 茅洲河项目沟通制度和流程

1. 茅洲河项目沟通制度

为保证对外沟通的高效有序进行,项目团队建立相关措施如下:

首先是对外协调工作管理联席会议制度。业主方为牵头单位并负责日常会议事务,各有关单位为联席会议成员单位。联席会议原则上每半个月召开一次,如有需要,可根据情况增加开会次数。联席会议的会议内容主要是分析工程对外协调工作形势和特点;研究、讨论协调工作重点、难点;全面掌握对外协调工作开展情况以及协商、解决协调工作的其他重大问题。联席会议结束后,形成会议纪要,由业主方印发给联席会议各成员单位贯彻落实;联席会议作出的决定,要按照部门职能,分工负责,具体落实。

其次是协调工作信息通报制度。通过多媒体手段建立对外协调工作信息通报机制,根据协调工作的类别和特点,协调部与业主方建立传递、通报相关信息的工作制度和程序,逐步实现协调工作资源共享、信息互联。业主方负责对征地拆迁、绿化迁移、临时用地、管线迁改、交通疏解、社会投诉、工程受阻等工作依职权进行管理、申报或准备资料。协调部负责组织各施工标段开展征地拆迁、绿化迁移、临时用地、社会投诉、工程受阻等工作的基础资料组建及台账管理,负责指导管线迁改、交通疏解等工作的申报流程。各单位依照权属不同,在信息通报平台之上及时沟通,共同推进工程项目稳步前行。制度支撑文件见表12-2。

表 12-2 沟通制度文件一览表

编号	名称	制度
ST-GC-BF-2020-07	《中电建生态环境集团有限公司项目实施策划管理办法(试行)》	对外协调工作管理联席会议制度
ST-GC-BF-2020-01	《中电建生态环境集团有限公司合作单位履约评价管理办法(试行)》	
ST-GC-BF-2020-02	《中电建生态环境集团有限公司内部合作单位管理办法(试行)》	
ST-XZ-BF-2020-09	《中电建生态环境集团有限公司公文处理办法(2020版)》	
	《深圳光明新区水环境治理工程有限公司会议管理办法》	
ST-DG-BF-2020-07	《中电建生态环境集团有限公司新闻宣传工作管理办法》	
	《深圳光明新区水环境治理工程有限公司对外协调管理办法》	
	《深圳光明新区水环境治理工程有限公司机要文件管理办法(暂行)》	
	《中电建生态环境集团有限公司文件归档管理规定(2020年版)》	
ST-XX-BF-2020-02	《中电建生态环境集团有限公司信息化建设管理办法(2020版)》	协调工作信息通报制度
ST-XX-BF-2020-03	《中电建生态环境集团有限公司网络与信息安全管理办法(2020版)》	
ST-XX-BF-2020-04	《中电建生态环境集团有限公司信息系统运维管理办法(2020版)》	

2. 茅洲河项目沟通流程

以工作侧重点、工作流程、职权分工等作为依据,针对不同沟通主体及工作重点,项目团队建立了不同的沟通流程,主要包括征地拆迁、绿化迁移、临时用地、管线迁改、交通疏解、社会投诉、工程受阻以及接口管理8个方面,具体沟通流程如表12-1所示。

(1) 征地拆迁沟通流程

征地拆迁沟通流程如图12-7所示。

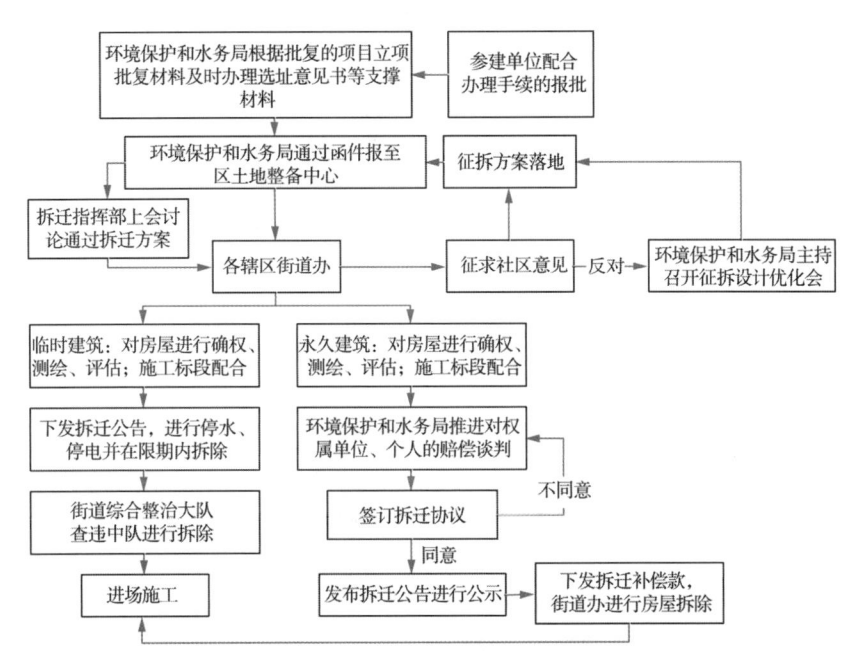

图 12-7 征地拆迁沟通流程

(2) 绿化迁移沟通流程

绿化迁移沟通流程如图12-8所示。

(3) 临时用地沟通流程

临时用地沟通流程如图12-9所示。

(4) 管线迁改沟通流程

管线迁改沟通流程如图12-10所示。

(5) 交通疏解沟通流程

交通疏解沟通流程如图12-11所示。

(6) 社会投诉沟通流程

社会投诉沟通流程如图12-12所示。

(7) 工程受阻沟通流程

工程受阻沟通流程如图12-13所示。

(8) 接口管理沟通流程

接口管理沟通流程如图 12-14 所示。

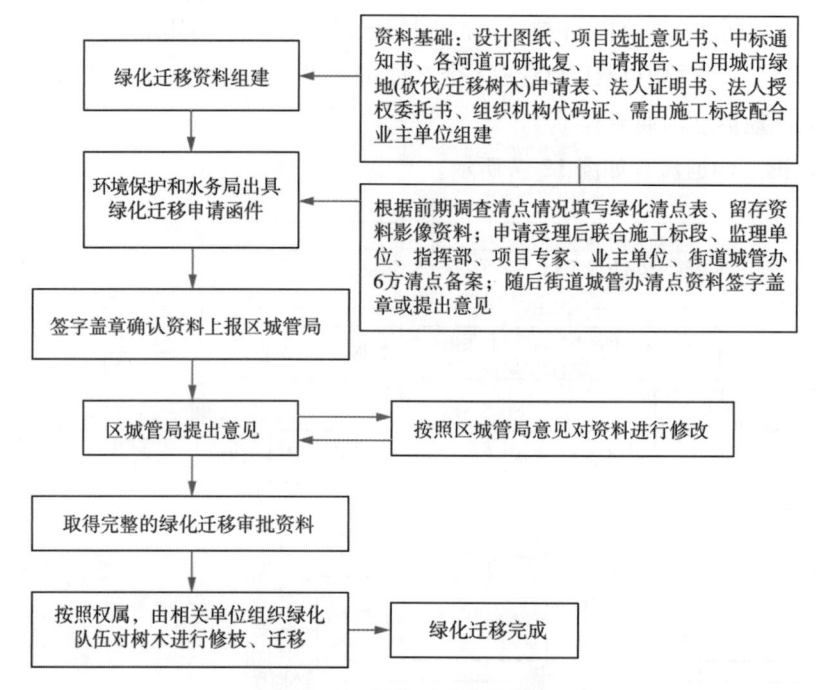

图 12-8 绿化迁移沟通流程

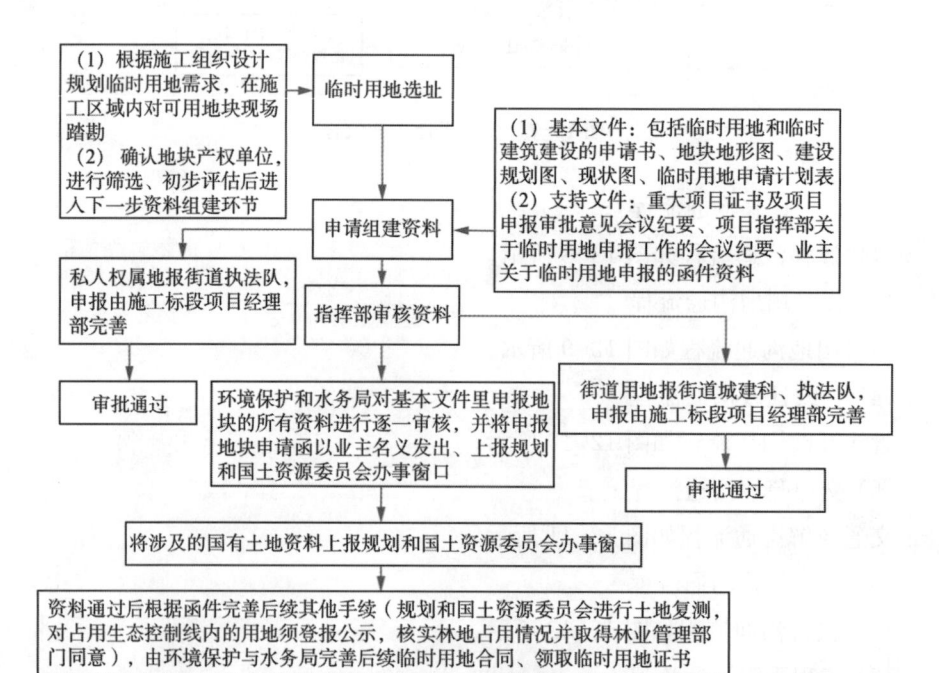

图 12-9 临时用地沟通流程

第 12 章 项目沟通管理

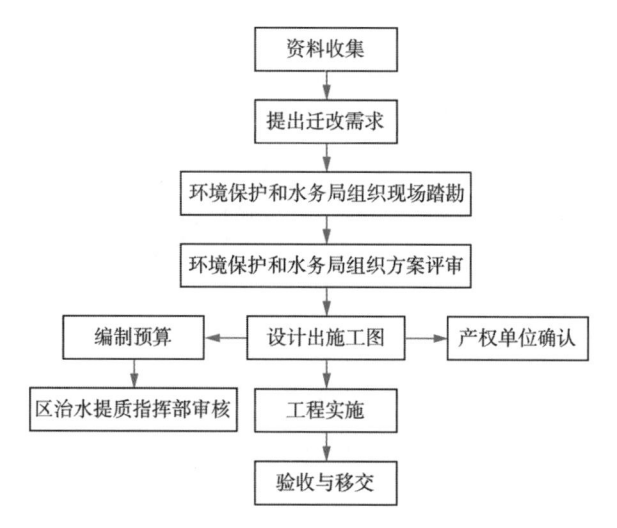

图 12-10 管线迁改沟通流程

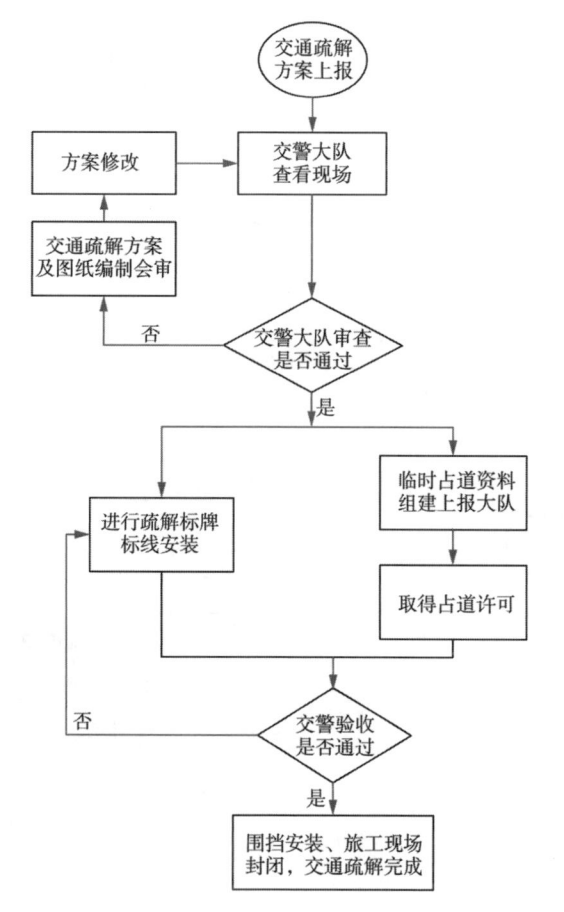

图 12-11 交通疏解沟通流程

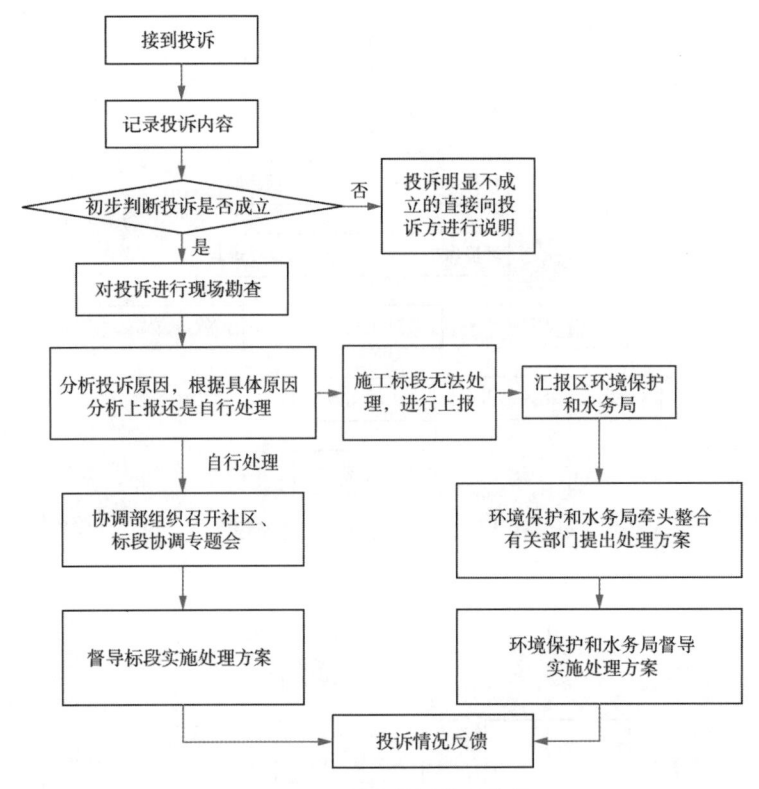

图 12-12　社会投诉沟通流程

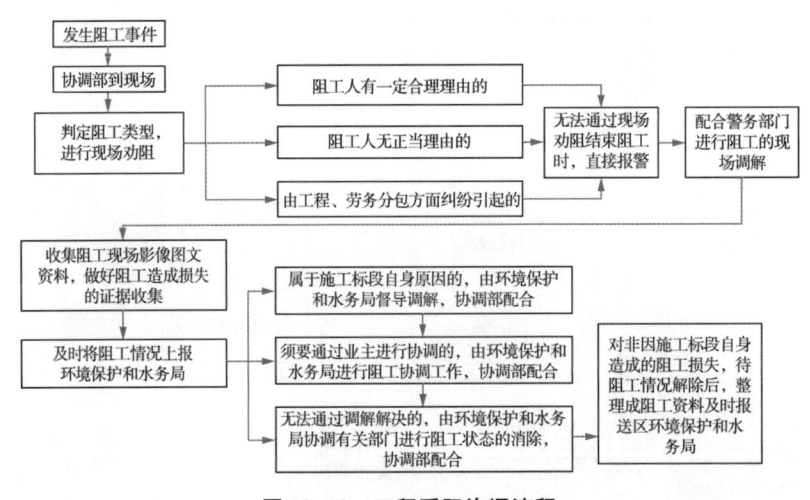

图 12-13　工程受阻沟通流程

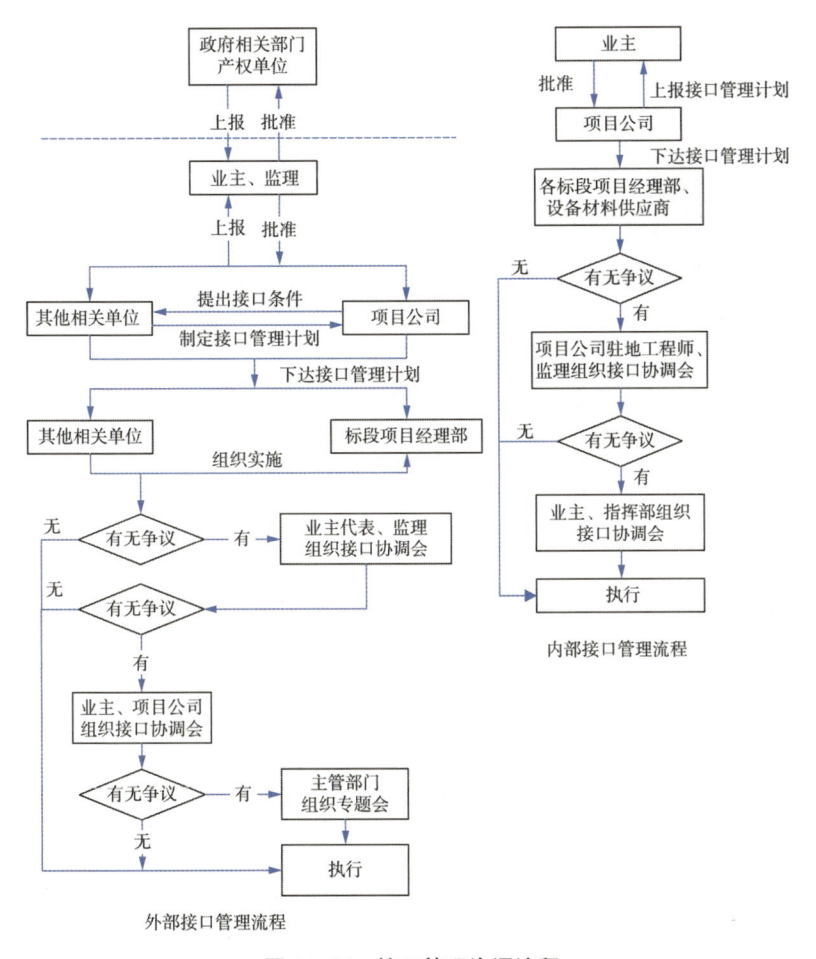

图 12-14　接口管理沟通流程

12.2.3　茅洲河项目管理信息系统

水环境治理工程管控平台是在传统的施工管理系统基础上,融合水环境治理技术、GIS空间技术、定位技术、物联网技术等进行系统架构创新,以集中式的地理框架数据和分布式的工程管控专题数据为基础,地图与地理空间信息服务以网络化形式表现(图12-15),以电建全球网为依托,构建面向服务的"水环境治理工程管控平台"体系架构,实现工程业主、政府机构、监理、管家、工程标段项目经理部等工程干系人统一的协同服务,实现对工程项目的立体化管控。管理人员可以从多元化的视角,利用综合的多维度展示方法,更全面、更丰富地获取项目信息,信息形式包括数字、图片、视频、图表、二维三维空间模型等。不同来源的数据可以相互验证,促进数据的规范化、科学化。对水环境治理工程建设进行全过程管理监控,以更加精细和动态的方式管理水环境治理工程项目。

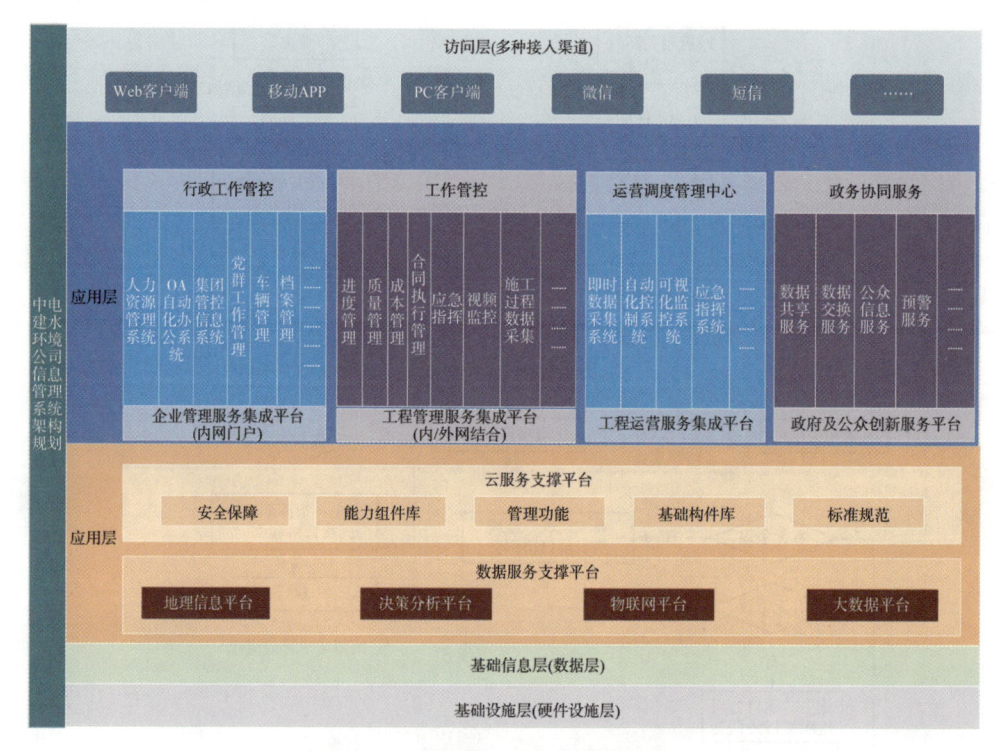

图 12-15　信息化应用体系的系统架构

(1) 技术架构和功能模块

系统与信息架构：根据分层设计理论，公司信息化应用体系的系统架构大体上分为基础设施层、数据层、支撑层、应用层及访问层 5 层，过去的建设模式是"一竿子捅到底"，茅洲河项目则在顶层框架设计下统筹规划建设了基于共享资源的平台，这一部分由各自领域的业务职能部门牵头主持，结合具体业务进行规划设计和建设运营。此外，为解决条块分割的管理结构下跨部门数据共享存在的诸多问题和阻碍，同时加强对物联网数据资源的统筹考虑，在项目信息系统的信息架构设计中，加强了信息部门对数据接口标准的主导完善和贯彻实施，要求各业务部门积极配合数据梳理，提出数据需求，并以开放的心态看待数据权问题。

系统功能设计：水环境治理工程管控平台为多功能一体化的工程管控平台，实现设计、施工、运维全过程管理与监控，主要建设内容包括 GIS 平台及数据库系统、数据采集分析子系统、施工进度可视化管理子系统、工程施工网格化管理子系统、水情水质监测预报子系统、施工现场视频监控子系统（图 12-16）。

(2) 平台主要功能

施工进度可视化管理：该平台主要包括项目总体进度管理、专项工作进度管理以及细分专业进度管理 3 级进度管理体系，结合三维 GIS 平台，将进度信息与空间

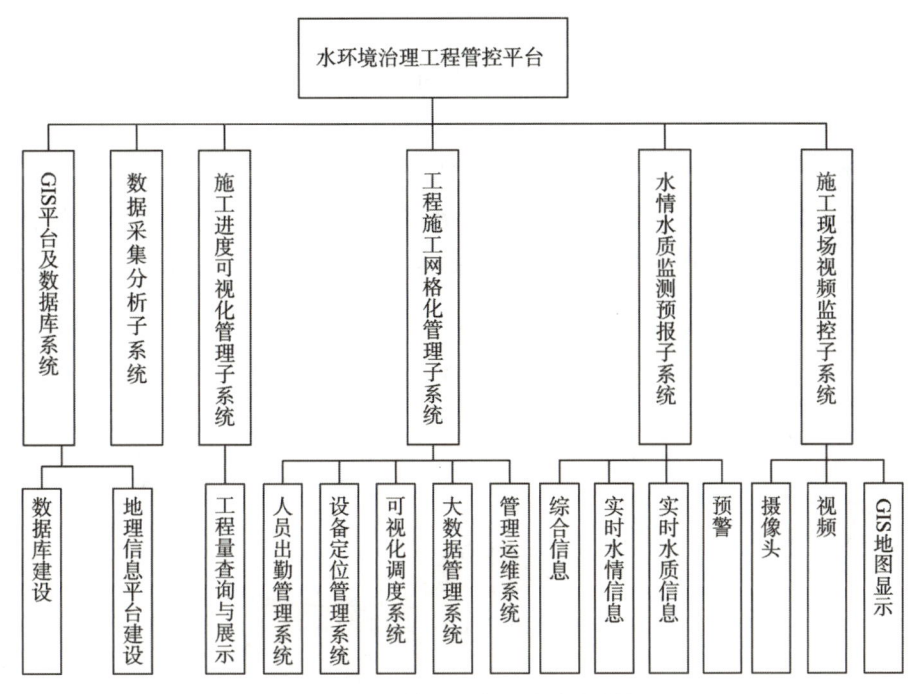

图 12-16 管控平台系统功能结构

要素信息紧密结合起来,提供多角度、全方位的工程进度管理功能,同时,定期进行自动监测与偏差分析,以便于制定科学合理、有针对性的、切实可行的工作计划,也有助于对可能存在的阻工问题进行预判,以便及时做出应对,降低潜在的工程延误风险,界面如图 12-17 所示。

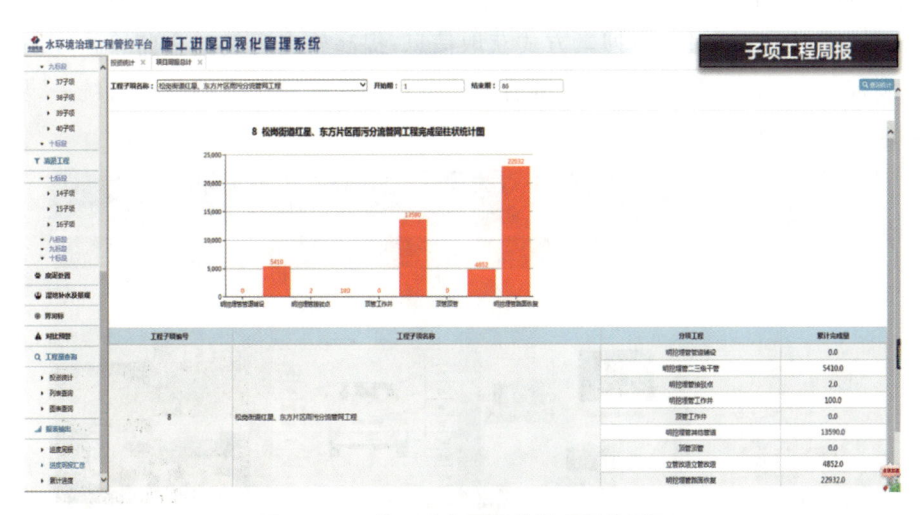

图 12-17 施工进度可视化管理操作界面

工程施工网格化管理:该平台能够实现对人员管理以及设备安全运作的跟踪监控

与智能调度。人员出勤系统与设备定位系统可以通过记录施工以及管理人员的行动轨迹以及施工设备的行动轨迹实现对人员和设备的日常管理。可视化调度系统将手持对讲终端、GIS定位、MIS工作流相融合,集"对讲呼叫＋地图定位＋工单管理"三者于一体,采用流行的物联网技术,形成基于地理信息的集群综合调度产品,实现基于电子地图的可视化调度。系统管理员可通过管理运维模块进行对前端硬件设备运行状态的检查,以此对相关硬件设备及时充电、更换、维修等,界面如图12-18所示。

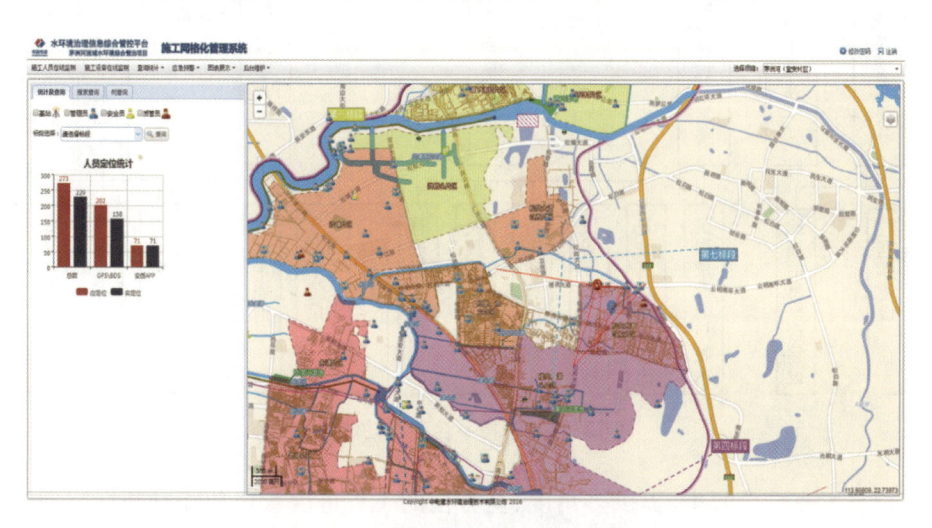

图12-18 工程施工网格化管理操作界面

施工现场视频监控:该平台通过摄像头采集视频数据,利用三维GIS平台实现视频内容的可视化展示。采用人工智能技术,实现对车辆、人脸等的识别,进行统计与分析。管理人员通过文本搜索方式获取信息,提高施工现场安全监管强度,实现及早发现问题、及时解决问题以及事后准确分析问题的完美衔接与有机统一,界面及功能如图12-19所示。

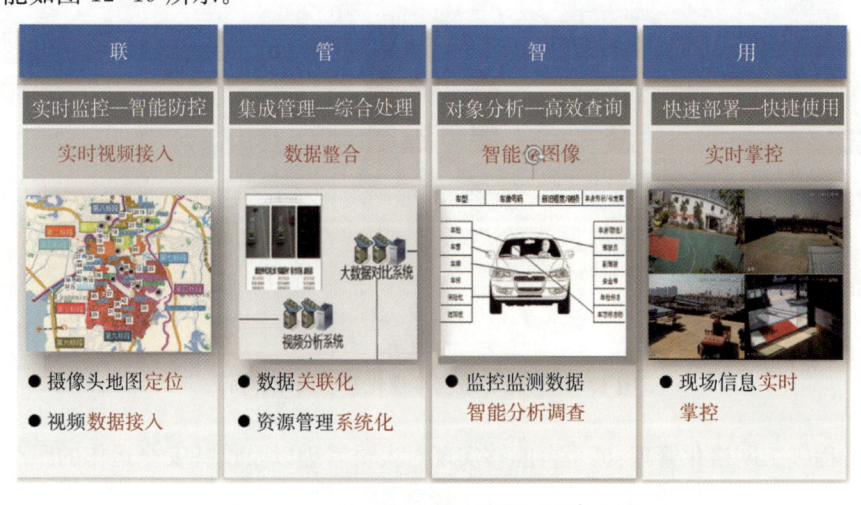

图12-19 施工现场视频监控界面及功能

水情水质监测预警：水情水质监测预警涉及对茅洲河流域水文与水环境的监控与管理。平台根据不同的管理任务的需要，提供综合性信息与实时信息2种展示功能，直观呈现水文与水质详细信息。结合三维GIS平台，提供基于位置服务的三维可视化管理功能。同时，设置对比模块，当监测参数超过设置的预警阈值时，会发出短信预警通知，并在系统上进行记录，从而辅助流域水情的安全管理，界面如图12-20所示。

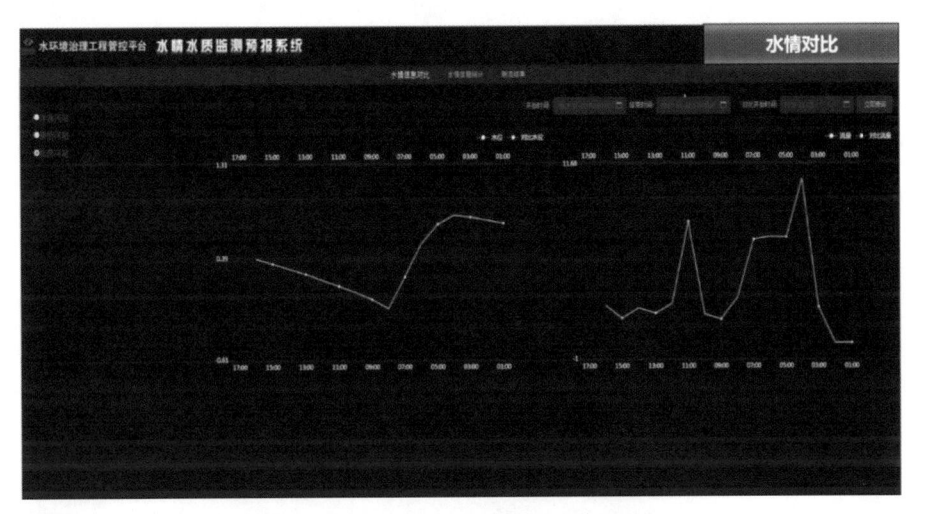

图12-20 水情水质监测预警操作界面

安全和应急管理综合服务：安全和应急管理综合服务系统分为手机端（即手机APP）和电脑端（即运维平台），手机端和电脑端主要提供的服务内容见10.3节中相关论述。操作界面如图12-21所示。

工程协同：环境治理工程施工涉及社区和街道，征地拆迁、交通影响、文明施工等要求格外严格，工程事项协调涉及的层级众多，工程协同平台为施工部门和施工管控单位的各部门提供了一个统一的信息交流平台和可以快速相互沟通协商的平台。同时，施工管理单位和业主、当地政府部门（水务局、街道办等）也可在此平台上进行高效的沟通协商，为工程问题的协调和快速处理提供了便捷、快速、高效的服务和渠道，操作界面如图12-22所示。

工程协同平台根据茅洲河项目的特点，还建立了政府协同工作平台，以茅洲河工程协调事项（征地拆迁、社会反对、工程冲突、管线迁改、交通疏解等8类问题）处理为目的，建立与水务局、街道办、监理、管家、标段项目经理部等协同的办公子系统，目前通过平台处理了超300类问题。

多媒体封装组合系统：多媒体封装组合系统主要是为项目汇报素材管理工作而建立的系统，并提供汇报组合封装解决方案，实现工程汇报素材的专业化积累，极大

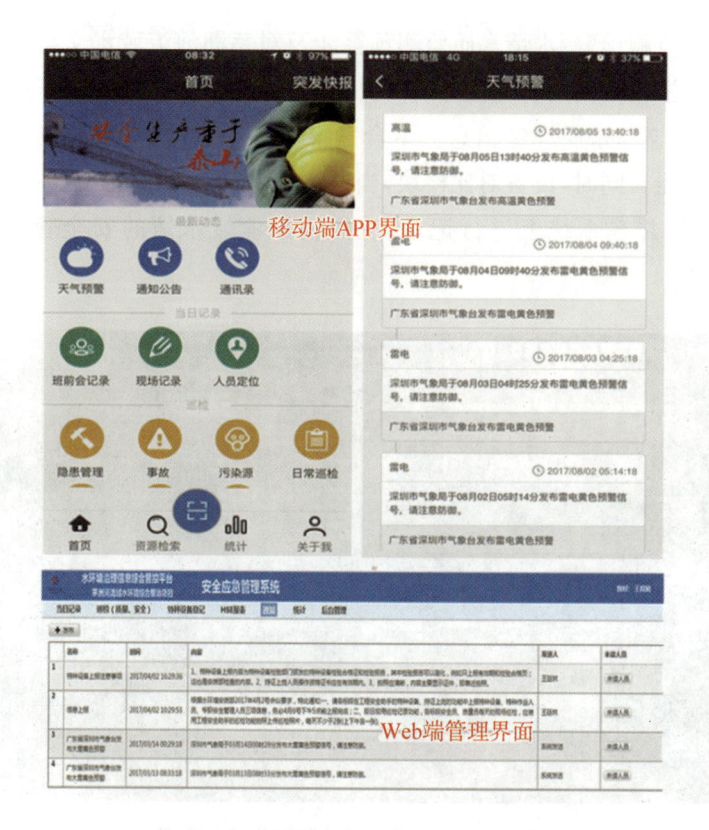

图 12-21 安全和应急管理综合服务系统操作界面

地降低了汇报系统制作门槛,提高了制作效率,提升了公司汇报系统水平。模块主要包括汇报素材管理系统和汇报组合封装管理系统。系统上线后,运行稳定,正常运行服务率达到96%以上,成果展示如图12-23所示。

第 12 章 项目沟通管理

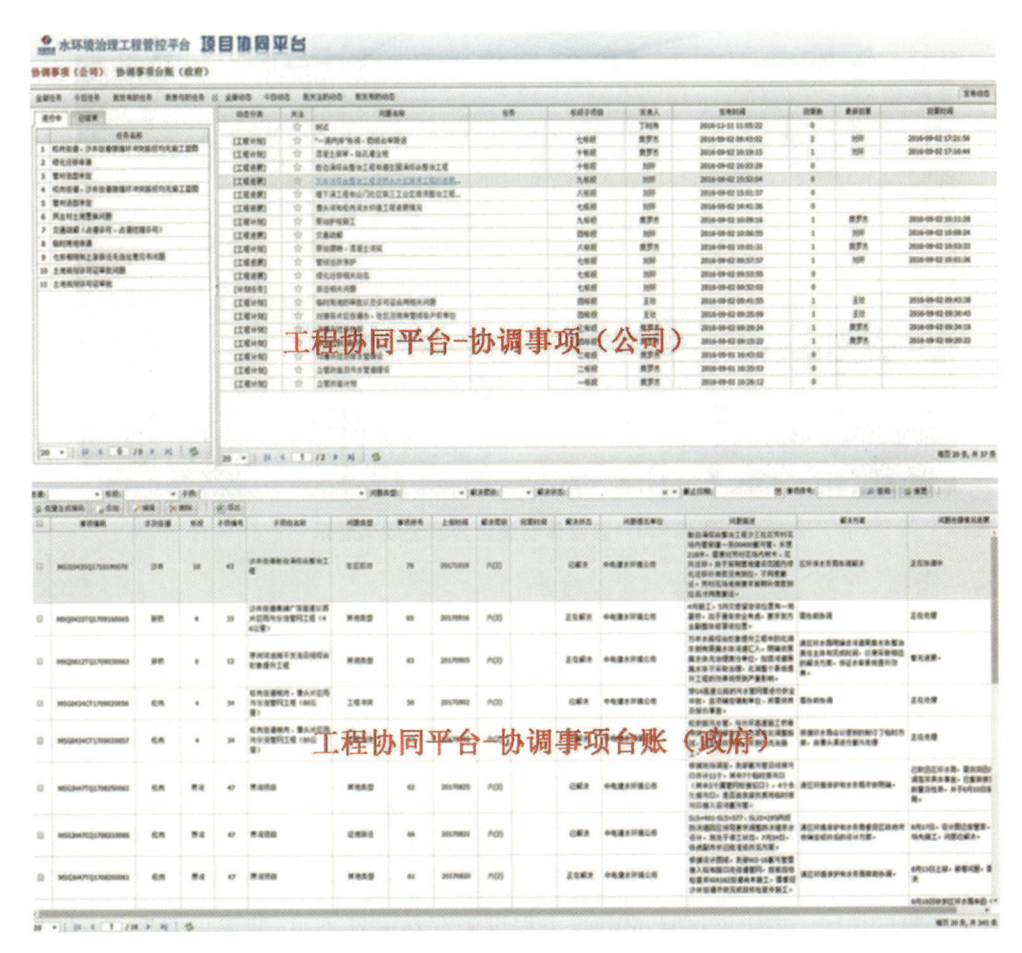

图 12-22 工程协同系统操作界面

图 12-23　多媒体封装组合系统成果展示

12.3　沟通管理中遇到的主要挑战和克服措施

茅洲河项目的建设管理中,工程相关方类型多、参与者众,沟通任务十分繁重和复杂,典型的挑战和克服措施主要有以下几类:

(1) 工程处于城市高密度建成区,影响沿线企业与居民众多,沟通协调难度极大

茅洲河流域地区是东莞、深圳传统制造业较为密集的地区,也是当地居民建筑较为密集的地区。由于该区域的市政工程设施存在一定不足,使得工业废水、生活污水以及畜禽养殖带来的污染成为茅洲河的主要污染源。在正本清源工程中,把已建成的城区挖开再建管网,须要协调各种复杂问题。首先,是管线走廊所涉及征地拆迁面积大,涉及人群广,拆迁谈判进展缓慢;其次,是污水管道改造轻则给当地居民出行或者企事业单位正常经营生产带来不便,重则需要企事业单位停工停产予以配合,因此在污水管网改造进程中面临的沟通协调难度极大。

为最大限度地降低征地拆迁阻力,在合理公正给予拆迁补偿的条件下,项目团队协同居委会、商户代表展开征地拆迁宣传。一方面公司加大宣传力度,与居民、村委会等保持全过程沟通,加强双方互信,也让居民等意识到茅洲河治理的重要性。另一方面若拆迁受阻,公司则通过相关部门,比如居委会等帮助公司一起宣传游说(图12-24),在必要时请求政府启用行政手段。

为消除居民和企事业单位对管网改造带来不便所造成的负面情绪,公司一方面与利益相关者积极协商,在制定工程施工范围和施工时间上,尽最大可能减少对居民和企业等单位正常生产生活的打扰;另一方面,为弥补居民以及企事业单位因配合工程所带来的损失,茅洲河项目还力所能及地承担一些为居民服务的建筑的修缮

图 12-24　全面消除黑臭水体"攻坚战"活动社会宣传进社区

工作,获得了沿线居民的认可和支持。比如,管网改造中需要一家小学停学予以配合,为不干扰正常的教学秩序,茅洲河项目选择在暑假期间赶工程进度,顺便还帮助学校进行重新粉刷教室等建筑修缮装饰工作,既不影响学校的正常教学,也给学校广大师生带来切实的额外收益,获得学校上下的一致赞誉,有效突显了责任央企的形象。

(2) 生态治理标准体系不完善,客户、总包、分包等各方存在标准适用争议

目前开展水环境综合整治工程的勘测设计、施工建造和运行管理等工作,大多借用水利、环保、城建、建筑、农业、林业等行业的技术规范和标准,涉及的各行业技术标准由于是自成体系,缺乏衔接协调,针对同一项专业工作,不同技术标准间甚至难免出现相互矛盾的地方。这造成了客户、总包、分包等各方在某些具体项目上对适用标准产生分歧,制约了相关技术活动的开展。

为解决标准适用争议,电建生态公司根据《标准体系表编制原则和要求》(GB/T13016—2009)[①]中标准体系层次结构的构建方法,借鉴水电行业技术标准体系研究成果,结合水环境治理工程的项目组成和特点,创造性地构建水环境治理技术标准体系层次。2018 年 9 月,时任深圳市水务局主要领导,带队"百人观摩团",到访茅洲河光明工地观摩,并为中国电建茅洲河管网工程标准化施工"点赞"。2019 年 10 月,深圳市安全生产委员会办公室主任、市应急管理局主要领导,带队到光明消黑项目现场进行检查,对项目标准化施工给予肯定。2020 年 5 月,消黑 3 个工区全部荣获"深圳市安全生产与文明施工优良工地"称号。标准化施工受到诸多好评,如图 12-25 至图 12-27 所示。

---

① 　该标准于 2018 年 9 月 1 日废止。

茅洲河水质提升模式（i-CMWEQ）：项目管理协同创新
建设管理篇

感 谢 信

中电建光明区合同段整工程（总部片区）总承包部：

　　自贵单位承建我联大工业园区河道治理工程以来，为工业园区周边生态环境改善，厂区人员生活做出了极大贡献。

　　绿水青山就是金山银山。贵单位施工人员讲政治、强管理、重质量、务实效的工作作风顺利推动了河道治理工程的进展，也为我厂区创造了良好的外部环境。施工期间，现场管理人员能耐心细致的向我厂区职工做好宣传解释工作，针对我园区提出某些工程以外的诉求都积极予以配合，受到了我们全体工作人员的一致好评。

　　沧海横流方显英雄本色。汛期之时，贵单位充分发扬了央企之责和使命担当，积极主动、沟通协作配合我厂区安全渡汛。尤其是在自身任务繁重、人手较紧的情况下，派出精兵强将，帮助我厂区清理沉淀池的积水淤泥，协助厂区在各个路口设置挡水隔离带，调泵机帮助我们解决内涝问题。十一期间，贵公司全员无休坚守岗位，加班加点赶进度。对你们这种无私奉献的主人翁精神和兢兢业业的职业道德操守，我们表示由衷的敬佩！

　　造福百姓情系人间。在此，真诚的感谢贵单位对祖国山水所做的一切。愿祖国的明天更加繁荣昌盛！

　　最后，祝贵单位事业蓬勃发展，蒸蒸日上！

2019年10月4日

图 12-25　项目沿线企业感谢信

图 12-26　光明区部分街道、社区向中电建光明水环境公司赠送锦旗（部分）

图 12-27 标准化施工受到好评

（3）项目跨多个行政区域，同时与多个行政区政府部门沟通，并达成协调一致的难度极大

茅洲河项目施工范围广、难度大，需协调单位众多，涉及市区两级政府、市水务局、区工务局、区环水局、多个街道、十几个社区等地方政府机构，且施工现场与多个在建工程冲突。在各种因素影响下，现场存在大量需协调解决的问题，为推进工程进展，主要采取了以下做法：

一方面，建立房屋拆迁、绿化迁移、管线迁改及交通疏解等统计台账，对施工红线范围内的征地拆迁、管线迁改数量、类别，分类建立动态台账并实行重难点问题销号管理；另一方面，与地方、业主、设计、监理等单位形成有效沟通机制，积极与各级单位、部门沟通，协调维护对外关系，极大加快了工程协调事项的解决；同时，积极组织各标段项目部主动对接国土资源局、交通运输局、交通委员会、电力局、环水局、社区、村委、街道办等十几家单位、几十个部门，针对每个部门的职责权限，把项目需要协调的问题一一对应，逐个解决。

针对管网施工项目则建立起社区走访制度，管网进社区施工前，联合建设单位到村委对接相关基建负责人，施工过程中积极跟进社区的意见，减少扰民，施工完进行回访，总结经验。

总之，茅洲河项目建设的沟通协调任务极其繁重艰难，项目有效的沟通管理帮助项目团队克服了无数的外部协调难题和障碍，保证了项目实施的总体进度，为茅洲河项目高质量提前建成、投运提供了有力的保障。

第13章 项目风险管理

13.1 项目的主要风险

茅洲河流域水环境问题具有多样性及复杂性,而在茅洲河项目之前,我国缺乏成熟的流域水环境综合整治的标准和技术体系,也鲜有流域水环境整体打包交由一家企业整体实施的先例可供参考。因此,茅洲河项目全生命周期充斥着来自工程和社会环境方面大量不确定性所带来的风险。

在整个项目建设过程中,茅洲河项目总包部从前期规划到工程投产全过程,前后共辨识出了30类风险。其中多数风险得到了有效处理和应对,未实际发生或未对项目建设造成影响;对于少数无法避免的风险(如台风、短时强降水等自然灾害、不良地质等复杂环境等等),项目管理团队对每个风险都预先制定了相应的应对方案,将风险对项目的影响降低到最低程度,并确保不会产生其他风险,从而未对项目建设造成重大影响。

项目主要风险如下:

(1) 项目设计风险

茅洲河项目本身是一项系统性工程,必须采用系统化的治理方案,但目前我国在水环境治理方面尚无成熟的系统治理思路、标准和技术体系,加上茅洲河项目整体面临时间紧、任务重的压力,留给前期投资决策和项目设计工作的时间较少,因此,茅洲河项目前期工作的深度与常规相比严重不足,较难考虑全面,设计风险较大;而且,随着项目的推进,新的环境和需求等因素的加入对项目设计提出了动态响应的要求,比如政府对治理成效提出了更高要求等,导致设计变更频繁,进一步增加项目进度、质量和成本等各方面的不确定性,给项目顺利完成带来额外的衍生风险。

(2) 项目质量风险

由于未曾涉及如此城市重度黑臭水体治理,流域水环境治理又多借鉴市政、水利、环保等其他领域的技术标准执行。缺乏统一标准使得施工材料、施工方法和标准等等的选择面临很多不一致性和不确定性,在工程质量和水质达标方面面临的风险较大。此外,由于时间紧任务重,项目进度压力较大,必须采取一系列抢工期措施,这些措施可能会导致工程施工工序不合理、工程未按照质量规范施工等,从而造成工程质量风险。

(3) 项目进度风险

茅洲河项目点多面广、工程量大,而深圳地处亚热带季风气候区,夏季常有短时强降水天气,且台风天气较多,项目有效工期较短;加上茅洲河项目面临利益相关方众多,协调难度较大等等各种复杂因素,十分影响项目按照计划时间节点顺利实施,项目面临较大的进度风险。

(4) 项目成本风险

茅洲河项目范围不确定性程度较大,前期工作深度不足,造成项目成本的确定具有较大不确定性,而每个项目包签订的又都是固定总价合同,项目造价不得超过项目包的总体估算,项目总承包方面临极大的成本风险。此外,在项目实施过程中,人员和材料价格上涨,也会对项目成本造成超支风险。

(5) 项目合同风险

茅洲河项目是我国首个"全流域打包"的流域综合整治 EPC 项目,因此在合同制定上缺乏成熟的参考文本,茅洲河 EPC 总包部还面临合同条款不严密、合同文件冲突与不完备等问题带来的风险。

(6) 水质目标考核风险

茅洲河项目每年都要面临国家和省级的水质节点考核,考核标准对水质有明确要求,如果不达标将影响绩效考核结果、项目收益。深圳汛期使水质浓度难以控制,在一定程度上影响水质浓度的稳定性,项目在每年要按时顺利通过国家、省级水质考核方面面临风险。

(7) 政治责任风险

茅洲河作为生态环境类民生工程,是管理者消除公共环境利益危害的有效措施,电建生态公司不能仅仅基于自己的目标,还必须服从于社会的公共利益,当公司的行为或活动超出这种目标或与之有较大差距之时,就会带来政治方面的风险。

(8) 政策变化风险

茅洲河水质目标与政策指令息息相关,因而面临着目标考核标准改变的风险,同时出于政绩和实际操作现场情况考虑,政府相关领导和检查组可能发布相关指示要求电建生态公司调整项目实施范围,因而面临着一定的范围调整的风险。

(9) 自然环境风险

深圳地处亚热带季风气候区,夏季常有短时强降水天气,且台风天气较多。自然气候条件导致茅洲河项目面临较大的雨涝、台风等灾害风险,以及由此带来的滑坡等次生灾害风险。

(10) 组织协调风险

茅洲河项目涉及城市高密度建成区的众多居民和企业,以及需要多个政府部门审批配合,协调工作十分复杂,组织协调风险较大。此外,电建生态公司最初是专门负责茅洲河项目履约的项目公司,但其后随着业务和区域范围的扩展,实施项目数量迅速增加,逐渐升级为业务平台公司;同时,电建生态公司又根据业主要求,设立光明水环境公司负责茅洲河项目光明片区项目包的实施,公司组织机构的演变和发展进一步增加了组织协调和沟通的复杂度及风险。

13.2 项目风险管理建设

在茅洲河项目中项目的风险管理非常被重视,电建生态生司建立了项目"风险分级管控"和"隐患排查治理"双重预防机制,按照"统一领导、分类分级负责、重点管控、动态实施"的原则。在电建生态公司统一领导下,茅洲河项目EPC总包部成立了风险管理小组,由各个部门对其所负责的领域分别实施相应的风险管理工作,并指挥各工区工程局落实相应的风险管理措施。风险管控工作按照"风险点确定→危险源/危险和有害因素辨识→风险评价→管控层级与控制措施确定→分级管控清单建立→风险公示告知→控制措施实施与监督→调整与纠偏"的基本流程开展,如图13-1和图13-2所示。

电建生态公司根据茅洲河项目风险管理经验,制定了《全面风险管理与内部控制管理办法(试行)》,下发各项目总包部,要求严格遵照执行。同时,针对项目实施中可能出现的各种专项风险,要求各项目总包部在相应管理制度中要设有专门的风险管理条款,比如,针对合同风险,茅洲河项目合同管理办法详细规定了"统一归口登记、分类分级管理、分级各负其责"的原则以及建立健全执行部门和履约部门合同登记备案制度、评审制度和授权委托制度等;针对进度风险,茅洲河项目在《施工进度管理办法》和《工程建设管理办法》中

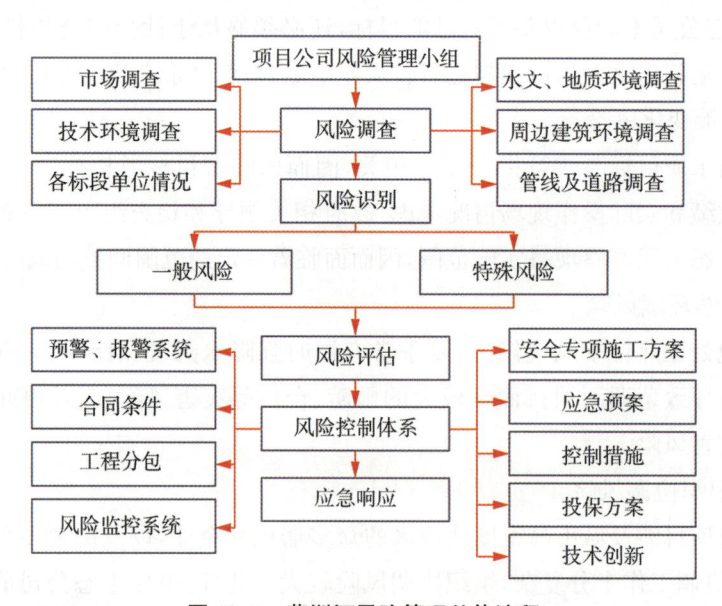

图 13-1 茅洲河风险管理总体流程

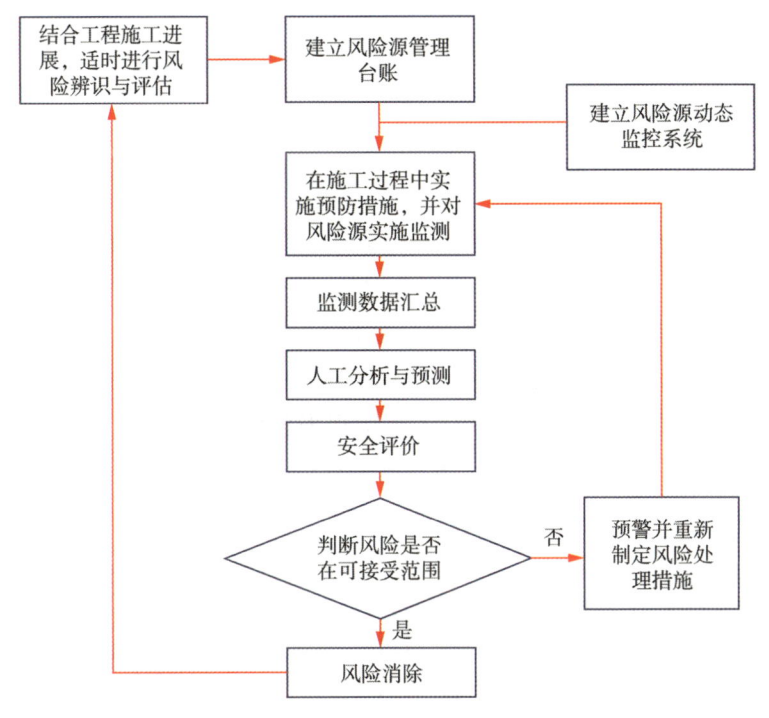

图 13-2　项目风险动态管控流程

都规定了项目进度预警机制等多项风险管理机制(图 13-3)。

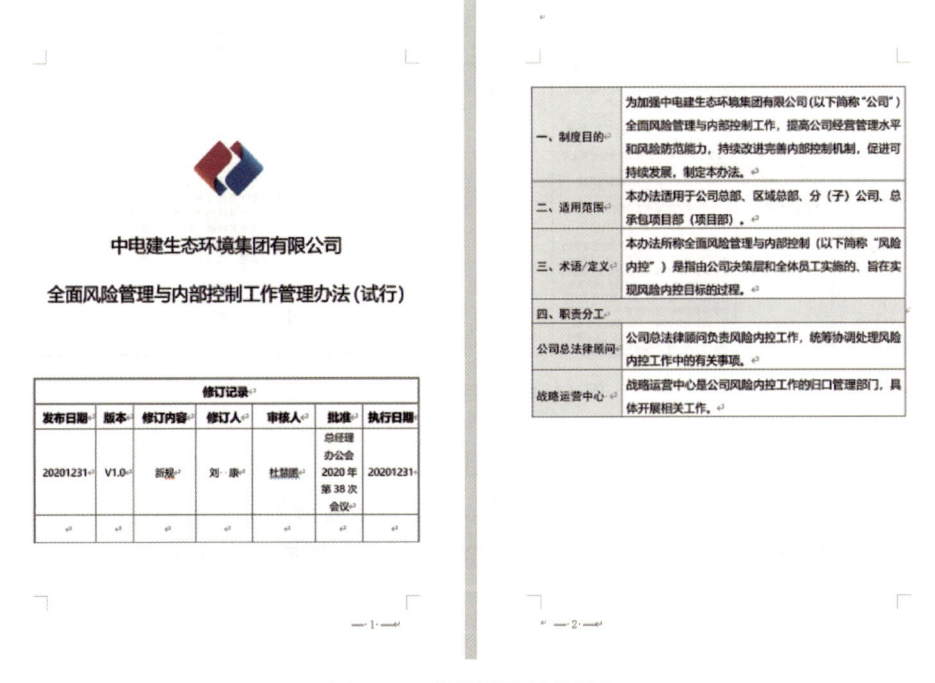

图 13-3　公司风险管理制度

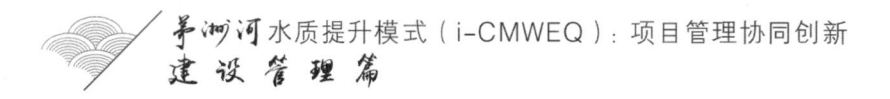

13.3 项目风险管理的实施

13.3.1 项目风险识别

在项目前期,风险识别工作按照"大小适中、便于分类、功能独立、易于管理、范围清晰"的原则进行,由各个部门采用同业对标、调查问卷、专项会议、现场调研等方法,对项目从前期规划设计到工程投产全过程各阶段可能蕴含的风险信息(包括与风险及风险管理相关的宏观经济、政策法规、市场状况、技术革新、公司资源、财务状况、人力配置等方面的信息,特别是有关风险损失事件)——进行筛选、提炼、对比、分类、组合,并对该风险发生的原因、风险的表现进行描述,形成项目风险登记册(图13-4)。

图 13-4 项目风险登记册

在其后项目实施的过程中,茅洲河项目总包部各部门对各自专业范围内的项目环境和项目本身风险点开展持续监测工作,包括对原有未解决风险的进展情况的监测,以及对新风险点的辨识。一旦发现有新的风险点出现,或原有风险已经被消除或者解决,则及时更新有关文件。

13.3.2 项目风险分析

对已识别出的风险,各专业部门以及标段则须分别对自己负责的所有风险点采用作业条件危险分析法(LEC),通过分析风险点内可能存在的各项危险源/危险和有害因素发生的可能性、后果的严重性及现有控制措施的有效性,确定各风险点的风险等级,并将风险等级从高到低划分为重大(一级)风险、较大(二级)风险、一般(三级)风险和低(四级)风险。

其中,重大(一级)风险,是指风险管控难度很大,风险后果很严重,易引发群死群伤事故、造成重大经济损失或造成恶劣社会影响的风险事件;较大(二级)风险,为风险管控难度较大,风险后果严重,易引发一般生产安全事故或造成较大经济损失的风险事件;一般(三级)风险,为风险管控难度一般,风险后果一般,可能引发人员伤亡事故或造成一定的经济损失的风险事件;低(四级)风险,是指风险管控难度较小,风险后果较轻,可能引发个别人员受伤或较少经济损失的事件。项目风险分析如图 13-5 所示。

3.危险源辨识、评价和控制措施表

工序	作业活动	序号	危险源因素	可能产生事故	时态	状态	L	E	C	D	风险等级
施工准备	施工用电										
	电源线路架设	1	乱拉乱设用电线路,电源接头裸露	触电、火灾	现在	正常	1	6	15	90	2
	安全装置配备	2	绝缘和漏电保护器有缺陷或未配备	触电、火灾	现在	正常	1	6	15	90	2
	临时用电	3	采用 TN-S 接零保护,用电设备采用三级配电、二级漏电保护系统	触电、火灾	现在	正常	1	6	15	90	2
	用电作业	4	非专业电工从事电气作业,电气作业人员未正确使用防护用品	触电、火灾	现在	正常	1	6	15	90	2
	发电机运行	5	传动危险部位防护缺陷	机械伤害	现在	正常	1	6	7	42	3
		6	发电机未进行接地	触电	现在	正常	1	6	7	42	3
	施工用水	抽水机操作	7	操作行为不规范,违反安全操作规程	机械伤害或触电	现在	正常	1	3	3	9	4

图 13-5 项目风险分析

13.3.3 项目风险应对

对于辨识出的项目风险点,项目管理团队则根据分析结果,对每个风险点逐一策划形成风险应对方案并记录在案。茅洲河项目 EPC 总包部每周例会上会商讨可能面临的风险问题,并制定相应措施。每月,EPC 总包部召开例行会议,各部门就当月风险管理总体情况、重要风险点的排查进展和应对措施实施情况,以及新发现的重要风险点的分析结果和建议应对方案充分讨论,并将讨论结果报电建生态公司战略管理中心,根据集团意见,对各项目风险应对方案等进行调整,最后按照最新的应对方案具体组织落实。在实施风险应对方案的过程中,要持续监测方案实施的效果和风险本身的变化情况,并根据最新情况及时更新有关文件。项目风险防范措施如图 13-6 所示。

风险源分析		风险等级	预防措施
大气污染	施工过程中废气超标排放对环境造成污染	二级	使用符合污染排放标准的机械设备,加强对机械设备维护保养,降低废气排放量,及时淘汰落后老旧设备
	生活废气排放对环境造成污染	二级	食堂安装油烟净化装置,定期清理排烟系统
	施工过程中产生扬尘对环境造成污染	二级	(1)对土方施工环节进行淋水降尘,土方车辆经过的场内道路定期清扫、喷洒水 (2)在各工点设置成套洗车设备,对出工点车辆进行清洗 (3)车辆运输松散物料时对物料进行覆盖
噪音污染	施工产生的噪声较大,对周边居民生活造成影响	二级	(1)通风机、鼓风机、空气压缩机等噪声较大设备加装消声器或减震机座 (2)加强对机械设备的维护保养,加强对施工人员教育,要求施工时轻拿轻放
光污染	夜间施工产生的光污染较大,对周边居民生活造成影响	二级	对电焊、金属切割等作业做好遮光措施,照明灯具安装灯罩,灯具照射范围只限于施工场内,不直接照射到居民住宅区
固体垃圾污染	固体垃圾未按要求处理,对水体、大气、人员造成危害,并引发卫生疾病等问题	二级	(1)施工弃渣按合同文件要求送至指定弃渣场 (2)对施工产生的废弃物采取防扬散、防流失、防渗漏或者其他防止污染环境的措施,不得擅自倾倒、堆放、丢弃、遗撒固体废物,按废弃物类别投入指定垃圾箱(桶)或堆放场地,禁止乱投乱放 (3)施工区和生活营地设置足够数量的临时垃圾贮存设施,防止垃圾流失,定期将垃圾送至指定垃圾场

图 13-6 项目风险防范措施

　　风险应对策略,主要分为"规避""转移""减轻"和"接受"4 种,这 4 种策略在茅洲河项目的风险应对方案中都有实际应用。例如,须要对管网工程、河道工程等工程进行地基施工工作,采用传统入桩技术虽然成本低但会对周围居民区产生较严重的噪声影响,由此可能招致居民的反对,影响施工进度。因此,茅洲河项目采用风险规避方法,放弃低成本的传统入桩技术而采用成本更高的液压植桩技术。

　　风险转移也是茅洲河项目大量使用的风险应对策略,包括通过合约将有关风险转移给工程局,以及购买保险等等。例如,茅洲河项目履约公司与各工程局签署内部承包合同,尽可能地将大多数项目实施过程中的相关各类施工风险转移由各工区工程局承担。事实上,各工区工程局是最有能力和动力管理这些风险的相关方。茅洲河项目总包部重点负责处理工程款支付、建设工期、拆迁风险、设计管理等方面的风险。标段项目经理部重点负责处理地质灾害风险、土建工程施工风险,如顶管施工在复杂环境及不良地质条件下的顶进风险、开挖施工对周围建(构)筑物的影响风险、施工对周边道路及交通影响风险、噪声污染风险、水污染风险、空气污染风险、施工渣土污染风险等。

风险减轻是茅洲河项目风险管理应用最多的应对策略,大多数风险既不能完全规避,也无法完全转移,只能通过采取一定的措施来降低风险发生的概率和减轻风险的影响。一般首先考虑的是降低风险发生概率的各种应对方案,比如茅洲河项目涉及不同程度的占道施工,由于项目采用的先进场定方案实施,后出图的程序与申请占道的程序存在较大冲突,非法占道和未按要求施工的处罚较为严厉。为此,茅洲河项目加强与业主单位以及交通管制部门之间的沟通协调,就先进场的区域范围协商讨论,尽可能减少对交通的影响,减轻违法占道施工的风险。又如,在城中村中进行管网改造时,由于楼间距过于窄小,按标准进行雨污分流管网并行改造可能会对居民楼造成一定的破坏。为降低该风险,茅洲河项目因地制宜地修改了原设计方案,将并行管网设计改为垂直设计。再如,为确保雨季正常的生产施工,把雨季对施工的影响降到最低,组织标段开展了雨季施工措施研讨会,管网工程雨季施工应以防为主、以排为辅,按照"短开挖、快支护、早回填、强抽排"的原则施工,加强巷道雨季施工措施;河道工程根据不同的专业工程制定针对性的雨季施工措施,减小降雨对施工的影响,集思广益,确保汛期科学施工。

此外,茅洲河项目为应对突发事件带来的风险,专门成立了"防灾紧急应变救援指挥部",由茅洲河项目总包部项目经理任组长,各标段项目部也相应成立"防灾紧急应变现场指挥部",如图13-7和图13-8所示;与之相配套,各级项目提前制定了各种应急预案体系。在茅洲河项目开工之前,由茅洲河项目总包部编制《生产安全事故预案》及《生产安全事故应急救援专项预案》;电建生态公司相关部门制订相应教育培训计划并定期对各标段项目经理部按期分类进行教育培训,每个季度组织1次;综合预案及专项预案由茅洲河项目总包部应急救援指挥部每年组织1次演练并总结提高。现场预案由标段项目经理部编制,资源以自筹配置、保存为主,特殊设备、设施报茅洲河项目总包部,项目总包部把各标段项目汇总后统筹配置,由各标段项目经理部保存、维护;教育培训由各标段项目经理部半年组织1次;演练由项目经理部组织,茅洲河项目总包部参加并指导,每半年进行一次。电建生态公司及茅洲河项目总包部成立"应急救援领导小组办公室",负责日常预案管理、维护、信息收集、汇总分析并归档;办公室设值班室,负责日常应急值班。

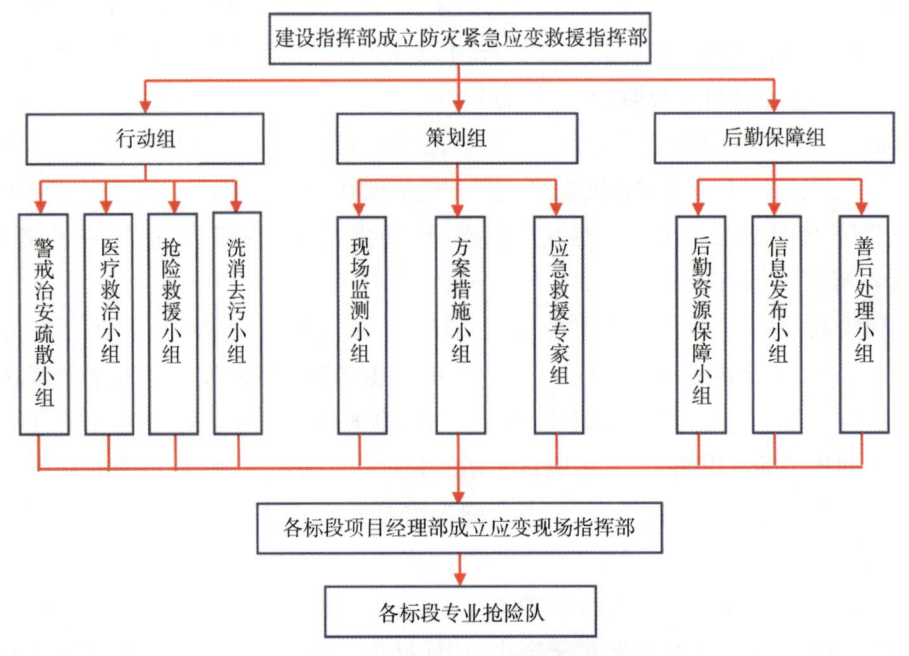

图 13-7　防灾紧急应变救援组织结构

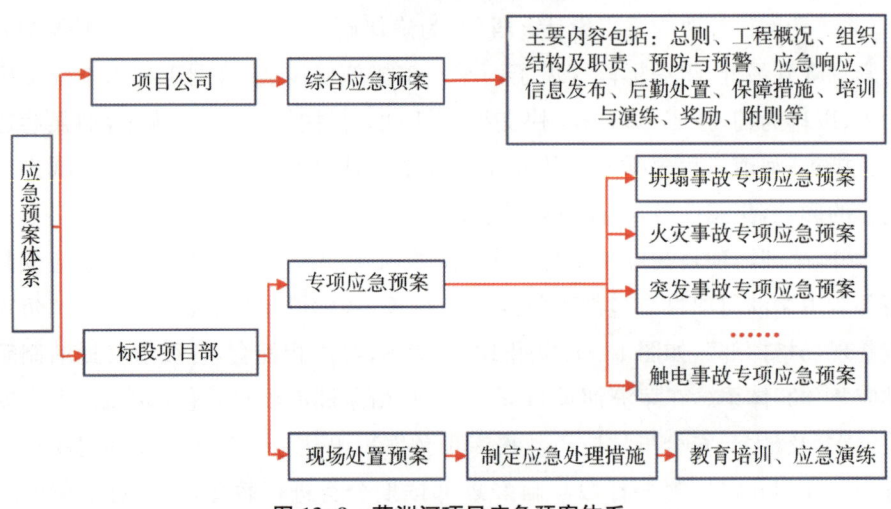

图 13-8　茅洲河项目应急预案体系

对于较小的防灾紧急事件,事件单位负责人或各标段防灾紧急应变组织机构立即启动部门防灾紧急处置预案,派出技术专家组、新闻信息组赶赴现场支援应急处置工作。对于一般防灾紧急事件,或者超出标段防灾紧急应变现场的应变处置能力时,标段防灾紧急应变组织立即报告茅洲河防灾紧急应变救援指挥部以及监理、业主,必要时通知市专业应急指挥机构或市应急指挥中心。对于较大及以上事件,或事件等级由一般上升为较大及以上事件后,需要市级防灾紧急应变处置力量支援时，茅洲河防灾紧急应变救援指挥部向市专业应急指挥机构或市应急指挥中心提出请求，由市专业应急指挥机构、市应急指挥中心实施应急处置。应急响应流程见第10.5节图10-40。

在风险应对的具体实施中，茅洲河项目根据风险的重要性和类别的不同，安排不同的专业部门或领导负责，做到每个风险点都有专人负责管理，包括组织实施应对方案和持续监测应对方案的实施效果和风险本身的进展变化情况，评估实施效果，根据评估结果和最新情况提出应对方案调整建议，更新风险登记有关文件相应记录等等，确保每个风险点的应对措施都能闭环落实。

13.4 风险管理中遇到的主要挑战和克服措施

茅洲河项目管理团队十分重视项目风险管理，要求对所有风险事件做到提前预判、提前策划、提前应对；对于事关全局，对项目整体目标可能有严重影响的各类风险，电建生态公司和茅洲河项目总包部主要领导则亲自挂帅负责，提前布局、多方沟通、全面准备、抢先处置，力争消除各类风险对项目建设计划目标的负面影响。

通过上述风险管理体系建设和对体系的认真贯彻落实，茅洲河项目建设中的绝大部分风险事件都得到了有效的管理，没有对项目建设目标造成负面影响。但在项目建设进程中也遇到了少数极难预料、完全无法控制其发生，且对项目整体目标有严重影响的外部事件。常规风险管理手段难以应对给茅洲河项目的风险管理带来了极大的挑战。

(1) 2020年新冠疫情暴发对茅洲河项目的进度等造成严重影响。为应对该风险，茅洲河项目积极响应政府有关举措，由项目领导挂帅亲自指导和监督，落实各项防疫措施。在第一时间对返岗的项目人员和协作队人员进行新型冠状病毒核酸检测，密切关注返岗人员返程轨迹，对每一位员工进行实时的体温监测，并加以统计。同时，加大复核排查力度，全力确保复工复产安全稳定有序进行。此外，面对人员分批复工的防疫要求，茅洲河项目灵活调度物资与人员，科学安排施工活动，尽可能降低疫情对工期的影响。

(2) 由于茅洲河项目工程规模大、时间紧，参建单位多，风险监管难免出现疏漏，从而留下安全事故隐患。因此，茅洲河项目在激励与惩罚措施并举的方式上，创新性地引入了互联网工具，形成"互联网＋安全质量"的风险管理体系。在激励方面，茅洲河项目通过开展月度考核、季度考核、年度考核等方式，对排名较好的参建单位表扬评优，对排名靠后的项目经理进行约谈通报，系统发现管理问题和不足，有效促进各项目部强化安全质量责任、加强现场管理管控，形成"比、学、赶、帮、超"的良好氛围。茅洲河项目还借助水环境治理工程管控平台，不仅可以结合质量验收成果及

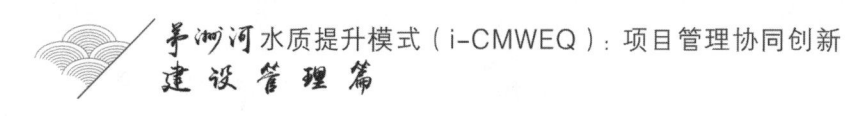

传统数据统计方法,对出现的问题和缺陷追溯到具体责任人,分析出具体原因,有针对性地改进和提高,还可以通过每周梳理工点信息情况、每日更新微信群收集到的信息、管理影像资料的方式,实时掌握施工作业面、工作点动态,做到检查工作有的放矢。同时,公司内部成立设计变更工作领导小组,积极梳理存在的问题及工作计划,积极推进变更流程,同时不定期向业主汇报变更过程中存在难题,申请业主协调解决。

(3) 茅洲河项目位于城市高密度建成区,项目施工扰民以及施工损坏构筑物等文明施工风险较大。为应对该风险,茅洲河项目一是在设计方案时充分考虑对周边环境的影响,尽量采取对周边环境影响小的施工方案;二是加强同街道社区的联动,积极做好居民群众的宣传沟通工作;三是施工过程中采用先进技术,比如静压植桩机等,并严格按方案实施,避免损坏现有设施。通过以上措施将对居民生产生活的影响降到最低。

(4) 由于茅洲河综合整治项目缺乏成熟可借鉴的经验,因此合同签订与项目施工存在较多不融洽之处,项目合同风险较大。比如,合同中规定以工程量作为价款支付依据,但工程验收以治理效果特别是水质指标为依据,标准的不同导致合同约定不符实际,因此合同常常出现变更情况。为此,茅洲河项目组织相关负责部门建立有效的合同管理制度,在合同管理的各个阶段中对原有内容进行适当的改进与补充,使之与项目实施的动态需求相吻合。此外,茅洲河项目管理部门也构建了完善的法律风险控制工作网络,设置专门的法律顾问制度并将制度明确到人,对违反相关规定的人员给予严厉的惩戒,对表现好的人员给予奖励,使各项工作有条不紊地开展。

综上所述,茅洲河项目本质上具有项目群特有的不确定性和模糊性,规模大、实施时间长,无论在商业上还是在项目实施上,风险都远较一般项目大,极易导致水质治理效果不理想甚至失败。茅洲河项目为此制定了全方位的、贯穿项目实施始终的全面风险管理体系,在项目实施过程中,尽可能详尽地对各种风险点进行及时识别、分类和分析,有针对性地制定各种应对措施和应急预案,将各类风险事件对项目实施的负面影响降到最低,有效保障了项目全过程的平稳有序实施,确保了水质考核所有关键里程碑目标的达成,实现提前1年零2个月全面达到2020年水质考核目标,以及工程质量全优、实施全程无重大事故的优异绩效。

第 14 章 项目采购管理

14.1 项目采购管理的流程和工具

采购管理是茅洲河项目管理的关键,电建生态公司作为茅洲河项目 EPC 总包商,项目建设所需的所有设计、施工等各种服务和设备、原材料全部来自外部采购或中国电建内部分包。电建生态公司成立了专门的物资设备管理领导小组负责茅洲河项目物资设备的采购和管理工作,该小组由物资设备部、设计管理部和工程管理部等部门组成。物资设备管理领导小组按照设备物资年度采购计划制定流程进行茅洲河项目的采购工作,包括设备物资集中采购招标管理流程、采购合同审批与签订流程、供应商管理流程。其中,EPC 总包商负责管材、砂石料、商混、水泥、井盖、钢筋、水稳、检查井等大宗主材的集中采购和部分关键设备的供应,其余材料和设备由工程局自备或自行采购。电建生态公司为此制定了完整的采购管理制度和流程,如表 14-1、图 14-1 和图 14-2 所示。

表 14-1 项目采购管理相关制度(部分)

序号	名目	制度类别
1	采购管理制度	内部制度
2	合同管理制度	内部制度
3	物资设备供应商管理制度	内部制度
4	合同履约流程	管理流程
5	索赔管理流程	管理流程
6	合同变更、关闭流程	管理流程

项目所有采购活动严格按《中电建水环境治理技术有限公司设备物资管理内部控制流程》(水环境物资〔2017〕6号)规定执行,文件内容包括设备物资年度采购计划制定流程、设备物资集中采购招标管理流程、采购合同审批与签订流程、供应商管理流程等。对于任何新购置或新调入的设备,不论质地新旧、结构繁简、使用缓急,都必须及时认真地进行验收,对于验收中发现的问题,应认真解决。

电建生态公司按照"统一领导、归口管理"的原则实施各项设备物资管理工作;制定《物资设备招标管理办法》等管理制度,成立物资设备管理领导小组,负责主要

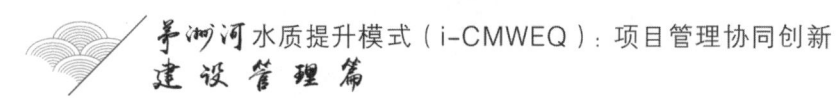

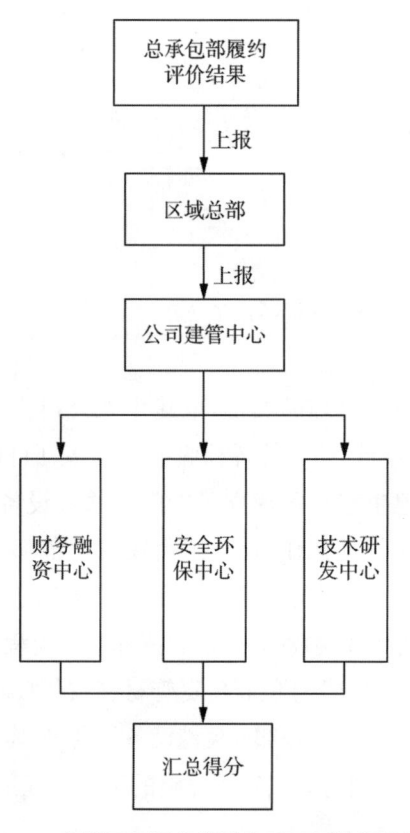

图 14-1　茅洲河项目物资设备采购履约评价流程

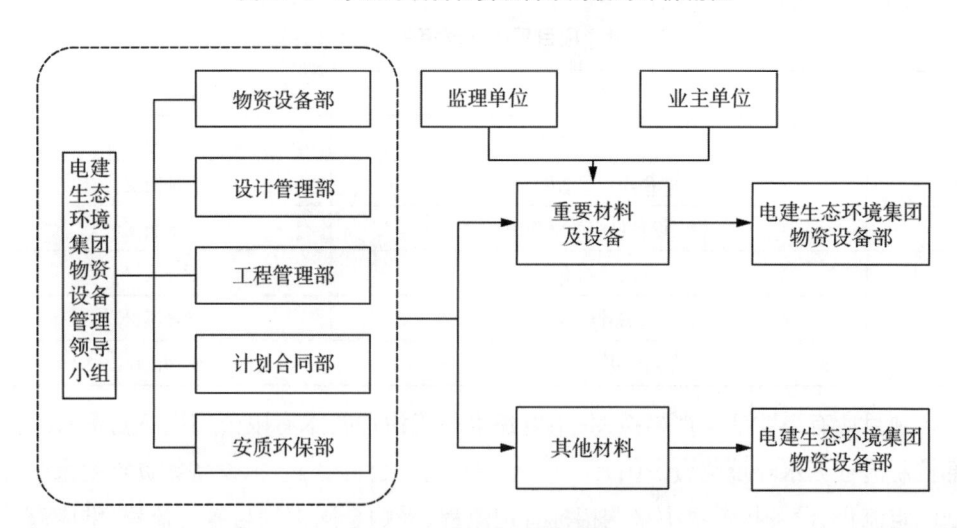

图 14-2　采购管理程序流程

物资设备管理工作的总体部署以及招标采购等重大事项的决策。公司充分发挥中国电建的集团优势，积极推行管材、商混、钢材等大宗物资设备集中采购、集团化专业管理，并及时建立统一的物流管理平台，对生产相关要素进行事前优化配置和过程动态管理。物资设备部门的主要职责如表 14-2 所示。

表 14-2 物资设备部门管理职责

物资设备部门管理职责
• 组织采购物资设备的招标或谈判、签订物资设备采购合同,并承担催交货、物流运输、安装调试、验收、现场管理、售后等工作
• 按照项目整体控制计划要求,编制《采购进度计划》和《物资设备采购计划》,按计划组织物资设备采购工作的实施,及时报送计划执行动态报表或业主要求的其他报表
• 负责物资设备在本合同之间的调剂、调拨
• 报送付款申请,按照业主要求提供发票
• 按照《建设项目竣工档案编制管理办法》要求,进行竣工验收有关物资设备资料的编制、报送和存档
• 协调做好物资设备供货商的现场服务和售后服务

此外,为规范合作单位项目履约管理,促进在建项目良好履约,确保工程进度、质量、安全等合同目标如期实现,电建生态公司依据股份公司履约评价相关要求,结合公司实际,制定了合作单位履约评价体系。

对于中国电建内部的合作单位,电建生态公司同样制定了严格的内部单位采购管理方法,以规范公司项目合作管理,维护公司整体利益和社会信誉。

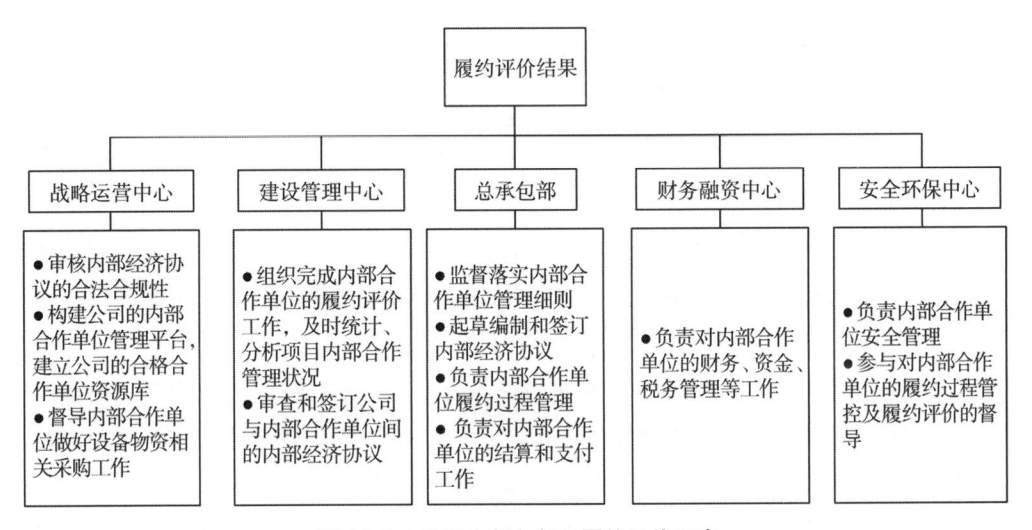

图 14-3 公司内部各部门履约评价职责

14.2 项目采购规划

茅洲河项目的采购规划工作主要包括采购策略规划、采购管理大纲和采购管理计划的编制和招标采购方案的制定等等。

1. 采购策略规划

茅洲河项目的采购策略必须符合项目的战略需要,从电建生态公司启动茅洲河

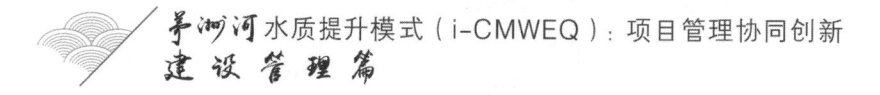

项目建设策划工作开始,从确保质量、降低风险的角度出发,首先确定钢筋、水泥、商混合管材等主材由总包商负责集中采购,统一确定相关材料的供应商和型号;其次,一些先进的治水设备由EPC总包商统一采购,供分包商使用;最后,各标段分包商全部选用中国电建内部的工程局以保证工程质量。围绕这些基本策略,茅洲河项目规划形成了以下几条基本的采购原则,在项目采购工作全过程中严格遵循并执行:

(1) 控制权限、分级采购。单项物资采购额度在4 000万元(含)以上的采购计划,报股份公司采购中心审批并实施集中招标采购;各标段项目经理部同类物资采购总额在4 000万元以下、500万元(含)以上的采购计划,由电建生态公司审批并实施集中招标采购;各标段项目经理部同类物资采购总额在500万元以下的采购计划,由各标段项目经理部按其所在单位设备物资管理制度规定的采购权限报审或自行采购,自行采购方式以询价或竞争性谈判为主,采购资料须报电建生态公司设备物资部备案,公司可派人监督、指导采购。

(2) 保证供应、分批实施。结合工程施工进度要求和边设计边施工的特点,根据工程施工进度计划轻重缓急,做好设备物资采购供应进度规划,分批实施,确保供应及时。对于项目急需而采用招标方式采购难以及时供应的零星物资,可由各标段项目经理部以应急采购的方式向电建生态公司提出月度应急采购计划,公司视采购额度进行审批,批准后由标段项目经理部在电建集采平台选择合格供应商并签订应急采购合同,但在合同中必须约定:应急采购的价格执行招标采购后的招标价格,如应急采购供应商未中标,应在招标结果公示后停止供货。

(3) 质量优先、成本受控。按照上述对设备物资采购的要求,在不超出预算的情况下,EPC总包部将把管理重点放在设备物资采购的质量控制上,做好市场价格动态调查,科学预判,做到采购质量严格受控,采购价格符合市场规律、科学合理。

电建生态公司将对设备物资采购实施全面管理,除大宗采购外,也将重点对标段项目部自行采购物资在采购程序和质量控制方面实施监管,以下是水环境公司对标段项目部自行采购物资制定的采购原则:①标段项目部自行采购物资坚持"三公"(公平、公正、公开)原则,结合标段项目实际和深圳地区管理要求,规避采购过程和合同执行过程中的法律风险和价格风险,招标采购过程必须严格控制招标文件、招标程序和合同条款设置的合法合规性;②采购应遵循市场客观价格规律,执行选择定价合理的材料机制,使供应商之间形成的充分、良性、有序竞争,确保材料质量受控、供应及时。

2. 采购管理大纲和采购管理计划编制

茅洲河项目建设需要采购的物资和服务主要包括各个子项目的施工总承包服务和项目的勘测设计服务、工程所需的各种设备、配件和原材料等物资供应,以及其他专业服务等3大类。采购方式主要为招标采购,少部分专业服务采用单一来源采购方式。

首先须要策划编制《项目采购管理大纲》,搭建项目采购管理的总体框架,包括采购管理责任部门、采购内容、采购方式以及采购实施的流程等。项目采购管理体系的总纲如图14-4所示。

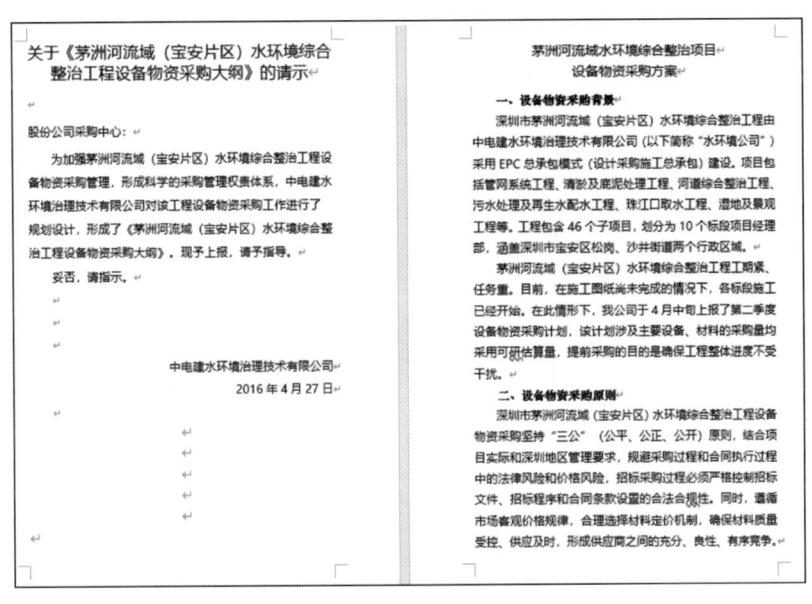

图14-4 茅洲河项目采购大纲(示意)

在项目采购大纲的规范下,公司进一步策划编制各类物资和服务的采购管理计划,明确项目需要采购的物资和服务内容目录、采购进度计划、供应商名录、采购质量管理办法等等内容,项目采购管理计划的主要内容和审批流程如图14-5和图14-6所示。

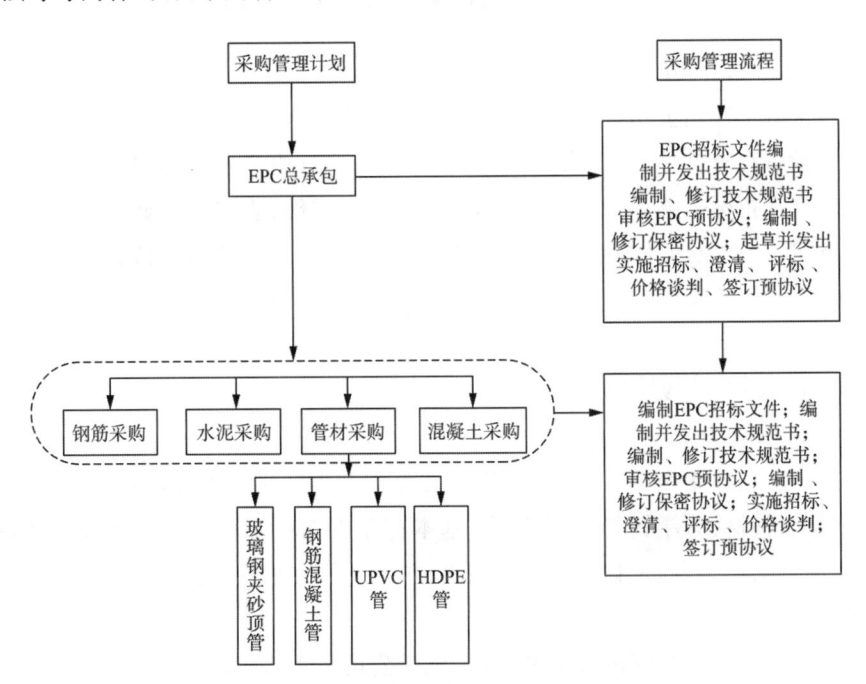

图14-5 茅洲河项目采购管理计划主要内容

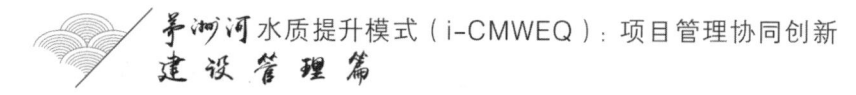

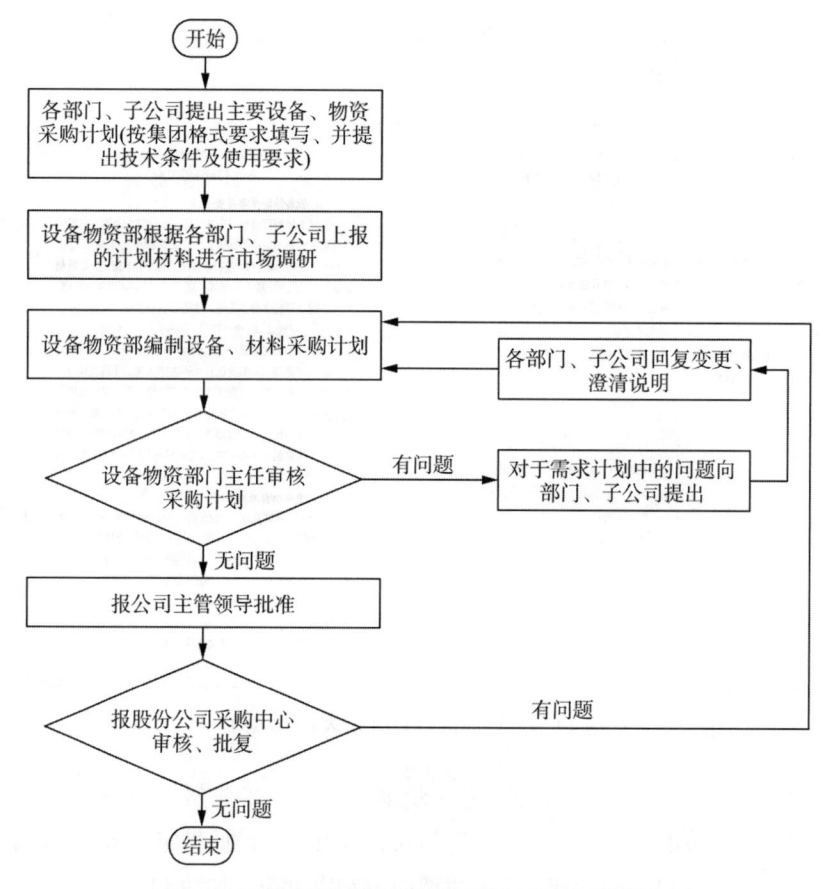

```
                    ┌──────┐
                    │ 开始 │
                    └──┬───┘
                       ↓
            ┌──────────────────────┐
            │各部门、子公司提出主要设备、物资│
            │采购计划(按集团格式要求填写、并提│
            │  出技术条件及使用要求) │
            └──────────┬───────────┘
                       ↓
            ┌──────────────────────┐
            │设备物资部根据各部门、子公司上报│
            │   的计划材料进行市场调研    │
            └──────────┬───────────┘
                       ↓
            ┌──────────────────────┐
            │设备物资部编制设备、材料采购计划│←──────┐
            └──────────┬───────────┘              │
                       ↓                           │
                  ╱─────────╲                      │
            ┌───╱设备物资部门主任审核╲─有问题→ ┌────────────┐
            │无  ╲    采购计划    ╱         │对于需求计划中的问题向│
            │问题  ╲─────────╱          │  部门、子公司提出  │
            │                              └────────────┘
            ↓                                     ↑
   ┌──────────────────┐              ┌──────────────┐
   │  报公司主管领导批准  │              │各部门、子公司回复变更、│
   └────────┬─────────┘              │    澄清说明    │
            ↓                         └──────────────┘
       ╱─────────╲                              ↑
      ╱报股份公司采购中心╲─────有问题─────────────┘
      ╲  审核、批复   ╱
       ╲─────────╱
            ↓无问题
         ┌──────┐
         │ 结束 │
         └──────┘
```

图 14-6 茅洲河项目采购管理计划编制审批流程

3. 招标采购方案的制定

项目采购工作由公司物资设备部负责牵头实施,物资设备部应根据 EPC 总包部所报物资设备需求计划,按照采购管理大纲要求,进行招标采购方案和计划的编制,物资设备部在招标采购计划编制过程中,应及时与监理、业主方沟通,初步确定的招标采购方案、计划及选择的候选供应商名录应报监理和业主审核,待其审核通过后,方可开展采购实施工作。

14.3　项目采购实施

在茅洲河项目中由 EPC 总包商负责采购的主要是项目主材,包括:钢筋、水泥、商品混凝土、管材、球墨铸铁井盖等等,基本都是在"深圳市设备物资采购平台"或"中电建物资采购平台"上以集中招标采购方式进行采购。茅洲河项目采购计划部分截图如图 14-7 所示。

集中采购由公司物资设备部牵头,成立以公司负责人、主管领导、相关业务部门

关于《茅洲河流域（宝安片区）水环境综合整治工程设备物资采购大纲》的请示

股份公司采购中心：

为加强茅洲河流域（宝安片区）水环境综合整治工程设备物资采购管理，形成科学的采购管理权责体系，中电建水环境治理技术有限公司对该工程设备物资采购工作进行了规划设计，形成了《茅洲河流域（宝安片区）水环境综合整治工程设备物资采购大纲》。现予上报，请予指导。

妥否，请指示。

中电建水环境治理技术有限公司

2016 年 4 月 27 日

茅洲河流域水环境综合整治项目设备物资采购方案

一、设备物资采购背景

深圳市茅洲河流域（宝安片区）水环境综合整治工程由中电建水环境治理技术有限公司（以下简称“水环境公司”）采用 EPC 总承包模式（设计采购施工总承包）建设。项目包括管网系统工程、清淤及底泥处理工程、河道综合整治工程、污水处理及再生水配水工程、珠江口取水工程、湿地及景观工程等。工程包含 46 个子项目，划分为 10 个标段项目经理部，涵盖深圳市宝安区松岗、沙井街道两个行政区域。

茅洲河流域（宝安片区）水环境综合整治工程工期紧、任务重。目前，在施工图纸尚未完成的情况下，各标段施工已经开始。在此情形下，我公司于 4 月中旬上报了第二季度设备物资采购计划，该计划涉及主要设备、材料的采购量均采用可研估算量，提前采购的目的是确保工程整体进度不受干扰。

二、设备物资采购原则

深圳市茅洲河流域（宝安片区）水环境综合整治工程设备物资采购坚持“三公”（公平、公正、公开）原则，结合项目实际和深圳地区管理要求，规避采购过程和合同执行过程中的法律风险和价格风险，招标采购过程必须严格控制招标文件、招标程序和合同条款设置的合法合规性。同时，遵循市场客观价格规律，合理选择材料定价机制，确保材料质量受控、供应及时，形成供应商之间的充分、良性、有序竞争。

图 14-7　茅洲河项目采购计划部分截图

负责人等组成的“物资设备采购招标工作小组”，小组负责实施物资设备采购，按照如图 14-8 所示采购实施流程进行。

具体物资的采购评标，则由公司根据不同的采购物资，组织内外部相关专家成立评标委员会（图 14-9），负责评标，以确保公开、公平、公正；评标办法以综合评估法为主，不是只考虑价格，主要评标程序和原则如图 14-10 所示。

按照上述采购方案和计划，电建生态公司于 2017 年 4 月发出钢筋、水泥、商品混凝土、管材等 4 种主材招标公告，至 2017 年 6 月已完成全部招标流程，顺利完成茅洲河项目各项主材采购实施工作，向中标供应商发出中标通知书。

14.4　项目采购控制

茅洲河项目的采购控制工作是指以合同为依据，对各工程局、设计院提供的项目施工、设计服务和各物资供应商提供的材料、设备等的生产进度、质量、成本等各方面的情况进行监督控制，将严格按照项目管理体系中各管理领域的专业方法和工具来进行。

其中，由于管材在整个茅洲河项目中起到十分关键的作用，而且需求量大，供应商相对不多，因此是茅洲河项目采购实施工作中最为重点关注的对象。茅洲河项目

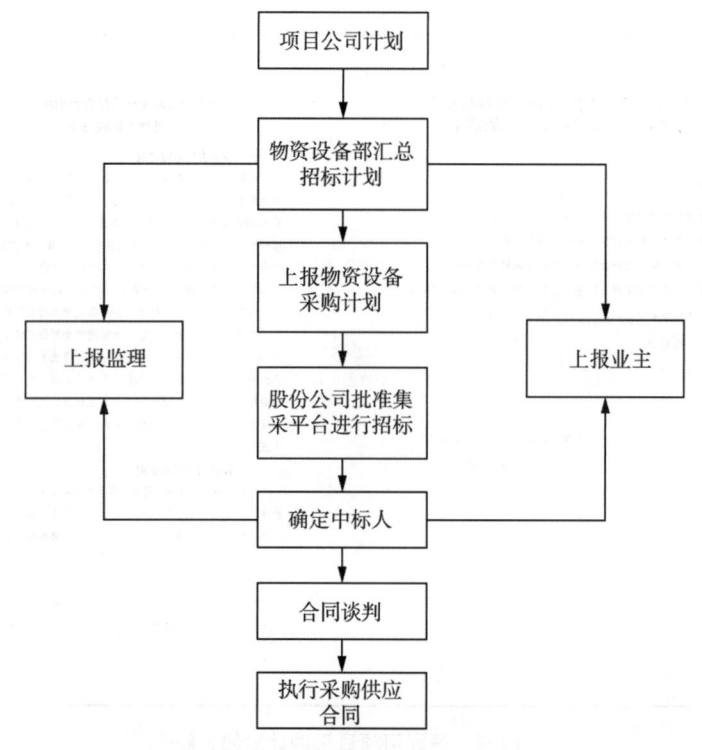

图 14-8　茅洲河项目采购实施流程

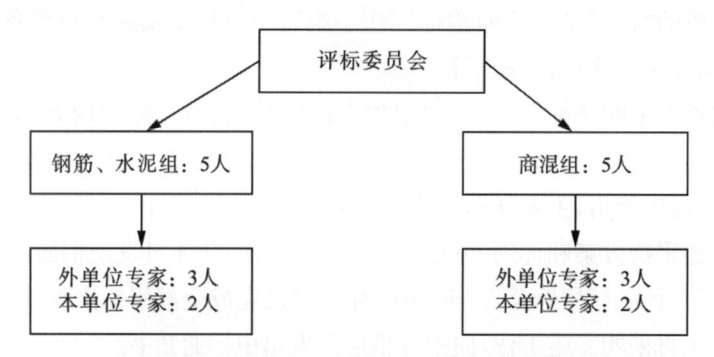

图 14-9　茅洲河项目主材采购评标委员会结构

团队采用了涵盖驻厂监造、出厂检验、到货验收等全过程的质量控制体系,确保了项目建设所用管材百分百合格,主要包括以下几项重点工作:

(1) 驻厂监造管理

管材驻厂监造是委派专人在各管材生产厂家常驻,对原材料、生产过程、生产工序、半成品及成品检验、厂内各项检验检测等各方面进行全流程质量控制管理,从而可以从生产源头上对管材质量进行有效管控,不仅能实现监督与服务一体化,提升厂家质量意识,还能实时掌握厂家生产供应状况,确保管材质量,保障供应有序,及时为工程项目提供优质管材,确保工程质量。而且,对驻厂监造的员工还实行交叉

第 14 章 项目采购管理

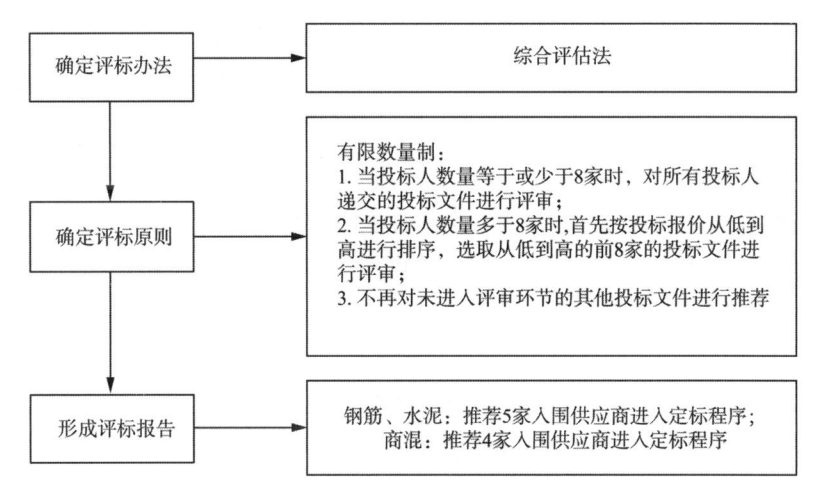

```
确定评标办法 → 综合评估法

确定评标原则 → 有限数量制:
1. 当投标人数量等于或少于8家时,对所有投标人递交的投标文件进行评审;
2. 当投标人数量多于8家时,首先按投标报价从低到高进行排序,选取从低到高的前8家的投标文件进行评审;
3. 不再对未进入评审环节的其他投标文件进行推荐

形成评标报告 → 钢筋、水泥:推荐5家入围供应商进入定标程序;
商混:推荐4家入围供应商进入定标程序
```

图 14-10　茅洲河项目采购评标程序和原则

驻厂和轮换制,轮换周期为半年,以有效避免驻厂监造人员与生产厂商合谋,最大限度地保证了采购材料的质量达标。

此外,电建生态公司还不断邀请资深的工程材料技术专家对负责采购的员工及驻厂人员进行多轮培训,以确保相关负责人员具备识别材料的质量及细节的知识和能力,能够有效履职。

(2) 首创在管材上印制永久性标识

茅洲河项目管材全部被印制永久性标识,包括项目 LOGO 和管材编码(二维码或条形码),在广东省乃至全国市政工程建设中属于首创。管材编码将当下流行的二维码/条形码技术应用于茅洲河项目管材质量管控,使管材具有"身份信息",通过手机、扫码器等便携设备,可轻松读取到包括生产厂家、管材名称、技术参数、长度、生产日期、生产批号、流水号、茅洲河项目专用等信息。管材编码的印制,能够快速区分不同厂家产品,确保在施工过程和后期维护中准确认定质量责任主体,管材质量可追溯性得以实现,为管材质量终身制提供了信息支持。

(3) 到货验收

当采购的材料被送至施工场地时,工作人员先对其进行外观检测,再送至质安站、水务部门检测。若质安站检测不了,则送业主指定第三方权威检测机构,形成检测报告,并在每周的周例会上进行质量通报。材料的检测过程分为初检、复检 2 个阶段,若初检不合格就退货,并触发熔断机制,若复检不合格,生产厂家将会被处罚。

(4) 大型复杂设备的采购控制

对于 EPC 承包商负责采购的各种比较复杂的大型设备,公司则将在与设备相关的设计、制造过程和产品质量把控等关键环节进一步强化管理,包括专门组织 EPC 总承包商深化、细化技术规范书审查和技术交底,明确技术协议和排产计划是否符

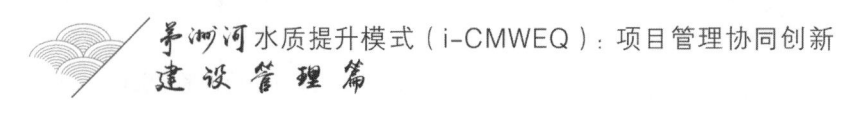

合工程总体要求；每周会同 EPC 总承包商审查、协调、整合设备物资的生产、试验、到货进度计划，及时发现风险项并对其进行纠偏；派出工程师与 EPC 总承包商的设备驻厂监理共同见证定型式试验及关键出厂试验，组织专家团队进行质量问题排查等等。

（5）采购支付监督

在采购后监督方面，每季度按时对参加单位的材料款支付情况进行监督检查，督促参建单位按时支付、依法履约，并接受供应商监督举报，坚决杜绝设备物资采购从业人员"吃、拿、卡、要"现象。电建生态公司成立至今，未收到供应商对各级设备物资采购从业人员的任何违纪举报。

综合以上，在采购控制环节共有 EPC 承包商、业主、厂家、工程局、监理等 5 个主体共同监督和把关，共同确保了采购的质量。

14.5　采购管理中遇到的主要挑战以及克服措施

在茅洲河项目的采购管理工作中，遇到的最主要挑战是在管材采购选型过程中，公司与业主、政府监管机构等各方由于认识角度和判断标准等不同，较长时间难以达成一致意见，严重影响项目正常推进。电建生态公司经过仔细研究分析分歧所在，发现大多数分歧都是主观认识方面的，如习惯、经验不同或对管材作用和性能的看法不一等等。因此，公司决定一方面一定要坚持从满足项目建设质量需求出发，以茅洲河长制久清为最终目标，对管材的质量控制绝对不能有一丝一毫懈怠；另一方面一定要争取意见有分歧的项目各相关方的支持，取得各方的理解。由于分歧来源主要是认识的不同，而不是目标的不同，大家的目标是共同的，都是要把茅洲河治理好，因此，只有在沟通时拿出客观的事实和数据出来，而不是停留在主观讨论上，各方才能达成共识。为此，电建生态公司将市场上所有的管材全部搜寻到并逐一试用，记录使用效果，最终凭借实际使用效果的客观数据让业主和相关各方达成了共识。在即将对项目进度产生不可挽回的影响前最后一刻，确定了各类相关管材的选型，为在 2017 年底完成指定管网铺设任务，茅洲河水质标准通过首次国考留下了时间。

由于茅洲河项目所包含的各个项目包大多数都是 EPC 总承包项目，所以采购工作在茅洲河项目的实施中是跟施工、设计具有同等重要性的主线工作，是项目实施绩效的直接组成部分，保障了茅洲河项目战略目标的实现。而且，电建生态公司作为一家平台公司，虽然在茅洲河项目中承担的是 EPC 总包商的角色，但其为茅洲河项目建设提供的所有服务和产品几乎全部来自外部采购，项目的所有实施和管理工作，都必须通过采购这个枢纽来落实。因此，可以说采购管理是茅洲河项目管理的"生命线"，是茅洲河项目各项工程建设质量、进度和成本取得优异成绩的主要源泉，从而保障了整个项目治理效果和目标的达成。

第 15 章 项目干系人管理

茅洲河项目规模大、时间长,包含子项目多,且在项目实施过程中不断新增或结束子项目,导致其所涉及的包括业主方在内的干系人数量庞大、地点分散、利益各异,致使项目干系人的拓展和管理非常复杂,对关键干系人的精准识别和管理极为重要。

15.1 项目的主要干系人及其对项目的作用

茅洲河项目中,政府作为生态环境类公共服务的建设管理者,是项目的直接服务对象,与此同时,广大市民作为生态环境服务的使用者,是项目产品的最终用户。针对服务对象和最终用户的各种关系需求,项目团队围绕项目工作关系对主要干系人进行梳理,主要干系人可被理解为两类,即工程包内干系人和工程包外干系人,工程包内干系人是指直接参与项目决策的内部成员,工程包外干系人通常是指与项目决策有关并影响项目决策的外部成员。在此基础上进一步识别出的茅洲河项目主要干系人作用和关系结构参见图 3-9,为项目干系人的有效拓展和管理提供了帮助。

15.2 干系人管理的流程和工具

针对茅洲河项目的干系人管理的复杂性特点,项目团队在对接地方政府开展客户需求调查基础上,通过战略合作建立长效沟通联络机制,并进一步针对不同干系人特点定制了相应的干系人配合方案。与此同时,为及时应对干系人管理过程中的突发事件,团队制定了纠纷预防与处理方案。

15.2.1 积极对接地方政府开展客户需求调查

电建生态公司和茅洲河项目在建各个项目包的驻地机构,积极对接政府水利、生态环境部门,识别当地环境治理与保护的痛点、难点及重点。

定期与项目业主、各相关政府机构和其他干系人群体进行调研座谈,开展满意度调查,了解正在实施项目存在的问题,了解政府及相关管理部门近期工作重点,主动报告城市环境发生的变化以及初步的解决思路,为政府解决环保问题提供需求分析,做到比客户还要了解其自身需求。

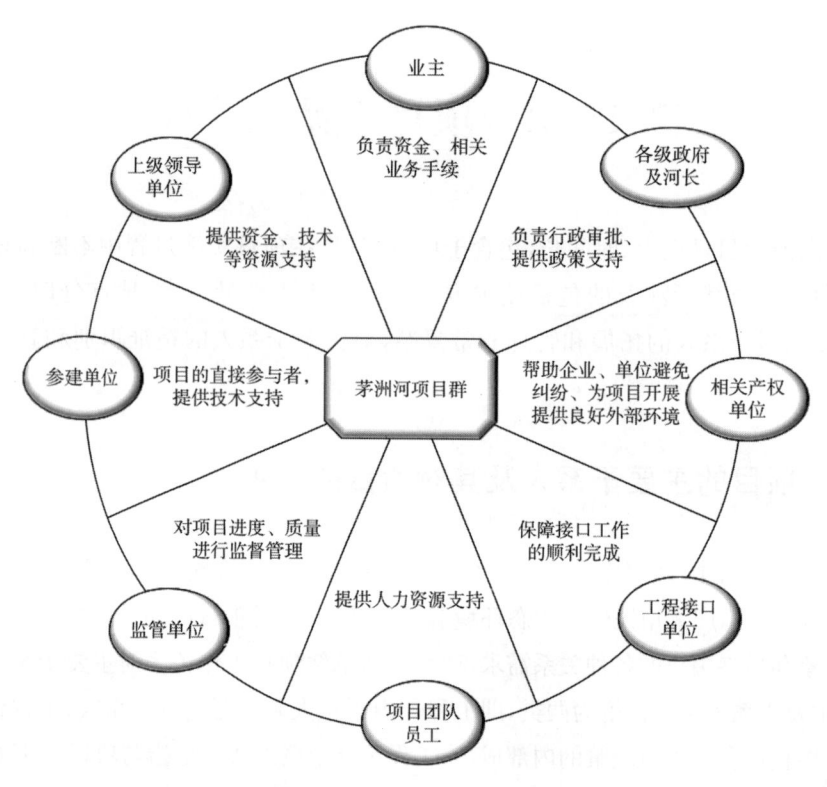

图 15-1　茅洲河项目主要干系人群体对项目的作用

15.2.2　通过战略合作建立长效沟通联络机制

根据茅洲河项目的建设需求,推进战略合作机制,与宝安区人民政府、光明区人民政府、光明区水务局等多家单位签订战略合作协议,搭建交流互访、信息沟通平台,建立了长期稳定的联络机制,以便及时掌握客户需求和动向。同时,针对不同干系人群体的需求特点,项目团队主动对接,提供差异化服务,不断提高服务质量和水平,以持续提升各干系人群体的满意度。

15.2.3　干系人配合方案

针对各类干系人群体的需求和特点,项目团队分别制定了量身定制的干系人配合方案,以梳理明确相关干系人的配合事项,积极吸引汇聚各类干系人群体的资源,发挥各类干系人群体的能力,确保项目高效、高质量完成,详见表 15-1。

第15章 项目干系人管理

表15-1 干系人配合方案一览表

序号	名称	干系人类型	代表机构/群体	方案内容
1	监管配合方案	业主、各级政府及河长，监管单位、受项目影响的相关产权单位	深圳市宝安区/光明区环境保护和水务局办公室、环保科、审批科、环境监督科、水资源科等职能部门	(1) 配合业主办理工程建设所需要的永久用地的规划许可、施工许可、消防报建等行政审批手续，并积极配合本项目的永久工程建设相关的征地拆迁工作 (2) 按照合同和业主的要求，及时办理与本项目相关的各种手续 (3) 项目公司及时向业主报审项目实施总体方案，包括里程碑工期、工程进度、质量、安全及文明、环境保护的目标等，并严格按照业主的批复执行，服从业主根据本项目的建设情况的需要进行的协调 (4) 项目公司和标段项目经理部及时向业主汇报工程实施过程的重大问题；在应急事件发生时，立即启动应急机制，并及时通知业主，按照业主审批的应急预案实施应急救援 (5) 项目公司严格按业主要求委托有资质和业绩的单位承担监控量测任务，并接受业主的指导和检查；标段项目经理部为业主或其授权的第三方提供便利条件，协助配合对施工区域进行质量监督、检查、检验、检测和试验 (6) 项目公司和标段项目经理部积极主动做好社会维稳工作，及时配合业主的协调 (7) 项目公司和标段项目经理部主要管理人员上岗前通过业主考核，主要人员须获得业主同意后才可离开深圳 (8) 项目公司在深圳市相关银行设立专用于本项目的资金专用账户，督促标段项目经理部按时发放劳务工工资。按规定购买相关保险，服从并配合业主对资金使用情况的监管 (9) 业主对涉及安全、质量、文明施工及关键材料的相关问题，可随时随地对项目公司及项目经理部进行检查，项目公司须积极配合，对业主发出的各类指令必须在规定时间内落实，对业主指令的执行情况在规定时间内书面回复业主 (10) 项目公司在选择分包人时应对分包人的资质、信誉、报价及业绩进行综合考虑，项目公司拟雇佣的分包人，均应按规定接受业主监管
			政府监管部门，主要有住房和建设局、安全监督站、环境保护和水务局、审计局等	项目公司和标段项目部及时与政府部门联系，获取主管部门的相关管理要求及最新管理信息，按照要求办理相关手续，制定相关的制度及办法，确保项目管理及施工行为符合政府的各项规定，争取主管部门的支持和配合
			受工程影响的周边单位、居民以及监督施工单位各种施工行为的新闻媒体	(1) 项目公司和标段项目经理部就本项目接受来自社会各方面包括新闻媒体的监督。项目公司综合管理部、对外协调部和标段项目部办公室作为主责部门负责与社会各方面包括新闻媒体的联系和接洽，并建立新闻发言人制度 (2) 项目公司及标段项目经理部严格规范各工点的施工行为，自身做到文明和谐施工并维护施工环境的稳定，接受周边单位、居民、公众、媒体等社会的监督，及时改进提高 (3) 标段项目经理部主动与当地街道办沟通，向他们通报工程情况，了解工程周边地区宾馆、招待所、学校、商场、居民区及机关办公区等的情况，对可能存在的扰民问题，及时与施工影响范围内的相关机关、企业、居民等沟通，公示施工技术参数、监控数据并评估影响程度，积极协调，按照有关规定切实解决工程施工给居民带来的实际困难 (4) 标段项目经理部主动与迁改管线、临时用地的产权单位进行联系，主动协调各种接口关系，协调解决工程施工中存在的问题，严格落实协调所确定的各项决定

续表

序号	名称	干系人类型	代表机构/群体	方案内容
2	咨询单位配合方案	参建单位	设计单位、咨询单位	(1) 由项目公司设计管理部负责人与设计咨询单位进行工程的技术交流，并建立整个深化设计过程中的情况通报制度，对工程设计、施工过程中遇到的各类问题及时与设计咨询单位取得联系 (2) 积极配合和接受设计咨询单位对工程设计、施工整个过程的指导，对各类工程设计方案提供详细的现场资料 (3) 加强设计、施工过程中对工程地质条件的复合检查，对于与初步设计资料不符的地质情况要及时与设计咨询单位取得联系，要求对方为完善工程深化设计提供必要的资料 (4) 通过业主与设计咨询单位的技术交接建立桥梁，交流设计思想、具体做法、要求以及要达到的效果。针对图纸缺陷、初步设计图有示意不明之处等问题向初步设计单位咨询，并完善原设计，经业主确认后实施 (5) 同初步设计方密切联系交流，充分尊重对方的初设意见，深化图纸，达到业主单位的要求 (6) 定期向业主介绍设计情况及拟采用的施工工艺
3	施工监理配合方案	业主、监管单位	工程监理等相关部门	(1) 项目公司作为本项目的总体实施单位，及时向监理单位通报项目实施情况，对监理单位提出的要求给予积极响应 (2) 项目公司在各标段派驻驻地工程师，驻地工程师作为项目公司代表参与和配合监理的各项工作，接受监理的管理，协调监理、标段项目经理部之间的关系，积极督促标段项目经理部认真落实监理提出的各项指令和要求 (3) 标段项目经理部的总体施工组织设计经监理工程师进行审查修改后，报业主审批，按审批意见修改核准后严格执行；单位工程、关键工程、阶段性节点等施工组织设计按监理工程师的要求编制，经其批准后实施 (4) 标段项目经理部在项目开工前向监理工程师提交详细的总体施工组织设计，并随着施工进展向监理工程师提交主要单位工程和主要分部、分项工程的施工组织设计，在现场施工管理中全面配合监理工程师的检查及监督，按其指令改进 (5) 对于自检合格的隐蔽工程或中间验收部位，在隐蔽工程或中间验收前的48小时内以书面形式通知监理工程师验收。监理工程师在任何时间内，可对已经验收的隐蔽工程要求重新检验，标段项目部按要求拆除覆盖、剥离或开孔，并在检验后重新覆盖或修复 (6) 标段项目经理部服从监理单位对施工区域进行质量监督、检查、检验、检测和试验等活动，并提供必要便利。主动、自觉接受监理单位对各种工程技术接口的监督和管理 (7) 按时参加监理召开的工作会议，并严格执行会议的决定。对监理提出的工程质量、安全生产、环境保护等问题，按照规定时间和要求进行整改 (8) 如果发生非常紧急情况，监理工程师认为将导致人员伤亡，或危及工程或邻近的财产，或从业主的权益考虑须立即采取行动，在这种情况下，监理工程师有权发布处理这种危急状况所必需的指令，项目公司应按监理工程师的指令竭尽全力去处置或减轻危急状况。尽管监理工程师指令未事先征得业主的批准，但项目公司仍应立即执行 (9) 对重大伤亡、重大财产、环境损害及其他安全事故，项目公司按有关规定立即上报有关部门，并立即通知业主和监理工程师 (10) 设备或材料到达现场后，将试验项目、试验计划、时间和地点通知业主、监理工程师，使其共同参与设备和材料现场试验

续表

序号	名称	干系人类型	代表机构/群体	方案内容
4	第三方检测配合方案	业主、合格第三方检测机构	从深圳市宝安区/光明区环境保护和水务局公布的合格检测机构名单中考察选取的检测机构	(1) 设立机构:标段项目经理部的工程管理部下设试验室,试验室主任由实践经验丰富的工程师担任,全面负责检测试验工作 (2) 配套设备:为满足工程的需要,标段项目经理部配备一套完整的检测试验仪器和设备,并修建标准的试验室 (3) 完善制度:制定完善的试验管理制度,包括技术交底制度、材料的委托检验和试验制度、施工过程中的检测试验控制制度等 (4) 方案落实:试验室要切实把好原材料的质量关,确保所有投入工程的材料都符合设计标准的要求。在施工过程中要检查指导各工序的施工,确保各工序的施工质量 (5) 第三方检测机构作为本工程的试验检测委托单位,设备或材料到达现场后,试验室应及时通知检测机构到达现场见证取样 (6) 各标段试验室负责本标段的原材料的取样、见证取样及送检;负责混凝土、砂浆试件的制作及养护,并在规定龄期内送检;负责钢筋焊接接头抽样、见证取样及送检;负责土壤取样、见证取样及送试 (7) 原材料送样时,须附有材料出厂合格证和出厂检验报告,报告含产品名称、规格种类、生产厂家、出厂编号(批号、炉号)出厂日期、出厂检验结果等,外加剂须附有产品说明和推荐掺量等必要资料 (8) 对于各种配合比的试验,要求在填写委托书时,填写设计文件要求、使用环境、使用部位、施工方法等,以便在设计配合比时作为参考 (9) 各标段送检做混凝土配合比、砂浆配合比时应提前 35 天以上,特殊情况下经监理同意也必须提前 14 天以上 (10) 工程施工过程中,各标段试验室与第三方检测机构密切联系和配合,建立健全工程施工过程程序,有效控制施工全过程的原材料、混凝土施工质量、浆砌体质量、基础回填质量等,为施工提供合理的施工参数,为工程提供公正、公平的检测数据
5	竣工验收配合方案	业主、EPC 承包商、监理单位	宝安区/光明区政府相关部门、建设单位、监理单位、项目团队、参建单位	政府专项验收配合方案: (1) 标段项目经理部加强各专项系统的质量自控,提供合格专项产品,及时准备工程资料向监理申报预验收,并做好对预验收提出问题的整改、回复工作 (2) 预验收合格后,标段项目经理部会同监理单位积极配合业主向政府有关部门申报专项验收,认真做好协调组织、资料报验、会议安排等迎检工作 (3) 标段项目经理部严格落实对政府专项验收提出问题的整改工作,及时整改,及时回复,直至各项政府验收合格为止,确保在正式投入使用前顺利通过各项政府验收 初验配合方案: (1) 标段项目经理部随着工程进展就各检验批、分项工程和分部工程按递升层次向监理申报检查验收;标段项目经理部完成单位(子单位)工程设计图纸和施工合同约定的全部内容。工程竣工资料基本完成后,报请项目公司组织完工检验 (2) 项目公司组织监理、设计等有关单位参加并完成完工检验工作,出具完工检验报告(或会议纪要),根据整修项目,明确整改时限。把完工检验报告送业主、监理、施工等单位备案 (3) 标段项目经理部完成对完工检验提出问题的整改工作后,及时向监理单位递交单位(子单位)工程竣工初验申请,并配合监理提前做好工程验收的准备工作 (4) 监理单位安排总监理工程师主持单位(子单位)竣工初验时,标段项目经理部提交整理完备的质量保证资料、分部、分项验收资料、隐蔽验收资料、关键工序检查记录资料等,必要时对具有时效性要求的实体查验项目提前做好监理见证检验或试验 (5) 竣工初验后,项目公司积极督导标段项目经理部落实对提出问题的整改、复查工作,妥善保管监理单位签发的《竣工初验合格证书》 (6) 标段通过竣工初验后继续做好成品保护工作,如须将已经完成或部分完成的项目移交给后续承包商,项目公司督导标段项目经理部及时做好场地清理,及时向业主或业主委托的单位移交场地管理权

续表

序号	名称	干系人类型	代表机构/群体	方案内容
5	竣工验收配合方案	业主、EPC承包商、监理单位	宝安区/光明区政府相关部门、建设单位、监理单位、项目团队、参建单位	竣工验收配合方案： (1) 标段项目经理部完成本标段工程范围内各单位（子单位）工程设计图纸和施工合同约定的全部内容，经监理单位竣工初验合格后，及时向业主提交竣工验收申请 (2) 项目公司和标段项目部及时做好竣工验收迎检准备工作。验收时配合验收办根据业主提出的验收组织方式和相关程序要求，指导标段项目经理部成立竣工验收配合小组，就工程实体、工程档案、商务合同等方面内容，全面做好配合工作 (3) 针对竣工验收提出问题，项目公司和标段项目经理部积极落实对缺陷的整改、复查工作，及时办理《工程质量保修书》，会同监理协助业主及时办理《工程竣工验收报告》，并妥善保管 (4) 竣工验收合格后，如未立即移交或后续承包商未进场，标段项目经理部继续对项目场地及所有工程成品、半成品、设备材料进行看守和保护直至业主接收或后续承包商进场、场地移交手续完备。标段项目经理部依据工程移交情况，及时向监理申办《工程移交证书》，并在规定时限内向业主、档案馆移交工程档案、工程质量保修书等资料

15.2.4 纠纷预防与处理方案

1. 项目内部劳资纠纷预防和处理措施

（1）提高劳资纠纷预防控制意识，健全劳资管理制度

各级管理人员认真学习和严格执行各项劳动法律法规及政府有关规定，增强社会责任感和劳资纠纷预防意识，切实维护劳动者权益；建立健全行之有效的劳资管理制度，并在实施过程中不断总结、补充和完善，企业各部门、各项目、各级管理人员要分工合作，负责到人，"齐抓共管"，共同努力，严格防范劳资纠纷的发生。

（2）选择正规劳务企业，签订有效劳务合同

选择具有相应资质和工程业绩、信誉口碑良好及人员充足、稳定的劳务企业，依法签订有效的劳务承包合同，合同包含劳务工管理与工资发放等有关条款，并按政府规定履行备案手续。

（3）依法发放工资，做好工资发放记录

严格按照劳动法律法规的要求，每月及时、足额发放员工工资。对所有工资发放必须建立完整、详细、规范的工资表，并经相关人员审核批准。工资发放由本企业劳资管理人员监督财务人员直接发放到劳动者本人手中，由劳动者本人签字确认。此外，还要对每个人拍摄影像资料，收集保留齐全有效的工资发放证据，减少不必要的劳资纠纷隐患。

（4）加强施工合同管理，及时结算

积极筹措资金，保持适当的流动资金，确保资金安全。设立保障金账户，及时进行工程款拨付、农民工工资结算。劳资双方签订有效协商调解协议，预防劳资纠纷

的发生。

(5) 加强分包工程管理

依法进行分包,在分包合同履行过程中,要依法加强对分包工程的全面监督管理;按时验工计价,及时拨付资金,严格防范劳资纠纷的发生。

(6) 迅速采取积极有效措施,控制事态,化解矛盾,避免事态扩大

一旦发生劳资纠纷,项目负责人和企业劳资管理人员应立即赶到现场协调解决。在协调解决劳资纠纷时,应优先稳定劳动者的情绪,倾听劳动者的诉求,防止劳动者采取过激行为。对于劳动者的合理要求,要迅速果断地答应劳动者并尽快向劳动者兑现,切实保障劳动者权益,彻底化解矛盾;对于劳动者不合理要求,应尽可能地先缓和气氛,待劳动者情绪和行为处于可控状态时,再寻求一个合理的解决方案;如果企业内部协调解决不成,应及时寻求政府有关部门的帮助或者直接申请劳动争议仲裁;如果劳动者已经采取或者无法避免其采取极端危险行为,或者是出现恶意讨薪、敲诈等情况,在努力控制事态不扩大的同时,应立即报警或者寻求政府有关部门的帮助。

2. 群体事件事故预防和处理措施

(1) 群体上访事故处理措施

项目公司要制定切实可行的规范各标段项目经理部用工和工资支付行为及保障农民工合法权益的措施和办法;要求标段项目经理部缴纳农民工工资发放保证金;每月要求各标段项目经理部报送农民工工资发放情况简报;对各标段项目经理部与农民工签订劳动合同和工资按月支付情况进行监督检查,对拖欠农民工工资的项目经理部责令补发并采取处罚措施。

发生农民工群体上访事件后,项目公司要提前介入,积极引导,将无序的群体上访通过有序的法律渠道解决,积极配合政府有关部门展开调查和取证工作。如上访人数较多,工人行为激烈,项目公司领导应立即赶赴现场,做好解释工作,及时化解矛盾,并展开调查,维护农民工的合法权益,避免大规模的群体性冲突事件发生。

(2) 聚众闹事事故处理措施

对于电建生态公司各标段项目经理部施工人员引发的群体性聚众闹事事件,公司应立即向业主报告,并组织人员迅速赶赴现场,维护现场秩序、开展沟通对话、稳定工人情绪、做好政策解释和劝阻疏导等工作。当劝阻无效、事态恶化,聚众闹事者继续煽动群众在项目公司、业主、政府相关部门办公场所闹事时,要立即报告有关部门,采取果断措施处置,对带头闹事者,可以适当形式将其带离现场处理。对现场不具备条件带离的首要分子或组织者,做好录像、拍照以及调查取证工作,并拨打110报警,为公安机关善后处理提供证据。

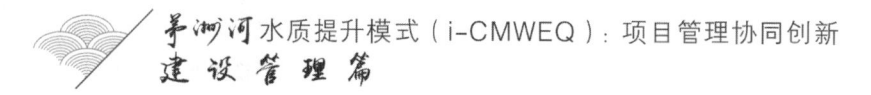

（3）群体斗殴事故处理措施

①做好施工人员的入场教育工作，施工过程中发现纠纷时及时处理，彻底化解矛盾，防止打架斗殴事件的发生；

②对于轻度斗殴事件，先将双方分开，做好施工人员的思想教育工作，防止事态扩大；

③对于严重的斗殴事件，立即拨打110，说明地点、时间、人数、是否使用器械，请求马上支援。如有人受伤，对轻伤进行简单处理后送伤员至项目公司医务室包扎，若伤势较严重立即拨打120急救电话，第一时间将受伤人员送至就近医院进行救治。

3. 与工程周边单位和居民的纠纷预防和处理措施

（1）电建生态公司及标段项目经理部积极主动与当地街道办、居民、单位及其他相关部门联系，告知施工中可能存在的问题、危险源及突发事件，以便在施工过程中取得当地居民、单位及有关部门的理解和支持，为施工创造一个良好宽松的外部环境，确保施工生产的顺利进行，并采取录像、拍照、记录等方式保存信息，以便发生纠纷后取证及协商解决。

（2）电建生态公司及标段项目经理部指定专门机构及人员负责信访维稳工作。畅通信访渠道，配合业主建立"茅洲河工地监督服务之窗"，按照《信访条例》要求认真受理、办理和回复茅洲河参建人员、参建单位及市民等反映的信访问题，维护和谐稳定局面。

（3）施工现场须设置专门的接访站，负责对施工扰民事件的协调处理。

（4）在施工期间及时准确地公告施工状况和第三方监测数据，让居民了解工程进展和安全状况。

（5）严格遵守法律、法规及深圳地方性政策和相关政府部门文件的规定，合法合理组织施工，避免对周边环境及居民造成影响和损失。对于不可避免的损失，应积极主动与受损方充分沟通，依法依规进行赔偿。

（6）发生危及公共安全或正常社会秩序的事件时，项目公司应第一时间通报辖区政府部门和业主，并及时采取措施控制事态发展，化解矛盾纠纷，维护社会稳定。

15.3　干系人管理中遇到的主要挑战和克服措施

茅洲河项目横亘深圳、东莞两地，涉及流域面积达 114.65 km^2，包括松岗、燕罗、沙井、新桥街道 4 个行政区域以及河涌 19 条，工程沿线所影响的范围之广在深圳地区尚无先例，与周围居民、社区做好沟通并取得他们理解的工作重要性和繁重艰难程度可想而知。其中，如何了解把握与项目有关的众多项目干系人的真实需求，如何满足他们的需求，以获得他们对项目的支持或批准，给项目干系人管理带来极大挑战，主要表现为以下 4 个方面：

（1）项目前期由于用地批复、环评、水保批复、项目土地移交等外界不确定因素较多，导致项目前期进展缓慢

解决措施：与业主及项目相关单位每周召开一次前期协调会，梳理进展情况及存在问题，并形成问题清单，针对问题特点采取适当的解决办法，通过协调会等方式协同多方主体现场将影响项目建设的各项难点、堵点问题逐一解决。对于协调会现场无法解决的问题，则由公司发函业主申请需要协调事项，业主向区治水提质办公室申报议题，由区领导决定重点决策，通过层层推进，确保项目建设进度和质量等进展情况符合项目计划要求。

茅洲河流域（宝安片区）正本清源工程需协调解决的问题清单

序号	标段	子项名称	问题描述	具体部位	责任单位	现场照片或平面布置图	备注
1	一工区	正本清源	红湖路供水施工消防管支管施工与宝安区交委人行道品质提升交叉协调后交委意见等人行道验收后施工。	燕川红湖路	宝安区交委	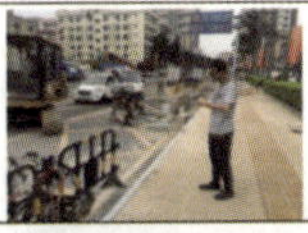	
2	二工区	红星东方片区	二工区在进行三线下地燃气弱电引上管施工时，上头田旧村5号、127号，东方大村55号房东反应我方损坏其房屋屋角地基。经东方社区文永明、业主代表殿绪钊、深水咨询总监曹克阳现场协调，多次协调未果。上周五下午3点我方邀请水务局杨东平总工和业主蔡俊涛部长过来协调，街道办李宗敬，东方社区文永明参加，房东言辞激烈，要求我方赔偿共计50万元，二是要求我方写承诺书，承诺20年内房子出现的任何事情，都由我方进行修复处理。我方因巨额赔偿和不切实际的承诺书未答应，请协调解决。	上头田旧村5号、127号，东方大村55号	目前上头田旧村三线已施工完成，因该问题未协调解决完成，燃气无法进行打压试验，路面无法恢复，无法按时提交工作面给街道办。	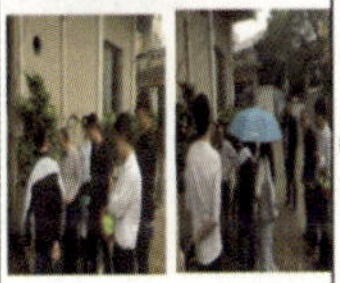	经东方社区与房东协调，要求每栋房屋赔偿3万元
3	正本清源二工区	红星东方片区	燃气引上调压柜，尺寸60*80公分，需要安装到房屋侧墙上面，经过社区、村委、燃气公司与房东协商，存在较多房东不愿意我方安装调压柜至其房屋上，原因是房东不使用燃气。现目前多个城中村由于房东不愿意使用燃气，导致燃气引上和调压柜无法施工，已经将该情况上报给松岗街道办，还未协调好，请领导协调处理	大部分城中村			目前社区正在牵头协调

图 15-2　问题清单示例展示(局部)

（2）设计变更涉及到外部设计、监理、项目管理单位、业主签字确认，须协调各方利益需要

解决措施：电建生态公司内部成立设计变更工作领导小组，积极梳理存在的问题及工作计划，积极推进变更流程，同时不定期向业主汇报变更过程中存在难题，向业主申请协调解决。

（3）工程施工会对沿线社区居民、企业、商户等主体造成影响，获得当地民众支持对项目的顺利推进十分重要

解决措施：采取多种方式做好宣传工作，取得当地民众支持。电建生态公司先后在《人民日报》“学习强国”“凤凰网”“今日头条”等知名媒体以及《深圳特区报》，《晶报》，《深圳晚报》“南方＋深圳新闻网”，“光明融媒”等主流媒体刊发稿百余篇（图 15-3）。拍摄《蜕变与新生》《绿水青山新光明》专题宣传片（图 15-4），全面展示

茅洲河治水成效，有力塑造电建生态公司作为央企负责任的形象。

图 15-3　茅洲河项目新闻报道（部分）

图 15-4　茅洲河项目宣传片

黑臭水体多位于社区内，为更好取得居民的理解，减少居民投诉，快速推进黑臭水体治理，项目施工期间根据项目施工进度，提前组织开展"黑臭水体治理宣讲进社区"活动，精心设计制作宣传资料，党员带头适时进入社区进行消黑工程讲解和宣传，使居民了解黑臭水体治理的好处和意义。

（4）施工占道施工处罚风险高

消黑项目、存量管网清淤修复以及正本清源等工程均不同程度地涉及占道施工（涉及88条主干道），前期的处理方式为业主方办理"消黑抢修"牌，然后与交警对接后即可组织施工。但是，根据深圳市交通运输局对申请占道施工的要求，项目必须提前提供设计图纸、施工方案、交通疏解图纸等资料才能办理申请，与茅洲河项目的存量管网修复等工程必须"先现场开挖定方案，后出图"的程序存在较大冲突，如按照常规管理规定，一方面办理占道的流程较长，另一方面施工会不可避免地被判定为非法占道。目前，非法占道施工和未按要求施工的处罚较为严厉，违法行为将会被上传至信用中国网、信用广东网、信用深圳网，影响企业信用；造成重大影响的，将无法进行信用修复。因此，项目实施的交通疏解与工期压力冲突问题凸显。

解决措施：首先由项目经理部自行对接，并提供申请所需的各项文件，填写"占道审批事宜协调备忘录"，详细记录审批重点事宜；如无法自行解决协调问题，则联系相应社区工作人员，由对应社区进行进场协调；如社区仍无法解决，则上报至对应街道，由街道负责协调解决；如街道仍无法解决，则上报业主，由业主牵头各方评估取消施工或采取其他措施。

茅洲河项目全面、深入、细致的干系人管理工作不仅确保了项目各方干系人对项目的参与和支持力度，保障了项目水质提前1年零2个月稳定达到国考标准，还极大地提升了各方干系人对项目的满意度，尤其是深圳公众和各级政府部门，赢得了深圳社会各界的普遍赞誉。茅洲河成为生态文明建设的先锋和典范，用实际行动诠释了"自强不息，勇于超越"的企业精神和"责任、创新、诚信、共赢"的企业核心价值观，有力地提升了电建生态公司的央企形象和声誉。

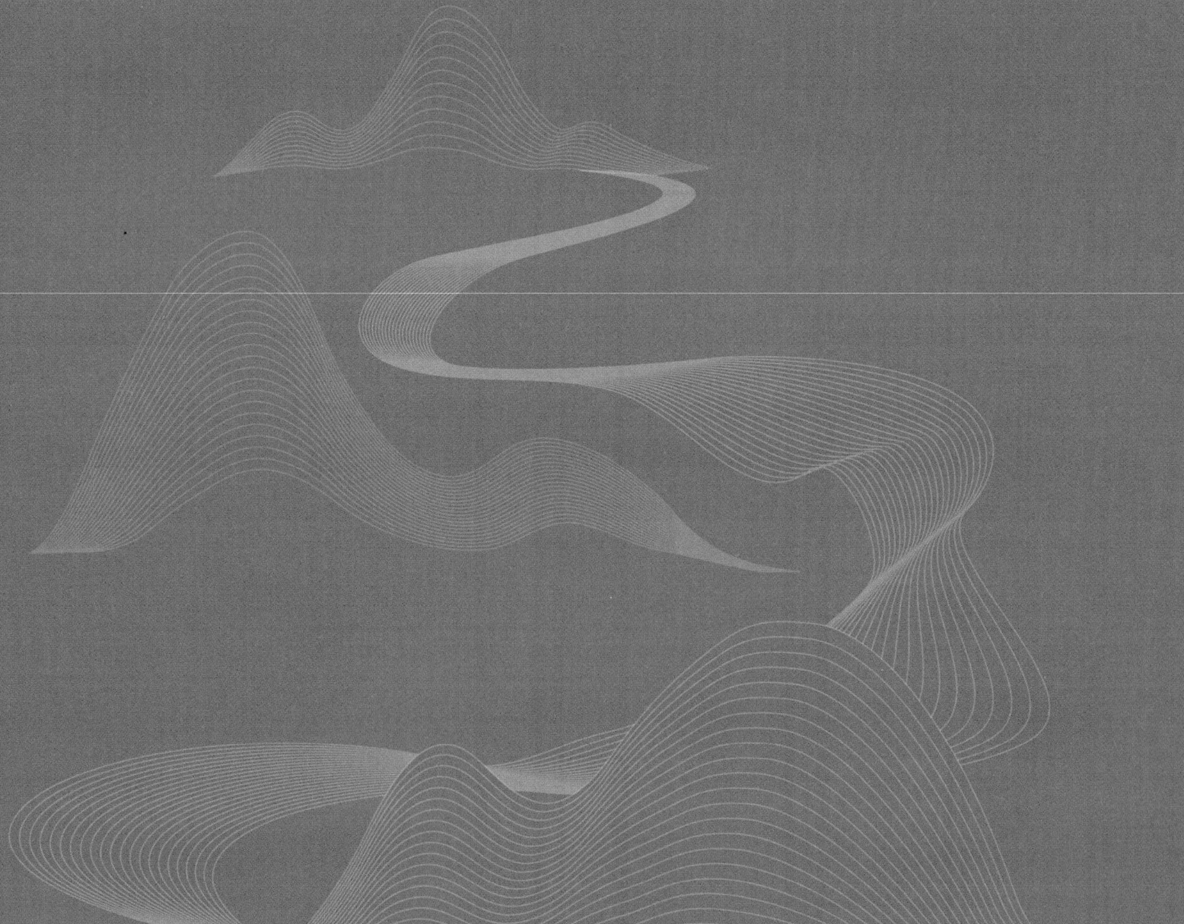

实施成效篇

——「使命必达、绿色永续」

第16章 项目收尾管理

茅洲河项目收尾竣工验收主要分为工程质量竣工验收和专项验收两大部分。工程质量竣工验收贯穿工程施工全过程,而专项验收主要是水环境综合整治工程完工后,投入使用之前的政府专项验收。茅洲河项目结束后,在国内外社会上赢得广泛盛誉。

16.1 项目收尾的流程与管理方法

依据业主招标文件要求,结合深圳市工程竣工验收相关文件的要求,茅洲河项目的工程质量验收主要有完工检验、竣工初验和竣工检验3项内容,各类竣工验收的验收单位、验收流程、配合要点内容见表16-1。

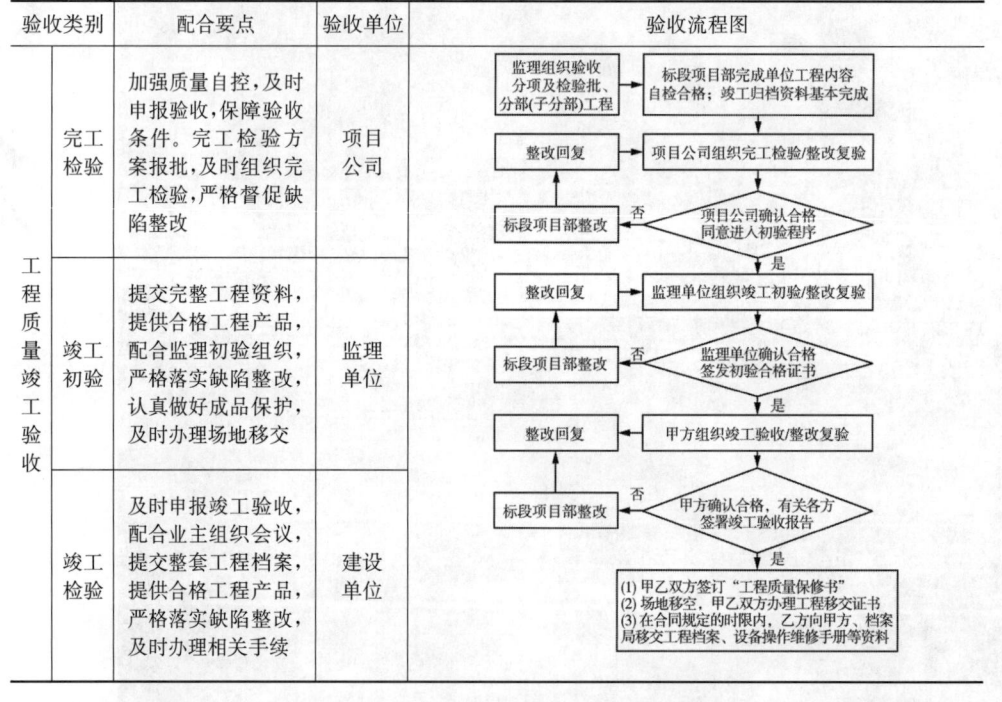

表16-1 茅洲河项目竣工验收类别、验收单位、验收流程、配合要点内容

验收类别		配合要点	验收单位	验收流程图
工程质量竣工验收	完工检验	加强质量自控,及时申报验收,保障验收条件。完工检验方案报批,及时组织完工检验,严格督促缺陷整改	项目公司	
	竣工初验	提交完整工程资料,提供合格工程产品,配合监理初验组织,严格落实缺陷整改,认真做好成品保护,及时办理场地移交	监理单位	
	竣工检验	及时申报竣工验收,配合业主组织会议,提交整套工程档案,提供合格工程产品,严格落实缺陷整改,及时办理相关手续	建设单位	(1)甲乙双方签订"工程质量保修书" (2)场地移交,甲乙双方办理工程移交证书 (3)在合同规定的时限内,乙方向甲方、档案局移交工程档案、设备操作维修手册等资料

由于茅洲河项目是由多个项目包构成的项目群,每个项目包又包含了多个子项目,因此项目验收是对各个子项目分别验收与移交。茅洲河项目收尾管理分为公司层和项目层管理,电建生态公司建设管理中心是公司工程建设项目收尾管理的牵头

部门,具体负责统筹公司工程建设项目收尾管理工作。茅洲河项目作为集团直属项目,各总承包项目部负责统筹所辖项目的收尾管理工作,并根据项目收尾管理工作需要,成立收尾管理工作领导小组,负责审定茅洲河项目各项验收工作的配合计划,组织标段项目经理部配合政府相关职能部门、业主开展专项验收工作,协调解决验收配合工作中的重大问题。收尾管理工作领导小组下设办公室,负责对接政府、业主相关职能部门,组织茅洲河项目总包部和标段项目经理部配合开展竣工验收各项具体工作,积极为验收工作创造良好工作条件,配合业主协调解决各专项验收中的问题,积极做好验收提出的各项缺陷整改落实工作,办理业主验收委员会交办的其他工作。

工程质量验收工作,首先由茅洲河项目总包部进行完工自检。项目完工自检由项目经理负责,项目技术负责人、施工管理负责人、质量管理负责人等有关人员组成完工验收小组。验收内容包括对各标段工区依照工作计划核对项目完成情况,检查工程是否符合工程竣工报验条件;工程质量自检是否合格;各种检查记录是否齐全;设备安装经过试车、调试,是否满足单机试运行要求;建筑物四周规定距离以内的工地是否达到"工完、料净、场清";工程技术、经济文件是否收集、整理齐全等。完工自检合格,达到竣工报验条件后,茅洲河项目总包部及时向业主和项目监理机构递交包括《竣工工程申请验收报告》等的竣工验收的书面申请,说明项目竣工情况,包括施工现场准备情况、竣工资料准备情况。

随后,茅洲河项目总包部组织进行完工检验。标段项目经理部随着工程进展就各检验各子项工程向监理申报检查验收;标段项目经理部完成子项工程设计图纸和施工合同约定的全部内容,工程竣工资料基本完成,报请茅洲河总包项目部组织完工检验。茅洲河总包项目部联合监理、设计等有关单位参加并完成完工检验工作,出具完工检验报告(或会议纪要),根据整修项目,明确整改时限。完工检验报告送业主、监理、施工等单位备案。

再次,茅洲河项目总包部配合监理单位进行项目竣工初验。标段项目经理部完成对完工检验提出问题的整改工作后,及时向监理单位递交子项工程竣工初验申请,并配合监理提前做好工程验收的准备工作。监理单位组的总监理工程师主持子项工程竣工初验时,标段项目经理部提交整理完备的质量保证资料、验收资料、隐蔽验收资料、关键工序检查记录资料等,必要时对具有时效性要求的实体查验项目提前做好监理见证检验或试验。竣工初验后,茅洲河项目总包部积极督导标段项目经理部落实提出问题的整改、复查工作,妥善保管监理单位签发的"竣工初验合格证书"。标段通过竣工初验后,茅洲河标段项目经理部将继续做好成品保护工作,如须将已经完成或部分完成的项目移交给后续承包商,茅洲河项目总包部督导标段项目经理部及时做好场地清理,及时向业主或业主委托的单位移交场地管理权。验收会议和现场验收照片如图16-1和图16-2所示,验收移交文件如图16-3所示。

图 16-1 验收会议

图 16-2 验收—查看现场

图 16-3 验收移交文件

最后,茅洲河项目总包部配合业主单位进行项目竣工检验。标段项目经理部完成本标段工程范围内各子项工程设计图纸和施工合同约定的全部内容,经监理单位竣工初验合格后,及时向业主提交竣工验收申请。茅洲河项目总包部和标段项目经理部及时做好竣工验收迎检准备工作。验收配合办公室根据业主验收组织方式和相关程序要求,指导标段项目经理部成立竣工验收配合小组,就工程实体、工程档案、商务合同等方面内容,全面做好配合工作。针对竣工验收中提出的问题,茅洲河项目总包部和标段项目经理部积极落实缺陷整改、复查,及时办理"工程质量保修书",会同监理协助业主及时办理"工程竣工验收报告",并妥善保管。竣工验收合格后,如未立即移交或后续承包商未进场,标段项目经理部继续对项目场地及所有工程成品、半成品、设备材料进行看守和保护,直至业主接收或后续承包商进场,场地移交手续完备。标段项目经理部依据工程移交情况,及时向监理申办"工程移交证书",并在规定时限内向业主、档案馆移交工程档案、工程质量保修书等资料。

在政府专项验收方面,茅洲河项目总包部和各标段项目经理部加强各专项系统的质量自控,提供合格专项产品,及时准备工程资料向监理申报预验收,并做好对预验收提出问题的整改、回复工作。在预验收合格后,茅洲河项目总包部会同监理单位积极配合业主向政府有关部门申报专项验收,认真做好协调组织、资料报验、会议安排等迎检工作。茅洲河项目总包部严格落实政府专项验收提出问题的整改工作,及时整改,及时回复,直至各项政府验收合格为止,确保在正式投入使用前顺利通过各项政府验收。

16.2　项目经验教训总结

电建生态公司结合目前所负责实施的水环境治理项目,探索出符合高密度建成区水环境治理项目特征的"以一个专业的平台公司为引领,带一个专业的综甲设计院为龙头,集十几个成员施工企业为骨干,汇数十个地方企业为合作伙伴,形成大兵团作战"的城市水环境治理 EPC 工程模式,并探索形成了一整套运转有效、管理平稳、执行高效的管理方法,及时对其加以总结归纳提炼,以规范的形式加以记录,形成管理经验总结书面报告。

其中,书面经验教训总结包括月报总结、年度工作总结、项目施工总结、项目管理经验总结报告、质量管理总结报告、施工日记等。项目施工总结包括项目概述、组织机构、工程进度控制、施工过程控制、质量验收情况及安全文明施工情况。项目管理经验总结报告包括对工程概况的描述、设计工作主要经验做法、施工主要经验做法、治水先进技术、典型案例和治水先进个人等。质量管理总结报告包括各项目的施工进展、质量管理工作总结、工作不足与下阶段计划。施工日记是指在施工过程中以日记形式对当日施工情况进行记录,日记内容包括单位工程名称、施工单位、管理人员与作业人员数量、风向、气温、当日施工情况等内容。这些书面记录丰富了公司的组织过程资产，将为今后类似项目的实施和管理提供有益的借鉴。部分项目经验教训总结成果如图 16-4 所示。

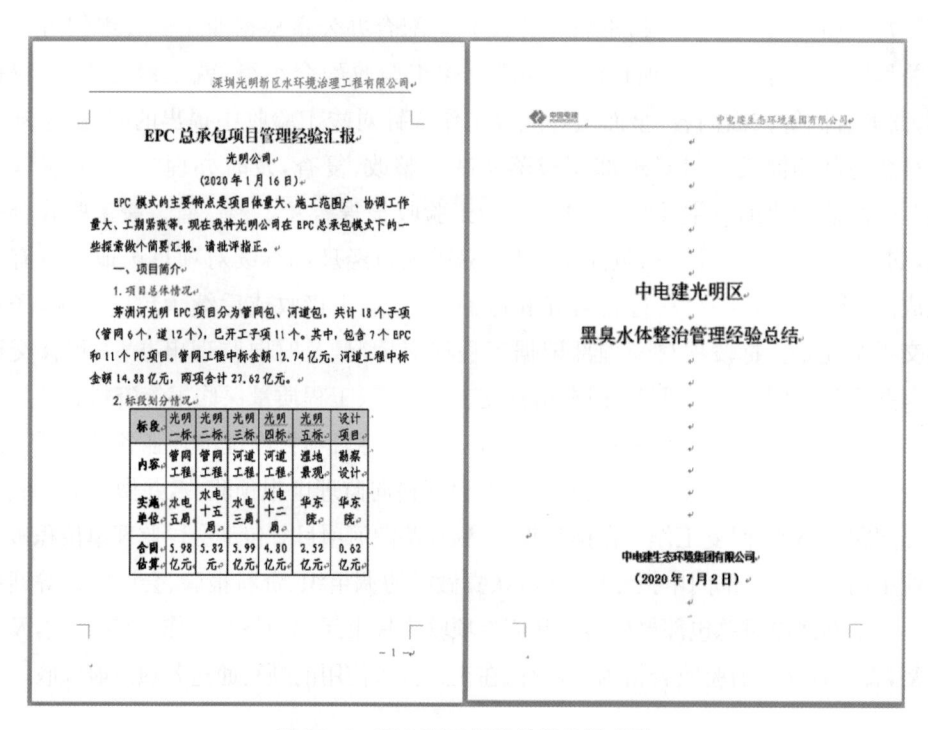

图 16-4　部分项目经验教训总结成果

16.3　项目成员的绩效评价标准

电建生态环公司和各总包项目部以季度和半年度为周期，对项目全员进行绩效考核，构建起了以"计划＋360°员工个人测评＋负面清单"为核心的，基于个人能力素质的绩效评价体系（图 16-5），全方位、多角度评估员工履职能力，促进员工由上而下自觉履行岗位职责，担当工作责任。

绩效考核实现考核全覆盖，保证考核"一盘棋"，考核涵盖公司各级组织与全体员工，包括公司总部职能部门、区域总部、总包部。

实行差异化绩效考核，考核制度体现员工岗位价值创造大小。公司实行以岗定责，员工绩效考评以考核期内的主要工作、关键目标和相关成果为依据，区分员工不同单位性质、岗位业务属性，制定有针对性考核方案。

绩效考核结果正向强制分布，指导低绩效员工绩效提升。实行个人绩效考核与组织绩效考核相结合的考核评价机制，设置 A（优秀）、B（良好）、C（合格）、D（需改

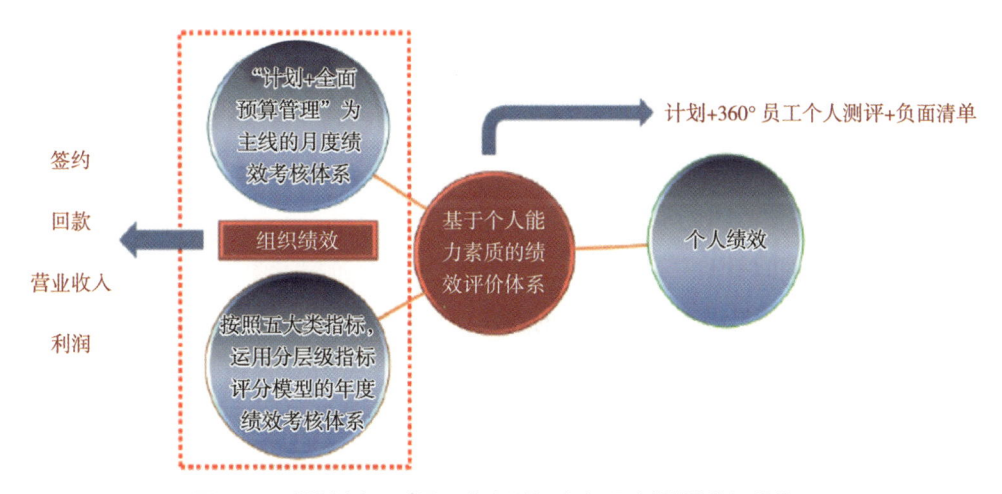

图 16-5 "计划＋360°员工个人测评＋负面清单"绩效评价体系

进)4 个等级,把绩效考核成果与个人利益相挂钩,与岗位动态管理挂钩,与个人职业提升挂钩,并将其作为评先评优的重要依据。根据绩效考核结果开展指导沟通和针对性的培训,督促员工履职尽责。电建生态公司以文件方式发出绩效考核通知,明确考核人员范围和绩效考核指标。绩效考核分类进行,考核指标如图 16-6 所示。员工个人年度绩效考核指标包括工作态度、团队管理、工作能力、工作业绩、规范从业 5 个大类并细化为 10 个子项指标,确定不同权重,采取百分制打分,并统计分析。

图 16-6 绩效考核指标

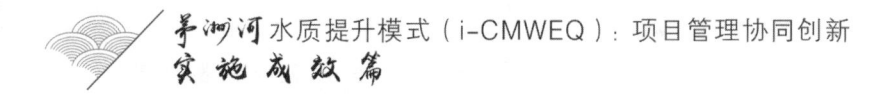

16.4 项目内外部评价和媒体报道

茅洲河流域项目受到广泛关注,内外部评价高。顾客满意度调查与媒体报道情况如下:

(1)顾客满意度调查

电建生态公司每年都会针对公司的在建项目开展客户满意度调查统计分析,共调查10项指标,客户满意度评分均在90分以上,且呈上升趋势,顾客满意度高。顾客满意度调查表示例和顾客满意度统计分析结果参见图9-45。

(2)媒体报道

深圳茅洲河流域治理获中央、省部、市局级新闻媒体正面宣传78篇,多个先进人物登上人民网与"学习强国"。新华社发布长篇报道《为有源头清水来——深圳"驯水记"》,讲述深圳治水故事,为中国电建和电建生态公司实施的茅洲河治理"点赞"。此外,电建生态公司还收获了深圳市水务局、各街道办赠送的多面锦旗与表扬信。总体而言,茅洲河流域治理受到了各方广泛关注,获得了积极的评价。如表16-2、图16-7至图16-10所示。

表16-2 茅洲河项目主流新闻媒体部分报道

序号	日期	报道、评价	刊登媒体
1	2017-3-7	流域治理挂图作战的深圳模式——茅洲河流域治理成效初显	中国环境报
2	2017	"诊病黑臭水""黑臭泥变身记"两期黑臭水体治理专题片	CCTV《走进科学》栏目
3	2019-8-20	壮丽70年奋斗新时代——共和国发展成就巡礼	CCTV
4	2019	纪录片《美丽中国》的开篇之作——《清水绿岸》	CCTV
5	2020-1-8	决战水污染治理:深圳水环境实现历史性转折黑臭水体全面消除	深圳特区报
6	2020-1-8	深圳水环境实现历史性转折黑臭水体全面消除	人民网
7	2020-6-3—2020-6-10	六集专题片《治水大行动》	CCTV《创新进行时》栏目
8	2020-6-15	深圳茅洲河治理显成效	中国新闻网
9	2020-6-20	为有源头清水来	CCTV《焦点访谈》栏目
10	2020-11-13	茅洲河之变	人民日报
11	2021-1-4	生态环境保护督查视角下的茅洲河治理	南方日报
12	2021-1-6	茅洲河污染底泥处理实现"减量化稳定化无害化"和"资源化"再生利用,破解底泥处理处置世界性难题	深圳特区报

图 16-7　壮丽 70 年奋斗新时代——共和国发展成就巡礼(2019 年 8 月 20 日)

图 16-8　《焦点访谈》"为有源头清水来"(2020 年 6 月 20 日)

图 16-9　《人民日报》用整版报道《茅洲河之变》

图 16-10　茅洲河治理媒体报道集景

16.5　项目获得社会广泛赞誉

茅洲河项目受到广泛认可，目前获得的荣誉称号超过百项，并且获得深圳市宝安区环境保护和水务局、深圳市宝安区新桥街道办事处、深圳市麒麟山疗养院、深圳市深水水务咨询有限公司和茅洲河流域水环境综合整治项目监理部的多封表扬信，因为施工严谨、管理规范、为民排忧、心系百姓，共获得深圳市水务局、各街道办赠送的超 50 面锦旗。部分荣誉称号和部分获奖证书如表 16-3 和图 16-11 所示。

表 16-3　茅洲河项目所获荣誉称号(部分)

项目	表彰日期	荣誉名称
全面消黑六工区	2020 年 1 月	绿色施工示范工程奖
全面消黑七工区	2020 年 8 月	深圳市宝安区 2020 年度劳动用工守法诚信企业
茅洲河指挥部	2020 年 6 月	2019 年度深圳市市长质量奖(生态类银奖)
茅洲河综合整治七标	2020 年 6 月	《降低钻孔灌注桩混凝土超耗率》获 2020 年广东省市政工程建设优秀 QC 小组活动成果一等奖
茅洲河综合整治七标	2020 年 6 月	《提高管道闭水试验一次性合格率》获 2020 年广东省市政工程建设优秀 QC 小组活动成果二等奖
茅洲河全面消黑四工区	2020 年 5 月	2019 年第三季度"五好"工地
茅洲河指挥部	2020 年 1 月	特别贡献奖
全面消黑八工区	2019 年 10 月	2019 年下半年深圳市建设工程安全生产与文明施工优良工地
茅洲河综合整治七标	2019 年 8 月	2019 年度上半年深圳市优质结构工程奖
茅洲河综合整治七标	2019 年 2 月	2018 年度宝安区水污染治理攻坚战先进班组

续表

项目	表彰日期	荣誉名称
综合整治六标	2018年10月	2018年下半年深圳市建设工程安全生产与文明施工优良工地
茅洲河综合整治四标	2018年9月	宝安区建筑施工安全示范工地
茅洲河综合整治七标	2018年8月	精诚合作为工程排忧解难，安全至上保管线平安运行
茅洲河综合整治七标	2017年10月	2017年下半年深圳市建设工程安全生产与文明施工优良工地
茅洲河综合整治七标	2017年9月	塑电建形象保人民之安
综合整治九标	2018年9月	优质结构奖

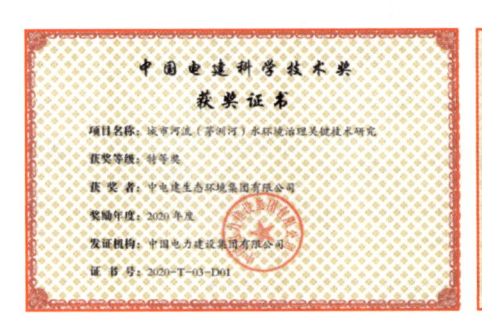

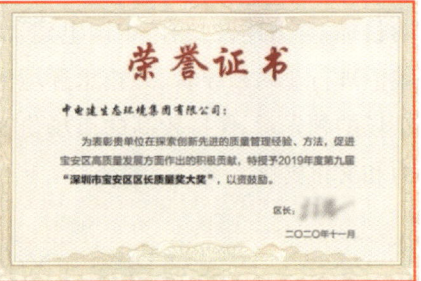

图 16-11　部分获奖证书

第 17 章　项目文化与社会责任

茅洲河项目秉承"厚德、创新、尽责、更好"的企业精神，致力于建设清洁能源、营造绿色环境、服务智慧城市。在弘扬中华优秀传统文化和继承股份公司优秀文化的基础上，积极学习借鉴国内外现代管理和企业文化的优秀成果，紧紧围绕公司"致力成为具有全球竞争力的质量效益型世界一流综合性建设企业"的战略目标，大力实施"文化强企"战略，以提高公司员工思想道德水平和业务素质、提高公司持续发展能力为目标，努力建设具有"中国电建"品牌及公司特色的企业文化，为打造国内外水环境治理行业内领导者、开拓水环境治理行业市场的标杆企业、低碳经济和节能环保市场的领先者，保持较高的市场份额和相对竞争优势提供强大的思想保障、精神动力和文化支撑。

17.1　公司高层对项目管理的价值理解和支持策略

（1）誓师大会

项目中标后，时任中国电建董事长亲自出席茅洲河水环境综合整治项目誓师大会。誓师大会吹号角，团结一心启征程，第一时间召开项目誓师大会体现了集团公

图 17-1　茅洲河项目启动誓师大会现场

司对茅洲河项目的高度重视,彰显了中国电建为社会承担责任,为客户创造价值的企业价值观,拉开了深圳市治水提质"攻坚战"的序幕。

(2) 顶层推进

茅洲河项目中标以后,中国电建各级领导高度重视茅洲河项目的建设管理工作,研究认为茅洲河治理的项目必须汇聚系统内设计院、工程局等最优秀的企业力量,集顶尖企业之力于一端才能成功完成项目实施,而这需要能协调指挥全系统相关企业的复杂高超的项目管理能力,普通的项目管理模式和层级难以做到,必须把对茅洲河项目的建设管理提升到总部层面才有可能完成。于是,在茅洲河项目中标后第一时间,在集团层面组建了"中国电建集团茅洲河指挥部",统筹协调项目建设,由集团公司副总经理担任指挥长,并兼任电建生态公司董事长、法定代表人,负责对集团内各公司与资源高效协调。

图 17-2 高层组织项目管理会议

(3) 战略引领

图 17-3 董事长授课——"战略体系"

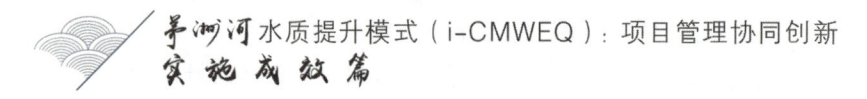

茅洲河是深港文化发展的起源和根基,有着重大的历史意义和社会影响。深圳市宝安区委、区政府将把加快茅洲河治理作为头等大事来抓,从各方面配合推动项目顺利进行。茅洲河项目同时还是深圳市治水提质工程的重点工程,也是集团战略转型升级的重点项目。秉持着对社会、对政府、对人民负责的企业价值观,电建集团上下深入领会、高度重视、充分认识肩负的重大使命。公司主要负责人以身作则,亲自讲授战略体系重塑和集团化管理知识,对项目管理经验进行提升。

17.2 组织项目管理的宣传和教育

(1) 宣传

电建生态公司对茅洲河项目及时进行项目总结,并将形成的项目管理经验进行宣传。公司工程部、安全部、设计部、建设管理中心和财务融资中心分别形成相应的管理制度汇编并进行制度宣贯培训,确保制度能够被有效执行。

图 17-4　制度宣贯登记表　　　　图 17-5　文化宣传手册

以学习宣传应用公司《企业文化手册》等为核心,切实增强企业文化的传播力和感染力;抓住重大活动、重大事件、重要节庆日等契机,广泛开展特色鲜明的企业文化宣传活动;坚持以团结、稳定等正面宣传为主,积极开展以价值观输出为主导的新闻宣传与品牌传播活动。

依托集团自有宣传平台,如企业内刊、网站、微信公众号等,宣传践行企业价值观的优秀个人、优秀集体事迹,引导员工对标学习。

(2) 教育

电建生态公司与行业内知名高校开展学位教育合作,推荐项目团队年轻骨干就读 MBA、MEM 等专业学位,以提高整体项目管理能力。

图 17-6 公司网站宣传先进人物事迹

采用多样化的培训课程，优化培训资源。公司按照价值观类、通用类、专业类、员工关爱类等 4 个方面设置培训课程，帮助员工达到胜任所要求的素质。建立公司内部培训师团队，鼓励公司员工持续学习提升。

集团建立了覆盖全员、全业务模块的"三纵三横"全方位的培训体系。培训设计覆盖高层、中层、基层员工，针对各类员工自身的需求和职业发展要求匹配课程和资源。坚持通过实践锤炼人才，把人才放到重大工程的第一线、服务群众的最前沿去掌握新情况、学习新知识、积累新经验、增长新本领，在实践中培养、锻炼、提升了一大批管理人才、科技人才和工程技术团队。这种突出的人才优势，促使茅洲河项目中创造出一系列创新的管理制度和工程技术，保障了茅洲河项目高效、高速、高质地成功完成。

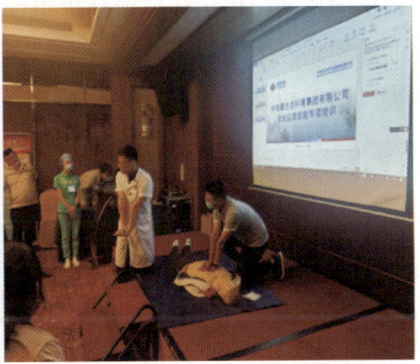

图 17-7 职业技能培训

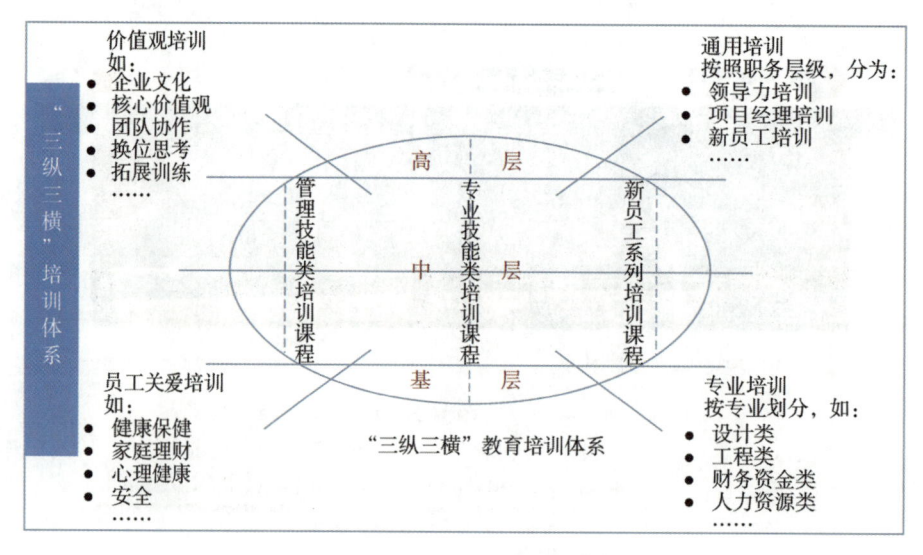

图 17-8 "三纵三横"培训图

17.3 茅洲河项目管理人员的职业发展规划

电建生态公司在员工职业生涯计划调查的基础上,制定了各岗位族系的职业生涯发展策略,确定员工在不同职系中的发展通路及要求;结合能力素质要求和绩效考核结果,具体分析员工是否符合拟定职业发展的要求及符合的程度;最后,根据分析结果,辅导员工制定具体的个人年度发展计划。

根据业务发展需要,结合人才成长的基本规律,遵循人尽其才的原则,集团为各岗位层级员工设计了包括"基础路径"、"管理路径"和"技术路径"在内的多条职业发展路径。职业发展路径又分为纵向晋升和横向发展两个通道。纵向晋升是指员工沿着岗位所在序列或跨序列由低层级岗位向高层级岗位晋升;横向发展是指员工在满足拟横向发展岗位的任职资格等条件下,在同一层级的其他岗位跨序列发展。各条职业发展路径之间还设有职业发展通道接口:公司总部与各单位间员工职业发展通道接口以公司总部管理序列现有岗位层级对应关系为基准,在进行跨单位、跨序列交流或晋升时,按照"在位受控,升迁竞争"的原则执行。

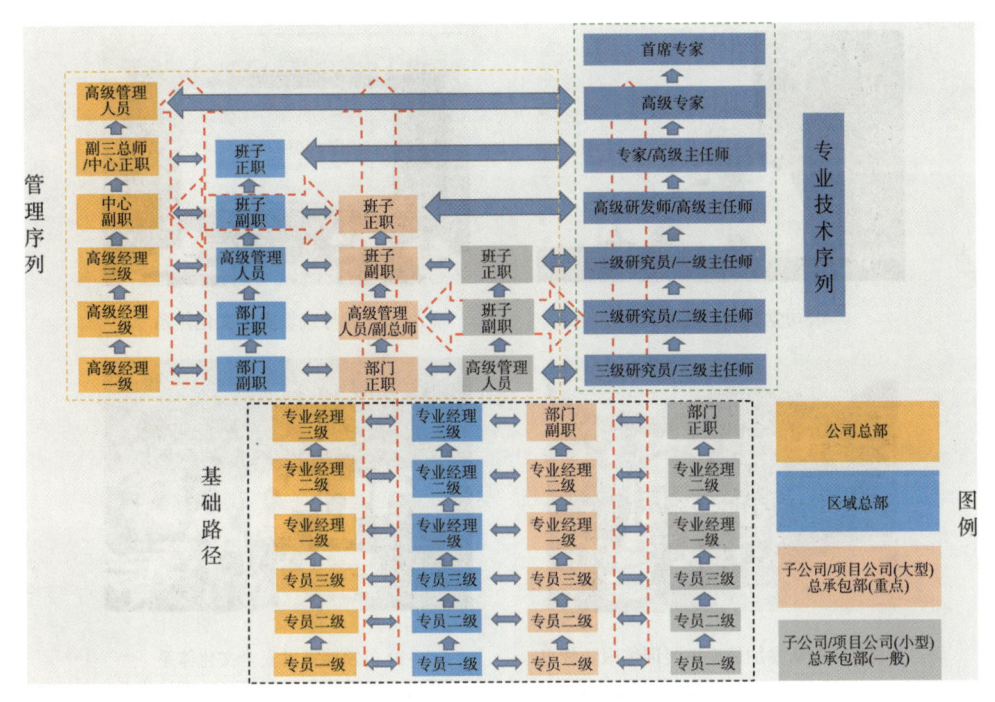

图 17-9　职业发展路径与通道

17.4　项目文化建设

（1）高层推进文化建设

电建生态公司高度重视项目文化建设；时任项目主要负责人以身作则，亲自讲授战略体系重塑和集团化管理知识，带头践行企业文化精神，传播企业文化理念，指导、参与青年论坛，落实四方联防联控机制，举办劳动竞赛、"质量月"等特色企业项目文化活动，主笔撰写企业项目文化总结和论文，担任各类活动的评委。

（2）体系化凝练文化价值

通过个别谈话、意见征集、调查问卷等形式，针对不同层级开展企业文化价值体系评估工作，及时调整、完善企业文化建设相关思路。确保企业文化建设围绕企业发展主线，契合时代精神，传承企业精神内核。发布《企业文化建设管理办法》，作为公司企业文化建设和管理的基本制度；制定了公司《2019年至2020年企业文化建设规划》，对企业文化建设的指导思想、基本任务、实施步骤、保障措施进行了细致规划，取得良好效果。在每年初发布公司年度《宣传思想文化工作要点》，对本年度企业文化建设的发力方向、具体措施、重点工作进行明确。

茅洲河水质提升模式（i-CMWEQ）：项目管理协同创新
实施成效篇

公司党委书记讲授党课	公司领导宣贯安全文化体系
公司领导带队参加员工拓展训练国防教育 引导新员工接受公司企业文化理念	公司领导宣贯安全文化体系 开展联防联控启动仪式打造廉洁文化

图 17-10　时任公司领导参与文化建设活动

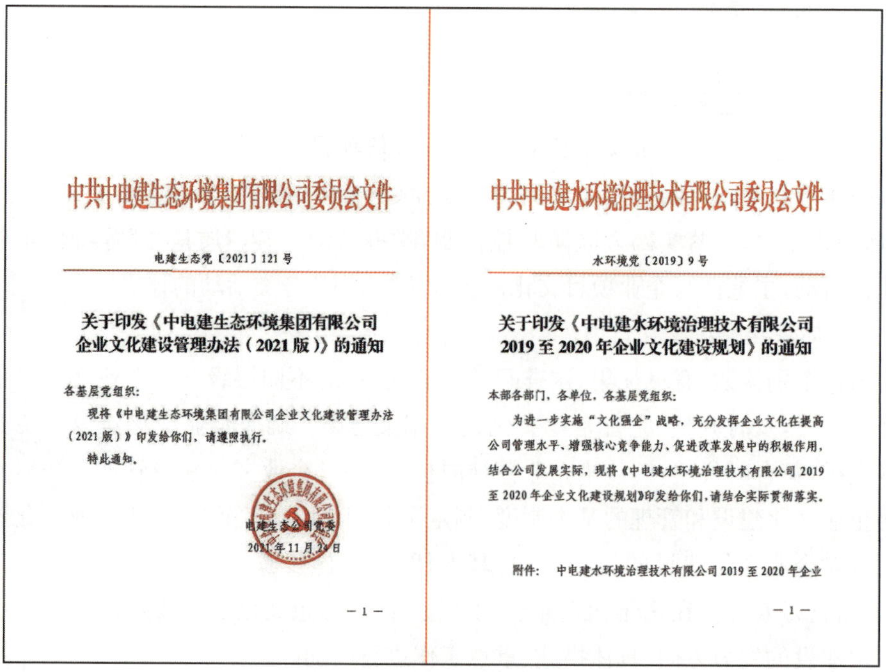

图 17-11　文化建设管理办法与建设规划

368

(3) 全方位开展文化活动

电建生态公司开展劳动竞赛、"质量月""水周""环境日"等一系列活动,借助此类活动推动工程建设,制定节点,量化考核,兑现奖罚,实行重奖重罚,对按期完成的给予重奖,对逾期未完的给予重罚,最大限度地发挥激励作用。

中国电建还开展了其他丰富的企业文化活动,包括但不限于以下几个方面:

发行刊物和出版书籍,如发行了《中电建水环境治理技术》和《水环境治理》(与水环境联盟共同主办)两类期刊,出版了《情系茅洲河:深圳茅洲河水环境治理职工文学作品集》《城市水环境综合治理理论与实践——六大技术系统》《中国水环境治理产业发展研究报告》等书籍;

举办主题文艺作品征集等活动,如摄影比赛、篮球赛、征文活动等文娱活动;

举办了青年论坛、"我为大家讲安全"主题演讲、水环境联盟大会等论坛,围绕水环境产业发展、企业管理、科技创新、安全生产进行系统交流;

图 17-12 企业文化成果展示

开展主题教育,组织参观"大潮起珠江"主题展,赴中共二大会址纪念馆、东江纵队纪念馆、虎门炮台旧址等接受党性教育和爱国主义教育;

开展社会实践,联合属地党组织、团组织、志愿者组织开展巡河活动、专题知识分享会,传播生态文明建设和水环境治理相关知识。

(4) 重点打造文化载体

茅洲河平面图、对比图、总体介绍等展板记录了茅洲河的历史、现在和未来,详解了茅洲河的蜕变过程,展示了水污染治理的深圳实践、宝安实践,将科普教育以融入日常活动体验的方式进行潜移默化的熏陶,将公司文化建设以更谦逊的姿态、更亲密的关系融入人们的日常生活。

（5）积极配合媒体监督与宣传

深圳茅洲河流域治理获中央、省部、市局级新闻媒体正面宣传78篇，多个先进人物登上人民网与"学习强国"，全面展示治水成效，有力宣传治水成果。新华社发布长篇报道《为有源头清水来——深圳"驯水记"》，讲述深圳治水故事，"点赞"中国电建和电建生态公司实施的茅洲河治理。此外，电建生态公司还收获了深圳市水务局、各街道办赠送的多面锦旗与表扬信。总体而言，茅洲河流域治理受到了各方广泛关注，获得了积极的评价。

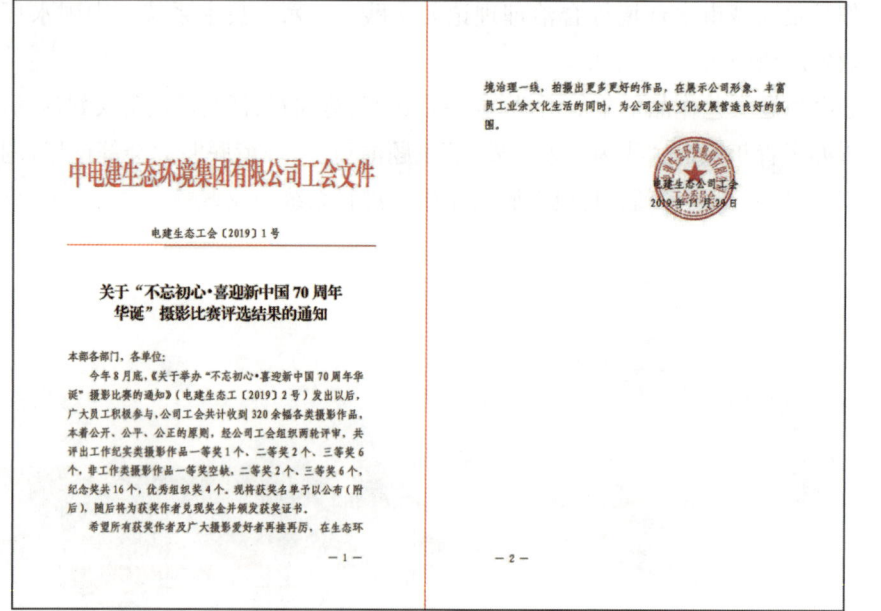

图 17-13　摄影比赛活动评选结果通知

图 17-14　趣味运动会

图 17-15　创新论坛与主题教育展

图 17-16　趣味展板和文化展馆

图 17-17　新闻联播宣传报道

17.5 项目经理的行为准则及主导作用

电建生态公司编制战略发展规划,明确企业愿景、使命、价值观及近五年发展的阶段性目标,并将制定的目标宣贯到每一位员工,使其成为公司全体员工共同拥有、遵从的群体目标。要求项目员工坚守七条底线原则:安全是第一底线、廉洁是第一红线、质量是第一要求、工期是第一任务、履约是第一核心、治污是第一责任、责任是第一担当。

2016年以来,中国电建纪委以电建生态公司茅洲河水环境项目为试点,积极推进中央企业＋项目属地纪委廉洁风险联防联控工作,与各工区签订"廉政风险防控协议书",与中层管理人员签订"党风廉政建设责任书",与关键岗位从业人员签订"承诺书"。工程开工至今,未发生违法违纪、问责追责情形,创造廉洁典范。成果得到了深圳市政府的充分肯定,被深圳建筑业协会授予"2019年度深圳市建筑行业'十佳'廉洁从业示范单位"荣誉称号。

图 17-18 廉政承诺书签署现场与荣誉证书

17.6 项目经验引领行业发展

为了发挥生态环境治理创新驱动引领效应,电建生态公司通过水环境治理产业技术创新战略联盟将治水理念进行全国推广。为了进一步加强多元化合作交流,水环境治理产业技术创新战略联盟积极筹备了绿色环境产业创新创业大赛,开展了培训、讲座、技术推介会等各项活动;参加展览和论坛,依托国际、国内2个市场,促进联盟产品、服务的国际化发展;维持同政府、社会组织、国内外企业、金融机构等的常态化互访交流,搭建多方交流与合作桥梁;开展人才交流合作服务,推动联盟内企业人才互动交流和交叉培养。

电建生态公司公开实用技术,助推创新成果应用推广,服务项目建设。公司编制了一系列技术标准、定额标准,填补了国内空白,为水环境治理业务的生产经营、质量控制和服务保障提供了依据和手段。此外,电建生态公司通过参与论坛积极为水环境治理建言献策,发挥生态环境治理创新驱动引领效应,发挥平台优势推进技术转移和成果产业化。

电建生态公司积极参与深圳市水环境治理,支持政府各项管理,成为深圳市治水骨干力量。作为广东省全面推行"河长制"行动计划的技术支撑单位,公司成立河长制研究中心,其定位是政府河长制执行工作"全流程、全方位"的技术支撑团队。

图 17-19 总结撰写技术管理创新的成果(部分知识成果书籍展示)

17.7 项目履行的企业社会责任

秉承"事耀民生,业润社会"的可持续发展理念,立足水环境治理的主营业务,在建设绿水青山、参与属地应急抢险、联防联控、扶贫助残、打造和谐相关方关系、建设温暖央企等方面将企业社会责任工作融入各项业务工作的方方面面,助推项目高质量推进。

表 17-1 茅洲河项目社会责任活动(部分)

序号	项目	详情
1	扶贫助困	2017 年 11 月至 2018 年 6 月,公司对口扶贫陆丰市潭西镇长安村,帮助村里修建文化休闲广场近 10 000 m²,完成长埔道路硬底化近 1 km、水环境景观提升 6 000 m² 及配套附属设施建设
		2019 年 6 月 28 日,公司积极响应黄埔区委、区政府的捐赠活动倡议,受邀出席第 10 个"广东扶贫济困日"活动捐赠仪式,并认捐 10 万元
2	抢险救灾	公司参与抢险等各类应急抢险救援活动共计 40 余次
3	无偿献血	在学雷锋纪念日,深圳片区项目青年志愿者自发前往深圳市华强北捐血站参与无偿献血,用自己的实际行动诠释着永恒的雷锋精神
4	慰问孤寡老人	茅洲河项目公司青年员工志愿者到社区开展慰问孤寡独居老人活动。茅洲河项目公司员工与老人们进行了亲切的交谈,询问生活情况并叮嘱老人们保重身体,注意保暖
5	勇担疫情防控责任	向市民发放口罩,向社区捐赠防疫物资,包车接回返岗工人

图 17-20 积极履行社会责任

电建生态公司深度参与水环境治理的社会责任履责行为也受到了社会的全面认可,收到来自 170 余家不同单位、机构、个人的 200 余封表扬信、感谢信和锦旗。

电建生态公司社会责任实践入选 2017 年《中国企业社会责任年鉴》,记载公司在深圳地区及茅洲河项目实施中社会责任实践的《植根鹏城勇担社会责任,不忘初心永葆基业长青》,成功入选 2017 年年鉴并在全国范围宣传。

图 17-21　社会各界发来的感谢信、表扬信（部分展示）

17.8　项目获奖及荣誉称号

茅洲河项目（群）自 2016 年启动以来，至 2023 年底，以中电建生态环境集团有限公司为主通过申报，共获得一大批工程管理类和科技进步类各种奖项或荣誉称号，获得社会广泛好评和高度赞誉。

公司共获得工程管理类奖项 29 项，包括 2021 年 PMI（中国）项目管理大奖——年度项目大奖、全国国企管理创新成果奖、深圳市科学技术奖（深圳市市长奖）等一批重要奖项，充分证明了中国电建及电建生态公司在茅洲河项目实施过程中开展的管理探索和形成的管理经验是极具价值的。其中，2018 年获 1 项奖项、2019 年 4 项、2020 年 5 项、2021 年 9 项、2022 年 5 项、2023 年 5 项。

公司共获得科技创新类荣誉或奖项 18 项，包括中国工程建设科学技术奖、大禹水利科学技术奖、中国电建科学技术进步奖、广东省水利学会水利科学技术奖等。其中 2018 年获 3 项奖项、2020 年 3 项、2021 年 3 项、2022 年 7 项、2023 年 2 项。

公司共获得工程技术类荣誉 11 项，包括全国优秀工程咨询成果奖等，其中 2021 年获 1 项奖项、2022 年 6 项、2023 年 4 项。依托茅洲河治理实践形成的技术理念和创新成果，在业界获得了广泛认同，助推了我国生态环境治理产业的科技进步。还有一大批企业级、行业级工法得到发布，一大批质量管理优秀成果获得表彰。

公司共获得公众评价类荣誉 18 项，包括入选"全国美丽河湖提名案例"，获得全国优秀水利企业等奖项。其中，2018 年获 1 项奖项、2019 年 2 项、2020 年 5 项、2021 年 3 项、2022 年 4 项、2023 年 3 项。随着工程深入实施，成效逐步凸显，茅洲河

茅洲河水质提升模式（i-CMWEQ）：项目管理协同创新
实施成效篇

项目建设成果得到各界充分认可，中国电建及电建生态公司品牌影响力和美誉度不断提升。

公司共获得党建文化类荣誉8项，包括工程建设企业文化建设优秀案例、广东省安全文化建设示范企业等。其中，2020年获3项奖项、2021年2项、2023年3项。中国电建及电建生态公司以党建引领治水事业，在生态文明战线彰显了新时代国资央企心怀"国之大者"的担当。

参与茅洲河建设的勘察设计单位、工程施工单位、高校及科研院所等立足本单位管理与创新工作，结合项目建设需求，均做了大量管理创新和科技创新工作，获得一大批优秀管理成果和科技成果，撰写本书时未详尽统计和进行展示。

电建生态环境集团公司部分获奖项目如表17-2所示。

表17-2 茅洲河项目（群）所获奖项和荣誉（部分）

序号	时间	类型	奖项/荣誉名称	颁发机构	获奖内容	获奖单位
1	2019年8月	工程管理	2019年度上半年深圳市优质结构工程奖	深圳建筑业协会	茅洲河流域（宝安片区）水环境综合整治工程宝安七标（东方七支渠、潭头渠、楼岗渠、松岗河、沙浦西）	电建水环境公司，水电七局
2	2019年12月	工程管理	2019全国国企管理创新成果二等奖	中国企业管理研究会、中国财政科学研究院、创新世界周刊和《国企管理》杂志联合组织	《城市高密度建成区水环境治理工程建设新模式》	电建生态公司
3	2020年6月	工程管理	2019年深圳市市长质量奖——生态类银奖	深圳市人民政府	茅洲河流域（宝安片区）水环境综合整治项目清淤及底泥处置工程项目	电建生态公司
4	2020年9月	工程管理	2020年度全国市政工程建设优秀质量管理小组二等奖	中国市政工程协会	"减少污水管道渗透现象"课题	电建生态公司
5	2020年12月	工程管理	2020年下半年"广东省市政工程安全文明施工示范工地"	广东省市政行业协会	光明区全面消除黑臭水体治理工程（公明核心片区及白花社区）EPC（设计采购施工总承包）	电建生态公司
6	2021年10月	工程管理	2021年PMI（中国）项目管理大奖——年度项目大奖	PMI（中国）项目管理大奖评审委员会	深圳茅洲河流域水环境治理项目	电建生态公司
7	2021年10月	工程管理	2021年度广东省市政优良样板工程	广东省市政行业协会	广东市黄浦区深涌流域等黑臭河涌综合整治工程设计采购施工总承包（EPC）——宏岗河综合整治工程	电建生态公司

第 17 章　项目文化与社会责任

续表

序号	时间	类型	奖项/荣誉名称	颁发机构	获奖内容	获奖单位
8	2021年11月	工程管理	2021年广东省水利建设工程文明工地	广东省水利水电行业协会	茅洲河消黑项目六工区	电建生态公司
9	2022年11月	工程管理	(第十届)全国电力企业管理创新论文大赛(一等奖)	《企业管理》杂志社、华北电力大学经济与管理学院	城市水环境系统治理理论研究及应用	电建生态公司
10	2022年11月	工程管理	优质工程奖	中国电力建设集团(股份)有限公司	茅洲河流域(东坑水)水环境综合整治工程	电建生态公司
11	2023年9月	工程管理	2023年(第十一届)全国电力企业管理创新论文大赛(二等奖)	电力企业联合会	坚持系统思维引领绿色发展(孔德安、韩景超)	电建生态公司
12	2023年11月	工程管理	2023年度中国电建优质工程奖	中国电力建设集团(股份)有限公司	茅洲河流域(宝安片区)水环境综合整治项目(设计采购施工项目总承包)	电建生态公司
13	2023年11月	工程管理	2023年度中国电建优质工程奖	中国电力建设集团(股份)有限公司	光明区全面消除黑臭水体治理工程(公明核心片区及白花社区)EPC(设计采购施工总承包)	电建生态公司
14	2018年6月	科技创新	2017年度工程建设行业互联网发展最佳实践案例	中国施工企业协会	《水环境治理工程智能管控平台在茅洲河流域治理工程的应用》	电建生态公司等
15	2018年6月	科技创新	2018年度中国电建科学技术奖	中国电力建设集团(股份)有限公司	1.《水环境治理工程智能管控关键技术研发及集成应用》获一等奖；2.《淤泥浆体调理调质及脱水固结的同位处置成套技术在茅洲河的工程应用》获一等奖中电建股科技〔2018〕2号	电建生态公司等
16	2018年7月	科技创新	第15届地理信息产业优秀工程金奖	中国地理信息产业协会	《城市流域水环境治理工程管控平台(茅洲河流域应用实践)》	电建生态公司等
17	2020年3月	科技创新	2019年全国电力行业设备管理创新成果(一等奖)	中国电力设备管理协会	基于虚拟技术的网络机械设备数字化管理平台	电建生态公司等
18	2020年8月	科技创新	中国电建科学技术特等奖	中国电力建设集团(股份)有限公司	《城市河流(茅洲河)水环境治理关键技术研究》	电建生态公司等
19	2020年12月	科技创新	2020年度电力科技创新奖(一等奖)	中国电力企业联合会	在电力及其他建设工程领域绿色施工的理论探索与实践应用	电建生态公司等

续表

序号	时间	类型	奖项/荣誉名称	颁发机构	获奖内容	获奖单位
20	2021年9月	科技创新	第十四届广东省水利学会水利科学技术奖	广东省水利学会	城市河流（茅洲河）水环境治理关键技术研究获得一等奖	电建生态公司等
21	2021年9月	科技创新	2021年度中国电建科学技术奖获奖项目（一等奖）	中国电力建设集团（股份）有限公司	《水环境治理技术标准体系研究》	电建生态公司等
22	2021年12月	科技创新	2021年度电力科技创新奖（一等奖）	中国电力企业联合会	《污染底泥工厂化处理处置与资源化利用关键技术研究与应用》	电建生态公司等
23	2022年7月	科技创新	广东省土木建筑科学技术奖（二等奖）	广东省土木建筑学会	建筑工程质量标准化创新研究与应用	电建生态公司等
24	2022年11月	科技创新	中国工程建设科学技术进步奖（一等奖）	中国施工企业管理协会	茅洲河水环境治理关键技术研究与应用	电建生态公司等
25	2022年11月	科技创新	大禹水利科学技术奖（三等奖）	中国水利学会	城市重度黑臭河流水环境治理关键技术研究与应用	电建生态公司等
26	2022年11月	科技创新	中国电建科学技术奖（二等奖）	中国电力建设集团（股份）有限公司	《茅洲河水生态修复技术研究》	电建生态公司等
27	2022年11月	科技创新	中国电建科学技术奖（三等奖）	中国电力建设集团（股份）有限公司	《感潮河流地表水-地下水交互关系与污染联合防治示范研究》	电建生态公司等
28	2022年12月	科技创新	2022年度电力创新奖项目专利成果奖（二等奖）	中国电力企业联合会	中电建生态环境集团有限公司、中电建水环境科技有限公司（发明专利《河湖泊涌污染底泥工业化处理与再生系统》）	电建生态公司等
29	2022年12月	科技创新	中国电力创新奖（二等奖）	中国电力企业联合会	河湖泊涌污染底泥工业化处理与再生系统	电建生态公司等
30	2023年4月	科技创新	中华环保联合会科技进步奖（一等奖）	中华环保联合会	大型河道底泥重金属污染稳定化材料和技术装备研发及应用	电建生态公司等
31	2023年10月	科技创新	广东省市政行业协会科学技术奖	广东省市政行业协会科学技术奖	城市弃土资源化利用关键技术与设备研究	电建生态公司等
32	2021年5月	工程技术	2020年度全国优秀工程咨询成果奖（二等奖）	中国工程咨询协会	《茅洲河流域水环境综合整治工程寻水溯源分析与规划设计报告》	电建生态公司等

续表

序号	时间	类型	奖项/荣誉名称	颁发机构	获奖内容	获奖单位
33	2023年7月	工程技术	2023年第四届工程建设行业BIM大赛（三等成果-市政公用工程类）	中国施工企业管理协会	上下村排涝泵站升级改造工程	电建生态公司等
34	2023年8月	工程技术	陕西省第八届"秦汉杯"BIM应用大赛（二等奖）	陕西省建筑业协会	公明片区水质及水务设施安全保障工程	电建生态公司等
35	2023年11月	工程技术	2023年第十二届"龙图杯"全国BIM大赛综合组（优秀奖）	中国图学学会	深圳光明区水务工程全生命周期数字化应用——公明片区水质及水务设施安全保障工程	电建生态公司等
36	2018年10月	公众评价	《树责任品牌讲电建故事》社会责任优秀案例（一等奖）	中国电力建设集团（股份）有限公司	《凝心聚力 真抓实干 持续强化技术创新 推进水环境治理工程管控智能化成效突出》案例	电建生态公司
37	2019年2月	公众评价	宝安区2018年水污染治理攻坚战先进企业	宝安区污染防治攻坚战指挥部		电建生态公司
38	2019年5月	公众评价	2019年度环境社会责任企业	中国环境报社		电建生态公司
39	2020年1月	公众评价	宝安区水污染治理攻坚战	特别贡献奖	深圳市宝安区水污染治理指挥部	电建生态公司
40	2020年1月	公众评价	环保优秀品牌企业	中国环境报社		电建生态公司
41	2020年11月	公众评价	2019年度（第九届)宝安区区长质量奖（大奖）	深圳市宝安区人民政府		电建生态公司
42	2020年12月	公众评价	广东省2018—2019年度优秀企业	广东省水利水电行业协会		电建生态公司
43	2021年3月	公众评价	2020年度优秀企业（质量创新奖）	宝安区住房和建设局		电建生态公司
44	2021年9月	公众评价	2019—2020年度全国优秀水利企业	中国水利企业协会		电建生态公司
45	2021年9月	公众评价	2020年度卓越经营奖	深圳市卓越绩效管理促进会		电建生态公司
46	2022年12月	公众评价	中国管理案例共享中心优秀案例	大连理工大学经济管理学院	成人达己:电建生态的全面社会责任管理之路	电建生态公司
47	2022年12月	公众评价	2022年度卓越绩效创新奖	深圳市卓越绩效管理促进会	中电建生态环境集团有限公司	电建生态公司
48	2023年3月	公众评价	电力企业公众透明度典型案例	中国电力企业联合会	践行"两山论",绘就美丽生态画卷	电建生态公司
49	2023年3月	公众评价	"十三五"广东省环保产业骨干企业	广东省环境保护产业协会		电建生态公司

续表

序号	时间	类型	奖项/荣誉名称	颁发机构	获奖内容	获奖单位
50	2023年9月	公众评价	中国生态环保产业绿色低碳案例奖	中国环境保护产业协会	茅洲河流域水环境综合整治工程	电建生态公司
51	2020年6月	党建文化	2018—2019年度先进基层党组织	中国电力建设集团（股份）有限公司	中电建生态环境集团所属光明公司党支部	电建生态公司
52	2020年12月	党建文化	广东省安全文化建设示范企业	广东省安全生产协会		电建生态公司
53	2021年6月	党建文化	中国共产党成立100周年先进基层党组织	中国电力建设集团（股份）有限公司	茅洲河指挥部联合党支部	电建生态公司
54	2023年7月	党建文化	中国电建党委"双引双建"重点项目党建品牌	中国电力建设集团（股份）有限公司	八字铸魂 传承抗大精神（茅洲河指挥部）	电建生态公司
55	2023年9月	党建文化	2023年工程建设企业文化建设优秀案例	中国施工企业管理协会	生态环境治理"大兵团"作战模式下的党建价值创造	电建生态公司
56	2023年12月	党建文化	2022年度党建思想政治工作优秀课题研究成果（一等奖）	中国电力建设集团（股份）有限公司	《传承伟大精神谱系 锻造生态文明战线电建铁军》	电建生态公司
57	2020年12月	优质工程奖	2020年度中国电建优质工程奖	中国电力建设股份有限公司	茅洲河流域（宝安片区）水环境综合整治项目-桥头片区排涝工程	水电六局
58	2021年12月	优秀设计奖	全国优秀水利水电工程勘测设计奖金质奖	中国水利水电勘测设计协会	茅洲河流域宝安片区水环境综合整治工程	华东院
59	2023年3月	优秀设计奖	2021年度行业优秀勘察设计奖市政公用工程设计三等奖	中国勘察设计协会	茅洲河流域再生水利用工程	华东院
60	2022年8月	优秀设计奖	2022年浙江省勘察设计行业优秀勘察设计综合类一等奖	浙江省勘察设计行业协会	茅洲河流域清淤及底泥处置工程	华东院
61	2020年12月	优秀设计奖	2019—2020年度中国电建优秀工程勘测设计奖一等奖	中国电力建设集团有限公司	茅洲河流域（宝安片区）水环境综合整治工程勘察-设计	华东院
62	2020年7月	优秀设计奖	2020年浙江省勘察设计行业优秀勘察设计综合类一等奖	浙江省勘察设计行业协会	茅洲河流域再生水利用工程项目市政公用工程	华东院
63	2021年6月	优秀设计奖	2021年浙江省勘察设计行业优秀勘察设计综合类一等奖	浙江省勘察设计行业协会	茅洲河（光明新区）水环境综合整治工程项目——河道工程	华东院
64	2019年7月	优秀设计奖	2019年浙江省勘察设计行业优秀勘察设计综合类二等奖	浙江省勘察设计行业协会	茅洲河流域（宝安片区）水环境综合整治工程	华东院
65	2023年8月	优秀设计奖	2023年浙江省勘察设计行业优秀勘察设计成果二等奖	浙江省勘察设计行业协会	茅洲河流域片区雨污分流管网工程	华东院

续表

序号	时间	类型	奖项/荣誉名称	颁发机构	获奖内容	获奖单位
66	2023年9月	优秀设计奖	2022—2023年度广东省优秀水利工程勘测设计奖设计二等奖	广东省水利水电行业协会	茅洲河（光明新区）水环境综合整治工程	华东院
67	2021年7月	优秀设计奖	2021年度广东省优秀工程勘察设计奖园林景观设计三等奖	广东省工程勘察设计行业协会	茅洲河燕罗湿地工程	华东院
68	2020年8月	科技进步奖	2020年度中国电建科学技术奖	中国电力建设股份有限公司	城市河流（茅洲河）水环境治理关键技术研究	电建生态公司、华东院、西北院、中南院、昆明院
69	2020年3月	科技进步奖	2020年度中国电建科学技术奖	中国电力建设股份有限公司	河岸滩涂空间人工湿地示范工程关键技术研究	电建生态公司、华东院
70	2023年8月	科技进步奖	2023年广东省建筑业协会科学技术进步奖	广东省建筑业协会	高密度建成区老旧排水管网缺陷检测及修复关键技术研究与应用	电建生态公司、西北院、水电十二局
71	2019年9月	QC成果	水利工程优秀质量管理小组Ⅰ类成果	中国水利工程协会	提高聚乙烯螺旋波纹管安装一次验收合格率	水电五局
72	2018年8月	QC成果	水利工程优秀质量管理小组Ⅱ类成果	中国水利工程协会	海滨城市沉井不排水下沉质量控制	水电十一局
73	2018年8月	QC成果	水利工程优秀质量管理小组Ⅱ类成果	中国水利工程协会	提高墩柱外观质量优良率	水电六局
74	2022年	QC成果	工程建设质量管理小组活动成果大赛二等奖	中国建筑业协会	提高清水混凝土的一次成优率	水电六局
75	2021年12月	QC成果	水利工程优秀质量管理小组Ⅲ类成果	中国水利工程协会	提高化粪池清淤无害化处理效率	电建市政公司
76	2017年5月	QC成果	2017年度云南省工程建设优秀质量管理小组三等奖	云南省建筑业协会	快速提升工作计划的完成率	水电十四局
77	2017年5月	QC成果	2017年度云南省工程建设优秀质量管理小组三等奖	云南省建筑业协会	提升质量交底的有效率	水电十四局
78	2019年4月	QC成果	2019年度辽宁省工程建设质量管理小组活动成果	辽宁省建筑业协会工程质量管理分会	提高钢筋直螺纹车丝合格率	水电六局
79	2018年5月	QC成果	2018年广东省工程建设优秀质量管理小组二等奖	广东省建筑业协会	提高普通混凝土外观一次验收合格率	水电十四局
80	2019年5月	QC成果	2019年广东省工程建设优秀质量管理小组三等奖	广东省建筑业协会	降低截污管管道缺陷率	水电十四局

381

续表

序号	时间	类型	奖项/荣誉名称	颁发机构	获奖内容	获奖单位
81	2023年4月	QC成果	质量管理小组一等成果	河南省工程建设协会	提高大管径钢筋混凝土管顶管施工管道接口的合格率	水电十一局
82	2020年6月	QC成果	2020年陕西省工程建设优秀质量管理小组Ⅰ类成果	陕西省建筑业协会	降低沥青混凝土上面层平整度数值	水电十五局
83	2022年4月	QC成果	质量管理小组二等成果	河南省工程建设协会	提高排水小区雨污分流一次性排查的通过率	水电十一局

第 18 章 茅洲河治理成效——水质变化

茅洲河治理的成果显著,核心表现在水质的显著改善。我国相关部门对茅洲河的水质进行了持续的监测与管理,包括国家部门设立的水质监控断面及监测成果,以及广东省和深圳市相关部门设立的监控断面和监测成果。中国电建为满足履约管理和工程建设管理需求,同步开展了大量的水质检测监测工作。本章整理并分析了收集到的监测数据,接下来将分 3 部分详细阐述茅洲河干流共和村国控断面水质变化的治理成果,以及主要支流沙井河和罗田水的水质变化治理成果。其他支流的水质变化与沙井河、罗田水的变化规律基本一致,此处不再逐一详述。在水质变化的检测监测过程中关注了多项指标,在此主要解析氨氮、溶解氧、总磷、化学需氧量 4 项指标的变化情况,以供读者研究参考。

18.1 茅洲河共和村国控断面水质变化

自我国茅洲河流域水环境综合整治项目启动以来,茅洲河共和村国控断面的水质得到了显著的改善。在治理(2016 年)之前,该断面的水质处于重度黑臭状态。然而,经过治理,水质状况明显好转,并于 2017 年 12 月 11 日首次通过了原环境保护部的"环保大考",实现了基本消除黑臭的目标。到了 2019 年 11 月,共和村断面已达到地表水 Ⅴ 类水质标准。自 2020 年以来,共和村断面的水质持续改善,并于 2021 年 10 月起,断面水质提高至地表水 Ⅳ 类水质标准,并趋于稳定。大部分月份,水质甚至达到了地表水 Ⅲ 类水质标准。以下是 2016 年至 2023 年,共和村断面主要水质指标的变化情况。

18.1.1 氨氮

2016 年至 2023 年,茅洲河共和村断面水体氨氮浓度呈现急剧下降态势,随后逐步保持稳定(图 18-1)。在治理前,共和村断面水体氨氮浓度接近 30 mg/L,已达重度黑臭标准(重度黑臭标准限值为 >15 mg/L)。经过治理,断面水体氨氮浓度迅速降低,2017 年 12 月份首次降至 8 mg/L 以下,实现消除黑臭目标。2019 年 11 月份起,断面水体氨氮浓度稳定低于地表水 Ⅴ 类水质标准限值。2020 年 10 月份起,断面水体氨氮浓度稳定低于地表水 Ⅳ 类水质标准限值,并呈现平稳下降略有波动的特点,多数月份氨氮浓度低于地表水 Ⅲ 类水质标准限值。

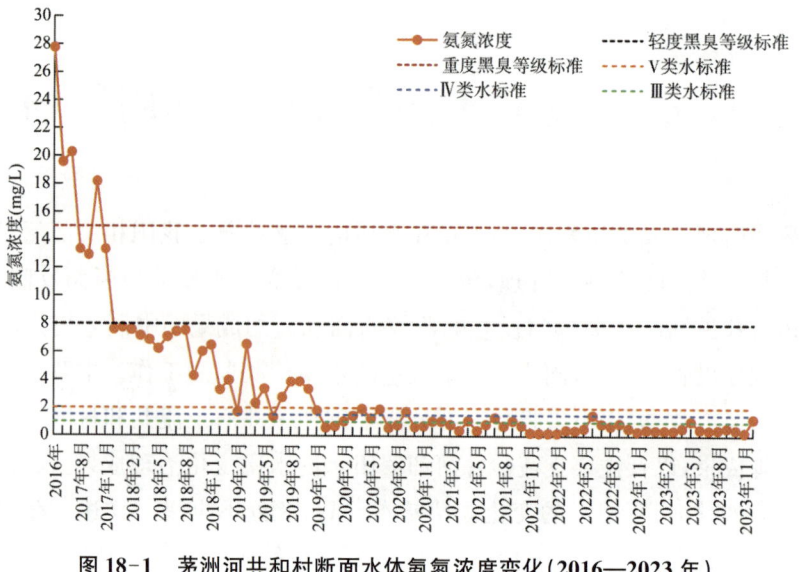

图 18-1　茅洲河共和村断面水体氨氮浓度变化（2016—2023 年）

18.1.2　溶解氧

2016 年至 2023 年，茅洲河共和村断面水体溶解氧含量呈现波动上升趋势，其含量逐渐趋于稳定（图 18-2）。在治理前，断面水体溶解氧含量相对较低，不符合地表水Ⅴ类水质标准，参照黑臭水体判定标准，被评定为轻度黑臭等级。经过治理，溶解氧含量逐步提高，但存在一定波动。自 2019 年 10 月起，断面水体溶解氧含量稳定达到地表Ⅳ类水质标准，且在大部分月份，其含量优于地表水Ⅲ类水质标准限值。

18.1.3　总磷

2016 年至 2023 年，茅洲河共和村断面水体总磷浓度呈现持续下降并渐趋稳定的态势（图 18-3）。在治理前，断面水体总磷浓度严重超出标准，低于地表水Ⅴ类水质标准，超标幅度接近 5 倍。经过治理，断面水体总磷浓度逐渐降低。自 2019 年 11 月起，断面水体总磷浓度稳定低于地表水Ⅴ类水质标准限值。自 2021 年 10 月起，断面水体总磷浓度稳定低于地表水Ⅳ类水质标准限值，并持续下降至平稳。大部分月份，总磷浓度低于地表水Ⅲ类水质标准限值。

18.1.4　化学需氧量

2016 年至 2023 年，茅洲河共和村断面水体化学需氧量（COD_{Cr}）浓度呈现持续下降并逐渐趋于稳定的趋势（图 18-4）。在治理前，断面水体 COD_{Cr} 浓度约为 80 mg/L，低于地表水Ⅴ类水质标准，超标约 1 倍。经过治理，断面水体 COD_{Cr} 浓度

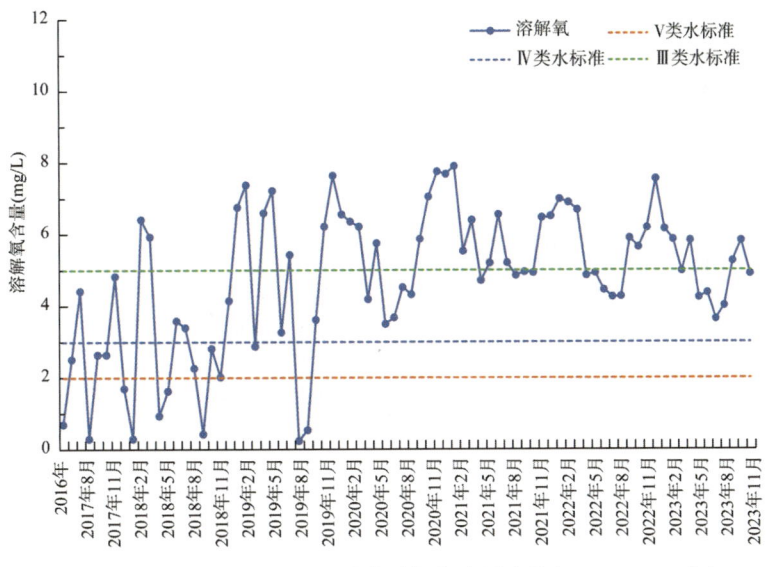

图 18-2　茅洲河共和村断面水体溶解氧含量变化（2016—2023 年）

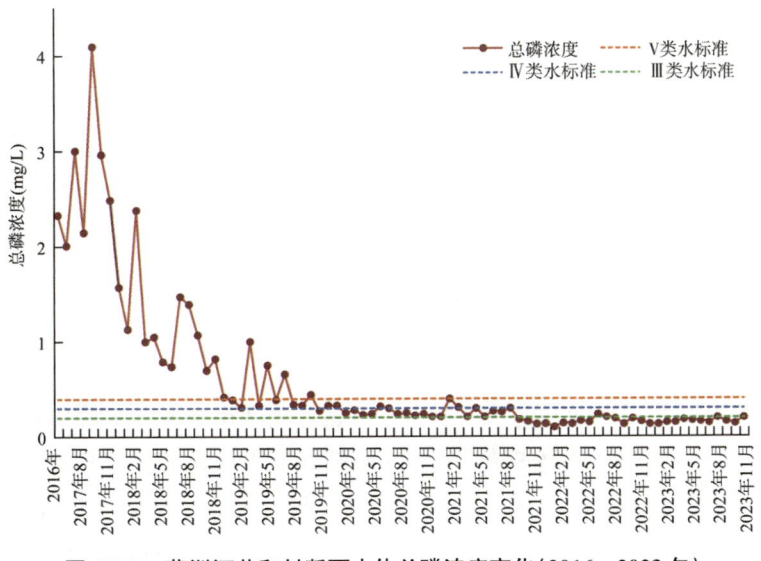

图 18-3　茅洲河共和村断面水体总磷浓度变化（2016—2023 年）

逐步降低，自 2018 年 11 月起，断面水体 COD_{Cr} 浓度稳定低于地表水 V 类水质标准限值。自 2019 年 11 月起，断面水体 COD_{Cr} 浓度稳定低于地表水 Ⅳ 类水质标准限值，并持续下降至平稳状态，大部分月份 COD_{Cr} 浓度已低于地表水 Ⅲ 类水质标准限值。

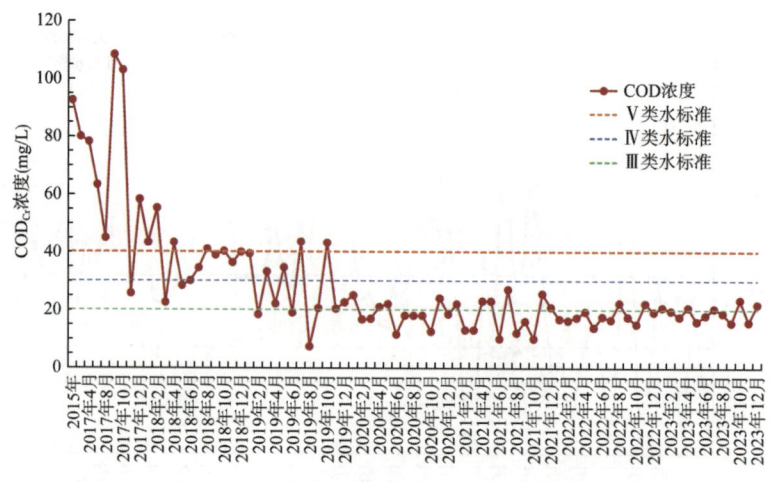

图 18-4　茅洲河共和村断面水体 COD_{Cr} 浓度变化（2016—2023 年）

18.2　沙井河水闸断面水质变化

沙井河作为茅洲河的一级支流，曾在茅洲河项目实施前，成为我国住房和城乡建设部和生态环境部牌督办的劣质水体。在治理前，沙井河水闸断面的水质状况严重恶化。然而，经过治理，水质得到了显著改善。自 2018 年 12 月起，沙井河成功实现了消除黑臭的目标；2019 年 11 月起，水闸断面的水质达到了地表水Ⅴ类标准；2020 年以来，水质持续优化，部分月份甚至达到了地表水Ⅳ类或Ⅲ类标准。以下展示了 2016 年至 2023 年期间，沙井河水闸断面主要水质指标的变化情况。

18.2.1　氨氮

2016 年至 2023 年，沙井河水闸断面水体氨氮浓度呈现波动下降的趋势，后续逐渐趋于稳定（图 18-5）。在治理前，沙井河水闸断面水体氨氮浓度接近 30 mg/L，达到了重度黑臭的标准（>15 mg/L）。经过治理，断面水体氨氮浓度呈现出波动下降的态势，2018 年 12 月份降至 8 mg/L 以下，达到了消除黑臭的目标。自 2019 年 11 月份起，断面水体氨氮浓度稳定低于地表水Ⅴ类水质标准限值。自 2020 年起，断面水体氨氮浓度在地表水Ⅳ类水质标准限值范围内波动。

18.2.2　溶解氧

2016 年至 2023 年，沙井河水闸断面水体溶解氧含量呈现波动上升态势，并逐渐趋于稳定（图 18-6）。在治理前，断面水体溶解氧含量相对较低，不符合地表水Ⅴ类水质标准，参照黑臭水体判定准则，表现为轻度黑臭。经过治理，溶解氧含量逐步提

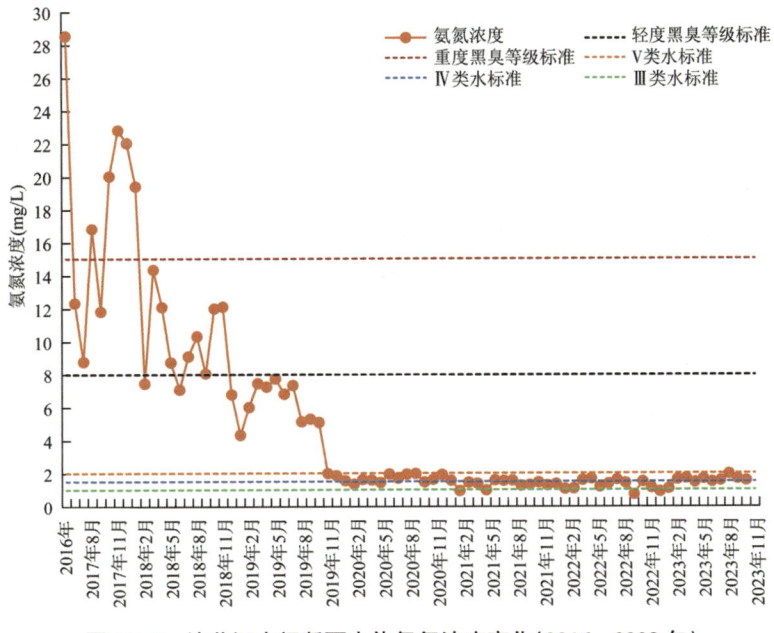

图 18-5　沙井河水闸断面水体氨氮浓度变化（2016—2023 年）

高；自 2018 年 12 月起，断面水体溶解氧含量稳定达到地表水 V 类水质标准；自 2019 年 11 月起，断面水体溶解氧含量稳定达到地表水 Ⅳ 类水质标准；2020 年至今，断面水体溶解氧含量呈波动上升趋势，在地表水 Ⅲ 类水质标准限值范围内波动。

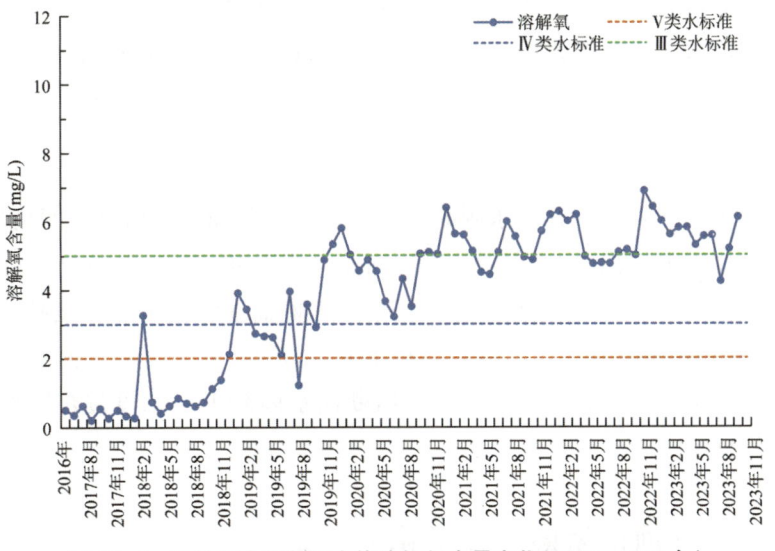

图 18-6　沙井河水闸断面水体溶解氧含量变化（2016—2023 年）

18.2.3 总磷

2016年至2023年,沙井河水闸断面水体总磷浓度呈现波动下降的趋势,并逐渐趋于稳定(图18-7)。在治理前,断面水体总磷浓度严重超出标准,低于地表水Ⅴ类水质标准,超标幅度约为4倍。经过治理,断面水体总磷浓度持续下降,自2019年11月起,稳定低于地表水Ⅳ类水质标准限值。自2020年起,断面水体总磷浓度逐步降低,并在地表水Ⅲ类水质标准限值附近波动。

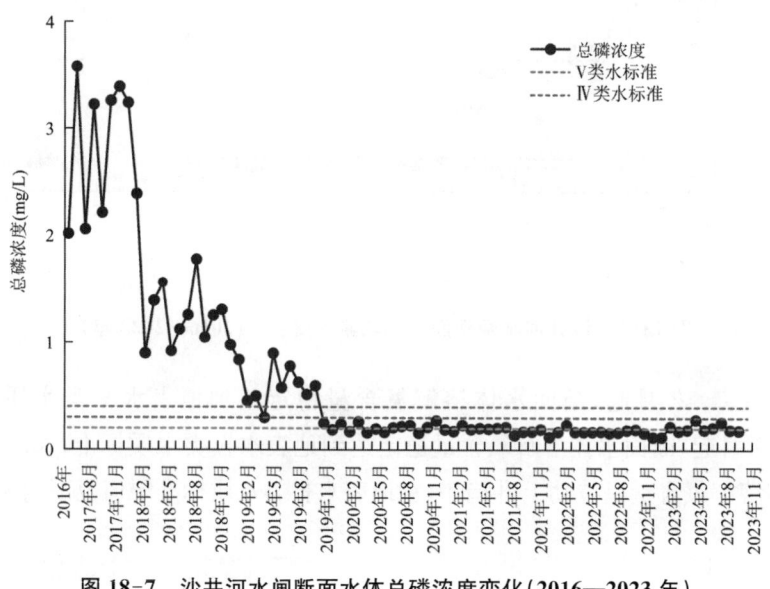

图18-7 沙井河水闸断面水体总磷浓度变化(2016—2023年)

18.2.4 化学需氧量

2016年至2023年,沙井河水闸断面水体化学需氧量(COD_{Cr})浓度呈现波动下降并逐渐趋于稳定(图18-8)。在治理前,断面水体COD_{Cr}浓度约为100 mg/L,低于地表水Ⅴ类水质标准,超标约1.5倍。经过治理,断面水体COD_{Cr}浓度持续下降,自2018年2月份起,降至地表水Ⅴ类水质标准限值以下;自2019年8月份起,稳定低于地表水Ⅳ类水质标准限值;2020年至今,断面水体COD_{Cr}浓度逐步降低,在地表水Ⅲ类水质标准限值上下波动。

18.3 罗田水河口断面水质变化

罗田水是茅洲河的一级支流。在茅洲河项目实施前,罗田水被视为住房和城乡建设部和生态环境部挂牌督办的黑臭水体。在治理前,罗田水河口断面的水质呈现

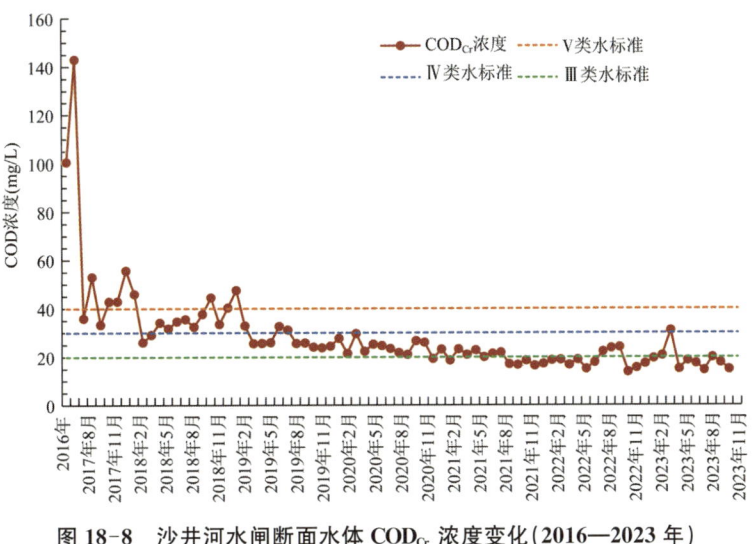

图 18-8　沙井河水闸断面水体 COD_{Cr} 浓度变化（2016—2023 年）

出重度黑臭的特征。然而，经过治理，水质得到了显著改善。自 2018 年 2 月起，罗田水达到了消除黑臭的目标。从 2018 年 12 月起，罗田水河口断面的水质稳定达到地表水 V 类水质标准。到了 2019 年 7 月，罗田水河口断面的水质进一步改善，稳定达到地表水 Ⅳ 类水质标准。自 2020 年以来，罗田水河口断面的水质持续优化，并逐渐趋于稳定。大部分月份水质甚至达到了地表水 Ⅲ 类水质标准。以下是 2016 年至 2023 年，罗田水河口断面水体主要指标的变化情况。

18.3.1　氨氮

2016 年至 2023 年，罗田水河口断面水体氨氮浓度经历了急剧下降后逐渐趋于稳定（图 18-9）。在治理前，罗田水河口断面水体氨氮浓度超过 20 mg/L，达到重度黑臭标准（>15 mg/L）。经过治理，断面水体氨氮浓度迅速降低，于 2018 年 2 月份降至 8 mg/L 以下，达到消除黑臭的目标；2018 年 12 月份起，断面水体氨氮浓度稳定低于地表水 V 类水质标准限值；2019 年 8 月份起，断面水体氨氮浓度稳定低于地表水 Ⅳ 类水质标准限值，2019 年至 2022 年底，大部分月份断面水体氨氮浓度低于地表水 Ⅲ 类水质标准限值；2023 年 1 月份起，断面水体氨氮浓度稳定低于地表水 Ⅲ 类水质标准限值。

18.3.2　溶解氧

2016 年至 2023 年，罗田水河口断面的水体溶解氧含量呈现波动上升的态势，并逐渐趋于稳定（图 18-10）。在治理之前，断面水体的溶解氧含量相对较低，不符合地表水 V 类水质标准，参照黑臭水体的判定标准，可视为轻度黑臭。经过治理，溶解氧

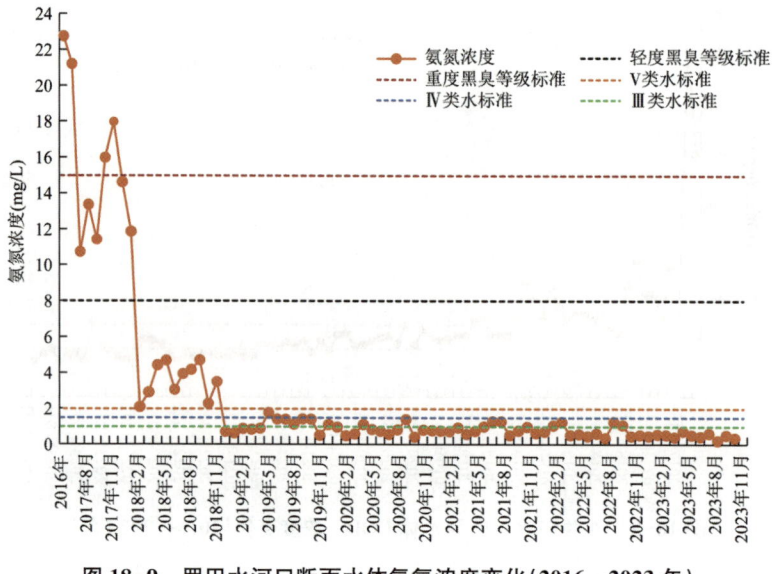

图 18-9　罗田水河口断面水体氨氮浓度变化（2016—2023 年）

含量逐渐提高；自 2017 年 11 月起，断面水体的溶解氧含量始终保持在地表 V 类水质标准之上；自 2018 年 9 月起，断面水体的溶解氧含量稳定在地表 Ⅳ 类水质标准之上；自 2021 年 1 月起，断面水体的溶解氧含量进一步稳定在地表 Ⅲ 类水质标准之上。

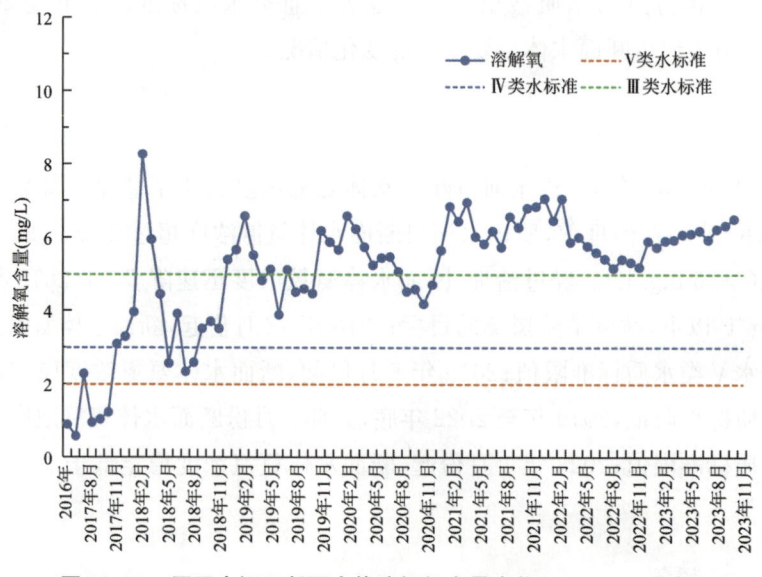

图 18-10　罗田水河口断面水体溶解氧含量变化（2016—2023 年）

18.3.3 总磷

2016年至2023年,罗田水河口断面的水体总磷浓度呈现持续下降并渐趋稳定的态势(图18-11)。在治理之前,该断面水体总磷浓度严重超出标准,低于地表水Ⅴ类水质标准,超标幅度约为4倍。经过治理,断面水体总磷浓度逐渐降低。自2018年12月起,断面水体总磷浓度稳定低于地表水Ⅴ类水质标准限值。自2019年7月起,断面水体总磷浓度稳定低于地表水Ⅳ类水质标准限值,并持续下降至平稳状态。在大部分月份,总磷浓度甚至低于地表水Ⅲ类水质标准限值。

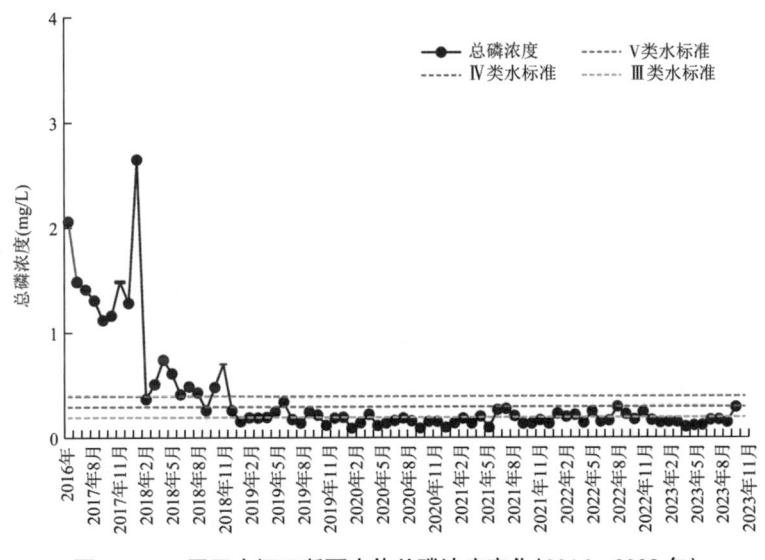

图18-11 罗田水河口断面水体总磷浓度变化(2016—2023年)

18.3.4 化学需氧量

2016年至2023年,罗田水河口断面的水体化学需氧量(COD_{Cr})浓度表现出持续下降并渐趋稳定的趋势(图18-12)。在治理前,该断面水体的COD_{Cr}浓度高达80 mg/L以上,低于地表水Ⅴ类标准,超标约一倍。经过治理,断面水体的COD_{Cr}浓度逐渐降低,自2018年1月份起,降至地表水Ⅴ类水质标准限值以下;自2018年2月份起,稳定低于地表水Ⅳ类水质标准限值,并持续下降;至2022年12月份,稳定低于地表水Ⅲ类水质标准限值。

茅洲河,一条穿越城市的河流,其治理成效已从水质变化的层面得以显现,不仅涵盖主要干流和支流,全河流、全流域的水质均呈现出显著的改善。监测断面的数据生动地揭示了这一变化,展示了茅洲河水质的提升。然而,这并非水质变化的全部,小微水体,如小型塘库、支汊沟渠等,以及暗河暗渠暗管的治理,同样取得了显著的成果。

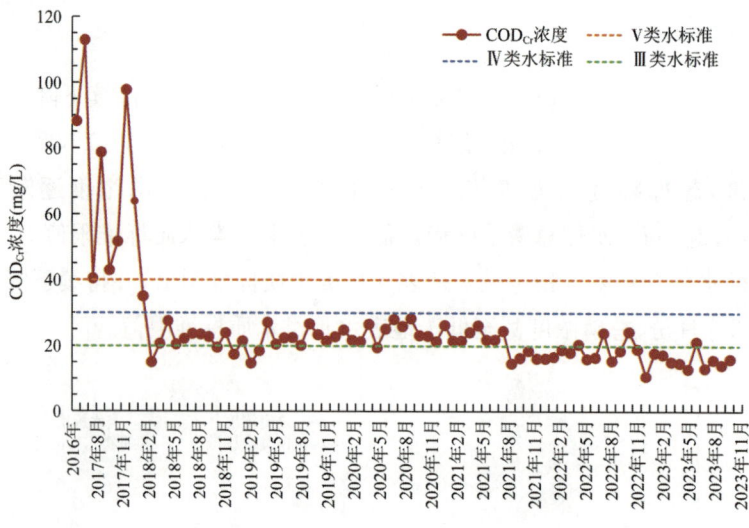

图 18-12　罗田水河口断面水体 COD_{Cr} 浓度变化（2016—2023 年）

这些成就的取得,得益于我国环保政策的强力推进和相关治理工程的深入实施。依据监测数据和巡查观察,茅洲河全流域水质清澈、环境优美。水清岸绿、鱼翔浅底,既是一幅美景,也是茅洲河治理成效的最好实证。这一切的努力,旨在使茅洲河重焕生机,彰显美丽深圳的全新风貌。

总体而言,茅洲河治理成效显著,全流域水质明显改善。这不仅是深圳市、东莞市积极投身生态文明建设的缩影,更是我国"绿水青山就是金山银山"精神的彰显。让我们共同期待,茅洲河在未来能够呈现出更加美丽的画卷,永远成为社会主义先行示范的一张亮丽名片!

鸥鹭徘徊向伶仃,碧水长天共一色!

后　记

历时四年多,本书即将付梓印刷。在此之际,新的任务、新的使命又在召唤治水人!

2023年7月党中央召开了全国生态环境保护大会,2023年底党中央国务院印发了《中共中央、国务院关于全面推进美丽中国建设的意见》,生态环境部在2024年1月召开全国生态环境保护工作会议,自"一带一路"倡议提出十多年来,绿色丝绸之路建设成果丰硕。这一系列的重大战略决策和工作部署行动,无不昭示着生态环境保护事业的巨大意义和美好前景,无不昭示着生态文明建设伟大思想引领中国、照亮世界。

在全国生态环境保护大会上,习近平总书记出席会议并发表重要讲话,为新征程加强生态环境保护、全面推进美丽中国建设提供了根本遵循和行动指南。习近平生态文明思想不断引向深入,要深刻把握"四个重大转变"、"五个重大关系"、"六项重大任务"和"一个重大要求"。推进中国式现代化,生态文明建设乃"国之大者"。美丽中国建设是一项长期而艰巨的战略任务和系统工程,更需要强化目标协同、多污染物控制协同、部门协同、区域政策协同,不断提升治理水平。

绿色是"一带一路"倡议的底色,为共建国家绿色低碳转型注入了强大动力,绿色发展成果丰硕,丰富对话交流活动分享了中国生态文明建设经验,促进了与共建国家间绿色环保产业和技术的对接。我们期待乘着"一带一路"的东风,将中国生态环境保护经验、茅洲河水环境治理与水质提升心得在共建国家分享、交流、发扬光大。

我们祝愿,中国更美丽,天更蓝、地更绿、水更清,万里河山更加多姿多彩!世界更美丽,更和平、更友好、更生态,人类命运共同体越来越紧密!让我们共同努力!